卫星动力学与空间任务

Satellite Dynamics and Space Missions

［意］
朱利奥·巴什（Giulio Baù）
莱桑德拉·埃莱蒂（Alessandra Celletti）
克罗姆林·博格丹·加尔奇（Catalin Bogdan Gales）
乔瓦尼·费德里科·格罗奇（Giovanni Federico Gronchi）
编

王鲲鹏　吴文堂　薛　莉　王东亚　译

中国宇航出版社
·北京·

First published in English under the title
Satellite Dynamics and Space Missions
edited by Giulio Baù, Alessandra Celletti, Catalin Gales and Giovanni Federico Gronchi,
edition: 1

图书在版编目（CIP）数据

卫星动力学与空间任务 /（意）朱利奥·巴什等编；王鲲鹏等译. -- 北京：中国宇航出版社，2021.11

书名原文：Satellite Dynamics and Space Missions

ISBN 978-7-5159-1993-5

Ⅰ.①卫… Ⅱ.①朱… ②王… Ⅲ.①卫星姿态—动力学分析 Ⅳ.①V412.4

中国版本图书馆 CIP 数据核字(2021)第 222171 号

责任编辑 张丹丹　　**封面设计** 宇星文化

出版发行 中国宇航出版社
社址 北京市阜成路 8 号　**邮编** 100830
(010)68768548
网址 www.caphbook.com
经销 新华书店
发行部 (010)68767386　(010)68371900
(010)68767382　(010)88100613（传真）
零售店 读者服务部　(010)68371105
承印 天津画中画印刷有限公司

版次 2021 年 11 月第 1 版
2021 年 11 月第 1 次印刷
规格 787×1092
开本 1/16
印张 17.25　**彩插** 12 面
字数 420 千字
书号 ISBN 978-7-5159-1993-5
定价 98.00 元

前 言

意大利科尔蒂纳丹佩佐（Cortina D'Ampezzo）的学校持续进行传统的天体力学培训，最早始于1981年，最近几年仍在进行相关的培训活动。这些培训讲义通常被收集出版成书，成为该领域的研究人员常用的参考资料。

本书汇集了2017年8月28日至9月2日期间，国际知名科学家在意大利维特博圣马蒂诺阿尔西米诺（San Martino al Cimino，Viterbo，Italy）开展的2017年夏令营“卫星动力学和空间任务：天体力学的理论和应用”课程的讲义，旨在教授卫星动力学和空间科学的最新理论、工具和方法。本书主要涉及与卫星动力学和空间任务设计相关的重要主题。以下是对本书内容的详细描述。

Sylvio Ferraz - Mello介绍了一个行星潮汐理论模型，该模型中有一个均匀的基础物体绕着垂直于伴星轨道平面的自旋轴旋转。假定潮汐变形体为椭球形，其旋转因伴星的运动而延迟。该部分介绍了不同的理论：静态潮汐、动态潮汐、主要转动和轨道要素的潮汐演化、达尔文理论、恒定时间和相位滞后模型以及米格纳德理论等等。

Antonio Giorgilli评论了哈密顿摄动理论的现代工具，简要介绍研究历史后，提出了研究可积哈密顿系统微摄动动力学的问题（Poincaré称之为一般动力学问题）。这个问题的起源可简单归因于对太阳系的稳定性研究。他利用Liouville - Arnold - Jost定理，对可积哈密顿系统的性质进行了简要的描述，其中作用-角度坐标用来描述相空间中的不变环面（invariant tori）部分。然后，对Kolmogorov的贡献进行了解释，这对其中一些环面（tori）是否在可积系统的小扰动下生存的问题给出了肯定的答案。这一结果产生了继科尔莫哥洛夫、阿诺德和莫泽之后的所谓KAM（Kolmogorov，Arnold，Moser.）理论。并解释了Birkhoff和Poincaré的规范形式，用于描述Kolmogorov不变环面或椭圆平衡点附近的动力学，详细说明了同调方程中存在小除数带来的困难。最后，给出了Nekhoroshev定理，该定理解决了复杂系统长时间的稳定性问题，其证明需要对共振进行精妙的几何分析。

Anne Lemaître主要介绍了空间碎片动力学研究的基本方法，以及应用现代天体力学工具揭示的各种动力学现象特征。它在几个不同的层次上讨论了目标的动力学性质：

MEO（中地球轨道）和 GEO（地球同步轨道）的引力共振、日月共振和二次共振，通过计算混沌指标（MEGNO，频率图）某些区域的稳定性，太阳辐射压力对有遮蔽轨道和无遮蔽轨道的影响，低地球轨道卫星在大气阻力下的轨道衰减，以及雅可夫斯基-沙赫效应（Yarkovsky - Schachs effect）。文中还提出了几种预测空间碎片群发展的方法。

Josep Maria Mondelo 主要介绍了保守动力系统的不动点、周期轨道、不变环面及其相关的不变流形的计算。为此，提出了数值和半解析方法，讨论了它们的优点和主要区别。这些方法将应用于平动点任务的初步设计。目标之一是选择最能满足空间任务要求的轨道，因此，计算得到一定精度的轨迹族和不变流形非常重要。作者将受限三体问题（主要是太阳与行星或行星与自然卫星）作为该理论的数值试验模型。虽然这些方法被应用于这一具体问题中，但也可将它们推广到保守动力系统，其中一部分甚至可以推广到耗散动力系统。

Daniel Scheeres 负责的部分，主要涉及 N 个球形天体组成的动力学系统，这些天体相互依赖并围绕着彼此运行。这项研究对于理解碎石堆小行星的运动特别有意义，这些小行星由受到相互引力吸引的小块岩石组成。N 个物体的运动方程是用拉格朗日形式写成的，它包含了物体接触时产生的非完整约束，并总是假定为无滑移条件。利用角动量守恒和劳斯衰减（Routh's reduction），将运动放到一个合适的旋转框架中。这一步允许我们引入修正势，它在确定系统的相对平衡和讨论其稳定性方面起着至关重要的作用。该理论适用于共线物体相对静止的情况（欧拉静止构型 Euler resting configuration）。此外，还分析了物体数目和尺寸对系统稳定性的影响。

Massimiliano Vasile 负责的两个部分，分别是多目标最优控制和不确定性量化。第一个部分研究了存在多个单标量成本函数的最优控制问题，将问题转化为有限维非线性规划问题。利用帕雷托最优（Pareto optimality）的方法求解，即如果在不使代价值变差的情况下没有任何代价函数能被改进时，称为帕雷托最优。利用标量化方法可将多目标问题转化为单目标问题。然后，采用常微分方程数值积分方法（时间有限元）和基因算法求解。书中还展示了一个测试用例，即 Goddard 火箭的解析解。第二部分介绍的方法可适用于广泛的实际问题，包括了轨道力学的具体例子，从轨道确定到避免碰撞，并介绍了不确定度的分类和量化方法，综述了基于采样的非侵入方法（如蒙特卡罗方法、切比雪夫多项式展开等）和侵入方法（如状态转移矩阵描述、多项式混沌展开、区间算法），此外，还介绍了获取模型不确定性的方法，并对基于证据的量化进行了简要描述。

来自世界各地的大约 90 名学员参加了在这所学校的学习，感谢比萨大学数学系和罗马托尔韦尔加塔大学数学系、ERC COMPAT 项目、ERC StableChaoticPlanetM 项目、欧洲空间局、INdAMG Gruppo Nazionale per la Fisica Matematica、意大利航天局、空间动力学服务公司（Space Dynamics Services S. r. l.）等提供的支持。2017 年 SDSM 学校在天文学联盟 A4 天体力学和动力天文学委员会和 X2 太阳系星历表委员会的赞助下举办，并得到意大利天体力学和天体动力学学会 SIMCA 的推动。

意大利比萨　朱利奥·巴什（Giulio Baù）
意大利罗马　莱桑德拉·埃莱蒂（Alessandra Celletti）
罗马尼亚亚西　克罗姆林·博格丹·加尔奇（Catalin Bogdan Gales）
意大利比萨　乔瓦尼·费德里科·格罗奇（Giovanni Federico Gronchi）

2019 年 4 月

目 录

第 1 部分　行星潮汐：理论

西尔维奥·费拉斯梅洛（Sylvio Ferraz-Mello）

摘　要　本文通过“一颗均质主天体绕伴随天体轨道平面的正交轴旋转”这一简单用例综合性地介绍行星潮汐理论体系。该理论体系立足于理论潮汐变形天体（其自转运动滞后于伴随天体运动的一种假设性椭球体）的动态平衡外形，并采用了标准物理定律来推导其系统的轨道演化及自转演化。主要考虑蠕变潮汐理论（一种依托第一性原理的流体动力学理论），它是行星潮汐理论体系中的主要理论，它将动力潮汐化作一种低雷诺数的流动现象，进而通过牛顿蠕变定律来确定这种潮汐。达尔文（Darwin）理论被认为从蠕变潮汐理论中衍生而来。本文讨论了达尔文理论中采用的各种流变学理论，并重点关注了其中的恒定时间滞后（constant time lag，英文缩写为 CTL，以下简称“恒时滞”）理论和恒定相位滞后（constant phase lag，英文缩写为 CPL，以下简称“恒相滞”）理论。本文还专门介绍了关于天体平衡（静力潮）流体静力学部分的主要经典结果。

关键词　静力潮；动力潮；蠕变理论；达尔文理论

1　引言

在本节中，我们将讨论由两个彼此靠近的均质天体（即主天体及其伴随天体）组成的系统所发生的潮汐演化。假设主天体的质量为 m、平均半径为 R 且自转角速度 $\Omega=|\boldsymbol{\Omega}|$，同时假设其伴随天体的质量为 M，并假定使主天体发生潮汐变形的引力来自于该伴随天体。

它们之间的瞬时相对运动可以用一条在主天体赤道面上的开普勒轨道描述，用 $r(t)$ 表示这两个天体间的距离。虽然目前尚无关于这两个天体之间相对质量的假设，但是通常认为是伴随天体的引力导致了主天体涨潮。若能了解主天体的引力对伴随天体涨潮的影响，就足以颠倒这两个天体之间的彼此地位。总的来说，考虑这两种影响及两天体的相互作用得出轨道根数和系统能量的总体变化，是非常有必要的。

自从达尔文的开创性工作以来，人们已经采用了许多不同的方法来处理潮汐问题，比如本文就采用了以“潮汐形变主天体（静力潮）的静水压平衡外形”为切入点的流体动力学方法［其中涉及蠕变潮汐和麦克斯韦（Maxwell）模型］。在假设相关流动为层流（这种流态的雷诺数较低）的基础上，简化纳维-斯托克斯（Navier-Stokes）方程，然后又借助该方程的近似解来计算不断变化的伴随天体（动力潮）引力所导致的主天体实际变形。按照传统达尔文模型将这种变形（或者说潮汐）分解为两个分量，以便分别进行研究。其中的主要分量是弹性潮（或者说静力潮），另一个分量则是耗散系统能量、并使若干转矩作用于主天体的滞弹潮[24]①。本文未考虑通过耗散函数（如参考文献［17，46］）引入黏弹性效应的方法。

2　静力潮

静力潮就是主天体在没有任何变形阻力的理想状态下发生的变形。在此状态下，天体如同一种完美的流体，并会按照其受力平衡瞬时形成相应的形状。作用在该天体表面上各点的合力都必然垂直于该天体的表面，其中包括主天体的引力、因伴随天体吸引主天体而产生的引潮力以及若天体自转产生的惯性力（或者说离心力），即

$$\boldsymbol{F}_{\text{tot}} = -\nabla U_{\text{self}} + \boldsymbol{F}_{\text{tid}} - \boldsymbol{\Omega} \times (\boldsymbol{\Omega} \times \boldsymbol{d}) \tag{1-1}$$

（以单位质量计）②。$\boldsymbol{d}$ 是所考虑的表面点的位置矢量，U_{self} 是主天体的引力势，$\boldsymbol{F}_{\text{tid}}$ 是作用在主天体各点上的每单位质量的引潮力。

从图 1-1 中可以明显看出潮汐并不对称，不过除极少数特例（如参考文献［52］）之外，潮汐演化理论基本忽略了所有 $n > 2$ 的项，这相当于将变形天体视作一个椭球体。该椭球体的一大特征在于其三根轴之间存在以下关系：$a > b > c$（其中 c 轴与自转轴重合，a 轴则指向伴随天体）。其赤道扁率表达式如下

$$\epsilon_{\rho} = \frac{a-b}{R_e} \tag{1-2}$$

其中 $R_e = \sqrt{ab}$ ，是该天体的平均赤道半径；其极向扁率表达式如下

$$\epsilon_z = 1 - \frac{c}{R_e} \tag{1-3}$$

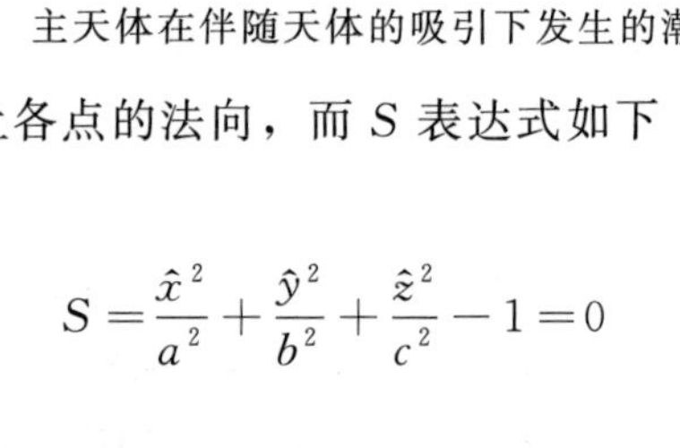

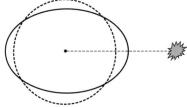

图 1-1　主天体在伴随天体的吸引下发生的潮汐变形

此处用 ∇S 得出椭球面上各点的法向，而 S 表达式如下［其中 $S(\hat{x}，\hat{y}，\hat{z}) = 0$ 为相应椭球的方程］

$$S = \frac{\hat{x}^2}{a^2} + \frac{\hat{y}^2}{b^2} + \frac{\hat{z}^2}{c^2} - 1 = 0 \tag{1-4}$$

① “弹性”（elastic）和“滞弹”（anelastic）的准确定义请参见线上增刊［14］。不过读者须谨记一点，即本文谈及的回复力是指引力而不是弹力。

② 第一项中的减号意味着我们采用了精确的物理约定：力等于势的负梯度。

用力 $\boldsymbol{F}_{\text{tot}}$ 和 ∇S 的分量之比来表达“力 $\boldsymbol{F}_{\text{tot}}$ 垂直于椭球面”这一条件，即

$$\frac{\boldsymbol{F}_{\text{tot}} \cdot \boldsymbol{i}}{\dfrac{\partial S}{\partial \hat{x}}} = \frac{\boldsymbol{F}_{\text{tot}} \cdot \boldsymbol{j}}{\dfrac{\partial S}{\partial \hat{y}}} = \frac{\boldsymbol{F}_{\text{tot}} \cdot \boldsymbol{k}}{\dfrac{\partial S}{\partial \hat{z}}} \tag{1-5}$$

通过这些比例关系可得出两个独立的方程，而这些方程则可用于求解 ϵ_p 和ϵ_z 的数值。

引潮力是因伴随天体引力而作用于天体内部的力与作用于整个主天体的引力合力之差

$$\boldsymbol{F}_{\text{tid}} = -GM\,\boldsymbol{\nabla}_r\left(\frac{1}{|\boldsymbol{r}-\boldsymbol{d}|} - \frac{1}{m}\int_m \frac{\mathrm{d}m}{|\boldsymbol{r}-\boldsymbol{d}|}\right) \tag{1-6}$$

式中，G 是引力常数（参见图 1-2）。若只考虑椭球贡献因素，则可将以上表达式中圆括号里的项简化为所谓的四极分量，于是可得出以下表达式

$$\boldsymbol{F}_{\text{tid}} = -GM\,\boldsymbol{\nabla}_r\left(\frac{\boldsymbol{r} \cdot \boldsymbol{d}}{r^3}\right) \tag{1-7}$$

在逼近阶不变的前提下，相关椭球体在表面各点处的势能（参见参考文献［7，第 3 章］和参考文献［42，第 79 节］）为

$$U_{\text{self}} = \frac{3Gm}{4abc}\int_0^\infty \frac{\mathrm{d}t}{\Delta}\left(\frac{\alpha\hat{x}^2}{1+\alpha t} + \frac{\beta\hat{y}^2}{1+\beta t} + \frac{\hat{z}^2}{(1+t)} - c^2\right) \tag{1-8}$$

其中

$$\alpha = c^2/a^2, \beta = c^2/b^2$$

$$\Delta = \sqrt{(1+\alpha t)(1+\beta t)(1+t)}$$

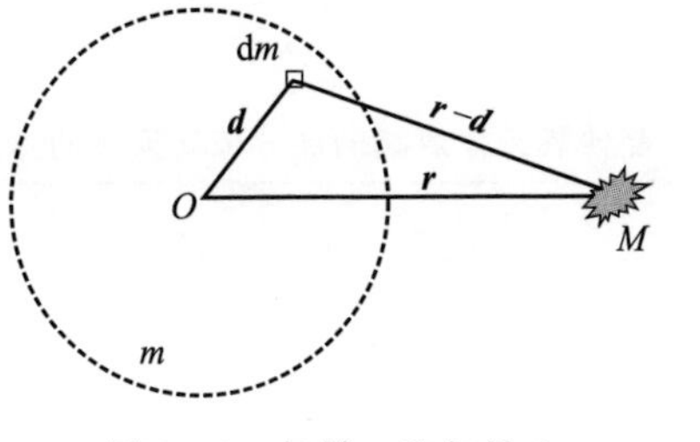

图 1-2　矢量 $\boldsymbol{r}$ 和矢量 $\boldsymbol{d}$

作用在 dm 上的引潮力是伴随天体对 dm 的引力与伴随天体对整个主天体的引力合力的差，O 则是主天体的重心

静力潮研究领域有两个特别重要的用例，即麦克劳林球体和琼斯球体（见图 1-3），它们对应着一个因自转而变形或仅因潮汐作用而变形的天体。如果该天体不自转，其对应的椭球体就会变成以 a 轴为公转轴的旋转椭球体（即一个球体），而这种情况下通常研究的是琼斯椭球体[7,53]。

2.1　麦克劳林球体

麦克劳林球体对应着一个不受引潮力影响的孤立自转天体，其自转轴是一条对称轴（即 $a=b$），因此只需计算一次扁率即可。若假设得出的极向扁率很小，则可用解析方式近似计算出方程式（1-8）中的积分，从而可以得出下式

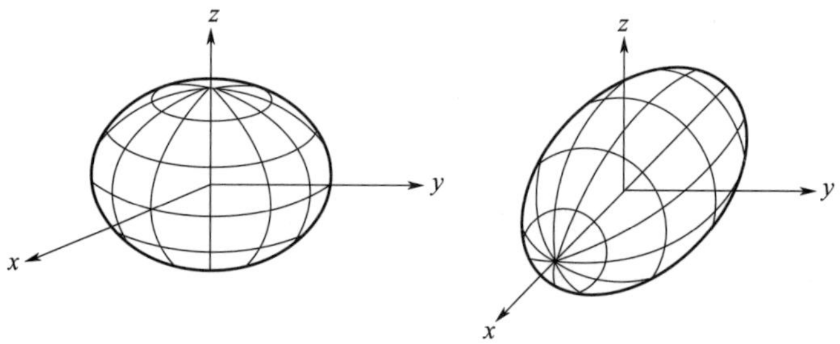

图 1-3　（左图）麦克劳林（Maclaurin）扁球体；（右图）琼斯（Jeans）长椭球体
（经许可后翻印自参考文献［29］）

$$\epsilon_M = \frac{5R^3\Omega^2}{4mG} \tag{1-9}$$

2.2　琼斯球体

琼斯球体对应着一个受到伴随天体引力作用的不自转天体，其轴是一条指向伴随天体（x 轴方向）的对称轴（即 $b=c$）。如上所述，琼斯球体同样只需计算一次扁率即可，且若假设得出的赤道扁率很小，则可用解析方式计算出方程式（1-8）中的积分，从而得出以下一阶近似表达式

$$\epsilon_J = \frac{15}{4}\left(\frac{M}{m}\right)\left(\frac{R_e}{r}\right)^3 \tag{1-10}$$

参见表 1-1。

表 1-1　受伴随天体影响的部分琼斯天体的赤道扁长率

主天体	伴随天体	ϵ_J	$a-b$
地球	月球	2.1×10^{-7}	1.34 m
地球	太阳	9.6×10^{-8}	0.6 m
金星	太阳	2.6×10^{-7}	1.5 m
木星	太阳	3.0×10^{-9}	0.2 m
木星	木卫一“伊奥”	8.5×10^{-7}	61 m
月球	地球	2.8×10^{-3}	50 m
木卫一“伊奥”	木星	4.9×10^{-3}	8.2 km
土卫六“泰坦”	土星	1.5×10^{-4}	0.38 km
CoRoT 7b 号行星	CoRoT 7 号恒星	8×10^{-3}	85 km

2.3　普通椭球体

如果必须同时考虑自转和潮汐，则将以上两种球体合二为一，形成普通椭球体，其赤道扁率即原先琼斯球体的赤道扁率

$$\epsilon_p = \epsilon_J \tag{1-11}$$

其极向扁率则由原先两个球体的扁率综合得出

$$\epsilon_z = \epsilon_M + \frac{1}{2}\epsilon_J \tag{1-12}$$

ϵ_z 方程中的主项是麦克劳林球体的扁率，不过其极向扁率也会受到潮汐变形的影响。事实上，如果沿 a 轴拉伸天体，那么体积守恒定律就会迫使其在垂直于 a 轴的方向上收缩，从而使该天体的 b 和 c 减小，同时极扁率增大。

2.4　洛希（Roche）椭球体

普通椭球体有时亦被称作“洛希椭球体”，不过此概念其实是特指“伴随天体绕主天体做圆周运动且该运动与主天体的自转同步（$\Omega = n$）”情形下的球形空间。在此情形下，可根据开普勒第三定律得出 $\Omega^2 = G(M+m)/a^3$，进而得出以下表达式

$$\epsilon_M = \frac{5R^3(M+m)}{4ma^3} \tag{1-13}$$

如果主天体比伴随天体小得多（比如主天体是大型行星的一颗卫星或是环绕正常恒星的一颗炽热行星），则可假设 $m \ll M$，从而使 $\epsilon_J \simeq 3\epsilon_M$（见参考文献［53，t. 2，第 8 章］）。

此时很容易推导出一些有趣的关系式，比如

$$\frac{a-c}{b-c} \simeq 4 \tag{1-14}$$

如果主天体是一个洛希椭球体，则或可发现其势能的各四极系数之间存在一种重要的关系。请回想一下以下通式①

$$J_2 \equiv -C_{20} = -\frac{1}{2mR_e^2}(A+B-2C) = \frac{1}{10R_e^2}(a^2+b^2-2c^2) \simeq \frac{2}{5}\epsilon_z$$

$$C_{22} = \frac{1}{4mR_e^2}(B-A) = \frac{1}{20R_e^2}(a^2-b^2) \simeq \frac{1}{10}\epsilon_\rho$$

（见参考文献［3，v.1，第 3.4 节］）。以上两式中的 A、B 和 C 是椭球体主轴方向上的惯性矩，因此如果 $\epsilon_J \simeq 3\epsilon_M$，则可得出以下关系式

$$\frac{C_{22}}{J_2} \simeq \frac{3}{10} \tag{1-15}$$

3　潮汐谐波

一般情况下，平衡椭球体的表面方程为

$$\rho = R_e\left[1 + \frac{1}{2}\epsilon_\rho \sin^2\hat{\theta}\cos(2\hat{\varphi} - 2\omega - 2\nu) - \epsilon_z\cos^2\hat{\theta}\right] \tag{1-16}$$

---

①　作为辅助的一阶关系式：

$$a = R_e(1+\epsilon_\rho/2)$$
$$b = R_e(1-\epsilon_\rho/2)$$
$$c = R_e(1-\epsilon_z)$$

式中，ρ、$\hat{\varphi}$、$\hat{\theta}$ 分别是一个一般表面点的半径矢量、经度和余纬，$\omega+\nu$ 则是在其赤道轨道上环绕主天体的伴随天体的真经度（ω 是近心点的变元，ν 是真近点角）。这些角度是从一个固定的虚拟节点 N 开始计算的，并使主轴始终指向伴随天体（即指向经度为 $\hat{\varphi}=\omega+\nu$ 的球面赤道点）。该方程的因变量包括一般点 $\hat{\varphi}=\Omega(t-t_0)$ 的经度以及伴随天体的半径矢量 $\boldsymbol{r}$ 和伴随天体的真近点角 ν 。

表 1-2　部分低阶凯莱（Cayley）展开式

$E_{2,-2}=\frac{17}{2}e^2-\frac{115}{6}e^4+\frac{601}{48}e^6$
$E_{2,-1}=\frac{7}{2}e^2-\frac{123}{16}e^3+\frac{489}{128}e^5-\frac{1\ 763}{2\ 048}e^7$
$E_{2,0}=1-\frac{5}{2}e^2+\frac{13}{16}e^4-\frac{35}{288}e^6$
$E_{2,1}=-\frac{1}{2}e+\frac{1}{16}e^3-\frac{5}{384}e^5-\frac{143}{18\ 432}e^7$
$E_{2,2}=0$
$E_{0,0}=1+\frac{3}{2}e^2+\frac{15}{8}e^4+\frac{35}{16}e^6$
$E_{0,1}=\frac{3}{2}e+\frac{27}{16}e^3+\frac{261}{128}e^5+\frac{14\ 309}{6\ 144}e^7$
$E_{0,2}=\frac{9}{4}e^2+\frac{7}{4}e^4+\frac{141}{64}e^6$
N.B.$E_{0,-k}=E_{0,k}$

相关方程中明确出现了真近点角 ν。按照 ϵ_J 的定义，可将向径矢量 $\boldsymbol{r}$ 先纳入赤道扁率 ϵ_ρ，继而纳入极向扁率 $\epsilon_z=\epsilon_M+1/2\,\epsilon_\rho$。从 $R\simeq R_e(1-\frac{1}{3}\epsilon_z)$ 可以看出，赤道半径与天体的恒定平均半径 R 有关，因此赤道半径也是一个变量。

若能用二体（开普勒）近似法得出函数 $r(t)$ 和 $\nu(t)$，则可展开方程式（1-16），从而得到以下方程

$$\rho=R\left\{1+\frac{1}{2}\bar{\epsilon}_\rho\sin^2\hat{\theta}\sum_{k\in\mathbb{Z}}E_{2,k}\cos[2\hat{\varphi}+(k-2)\ell-2\omega]-\left(\cos^2\hat{\theta}-\frac{1}{3}\right)\left(\bar{\epsilon}_z+\frac{1}{2}\bar{\epsilon}_\rho\sum_{k\in\mathbb{Z}}E_{0,k}\cos k\ell\right)\right\} \tag{1-17}$$

式中，ℓ 是平近点角，$E_{q,p}$ 则是凯莱函数①（见参考文献［6］；参考文献［20］的在线增刊和表 1-2）

$$E_{q,p}(e)=\frac{1}{2\pi}\int_0^{2\pi}\left(\frac{a}{r}\right)^3\cos[q\nu+(p-q)\ell]\mathrm{d}\ell \tag{1-18}$$

$$\bar{\epsilon}_\rho=\frac{15}{4}\left(\frac{M}{m}\right)\left(\frac{R_e}{a}\right)^3 \tag{1-19}$$

---

① 鉴于 $\epsilon_\rho\propto(a/r)^3$，引入的凯莱函数对应着 a/r 中的第 3 阶。从 $E_{q,p}^{(n)}=X_{2-p}^{-n;\,q}$ 可以看出，这些函数等价于其他作者惯用的 Hansen 系数（见参考文献［8］）。

且

$$\bar{\epsilon}_z = \epsilon_z - \frac{1}{2}\epsilon_\rho \tag{1-20}$$

为了解释静力潮的谐波分量，可以先设想有一个固定在天体表面的点，然后确定该分量在该点处的振幅时变性。与 $\hat{\varphi}$ 相关的 ρ 的每一项都对应着“按指定的方向和速度在天体上传播”的潮汐谐波，而所有的谐波都在促使天体形成和发展潮汐波峰。这里所探讨的正交模型将对 ρ 的表达方式分为两组：

1）变元为 $[2\hat{\varphi} + (k-2)\ell - 2\omega]$ 的若干扇区分量。这些项的振幅在赤道（$\hat{\theta} = \pi/2$）处达到最大，越靠近两极越小。在赤道上达到最大值时，$\hat{\varphi} = -(k/2-1)l + \omega$。主项（$k=0$）是周期为 $\pi/(\Omega - n)$（即半个会合自转周期）的振荡，其两个最大点中一个位于亚 M 点处，另一个位于其对跖点处。如果 $n \ll \Omega$，那么其周期大致为自转周期的一半。

下一谐波（$k=1$）有两个相反的最大点：当引发潮汐的天体（以下简称“引潮体”）处在近拱点（即 $l=0$）时，其中一个最大点位于亚 M 点处；当引潮体处在远拱点（即 $l=\pi$）时，则是另一个最大点位于亚 M 点处。此情形下高潮的移动速度要慢于亚 M 点。谐波 $k=-1$ 时也具有类似的行为，但其在赤道上的最大振幅点是向后传播的。读者也可对其他谐波进行类似的分析。

当 $\Omega \gg n$ 时，这些项的频率接近于半日频率

$$\nu = 2\Omega - 2n \tag{1-21}$$

这种情形被称作“半日潮”。地球上半日潮的周期为 12 小时左右，具体请参见表 1-3。此外表 1-3 还汇总了其他情形（$\Omega \ll n$ 和 $\Omega \simeq n$）下的解释。

表 1-3　主要潮汐谐波

k	频率	第 1 类 $\Omega \gg n$	第 2 类 $\Omega \simeq n$	第 3 类 $\Omega \ll n$
扇区项				
0	$2\Omega - 2n$	半日	—	半年
−1	$2\Omega - 3n$	半日	全月	三分之一年
+1	$2\Omega - n$	半日	全月	全年
−2	$2\Omega - 4n$	半日	半月	四分之一年
+2	2Ω	半日	半月	“半日”
径向项				
1	n	全月	全月	全年
2	$2n$	半月	半月	半年

注：频率和对应的名称体现了天体指定（固定）点受到的潮汐扰动的程度。月球就是受第 2 类潮汐的一个范例，但如果同步伴随天体是一颗系外行星，那么称其为全年潮和半年潮更为妥当一些。

2）与经度无关的谐振分量。这些谐波并不取决于所考虑点的经度。ρ 会在整个天体上振荡，其振幅则取决于相关点的纬度和引潮体的平均经度。这些项通常被称作径向潮，原因在于它们不会使波峰在天体表面上传播。

表 1-3 汇总了三种不同情形（具体取决于主天体的自转速度）下的潮汐谐波名称。第 1 类潮汐对应着自转角速度远快于轨道平均运动速度（$\Omega \gg n$）的天体，比如以地球为主天体、以月球为伴随天体的地月系统就是如此。第 2 类潮汐对应着同步运动或几乎同步的运动，此类潮汐同样可以以地月系统为例，不过得将月球作为主天体，将地球作为伴随天体。从表 1-3 还可以看出，同步所致谐波的周期与伴随天体的自转周期有关，并依据地球对月球的潮汐作用而称之为全月潮和半月潮等（所以半月潮往往亦称作“双周潮”）。对受到潮汐锁定的系外行星而言，其主周期就是其轨道周期，且称其为周年潮和半年潮等更为妥当。第 3 类潮汐对应着缓慢自转的天体（$\Omega \ll n$），比如邻近行星（热木星）在主序星上引起的潮汐。其主周期就是行星的轨道周期（或者说“年”），因此可以视情况称其为周年潮、半年潮和三分之一年潮等①。

需要强调的是，给定的潮汐频率和对应的名称体现了天体给定（固定）点上潮汐扰动的程度。潮汐谐波在天体内的传播情况必须另外单独分析，比如以地球为例，由全日潮和半日潮形成的波峰皆会按会合自转速度环绕地球循环，而表 1-3 列出的名称和频率则是按潮汐谐波的形状确定的。

4 由静力潮引起的潮汐演化

天体一旦发生形变，其附近的引力势就会随之发生变化。只要以椭球体的惯性主轴作为参考系的轴，便可得出此类势能的最简式，即

$$U=-\frac{Gm}{r}-\frac{G}{2r^3}(A+B+C)+\frac{3G}{2r^5}(AX^2+BY^2+CZ^2)+\cdots \tag{1-22}$$

式中，A、B 和 C 是三根轴的惯性矩，X、Y 和 Z 是一个任意点的坐标，同时 $r=\sqrt{X^2+Y^2+Z^2}$（见参考文献［3，v.1，3.3.5 节］）

$$\begin{cases}X=r\sin\theta\cos(\varphi-\omega-\nu)\\Y=r\sin\theta\sin(\varphi-\omega-\nu)\\Z=r\cos\theta\end{cases} \tag{1-23}$$

式中，θ 和 φ 是参考系中所述点的余纬和经度，该参考系的基本平面位于天体赤道上，但它的各轴是固定的（即不会随着天体自转）。$\omega+\nu$ 则是伴随天体的真经度。

所述点的加速度减去了 U 的梯度，而在右侧沿（r，θ，φ）正增方向的单位矢量正交集合中，该加速度的各分量为

---

① 不过须谨记它们的一“年”非常短：第 3 类潮汐的一“天”比一“年”还长。

$$\begin{cases} a_1 = -\dfrac{\partial U}{\partial r} = -\dfrac{Gm}{r^2} - \dfrac{3G}{2r^4}(A+B+C) + \dfrac{9G}{2r^6}(AX^2+BY^2+CZ^2) \\ a_2 = -\dfrac{1}{r}\dfrac{\partial U}{\partial \theta} = -\dfrac{3G}{r^6}(AX^2\cot\theta + BY^2\cot\theta - CZ^2\tan\theta) \\ a_3 = -\dfrac{1}{r\sin\theta}\dfrac{\partial U}{\partial \varphi} = \dfrac{3G}{r^6\sin\theta}(A-B)XY \end{cases} \tag{1-24}$$

特别是对坐标为 $X=r$，$Y=0$，$Z=0\left(\theta=\dfrac{\pi}{2},\ \varphi=\varpi+\nu\right)$ 的伴随天体而言，作用在其上的分力为

$$\begin{cases} F_1 = -\dfrac{GmM}{r^2} - \dfrac{3GM}{2r^4}(A+B+C) + \dfrac{9GMA}{2r^4} \\ F_2 = 0 \\ F_3 = 0 \end{cases} \tag{1-25}$$

这是一种转矩为零的径向力，因此静力潮对天体的自转没有影响。该天体的自转和轨道运动之间不存在角动量交换。静潮汐力做功的速率（即其功率）为 $\boldsymbol{F}\cdot\boldsymbol{v}$，其中 $\boldsymbol{v}$ 是伴随天体的速度。序列 $\dot{W}=\boldsymbol{F}\cdot\boldsymbol{v}=\mathcal{F}(r)\boldsymbol{r}\cdot\boldsymbol{v}=\dfrac{1}{2}\cdot\mathcal{F}(r)\mathrm{d}(\boldsymbol{r}^2)/\mathrm{d}t=\dfrac{1}{2}\cdot\mathcal{F}(r)\mathrm{d}(r^2)/\mathrm{d}t=\mathcal{F}(r)r\mathrm{d}r/\mathrm{d}t$，其中 $\mathcal{F}=F_1/r$，这表明所述功是一个全微分，因此系统的总机械能在一个周期内保持不变，所以静力潮并未造成能量耗散。

另一重要影响则是一个周期内的偏心率变化量（该变化量与能量和角动量的变化量均存在函数关系）平均为零。

唯一平均值非零的效应就是历元时的近心点进动和经度进动（需要对开普勒第三定律进行修正）。此处可采用针对轨道要素变化量的经典拉格朗日（Lagrange）方程或高斯（Gauss）方程来计算得出这些变化量。需要强调的是，拉格朗日方程中出现的扰动势 $\mathcal{R}$ 是作用在伴随天体上的外部摄动产生的势，但此处作用在 M 上的扰动力来自天体系统的内部。因此就像设想 N 体问题时常做的那样，此时还必须考虑到反作用力，即必须用 $-\left(1+\dfrac{M}{m}\right)\delta U$ 代换拉格朗日变分方程中的扰动函数 $\mathcal{R}$，从而将受潮汐作用的主天体对伴随天体产生的反作用力纳入考量①。只有当 $M \ll m$ 时，才无须做这种修正，不过在一般情形下，忽略反作用力会导致方程出错，因此此类修正不可或缺。

为了完整起见，特此提醒读者本文中构建的高斯方程和拉格朗日方程已适当考虑到了 m 的总引力对 M 的反作用力，因此此处只需考虑对扰动力的反作用力即可。

5　动力潮

一旦受到力的作用（如自引力、引潮势和离心力），非黏性延展体就会立即变成平衡

① 记得在完整考虑的情况下，相对运动的方程是 $M\ddot{\boldsymbol{r}}=\left(1+\frac{M}{m}\right)\boldsymbol{F}$。

椭球体（静力潮）的形状。不过真正的天体并不会瞬间驰豫到平衡状态，它们得克服一些形变阻力，所以会缓慢地向平衡状态驰豫。然而主天体和伴随天体的相对位置会不断变化，同时平衡状态也在不断变化，因此天体的实际形状总是在不断调整之中。为了从数学上描述这一过程，我们引入了以下两则函数：$\zeta=\zeta(\hat{\theta},\hat{\varphi},t)$ 和 $\rho=\rho(\hat{\theta},\hat{\varphi},t)$，其中角度 $\hat{\theta}$，$\hat{\varphi}$ 是固定参考系中某一方向上的余纬和经度，ζ 和 ρ 则是天体实际表面上对应点的半径矢量和瞬时平衡椭球体表面上对应点的半径矢量。

Ferraz - Mello 的蠕变潮汐理论[19]假设在每一瞬间，实际表面都以速度 $\dot{\zeta}$ 趋向平衡椭球体的表面，且该速度与这两个表面之间的距离成正比（见图 1 - 4）。相应的运动方程为

$$\dot{\zeta}=-\gamma(\zeta-\rho) \tag{1-26}$$

这就是牛顿蠕变方程（见参考文献［44，第 5 章］），其中考虑的应力与至平衡点的距离成正比。该方程没有考虑惯性运动或者方位上的运动，是一则线性方程。

在其关于黏性地球进动的第一篇论文[9]中，达尔文使用了该方程来定义黏性地球调整为某一新平衡形态的速率，并用一种非常形象的方式描述了这一方程。此处引述一下他的说法（已将他使用的一些词句和符号改为了本书使用的对应词句和符号）：

受［主天体］黏度的影响，［ζ］总是趋向于接近［ρ］，而因［ζ］与［ρ］的不重合而引入［主天体］的应力则会随着［$\rho-\zeta$］的变化而变化。因此［ζ］（在天体图上）接近［ρ］的线速度会随着［$\rho-\zeta$］的变化而变化。设这一速度为［$\gamma(\rho-\zeta)$］，其中的［γ］取决于［主天体］的黏度，并会随着黏度的增大而减小。

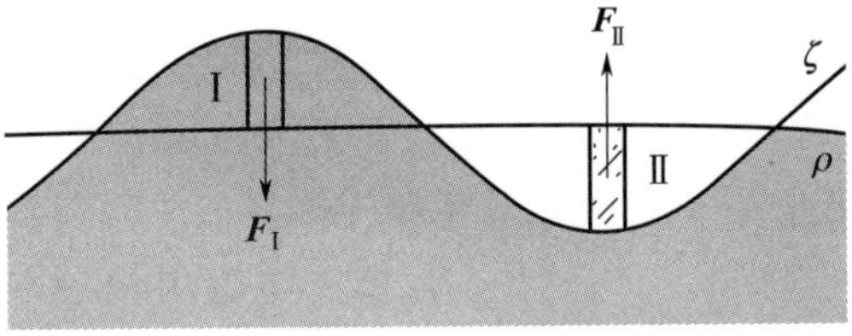

图 1 - 4　蠕变模型

ζ 是 t 时刻的天体实际表面，ρ 是同一时刻的静力潮表面或平衡椭球体表面（经许可后改编自参考文献［27］）

松弛因子 γ 是存在维度 T^{-1} 的径向形变速率梯度，且在刚体极限条件下 $\gamma\rightarrow 0$，在无黏流体极限条件下 $\gamma\rightarrow\infty$。真实天体则处于这两种极端情况之间，即受到压力时会逐渐向平衡状态驰豫，但不会瞬间达到平衡状态。

5.1　纳维-斯托克斯方程

如果是雷诺数很低的径向流（如斯托克斯流）穿过两个表面，则或可证明方程（1 - 26）就是该径向流的纳维-斯托克斯方程的近似解。此时可以忽略惯性项（见参考文献［31］），从而将纳维-斯托克斯方程简化为以下形式[51]

$$\nabla p=\eta\Delta\mathbf{V} \tag{1-27}$$

其中 p 是压力，η 是均匀黏度，$\mathbf{V}$ 是速度。既然我们研究的是紧邻平衡面的区域，且相关压

力项已考虑到了该区域内的应力，此处便略去了（每单位体积的）附加外力。

需要指出的是，带有 Δ 符号的矢量与其通常的定义正好相反，但其实可以通过参考文献［51］将这个赝矢量符号转换为正规的矢量公式

$$\Delta \boldsymbol{V} = \frac{1}{2}\ \boldsymbol{\nabla}(\boldsymbol{V}^2) - \boldsymbol{V} \times \boldsymbol{\nabla} \times \boldsymbol{V}$$

如果假设径向流与方位角的变量无关，那么相应的矢量型拉普拉斯算子（Laplacian）则变为以下形式

$$\Delta \boldsymbol{V} = \Delta V_r - \frac{2V_r}{\zeta^2} \tag{1-28}$$

对半径矢量 ζ 上的一个一般点而言，可以得出以下表达式

$$\frac{\partial^2 V_r}{\partial \zeta^2} + \frac{2}{\zeta}\frac{\partial V_r}{\partial \zeta} - \frac{2V_r}{\zeta^2} = -\frac{w}{\eta} \tag{1-29}$$

式中，w 是局部比重（注意 $w = -\boldsymbol{\nabla} p$）。此处用从施加在平衡面上侧的质点重量（或平衡面下侧缺失的质点重量①）近似得出的由天体引力产生的压力，即 $-w(\zeta-\rho)$；压力梯度的模量则是比重 w。此处及以下计算中均忽略了涉及 ϵ_ρ 的二阶项。

此处微分方程的解为

$$V_r(\zeta) = C_1\zeta + \frac{C_2}{\zeta^2} - \frac{w}{4\eta}\zeta^2 \tag{1-30}$$

式中，C_1 和 C_2 是积分常数。这些常数取决于以下边界条件：

- $V_r(\rho) = 0$，即当 $\zeta = \rho$ 时速度消失；
- $V''_r(\rho) \equiv 0$，即采用了线性近似处理。

可见 $C_1 = \frac{w\rho}{6\eta}$，$C_2 = \frac{\omega\rho^4}{12\eta}$。此外对 $\zeta = \rho$ 的附近区域做线性化处理后，可得出 $V_r(\zeta) = \gamma(\delta\rho - \delta\zeta) = \gamma(\rho - \zeta)$，这表明 Ferraz - Mello 理论中采用的基本蠕变方程其实是纳维-斯托克斯方程的某近似方程的线性化解，且从下式可以看出弛豫因子 γ 与天体的均匀黏度有关

$$\gamma \simeq \frac{wR}{2\eta} \simeq \frac{3gm}{8\pi R^2\eta} \tag{1-31}$$

式中，g 是天体表面的引力，R 是其平均半径（见表 1 - 4）。达尔文[10]也研究了这一方程，但他使用的是另一种构造的纳维-斯托克斯方程（他得出的数值因子是 3/38，而非 3/8）。他采用了球形引潮势来确定因子，但给出的结果中却没有球体参数。

表 1 - 4　各领域通常采用的弛豫因子值

天体	γ/s^{-1}	$2\pi/\gamma$	$\eta/(\mathrm{Pa \cdot s})$
月球	$(2.0\pm0.3)\times10^{-9}$	100 年	$(2.3\pm0.3)\times10^{18}$
土卫六"泰坦"	$(2.9\pm0.2)\times10^{-8}$	6.8 年	$(1.1\pm0.1)\times10^{17}$

① 这并不意味着将负质量分配给虚空，而是说一旦产生各种力的质量消失，计算平衡外形时就得减去这些力。

续表

天体	γ/s^{-1}	$2\pi/\gamma$	$\eta/(Pa\cdot s)$
固体地球	$(0.9\sim3.6)\times10^{-7}$	200 至 800 天	$(4.5\sim18)\times10^{17}$
木卫一"伊奥"	$(4.9\pm1.0)\times10^{-7}$	150 天	$(1.2\pm0.3)\times10^{16}$
木卫二"欧罗巴"	$(1.8\sim8.0)\times10^{-7}$	90 至 400 天	$(4\sim18)\times10^{15}$
海王星	$2.7\sim19$	<2 s	$(1.2\sim4.8)\times10^{10}$
土星	>7.2	<0.9 s	$<15\times10^{10}$
木星	23 ± 4	约 0.3 s	$(4.7\pm0.9)\times10^{10}$
热木星	$8\sim50$	$0.1\sim0.8$ s	$5\times(10^{10}\sim10^{12})$
太阳型恒星	>30	<0.2 s	$<2\times10^{12}$

注：见参考文献[19,20]。

5.2 蠕变方程

方程式（1-26）是一则具有常系数的非齐次常微分一阶方程。方程右侧是一则时间函数，其具体取决于经度 $\hat{\varphi}$ 以及伴随天体的坐标 r 和ν；另外还通过扁率ϵ_ρ 和ϵ_z 将伴随天体的半径矢量 r 引入方程。若将静态平衡椭球体 ρ 的表达式展开为傅里叶级数［参见方程式（1-17）］并引入方程式（1-26），则可得出以下表达式

$$\dot{\zeta}+\gamma\zeta=\gamma R+\gamma R\sum_{k\in\mathbb{Z}}\left[\mathcal{C}_k\sin^2\hat{\theta}\cos\Theta_k+\mathcal{C}''_k\left(\cos^2\hat{\theta}-\frac{1}{3}\right)\cos\Theta''_k\right] \tag{1-32}$$

其中我们引入了以下常数

$$\mathcal{C}_k=\frac{1}{2}\bar{\epsilon}_\rho E_{2,k} \tag{1-33}$$

$$\mathcal{C}''_k=-\frac{1}{2}\bar{\epsilon}_\rho E_{0,k}-\delta_{0,k}\bar{\epsilon}_z \tag{1-34}$$

（$\delta_{0,k}$ 是克罗内克 δ 函数），以及以下线性时间函数

$$\Theta_k=2\hat{\varphi}+(k-2)\ell-2\omega \tag{1-35}$$

$$\Theta''_k=k\ell \tag{1-36}$$

积分后可得出下式

$$\zeta=Ce^{-\gamma t}+R+\delta\zeta \tag{1-37}$$

式中，$C=C(\hat{\varphi},\hat{\theta})$ 是一个积分常数。由微分方程的非齐次部分产生的强迫项为

$$\delta\zeta=R\sum_{k\in\mathbb{Z}}\left[\mathcal{C}_k\sin^2\hat{\theta}\cos\sigma_k\cos(\Theta_k-\sigma_k)+\mathcal{C}''_k\left(\cos^2\hat{\theta}-\frac{1}{3}\right)\cos\sigma''_k\cos(\Theta''_k-\sigma''_k)\right] \tag{1-38}$$

其中

$$\tan\sigma_k=\frac{\dot{\Theta}_k}{\gamma},\ \cos\sigma_k=\frac{\gamma}{\sqrt{\dot{\Theta}_k^2+\gamma^2}},\ \sin\sigma_k=\frac{\dot{\Theta}_k}{\sqrt{\dot{\Theta}_k^2+\gamma^2}} \tag{1-39}$$

$$\tan\sigma''_k=\frac{\dot{\Theta}''_k}{\gamma},\ \cos\sigma''_k=\frac{\gamma}{\sqrt{\dot{\Theta}''^2_k+\gamma^2}},\ \sin\sigma''_k=\frac{\dot{\Theta}''_k}{\sqrt{\dot{\Theta}''^2_k+\gamma^2}} \tag{1-40}$$

减去常相位 σ_k 和 σ''_k 产生了滞后，但它们并非达尔文理论中的特别插入常数，而是通过对一阶线性微分方程做积分得出的有限（即是说不算小）确切量。需要指出的是，轨道要素 a 和 e、自转速度 Ω 以及近心点进动量 $\dot{\omega}$ 在此类积分中均被作为常量，但它们在实际问题中却是变量。不过它们所致变化量的阶数为 $\mathcal{O}(\bar{\epsilon}_\rho, \bar{\epsilon}_z)$，因此至少能在以有限时间为条件的计算中忽略它们的影响。另一个需要留意的地方是所采用的开普勒近似法。对天然卫星（如月球）而言，轨道运动的摄动和近心点的进动都必须纳入相应的模型中。

通常不会考虑瞬态（$\zeta=Ce^{-\gamma t}$），而是假设之前已经历了足够长的时间，以致该瞬态已被完全抑止。

6　力和转矩

天体表面被定义为 $\zeta=R+\delta\zeta$，而鉴于 $\delta\zeta$ 是由叠加在一个球体上的一组二次曲面型波峰（所产生的贡献量可能为正也可能为负）组成的，因此可以轻易计算出主天体施加在伴随天体 M 上的力和力矩。既然这些波峰都很矮（它们的高度与球体的扁度成比例），因此可通过得出的合力（即所有椭球波峰各自产生的力的总和[19]）来计算 M 的引力。就扁率而言，此类叠加的误差阶数为二阶。

另外也可采用更加直接的方法[20]，即用半径为 R 的薄壁球壳取代上述波峰，并假设了球壳坐标为（$\hat{\theta}$，$\hat{\varphi}$）的质量单元处的各波峰的质量之和。该球壳的一般质量单元如下

$$\mathrm{d}m(\hat{\theta},\hat{\varphi})=R^2\mu_m\sin\hat{\theta}\,\mathrm{d}\hat{\varphi}\,\mathrm{d}\hat{\theta}\,\delta\zeta \tag{1-41}$$

式中，μ_m 是天体的密度。单元 dm 对外点 $P(r,\ \varphi,\ \theta)$ 势能的贡献如下

$$\mathrm{d}U=\frac{-G\mathrm{d}m}{\Delta} \tag{1-42}$$

式中，G 是引力常数，Δ 是从单元 dm 到点 $P(r,\ \varphi,\ \theta)$ 的距离。整个球壳产生的势能为

$$\delta U=-GR^2\mu_m\int_0^{\pi}\sin\hat{\theta}\,\mathrm{d}\hat{\theta}\int_0^{2\pi}\frac{\delta\zeta}{\Delta}\mathrm{d}\hat{\varphi} \tag{1-43}$$

以上积分并不复杂，这意味着能通过数值方法或代数方法轻松达到所需的计算精度，其结果为 $\delta U=\sum_{k\in\mathbb{Z}}(\delta U_k+\delta U''_k)$，其中既考虑到了 $\delta\zeta$ 的扇区分量和纬向分量的贡献量，也考虑到了 R/r 中被忽略的高阶项的贡献量

$$\delta U_k=-\frac{3GmR^2}{5r^3}\mathcal{C}_k\cos\sigma_k\sin^2\theta\cos(2\varphi-\beta_k) \tag{1-44}$$

$$\delta U''_k=-\frac{GmR^2}{5r^3}\mathcal{C}''_k\cos\sigma''_k(3\cos^2\theta-1)\cos\beta''_k \tag{1-45}$$

β_k 是相应的线性时间函数

$$\beta_k=(2-k)\ell+2\omega+\sigma_k \tag{1-46}$$

$$\beta''_k = k\,\ell - \sigma''_k \tag{1-47}$$

6.1 狄安娜（Diana）

自达尔文提出其理论以来，人们便按照以下构想来计算相关的力：伴随天体导致主天体变形，而这种变形又反过来改变了伴随天体对主天体的引力（见图 1－5）。这种构想存在一些问题：首先这两种过程在物理上是相互分离的，扰动势 δU 考虑到了主天体的变形，但忽略了产生变形的方式，因此只是纳入了与伴随天体的相对运动有关的时变性。

受制于这种构想，δU 需要先后两次纳入伴随天体的坐标，其中一次是使主天体产生变形的伴随天体的坐标，另一次是自身运动被这种变形所扰动的伴随天体的坐标。为了表明每组参数的来源，人们通常为其指定不同的符号（比如星号）。此外达尔文的论文将导致主天体变形的天体称为“狄安娜”，即罗马神话中的月之女神，另一天体则称之为“月亮”（即本文中的“伴随天体”）。在计算 δU 的梯度时，不论因狄安娜的运动而产生的势能存在何种时变性，都必然会涉及一般点 P 的坐标，因此在计算相关的力之前无法通过伴随天体来识别狄安娜。需要指出的是，当借助 δU 的梯度来对 m 变形产生的力做微积分时，本文只考虑了与 r 的分量有关的导数（见参考文献［14，34］）。

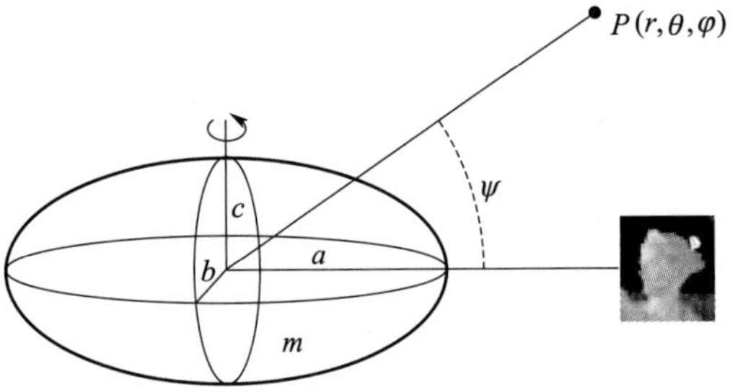

图 1－5 达尔文的构想

狄安娜的引力使主天体变形，变形的主天体则向点 P 施加引力，然后相互通过 P 和狄安娜中的一方来识别另一方

若将前述章节中的积分改为直接给出相关力的分量，则无须采取此类预防措施（因为此时不再计算梯度）。直接计算相关的力更直截了当，也更符合达尔文的论述，但缺点在于必须分别计算相关力的三个分量，而不是仅仅计算一项势能即可。

6.2 作用在伴随天体上的力和转矩

对处在某一点位的一个质点而言，要想获得作用在该质点上的力，就必须为该点位处的势能设置负梯度，然后将结果乘以该点位处的质量。鉴于与狄安娜有关的参数和与 P 有关的参数相去甚远（r、θ 和 φ 是 P 的坐标，ℓ和 ω 则分别是狄安娜的平近点角和近心点变元），本节并未采用星号①来区分这两类参数。

在右侧沿（r，θ，φ）正增方向的单位矢量正交集合中，相关力的各分量为

$$\begin{cases} F_{1k} = -\dfrac{3GMmR^2}{5r^4}\left[3\,\mathcal{C}_k\cos\sigma_k\sin^2\theta\cos(2\varphi-\beta_k)+\mathcal{C}''_k\cos\sigma''_k(3\cos^2\theta-1)\cos\beta''_k\right] \\ F_{2k} = \dfrac{3GMmR^2}{5r^4}\left[\mathcal{C}_k\cos\sigma_k\sin2\theta\cos(2\varphi-\beta_k)-\mathcal{C}''_k\cos\sigma''_k\sin2\theta\cos\beta''_k\right] \\ F_{3k} = -\dfrac{6GMmR^2}{5r^4}\mathcal{C}_k\cos\sigma_k\sin\theta\sin(2\varphi-\beta_k) \end{cases} \tag{1-48}$$

且转矩的对应分量为

$$\begin{cases} M_{1k} = 0 \\ M_{2k} = \dfrac{6GMmR^2}{5r^3}\mathcal{C}_k\cos\sigma_k\sin\theta\sin(2\varphi-\beta_k) \\ M_{3k} = \dfrac{3GMmR^2}{5r^3}\left[\mathcal{C}_k\cos\sigma_k\sin2\theta\cos(2\varphi-\beta_k)-\mathcal{C}''_k\cos\sigma''_k\sin2\theta\cos\beta''_k\right] \end{cases} \tag{1-49}$$

6.2.1　作用在赤道面伴随天体上的力和转矩

变量 θ 和 φ 分别是 M 的余纬和经度，已假设 M 位于 m 的赤道面上（即 $\theta=\pi/2$ 且 $\varphi=\nu+\omega$），因此可得出以下各式

$$\begin{cases} F_{1k} = -\dfrac{3GMmR^2}{5r^4}\left\{3\,\mathcal{C}_k\cos\sigma_k\cos[2\nu-(2-k)\ell-\sigma_k]-\mathcal{C}''_k\cos\sigma''_k\cos(k\ell-\sigma''_k)\right\} \\ F_{2k} = 0 \\ F_{3k} = -\dfrac{6GMmR^2}{5r^4}\mathcal{C}_k\cos\sigma_k\sin[2\nu-(2-k)\ell-\sigma_k] \end{cases} \tag{1-50}$$

且

$$\begin{cases} M_{1k} = 0 \\ M_{2k} = \dfrac{6GMmR^2}{5r^3}\mathcal{C}_k\cos\sigma_k\sin[2\nu-(2-k)\ell-\sigma_k] \\ M_{3k} = 0 \end{cases} \tag{1-51}$$

7　潮汐演化：主天体的自转

此处采用了 $C\dot{\Omega}=M_2$ 这一条件来研究主天体的自转，其中 C 是相对于自转轴的惯性

---

① 为避免正文中充斥着星号，本文只有第 8 节才采用了星号来表示狄安娜的平近点角和近心点变元。若采用了其他的拉格朗日变分方程，则也需标明狄安娜的其他元素。在此情形下，可取的做法就是从一开始便为狄安娜的所有轨道参数都附上星号，直到计算出所有扰动势的导数后才去掉这些星号。证明时添加的注释：新的 Folonier 方程大大简化了对蠕变潮汐理论的表述。见参考文献［28］。

矩[1]。有两点需要注意，一是此处忽略了惯性矩 C 的变化，二是该惯性矩的符号经历了两次反转（两者相互抵消）。第一次符号反转的原因是采用了参照系，其中分量 M_2 朝下（余纬为极角），所以相关转矩作用在伴随天体上的 z 分量为 $-M_2$；发生第二次反转的原因，则是之前给出的 M_{2k} 是作用在伴随天体上的力矩的分量，而针对 $\dot{\Omega}$ 的方程中需要的是主天体对作用在伴随天体上的力矩产生的反作用。由此可得出下式

$$\dot{\Omega}=-\frac{3GM\bar{\epsilon}_\rho}{2a^3}\sum_{k\in\mathbb{Z}}E_{2,k}\cos\sigma_k\sum_{j+k\in\mathbb{Z}}E_{2,k+j}\sin(j\ell+\sigma_k) \tag{1-52}$$

为简化系数，上式采用了均质天体的数值 $C=\frac{2}{5}mR^2$，并引入了 $\mathcal{C}_k$ 的实际值。式中的求和则是对所有阶数小于或等于选定的 N 的项求和［注意 $E_{2,k}=\mathcal{O}(e^k)$］。

鉴于参照系的自转转矩不变，该方程的一个重要特征就是方程右侧与主天体的姿态无关。各周期项的变元中并不包括将自转天体固定在相应位置上的方位角，因此这是一则不存在自由振荡的真正一阶微分方程，相应的物理平动则为受迫振荡。这与刚体的经典自旋-轨道动力学截然不同：在经典的自旋-轨道动力学中，刚体质量分布的永久性方位不对称（对应着系数为 J_{22} 或 J_{31} 的势能项）会产生将方位角纳入变元的项，且此类动力学考虑的是二阶微分方程。

关于 ℓ 的方程式（1－52）的平均值为

$$\langle\dot{\Omega}\rangle=-\frac{3GM\bar{\epsilon}_\rho}{4a^3}\sum_{k\in\mathbb{Z}}E_{2,k}^2\sin2\sigma_k \tag{1-53}$$

请注意下式［见式（1－39）］

$$\sin2\sigma_k=\frac{2\gamma(\nu+kn)}{\gamma^2+(\nu+kn)^2} \tag{1-54}$$

其中

$$\nu=2\Omega-2n \tag{1-55}$$

上式为半日频率（注意：在开普勒近似法中，恒星运动的平均值和不规则运动的平均值相等）。

在远离平衡解的情况下，上述级数中更重要的项是 $k=0$。若近似处理为 $k=0$ 时，上述平均值则简化为

$$\langle\dot{\Omega}\rangle=-\frac{3GM\bar{\epsilon}_\rho}{4a^3}E_{2,0}^2\frac{2\gamma\nu}{\gamma^2+\nu^2} \tag{1-56}$$

该方程有一种经典的解释：$\langle\dot{\Omega}\rangle$ 的符号与 ν 的符号相反，即是说当 $\Omega>n$（反之则 $\Omega<n$）时，$\langle\dot{\Omega}\rangle$ 为负（反之则为正），因此在远离平衡状态的情况下，主天体的自转总是向着平衡状态变化的。

---

① 请注意，此处只考虑了主天体的自转轴垂直于轨道平面（即正交）的情形。

7.1　同步

由于系统的相关转矩值很小，获得系统的完整解集是非常困难的。为了得到解空间的结果图像，我们构造了一个映射，并通过映射将每个值 Ω 与其在一个轨道周期内的增量联系到了一起。这些映射关系在形式上表现为 $\Omega(\ell) \to \Omega(\ell+2\pi)-\Omega(\ell)$ 。然后可通过水平轴 ν/n（水平轴）的数值网格来计算相应的增量，且与轴 $\Delta\Omega=0$ 的交点就是系统的平稳解（见图 1 - 6）。

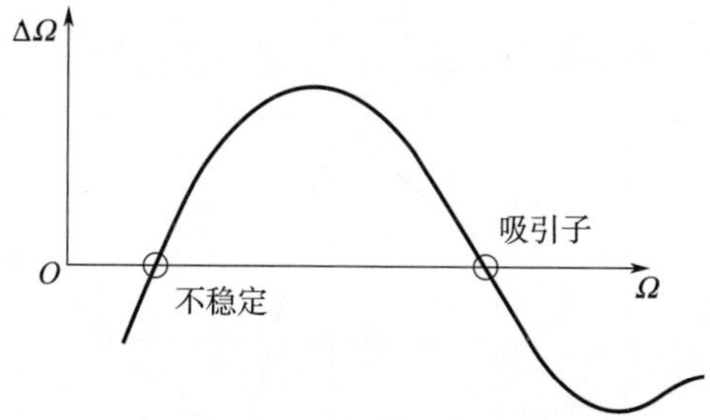

图 1 - 6　每周期的 $\Delta\Omega$ 变化

图中展示了每周期的 $\Delta\Omega$ 变化（与 Ω 呈函数关系）。图中与轴 $\Delta\Omega=0$ 的交点就是相应的稳定定态解和不稳定定态解

计算时，使用一阶积分器就足够了。由于 $\dot{\Omega}$ 太小，此处可以先假设在 r. h. s. 中的 Ω 为常数（即 σ_k 常数），然后对周期项在一个周期内积分即可。

由于 ν/n 的值变化较小，因此图 1 - 7 展示的是放大 10^6 倍后的结果。

当 γ 值较大时（即 $\gamma \geqslant n$），各曲线仅与轴 $\Delta\Omega=0$ 相交一次（见图 1 - 7 上半部），即有且仅只有一个吸引子（或稳定的定态解）。我们注意到当 $e\neq 0$ 时，该吸引子表现出了超同步性，相应的交点则位于 $\nu/n \simeq 12e^2$ 处，这一数值与所有达尔文类理论（见第 11.1 节）和蠕变潮汐理论（见参考文献［19，方程 35］）在 $\gamma \gg n$ 时得出的数值一致。

当 γ 值较小时，曲线可能与轴 $\Delta\Omega=0$ 相交许多次，因此会有许多吸引子（见图 1 - 7 下半部），它们分别位于 $\nu=-n$，0，n，$2n$，…。从图 1 - 7 下半部还能看出吸引子的存在与否取决于轨道偏心率。$e=0$ 时存在唯一的吸引子，而该吸引子就是同步解；而当偏心率逐渐增加时，则会逐渐在 $\nu/n \simeq -1$，1，2，3，… 处出现其他的吸引子。值得注意的是，此处的吸引子 $\nu=0$ 并未表现出如图 1 - 7 上半部所示的偏移，其平均值与实际同步值非常接近。

这些图表现出的特点与参考文献［8］中的平均转矩-自转频率对比图如出一辙，而之所以存在这种相似性，是因为蠕变潮汐理论和麦克斯韦模型实质上是等价的（见第 17 节）。

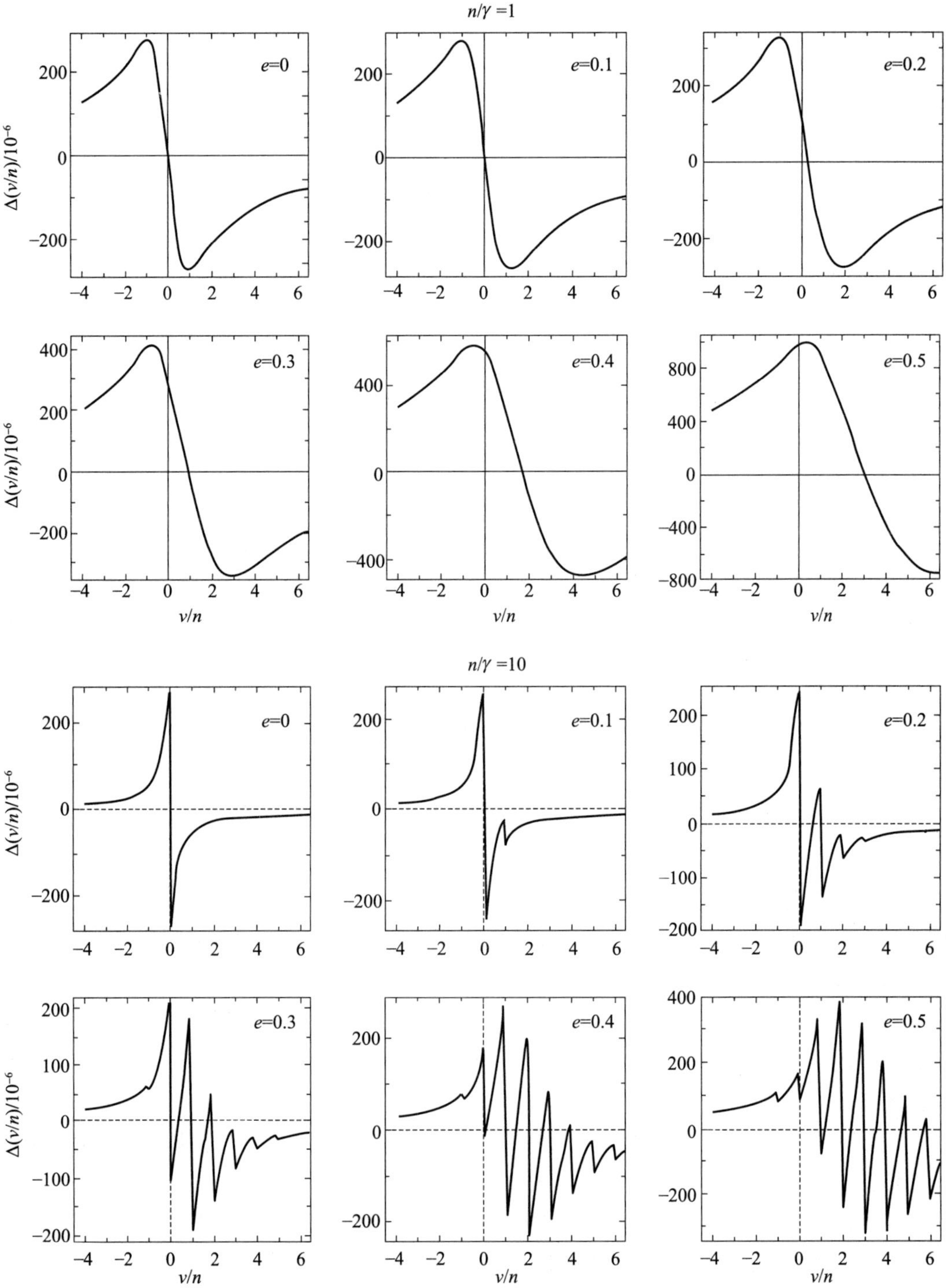

图 1-7　$n=\gamma$ 和 $n/\gamma=10$ 时每周期的 ν/n 变化

注意恒星和巨型气态行星的 $\gamma/n\gg1$，天然卫星和类地行星的 $\gamma/n\ll1$（见表 1-4）

（经许可后翻译自参考文献［20］）

7.2　3/2 轨旋共振：水星

用于勾画图 1－7 下半部的 n/γ 值对应着大轨道的刚性天体（如水星和一些遥远的卫星），而经典理论则为此类天体描绘了以下的演化情景：这些天体最初的自转速度远快于当今的速度，但在潮汐耗散的作用下，这些天体慢慢达到某一吸引子状态，并始终处于这一状态下。所处于的具体状态则取决于其轨道偏心率。只有当偏心率较小时，天体才可能达到自旋-轨道同步吸引子状态（即 $\nu/n=0$）；如果偏心率较大，天体则会达到同步吸引子之前的吸引子（后者所对应的 ν/n 值更高），并停留在此自转状态下，因而无法满足同步条件。举例来说，水星就停留在吸引子 $\nu/n=1$ 这一状态下，即 $\Omega=\frac{3}{2}n$，而其自转周期是其轨道周期的 2/3。轨道偏心率长期来看可能会发生变化，因此不能排除以下可能性：水星的自转运动曾一度停留在吸引子 $\nu/n=2$(即 $\Omega=2n$) 的状态下，但在某起事件中，其偏心率骤降至接近于最小值 0.1（见参考文献［35］）且吸引子 $\nu/n=2$ 暂时消失，从而使其脱离了共振状态。当偏心率再次增大且重新出现该吸引子时，水星的自转运动已经变慢，并在外界影响下逐渐演化到如今的状态。此外，事实上水星仍停留在 3/2 共振状态，这表明其轨道偏心率从未小到远低于 0.1 的程度，毕竟如此之小的偏心率会令 3/2 吸引子消失，从而使自转运动不再停留在这一状态。

鉴于水星的自转运动曾经能跨过 2/1 共振状态（而非永远停留在这一状态），并最终停留在 3/2 共振解状态下，同时也未测出明显脱离 3/2 公度的情形[52]，因此可以估算出水星的松弛因子在 $4<\gamma<30\times10^{-9}\,s^{-1}$ 这一区间内[20]。

当前关于轨旋共振的自转俘获理论计算了俘获概率。事实上，考察刚体阻尼自转的模型采用了类摆二阶微分方程，且共振运动和非共振运动的两种状态之间存在着分界线。至于此类方程的解是能跨过一次共振状态还是被共振状态所俘获，则取决于达到分界线时相应角度的相位。本文提出的理论则不存在这种情况：本文提出了适用于 Ω 的一阶微分方程，此类方程并不存在类摆分界线。当此类方程的解达到一次共振状态的吸引盆时，就必然发生俘获现象。

8　潮汐演化：轨道根数

对一个天体的受摄开普勒运动而言，研究其根数变化的主要工具是拉格朗日变分方程，不过若已知的是扰动力而非扰动势，那么采用高斯变分方程也并无不可。正如第 4 节所讨论的那样，在潮汐演化研究中，作用在主天体上的摄动力是天体系统内部的力，而在计算受潮汐作用的伴随天体对主天体的作用力时，主天体受到的扰动力势能需乘以系数 $\left(1+\frac{M}{m}\right)$。因此在考虑作用于主天体上的每单位质量的力时，得减去该力对伴随天体的反作用力（见参考文献［23，第 18.1 节］中的讨论）。

8.1 半长轴

主天体上的涨潮会使密切半长轴发生变化，而拉格朗日变分方程（见参考文献［4，第 11 章］）则可将这种变化表达如下

$$\dot{a} = \frac{2}{na}\frac{\partial \mathcal{R}}{\partial \ell} \tag{1-57}$$

其中扰动函数是 $\mathcal{R} = -(1 + M/m)\delta U$，$\delta U$ 则是作用在主天体上的引潮力的势能

$$\delta U = -\frac{GmR^2}{5a^3}\sum_{k\in\mathbb{Z}}\sum_{j+k\in\mathbb{Z}}\{3\,\mathcal{C}_k\cos\sigma_k E_{2,j+k}\cos[(2-k)\ell^* + 2\omega^* + \sigma_k + (j+k-2)\ell - 2\omega] - \mathcal{C}''_k\cos\sigma''_k E_{0,j+k}\cos[-k\,\ell^* + \sigma''_k + (j+k)\ell]\} \tag{1-58}$$

该表达式中星号代表狄安娜的平近点角和近心点变元（ℓ^*，ω^*）（见第 6.1 节）。此处之所以要这么做，是因为拉格朗日变分方程中出现的导数仅涉及作用在天体上的力（该力由势能 δU 得出）的要素，而对环绕主天体的伴随天体而言，若用其环绕运动的开普勒变量来代换坐标 r，φ，则要将这些要素引入 δU。一旦计算出导数，便可引入单位元素 $\ell^* = \ell$，$\omega^* = \omega$，并得出以下表达式

$$\dot{a} = -\frac{2nR^2}{5a}\sum_{k\in\mathbb{Z}}\sum_{j+k\in\mathbb{Z}}[3(j+k-2)\,\mathcal{C}_k\cos\sigma_k E_{2,j+k}\sin(j\,\ell + \sigma_k) - (j+k)\,\mathcal{C}''_k\cos\sigma''_k E_{0,j+k}\sin(j\,\ell + \sigma''_k)] \tag{1-59}$$

由势能 δU 得出相应的力后，可将该力所做功的变化率与拉格朗日变分方程进行比较

$$\dot{W} = \delta\boldsymbol{f}\cdot\mathbf{V} = -M\cdot\mathrm{grad}_r\delta U\cdot\mathbf{V} = -Mn\frac{\partial\delta U}{\partial\ell} \tag{1-60}$$

若采用开普勒第三定律［$n^2a^3 = G(M+m)$］，则可通过与拉格朗日方程的比较得出以下表达式

$$\dot{a} = \frac{2a^2}{GmM}\dot{W} \tag{1-61}$$

在分析半长轴的变化时，参考文献［19，23］有时采用该方程来替代拉格朗日方程。

8.2 偏心率

可通过对应的拉格朗日变分方程得出偏心率的变化[4]

$$\dot{e} = \frac{1-e^2}{na^2e}\frac{\partial\mathcal{R}}{\partial\ell} - \frac{\sqrt{1-e^2}}{na^2e}\frac{\partial\mathcal{R}}{\partial\omega} \tag{1-62}$$

另一种办法则是采用以下等价方程

$$\dot{e} = \frac{1-e^2}{e}\left(\frac{\dot{a}}{2a} - \frac{\dot{\mathcal{L}}}{\mathcal{L}}\right) \tag{1-63}$$

其中 $\mathcal{L} = \frac{GMm}{na}\sqrt{1-e^2}$ 是由关于 $\mathcal{L}$ 变化的方程得出的轨道角动量。

经处理后可得出以下表达式

$$\dot{e} = -\frac{3nR^2}{5a^2e}\sum_{k\in\mathbb{Z}}\mathcal{C}_k\cos\sigma_k\sum_{j+k\in\mathbb{Z}}[2\sqrt{1-e^2}+(j+k-2)(1-e^2)]E_{2,j+k}\sin(j\,\ell+\sigma_k)+$$
$$\frac{nR^2}{5a^2e}\sum_{k\in\mathbb{Z}}\mathcal{C}''_k\cos\sigma''_k\sum_{j+k\in\mathbb{Z}}(j+k)(1-e^2)E_{0,j+k}\sin(j\,\ell+\sigma''_k) \tag{1-64}$$

9　能量变化和耗散

单纯根据能量守恒原理便可预测出整体耗散情况。若将伴随天体视为一个质点，那么主天体以潮汐形式耗散的能量只可能在两个方面产生，即主天体的自转以及这两个天体的相对轨道运动。半长轴和天体自转的长期变化可作为评价相关系统能量损失的两个依据。没有其他任何机械过程能持续提供系统所要耗散的能量，因此本文考虑了因两个天体的直接吸引而交换的能量，以及储存在主天体中的自转能量，其他能量储存机制则可忽略不计[28]。此处既未考虑造成主天体内部耗散的物理过程（见参考文献［16，37，43］），也未考虑不同天体的差异（具体来说就是各部分的能量耗散效率有高低之分）[48]。

就作用在主天体上的引潮力而言，第 8.1 节①中的方程可以直接得出这种力所做功的时间变化率，即

$$\dot{W} = -\frac{GMmnR^2}{10a^3}\sum_{k\in\mathbb{Z}}\sum_{j+k\in\mathbb{Z}}[3(j+k-2)\bar{\epsilon}_\rho E_{2,k}E_{2,j+k}\cos\sigma_k\sin(j\,\ell+\sigma_k)+$$
$$(j+k)(E_{0,k}\bar{\epsilon}_\rho+2\delta_{0,k}\bar{\epsilon}_z)E_{0,j+k}\cos\sigma''_k\sin(j\,\ell+\sigma''_k)] \tag{1-65}$$

其中 ℓ 的平均值为

$$\langle\dot{W}\rangle = -\frac{GMmnR^2\bar{\epsilon}_\rho}{20a^3}\sum_{k\in\mathbb{Z}}[3(k-2)E^2_{2,k}\sin2\sigma_k+kE^2_{0,k}\sin2\sigma''_k] \tag{1-66}$$

此外与主天体自转有关的能量变化的时间变化率为 $\dot{W}_{\mathrm{rot}}=C\Omega\dot{\Omega}$，即

$$\dot{W}_{\mathrm{rot}} = -\frac{3GMm\Omega R^2\bar{\epsilon}_\rho}{5a^3}\sum_{k\in\mathbb{Z}}\sum_{j+k\in\mathbb{Z}}E_{2,k}E_{2,k+j}\cos\sigma_k\sin(j\,\ell+\sigma_k) \tag{1-67}$$

［见方程（1-52）］，或其平均值为

$$\langle\dot{W}_{\mathrm{rot}}\rangle = -\frac{3GMm\Omega R^2\bar{\epsilon}_\rho}{10a^3}\sum_{k\in\mathbb{Z}}E^2_{2,k}\sin2\sigma_k \tag{1-68}$$

请注意，以上各项计算经过了以下等近似处理：

1）假设均质球值 $C=\frac{2}{5}mR^2$，并忽略 C 值因天体形状的不同而发生的变化。

2）假设求平均的过程中 ν 始终保持恒定。不过 Ω 存在小幅的受迫平动，这一因素在 $\nu=0$ 时会产生重要影响，因此之前给出的平均值仅适用于与 $\nu=0$ 相去甚远的状态，此外

① 读者可能会注意到 $\mathcal{C}_k$ 和 $\mathcal{C}''_k$ 的定义中出现了相反的符号，这些符号经常会导致方程变换出错。

若所述运动接近于“Ω 的变化可能会影响结果”的某一公度，则必须采用能给出 $\dot{W}$ 和 $\dot{W}_{\mathrm{rot}}$ 的非平均方程。

加入这两个平均值后会得出以下结果

$$\langle\dot{W}_{\mathrm{total}}\rangle=-\frac{GMmR^2\bar{\epsilon}_\rho}{20a^3}\sum_{k\in\mathbb{Z}}\left[3(\nu+kn)E_{2,k}^2\sin2\sigma_k+knE_{0,k}^2\sin2\sigma''_k\right] \tag{1-69}$$

若考察以下两式

$$\begin{cases}\sin2\sigma_k=\dfrac{2\gamma(\nu+kn)}{\gamma^2+(\nu+kn)^2}\\ \sin2\sigma''_k=\dfrac{2\gamma kn}{\gamma^2+k^2n^2}\end{cases} \tag{1-70}$$

便可发现相关结果始终为负（意味着总机械能有所损失）；$\sin2\sigma_k$ 和 $\sin2\sigma''_k$ 的符号与因子（$\nu+kn$）和 kn 的符号相互抵消，因此括号内的各项之和实为平方和。

$\langle\dot{W}_{\mathrm{total}}\rangle$ 的模数是主天体内部耗散的总能量。

图 1-8 展示了 $|\nu/n|=2.5$ 的两种情形下的耗散状况。在速率更快（$\nu>0$）的情形下，天体的自转运动远快于轨道运动；而在另一种情形（$\nu<0$）下，天体的自转运动则处于缓慢的逆行状态。选择这些值是为了避免接近稳态解。

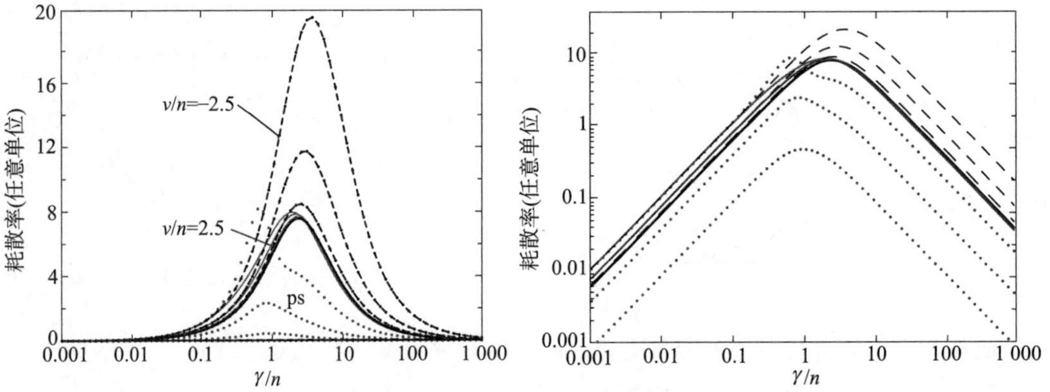

图 1-8　$|\nu/n|=2.5$ 的两种情形下的耗散状况（见彩插）

左图：两种情形下自由旋转天体所耗散能量的时间变化率：当偏心率介于 0.0（粗线）和 0.3 之间时，$\nu=-2.5n$（黑色虚线）和 $\nu=2.5n$（蓝色实线）。当 $e=0$ 时，这两种情形下的结果并无不同，且耗散程度均随着偏心率的增大而增大。右图：对数尺度下的相同时间变化率，从中可以看出在以下两种界域内支配耗散现象的幂律：$\gamma\ll n$ 界域（Efroimsky - Lainey）和 $\gamma\gg n$ 界域（达尔文）。作为对比，图中也包含了伪同步解（红点）（经许可后翻印自参考文献［20］）

图 1-8 表明上述耗散受制于两项幂律。当 $\gamma\gg n$（气态天体）时，耗散程度与 γ/n 成反比（对数图右侧的曲线是一条斜率等于－1 的直线），而达尔文[11]的理论也采用了相同的界域（其中耗散程度与主谐波的频率成比例）。另一方面，对数图左侧的 $\gamma\ll n$（刚性天体），此处的耗散程度与 γ/n 成正比。Efroimsky 和 Lainey[15]首次采用了幂律更为和缓的

此类界域来展现刚性天体的潮汐滞后现象。

10　达尔文理论

接下来的三节将专门介绍达尔文的理论[11]。这一理论诞生于 130 年前，迄今为止已有许多作者重温了该理论（见参考文献［1、13、14、17、23、30、32－34，41］等），同时也提出了许多修正意见。本文主要沿用了参考文献［33］和参考文献［23］的看法。

达尔文理论以静力潮［见方程（1－17）］为切入点

$$\delta\zeta = R\sum_{k\in\mathbb{Z}}\left\{\mathcal{C}_k\sin^2\hat{\theta}\cos[2\hat{\varphi}+(k-2)\ell-2\omega]+\mathcal{C}''_k\left(\cos^2\hat{\theta}-\frac{1}{3}\right)\cos k\ell\right\} \tag{1-71}$$

假设动力潮和静力潮都由相同的谐波构成，且两者均存在指定的相位滞后，即 ε_k 和 ε''_k。此外也假设每一项的振幅衰减量等同于对应相位滞后量的余弦。由此得出以下表达式

$$\delta\zeta = R\sum_{k\in\mathbb{Z}}\left\{\mathcal{C}_k\sin^2\hat{\theta}\cos\varepsilon_k\cos[2\hat{\varphi}+(k-2)\ell-2\omega-\varepsilon_k]+\mathcal{C}''_k\left(\cos^2\hat{\theta}-\frac{1}{3}\right)\cos\varepsilon''_k\cos(k\ell-\varepsilon''_k)\right\} \tag{1-72}$$

通过与蠕变潮汐理论进行对比，可以看出达尔文理论和蠕变潮汐理论都给出了相同的动力潮表达式，唯一的区别是达尔文用给定量 ε_k 和 ε''_k 取代了通过蠕变方程积分引入的参数 σ_k 和 σ''_k。这种一致性并不仅仅是巧合。对于“主天体被潮汐所扭曲且有一伴随天体绕该主天体公转”[11]这一情形，达尔文在提出其中伴随天体的轨道演化理论前，曾短暂考虑过一种基于牛顿蠕变的模型，并得出了与蠕变潮汐理论相似的方程。之后他虽放弃了这一模型，但却在新模型中采用了与其早期研究相同的形式特征。

这种常用的近似处理法被称作“弱摩擦近似”法[1]，其中除了将假设值较小的特别滞后量 ε_k 和 ε''_k（假设值较小的原因是它们的余弦对应着谐波振幅的衰减）视为 1 外，也将其他一些量视为 1。

10.1　滞弹潮

在弱摩擦近似法中，变元 $\cos(2\phi+\cdots-\varepsilon_k)$ 可围绕 $\varepsilon_k=0$ 变换为泰勒（Taylor）展开式，从而得出 $\cos(2\varphi+\cdots)+\varepsilon_k\sin(2\varphi+\cdots)+\mathcal{O}(\varepsilon_k^2)$。该展开式中的第一项，就是第 4 节深入研究过的静力（或者说弹性）潮表达式中的项；其第二项（或者说线性项）有时亦称滞弹潮（或黏弹潮），与之对应的主天体变形如下

$$\delta\zeta_{\text{anel}} = R\sum_{k\in\mathbb{Z}}\left\{\varepsilon_k\,\mathcal{C}_k\sin^2\hat{\theta}\sin[2\hat{\varphi}+(k-2)\ell-2\omega]+\varepsilon''_k\mathcal{C}''_k\left(\cos^2\hat{\theta}-\frac{1}{3}\right)\sin k\ell\right\} \tag{1-73}$$

人们通常只研究滞弹潮的潮汐演化（见参考文献［23］）。正如上文所述，静力潮既不影响主天体的自转，也不影响系统半长轴和偏心率的平均变化，但若想了解系统主要角度方面的摄动，就得将其纳入考量，如近心点的变元（见参考文献［23，附录 B］）。

关于滞弹潮需要强调一点，即其主导项（$k=0$）的最大值并非出现在静力潮主导项的 $\varphi=\ell+\omega \pmod{\pi}$ 处，而是出现在 $\varphi=\ell+\omega-45^\circ \pmod{\pi}$ 处。换言之：滞弹潮顶点比静力潮顶点落后 45°左右。

10.2 力和转矩

正如上节介绍蠕变潮汐理论时所做的那样，此处也无须复述达尔文理论中的每一项计算过程。这两项理论中的 $\delta\zeta$ 表达式有一定的相似性，因此这里可以借用前几节得出的结果，唯一的区别就是此处把围绕 σ 的量替换成了围绕 ϵ 的量，并出于方便采用了弱摩擦近似法。

举例来说，相应的力和转矩［见方程（1-50）和（1-51）］表达如下

$$\begin{cases} F_{1k}=-\dfrac{3GMmR^2}{5r^4}\{3\,\mathcal{C}_k\cos[2\nu-(2-k)\,\ell-\varepsilon_k]-\mathcal{C}''_k\cos(k\,\ell-\varepsilon''_k)\} \\ F_{2k}=0 \\ F_{3k}=-\dfrac{6GMmR^2}{5r^4}\,\mathcal{C}_k\sin[2\nu-(2-k)\,\ell-\varepsilon_k] \end{cases} \tag{1-74}$$

$$\begin{cases} M_{1k}=0 \\ M_{2k}=\dfrac{6GMmR^2}{5r^3}\,\mathcal{C}_k\sin[2\nu-(2-k)\,\ell-\varepsilon_k] \\ M_{3k}=0 \end{cases} \tag{1-75}$$

低阶的达尔文理论更容易理解，且上述方程也能轻松适用于不同的模型（比如地核体/地幔体[26,27]和响应衰减产生的效应[23]等）。高阶的达尔文理论更容易构建起计算体系，但鉴于人们尚不了解天体的实际流变规律，由此得出的高阶展开式的准确性值得怀疑。

10.3 特殊流变学

当前各版本的达尔文理论分别采用了不同的定律来分析天体对潮汐应力的响应。其中一些版本（如参考文献［23，33，34］）并未事先界定任何流变学规律，而只是遵循“频率相等时响应也相同”这一规则，不过大多数版本还是采用了一条与滞后有关的规律，并事先定下了各个频率。各版达尔文理论通常选用的规律如下所示。

①滞后量与频率成正比例（达尔文）

在此类理论中，滞后量与天体表面上某一点的对应径向振荡频率成正比（正如通过静力潮所得出的结果）。表 1-3 列出了一些更重要的频率（注意 $\varphi=\varphi_0+\Omega t$）。这些频率既可以事先定下[11,41]，也可根据所选的耗散规律形成特定的线性关系[17,32]。采用此类规律的达尔文理论被称为线性理论或恒时滞理论，参考文献［23］对此类理论做了深入的讨论。注意蠕变潮汐理论也采用了这一规律［但仅用于假定滞后量不大的情形，具体见方程（1-39）］，其比例系数为 $1/\gamma$。这两项理论的差别来自于弱摩擦近似法，这种方法强制认定滞后量不大，因此采用该方法的理论仅适用于 γ 较大的情形（即气态天

体，见表 1－4）。

②滞后量不取决于频率

在此类理论中，所有谐波都有着相同的滞后量，且系统演化过程中这些滞后量不会发生变化。采用此类规律的达尔文理论被称为恒相滞理论，其一大用途就是研究太阳系天体的演化。由于各行星的自转速度较快，它们的主谐波频率 $\nu - kn$ 都相差无几。在相应的表达式中，所有的项都是“半日”项，且所得结果与用恒时滞理论得出的结果大同小异。此类理论的另一大用途就是研究月球及其他天然卫星，不过这些卫星的偏心率较小，且只有 $|k| \leqslant 1$ 的谐波才具有实质性的影响，同时各谐波有着相同的频率（在相应表达式中均属于“全月”项；见表 1－3）。

不过不能将恒相滞理论沿用到通常 $\Omega \ll n$ 的系外行星上，毕竟一些恒星自转运动较为缓慢，因此各主要谐波的周期相差很大。

③滞后量遵循逆幂律（Efroimsky－Lainey）

就刚性天体而言，为了与地球内部地震波的滞后量观测值保持一致，有人建议参考文献［15］采用 α 的取值范围为 0.2～0.4 的逆幂律 $\varepsilon_k \sim \text{cte}[频率]_k^{-\alpha}$。不过 $\nu \to 0$ 时纯逆幂律会使 ε_0 的数值达到无穷大，所以不能一律采用逆幂律。具体来说，如果半日频率 ν 接近于零，就必须做一些修正。在实际应用[37]中，一旦 ν 越过零点，滞后量 ε_0 的时间行为就会与图 1－9 中的行为如出一辙，且 $\nu = 0$ 附近会发生一次快速而连续的符号反转。

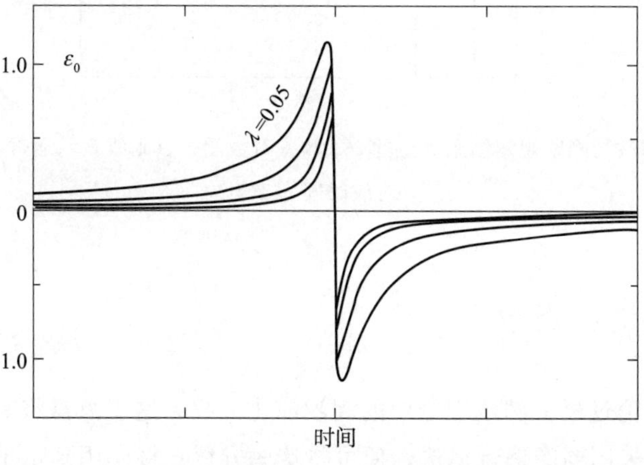

图 1－9　半日潮频率跨过 0 点时潮汐滞后量（大地测量值）的时间演化以及潮汐波峰相对于亚伴随点的变化（参见第 16 节）（经许可后翻印自参考文献［19］）

④几何滞后量保持恒定（MacDonald）

这种大受欢迎的模型[36]为整个平衡椭球体假设了一项恒定的几何滞后量，这一假设虽极大地简化了理论中的代数部分，但鉴于其并未界定流变学规律，因此通常都被视为一项非物理性假设[18,55]。相关方程的傅里叶分解结果并未体现出任何与谐波的滞后量和频率有关的规律，换句话说，就是不存在本质上取决于 MacDonald 方程的简单流变学规律。参考文献［50］中提出的修正也是如此。对 MacDonald 所选的方案来说，另一个固有难点就是主天体围绕自旋-轨道同步状态发生振荡时的滞后值。在这种振荡下，每越过一次 $\nu=0$ 的状态，就得调换一次滞后量的符号。Williams 和 Efroimsky 适当修正了原有方程，从而将原有模型变换为恒时滞模型[55]，进而解决了上述问题。

评估流变学规律恰当与否的困难之一，就是缺乏直接观测数据。月球是人们直接观测过的唯一天体，而从月球的激光测距观测结果来看，1 个月时的品质因数 $Q(\simeq 1/\varepsilon_k)$ 为 38 ± 4，1 年时的 Q 为 41 ± 9，3 年时的 $Q\geqslant 74$，6 年时的 $Q\geqslant 58$[54]。对数图 1-10 展示了与频率相对应的 ε_k 值，其中的直线表示通过 ε_k 值中点的几种幂律（对应时间为 1 年），它们与观测值之间存在着明显的差异。恒相滞模型能以较好的方式来表达两个较好的确定值。

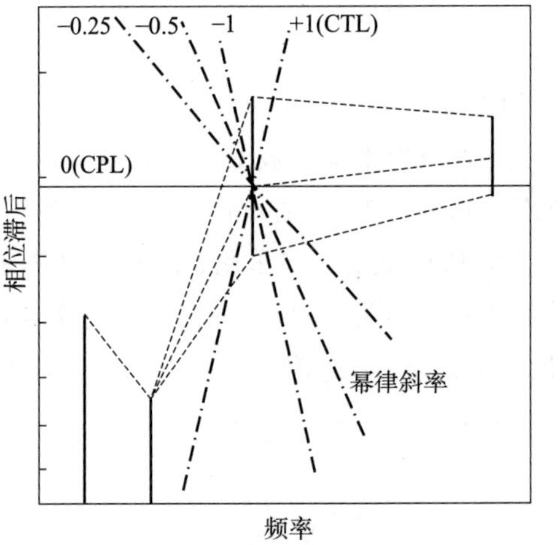

图 1-10　通过月球激光测距观测结果确定的 ε_k -频率对数图。点画线表示通过 ε_k 值中点的几种幂律（对应时间为 1 年）

11　达尔文理论：潮汐演化

鉴于之前已讨论过蠕变潮汐理论中的潮汐演化方程，这里只需将其中围绕 σ 的量替换成围绕 ε 的量，并采用弱摩擦近似法，便可将这些方程直接套用到达尔文理论的框架下。

11.1　同步

在考虑滞弹潮的情况下，主天体自转运动的微分方程如下

$$\dot{\Omega}=-\frac{3GM\bar{\epsilon}_\rho}{2a^3}\sum_{k\in\mathbb{Z}}E_{2,k}\sum_{j+k\in\mathbb{Z}}\varepsilon_k E_{2,k+j}\cos j\ell \tag{1-76}$$

与 ℓ 有关的平均值为

$$\langle\dot{\Omega}\rangle=-\frac{3GM\bar{\epsilon}_\rho}{2a^3}\sum_{k\in\mathbb{Z}}\varepsilon_k E_{2,k}^2 \tag{1-77}$$

或代换凯莱函数的实际值（见表 1-2）

$$\langle \dot{\Omega} \rangle = -\frac{3GM\bar{\epsilon}_\rho}{8a^3}[4\varepsilon_0 + e^2(-20\varepsilon_0 + \varepsilon_1 + 49\varepsilon_{-1}) + \cdots] \tag{1-78}$$

人们首先发现该方程的结果取决于几个明显的滞后量，因此其延续性取决于采用的流变学规律。

假设同步域的邻域中 $\varepsilon_0 \ll |\varepsilon_1|$（$\varepsilon_0$ 约为 0）且 $\varepsilon_{-1} = -\varepsilon_1$（数值相等但频率相反的项具有相反的滞后量），则 $\langle \dot{\Omega} \rangle \propto (\varepsilon_0 - 12e^2\varepsilon_1) \neq 0$，即是说除非做圆周运动，否则自转不可能达到同步。求解方程 $\langle \dot{\Omega} \rangle = 0$，则可得出以下表达式

$$\varepsilon_0 \simeq 12e^2\varepsilon_1 \tag{1-79}$$

若采用达尔文恒时滞流变学规律，则 $\varepsilon_0 \propto 2\Omega - 2n$、$\varepsilon_1 \propto 2\Omega - n$，且最新的方程变为以下形式

$$\Omega_{\text{stat}} \simeq n(1 + 6e^2) \tag{1-80}$$

达尔文理论中的唯一定态解具有超同步性，而图 1-7 的上半部分（唯一定态解位于原点右侧）也给出了相同的结果。

按照达尔文理论，如果 $e \neq 0$，则不存在同步的解，此时要么任何定态解都具有超同步性，要么潮汐转矩不是唯一作用在主天体上的转矩。人们通常会假设主天体永远处于轴向不对称状态，其若达到平衡，则意味着这种不对称产生的转矩与潮汐转矩相互抵消（见参考文献［23，第 5.3 节］）。对达尔文理论而言，若假设不存在额外的转矩作用，则同样无法得出图 1-7 下半部所示的各种定态解。

11.2　耗散

为了得出主天体以潮汐形式耗散的能量，本文考虑了系统轨道和主天体自转的贡献（此处通过蠕变潮汐理论中的相应方程得出此类贡献）。先进行代换，然后采用弱摩擦近似法，并对 ℓ 求平均，从而就轨道能量的长期变化得出以下表达式

$$\langle \dot{W}_{\text{orb}} \rangle = -\frac{GmMnR^2\bar{\epsilon}_\rho}{10a^3}\sum_{k\in\mathbb{Z}}[3(k-2)E_{2,k}^2\varepsilon_k + kE_{0,k}^2\varepsilon''_k] \tag{1-81}$$

且对主天体自转能量的长期变化而言

$$\langle \dot{W}_{\text{rot}} \rangle = -\frac{3GmM\Omega R^2\bar{\epsilon}_\rho}{5a^3}\sum_{k\in\mathbb{Z}}E_{2,k}^2\varepsilon_k \tag{1-82}$$

由两个分量之和得出以下表达式

$$\langle \dot{W}_{\text{tot}} \rangle = -\frac{GmMR^2\bar{\epsilon}_\rho}{10a^3}\sum_{k\in\mathbb{Z}}[6(\Omega-n)E_{2,k}^2\varepsilon_k + 3knE_{2,k}^2\varepsilon_k + knE_{0,k}^2\varepsilon''_k] \tag{1-83}$$

在恒时滞理论中，ε_k 和 ε''_k 分别与频率 $2\Omega + (k-2)n$ 和 kn 成正比，且以上方程括号中的部分可简化为平方和。不出所料，$\langle \dot{W}_{\text{tot}} \rangle$ 的最终结果为负（意味着能量有所损失），这就是耗散在主天体中的系统能量。

相关应用中有两种重要的近似处理，其中之一是假定系统自由自转（即远离平衡状态）且偏心率较小，此时的耗散状况受制于 $k=0$ 所对应的项，即

$$\langle \dot{W}_{\mathrm{tot}} \rangle_{k=0} = -\frac{3GmMR^2 \bar{\epsilon}_\rho}{5a^3}(\Omega - n)E_{2,0}^2 \varepsilon_0 \tag{1-84}$$

另一种则是假定自转运动接近于稳态自转，此时 ε_0 约等于 0，且必须考虑到 $|k|=1$ 的项。既然定态解中 $\Omega - n = 6ne^2$，则可由下式得出相应的耗散

$$\langle \dot{W}_{\mathrm{tot}} \rangle_{\mathrm{stat}} = -\frac{21GmMR^2 \bar{\epsilon}_\rho n e^2 \varepsilon_1}{5a^3} \tag{1-85}$$

（注意 ε''_1 和 ε''_{-1} 所对应的频率正好相反，因此 $\varepsilon''_{-1} = -\varepsilon''_1$；与此类似，当 Ω 约为 n 时，同样 $\varepsilon_{-1} = -\varepsilon_1$，且 $\varepsilon''_1 = \varepsilon_1$。见表 1－3）。

这些结果表现出了一些经典性质：对于自由自转的主天体，其耗散受制于 ε_0；对于自转运动停留在定态解的天体，其耗散则受制于 ε_1。因此对各应用领域而言，这两种情形下的品质因数有所不同。第一种情形下 Q 约为 $1/\varepsilon_0$，第二种情形下 Q 约为 $1/\varepsilon_1$。另一项重要性质则是耗散与滞后量成正比：若假设滞后量与频率成比例，并将耗散状况绘制成对数图，则会像蠕变潮汐理论那样（见图 1－8 的右图），只有右侧的直线朝向下方，而不会出现行为相反的麦克斯韦型天体所具有的左手分支特征。注意在弱摩擦近似法的限制下，达尔文理论仅适用于远小于 γ 的频率。

11.3 轨道演化

本节将介绍达尔文理论下半长轴和偏心率的平均变化。本文并未考虑近心点的各项角元素（历元时的经度、近心点变元以及非正交理论中的节点经度）变化，因此没有给出相应的方程。这些元素按照像其他对象那样用拉格朗日变分方程计算即可，唯一要注意的区别在于静力潮对这些变化作出了重要贡献，甚至比滞弹潮的贡献更加重要。

引入 ε 之后，采用弱摩擦近似法并对 ℓ 求平均，便可得出以下表达式

$$\langle \dot{a} \rangle = -\frac{nR^2 \bar{\epsilon}_\rho}{5a} \sum_{k \in \mathbb{Z}} [3(k-2)E_{2,k}^2 \varepsilon_k + kE_{0,k}^2 \varepsilon''_k] \tag{1-86}$$

若仅保留主导项（$|k| \leqslant 1$）并使 $\varepsilon''_{-1} = -\varepsilon''_1$，则

$$\langle \dot{a} \rangle = \frac{nR^2 \bar{\epsilon}_\rho}{5a}(6E_{2,0}^2 \varepsilon_0 + 3E_{2,1}^2 \varepsilon_1 + 9E_{2,-1}^2 \varepsilon_{-1} - 2E_{0,1}^2 \varepsilon''_1) \tag{1-87}$$

或采用凯莱函数的实际表达式（见表 1－2）

$$\langle \dot{a} \rangle = \frac{3nR^2 \bar{\epsilon}_\rho}{10a}\left[4\varepsilon_0 - e^2\left(20\varepsilon_0 - \frac{1}{2}\varepsilon_1 - \frac{147}{2}\varepsilon_{-1} + 3\varepsilon''_1\right)\right] \tag{1-88}$$

达尔文理论采用了类似的方式来得出偏心率的平均变化

$$\langle \dot{e} \rangle = -\frac{3nR^2 \bar{\epsilon}_\rho}{10a^2 e} \sum_{k \in \mathbb{Z}} \left[2\sqrt{1-e^2} + (k-2)(1-e^2)\right] E_{2,k}^2 \varepsilon_k - \frac{nR^2 \bar{\epsilon}_\rho}{10a^2 e} \sum_{k \in \mathbb{Z}} k(1-e^2)E_{0,k}^2 \varepsilon''_k \tag{1-89}$$

$k\delta_{0,k} = 0$，因此不会出现取决于 $\bar{\epsilon}_z$ 的项。若设 $[2\sqrt{1-e^2} + (k-2)(1-e^2)] = k + (1-k)e^2 + \mathcal{O}(e^4)$，则可就主导项得出以下表达式

$$\langle \dot{e} \rangle = -\frac{nR^2\,\bar{\epsilon}_\rho}{10a^2 e}\sum_{k\in\mathbb{Z}}\{3[k+(1-k)e^2]E^2_{2,k}\varepsilon_k + k(1-e^2)E^2_{0,k}\varepsilon''_k\} \tag{1-90}$$

或仅保留 $|k|\leqslant 1$ 的项

$$\langle \dot{e} \rangle = -\frac{nR^2\,\bar{\epsilon}_\rho}{10a^2 e}(3e^2E^2_{2,0}\varepsilon_0 + 3E^2_{2,1}\varepsilon_1 - 3E^2_{2,-1}\varepsilon_{-1} + 2E^2_{0,1}\varepsilon''_1) \tag{1-91}$$

最后通过凯莱函数的实际表达式（见表1-2）来得出下式[30]

$$\langle \dot{e} \rangle = -\frac{3nR^2\,\bar{\epsilon}_\rho}{20a^2}e\left(2\varepsilon_0 + \frac{1}{2}\varepsilon_1 - \frac{49}{2}\varepsilon_{-1} + 3\varepsilon''_1\right) \tag{1-92}$$

这些推导的延拓取决于所选的流变学规律。

12　恒时滞模型中的演化方程

若假设滞后与对应潮汐谐波的频率成比例（见表1-3）且比例系数（或时间滞后量）为 τ，则可得出以下的轨道演化结果

$$\langle \dot{a} \rangle = \frac{12nR^2\,\bar{\epsilon}_\rho}{5a}\left[\Omega\left(1+\frac{27}{2}e^2\right) - n(1+23e^2)\right]\tau \tag{1-93}$$

$$\langle \dot{e} \rangle = \frac{3nR^2\,\bar{\epsilon}_\rho}{5a^2}e(11\Omega - 18n)\tau \tag{1-94}$$

采用了Hut公式（如参考文献［12，38］）的部分潮汐摩擦论文也使用了这些方程，但要注意Hut求解[32]时采用的是封闭表达式而非展开式，因此必须对Hut得出的结果进行重构，使其等价于蠕变潮汐理论中 $\gamma \gg n$ 且 $\tau = 1/\gamma$ 时的结果。在 $\gamma \gg n$ 的情况下，两种理论的基本公式并无不同，此时其实可以像 ε_k 和 ε''_k 那样对 σ_k 和 σ''_k 进行弱摩擦近似处理，从而使两种理论的各方程都变得如出一辙，唯一的区别就在于所用的滞后符号和围绕 $\sigma_k = \sigma''_k = 0$ 的泰勒展开式。

最后要注意这两种理论均忽略了由极轴的潮汐收缩产生的径向项，这意味着不存在滞后量为 ε''_k 的项，且上述方程中依赖于偏心率的 n 系数为181/8（而不是23）和69/4（而不是18）。

12.1　快速自转的行星

如果主天体是快速自转的行星（如木星），伴随天体则是其该行星的一颗卫星，则 $n \ll \Omega$，且可忽略上述方程中与 n 成正比的项的影响。由此可得出以下结果

$$\langle \dot{a} \rangle = \frac{12nR^2\Omega\,\bar{\epsilon}_\rho}{5a}\left(1+\frac{27}{2}e^2\right)\tau \tag{1-95}$$

$$\langle \dot{e} \rangle = \frac{33nR^2\Omega\,\bar{\epsilon}_\rho}{5a^2}e\tau \tag{1-96}$$

这些方程使用广泛，甚至连系外行星系统的潮汐理论最初也采用了这些方程。但如果恒星自转缓慢（参见下文），那么 $n \ll \Omega$ 这一假说就并不成立，自然也就不应采用这些方程。

12.2 慢自转的恒星

如果主天体是自转缓慢且有邻近行星的恒星，则 $\Omega \ll n$，且可忽略上述方程中与 Ω 成正比的项的影响。

$$\langle \dot{a} \rangle = -\frac{12n^2R^2\bar{\epsilon}_\rho}{5a}(1+23e^2)\tau \tag{1-97}$$

$$\langle \dot{e} \rangle = -\frac{54n^2R^2\bar{\epsilon}_\rho}{5a^2}e\tau \tag{1-98}$$

尤其需要注意的是，此处两则方程中的符号与第 12.1 节中的符号有所不同。在中心天体快速自转的情况下，主天体的潮汐会导致伴随天体沿着偏心率更大的轨道远离主天体；在中央天体缓慢自转的情况（各主恒星会演化到这种状态）下，主天体的潮汐作用会使伴随天体的轨道逐渐变圆，同时使伴随天体朝主天体坠落。

需要强调的是，在行星系统中，中心恒星的自转运动可能会发生巨大变化，比如因自身的活动而导致原本很快的自转速度运动减缓[5,25]。另外从已发现的系外行星系统来看，各恒星的自转状态也千差万别，所以本节近似处理法可能无法满足一般性研究的需要，而必须改用第 12 节中的一般性公式才行。

12.3 热木星

演化研究的结果表明，邻近的热木星多半会在相对较短的时间（数百万年）内达到稳态自转状态。而按照达尔文理论，在外界因素的影响下，这些热木星会达到自转速度 $\Omega = n(1+6e^2)$ 的超同步自转状态。若将该数值引入上述一般方程，则可得出以下表达式

$$\langle \dot{a} \rangle = -\frac{42n^2R^2\bar{\epsilon}_\rho}{5a}e^2\tau \tag{1-99}$$

$$\langle \dot{e} \rangle = -\frac{21n^2R^2\bar{\epsilon}_\rho}{5a^2}e\tau \tag{1-100}$$

对几近同步的热木星而言，其潮汐引起的轨道衰减量与偏心率的平方成正比，所以一旦轨道逐渐变圆，就理应不再考虑其影响。这些公式有时被用于研究超级地球和天然卫星的潮汐衰减，但这些天体都较为坚硬，因此恒时滞流变学规律（见第 10.3 节）恐怕并不适用于这些天体。

13 恒相滞模型中的演化方程

借助由恒相滞（CPL）模型得出的方程，人们已广泛研究了各天然卫星的潮汐演化情况[45,56]。

在恒相滞模型中，如果主天体是一颗快速自转的行星，那么所有的滞后量都取与 ε_0 相同的值。此时所有扇谐项都属于半日项（见表 1-3），且当 $\Omega \gg n$ 时，其结果与恒时滞模型中的对应结果相差不大（但滞后量为 ε_1'' 的径向项属于全月项）。既然其也等价于 ε_0，

便可得出一则$\mathcal{O}(e^2)$贡献量有所不同的相似公式：针对$\langle \dot{a} \rangle$的方程中不是54/4而是51/4；针对$\langle \dot{e} \rangle$的方程中不是22/4而是19/4（在比较两种模型的公式时，注意恒时滞模型中此时ε_0约为$2\Omega\tau$）。

$$\langle \dot{a} \rangle = \frac{6nR^2\bar{\epsilon}_\rho}{5a}\left(1+\frac{51}{4}e^2\right)\varepsilon_0 \tag{1-101}$$

$$\langle \dot{e} \rangle = \frac{3nR^2\bar{\epsilon}_\rho}{5a^2}\left(\frac{19}{4}e\right)\varepsilon_0 \tag{1-102}$$

在恒相滞模型中，如果伴随天体几近同步，则将由方程（1-79）定义的超同步定态值作为滞后量ε_0的值，其他项（属于全月项）则采用相同的模数，但是项$k=-1$的频率为负，因此可将ε_{-1}改写为$-\varepsilon_1$[30]。于是可得出以下表达式

$$\langle \dot{a} \rangle = -\frac{6nR^2\bar{\epsilon}_\rho}{5a}(7e^2)\varepsilon_1 \tag{1-103}$$

$$\langle \dot{e} \rangle = -\frac{3nR^2\bar{\epsilon}_\rho}{5a^2}(7e)\varepsilon_1 \tag{1-104}$$

13.1　由两天体的潮汐造成的轨道累积变化

一般来说，必须同时考虑因主天体和伴随天体涨潮而导致的半长轴变化和偏心率变化。为了将这两项贡献纳入同一则方程中，本文换用了更为通用的符号。为得出更庞大的中心天体的潮汐所造成的变化，此处对各方程做了以下代换：$\varepsilon_j=\varepsilon_{jA}$，$m=m_A$，$M=m_B$，以及$R=R_A$。同时为得出近乎同步的更小天体的潮汐所造成的变化，此处也对各方程做了以下代换：$\varepsilon_j=\varepsilon_{jB}$，$m=m_B$，$M=m_A$，以及$R=R_B$。然后引入相关因子[45,56]，便可得出以下表达式

$$D=\left(\frac{m_A}{m_B}\right)^2\left(\frac{R_B}{R_A}\right)^5\left(\frac{\varepsilon_{1B}}{\varepsilon_{0A}}\right) \tag{1-105}$$

本文更倾向于采用滞后量之比$\varepsilon_{1B}/\varepsilon_{0A}$，而不是常用的品质因数之比$Q_A/Q_B$。

根据以上方程得出下式

$$\langle \dot{a} \rangle = \frac{9nm_BR_A^5\varepsilon_{0A}}{2m_Aa^4}\left(1+\frac{51}{4}e^2-7De^2\right) \tag{1-106}$$

$$\langle \dot{e} \rangle = \frac{9nm_BR_A^5\varepsilon_{0A}}{4m_Aa^5}\left(\frac{19}{4}e-7De\right) \tag{1-107}$$

若用恒时滞模型中的相应方程构建相同的组合，所得结果将与以上结果十分相似，区别仅在于针对$\langle \dot{a} \rangle$方程中不是51/4而是54/4，而针对$\langle \dot{e} \rangle$的方程中不是19/4而是22/4。这种相似性证明了恒时滞模型甚至能处理滞后量表达式与频率无关（见图1-10；或者说至少时间足够短，以至于可视作频率不变）的问题。这也解释了为何在限定时间的情况下，恒时滞模型和恒相滞模型的结果没有太大差异[2]。

在完全同步（$\Omega=n$）假设下，针对$\langle \dot{a} \rangle$的恒相滞模型方程中的项$7De^2$有时会改为$19De^2$，但只要在达尔文理论的框架内，就只有e约为0时才存在同步解。

14 米尼亚尔理论

除达尔文理论外，亦可采用由封闭表达式构建而成的米尼亚尔（Mignard）理论[41]（该理论完全不涉及傅里叶展开式）。米尼亚尔理论考虑了一种虚构的三体布局，即主天体-伴随天体-“狄安娜”，其中“狄安娜”造成主天体变形，而变形的主天体则与伴随天体存在着引力层面的相互作用（见图 1-5）。该理论还将伴随天体和“狄安娜”指向主天体中心的位置矢量分别设为 $\boldsymbol{r}$ 和 $\boldsymbol{r}^*$，其他符号则与达尔文理论保持一致。

主天体的静力潮表现为琼斯长椭球体（参考文献［41］中并未考虑自转对极向扁圆率的影响）。可用方程（1-22）得出主天体因潮汐变形而在一般点 $\boldsymbol{P}(\boldsymbol{r})$ 处产生的扰动引力势。考虑到惯性矩 A 和 B 的定义（$C=B>A$）以及 a 和 b 围绕 ϵ_J 的表达式（$c=b<a$），可以得出以下表达式

$$U_2(\boldsymbol{r})=-\frac{GmR^2}{5r^3}\epsilon_J(3\cos^2\Psi-1) \tag{1-108}$$

式中，Ψ 是 $\boldsymbol{r}$ 方向与 $\boldsymbol{r}^*$ 方向之间的夹角（见图 1-5），或得出以下表达式

$$U_2(\boldsymbol{r})=-\frac{3GMR^5}{4r^5r^{*5}}[3(\boldsymbol{r}\cdot\boldsymbol{r}^*)^2-r^2r^{*2}] \tag{1-109}$$

注意根据琼斯椭球体扁长率 ϵ_J 的定义［见方程（1-10）］，该表达式中引入了狄安娜的位置矢量 $\boldsymbol{r}^*$ 及其模数 r^*。

为体现主天体对狄安娜产生的引潮势作出的非瞬时响应，将以上方程中的狄安娜半径矢量 $\boldsymbol{r}^*$ 代换为延迟矢量，从而得出以下表达式

$$\boldsymbol{r}_1^*=\boldsymbol{r}^*-\boldsymbol{v}^*\Delta t+\boldsymbol{\Omega}\Delta t\times\boldsymbol{r}^*$$

式中，$\boldsymbol{\Omega}$ 是主天体的自转速度矢量，$\boldsymbol{v}^*$ 是狄安娜速度，Δt 则是延时。在分析地球潮汐时，米尼亚尔设 $\Delta t=10$ min，因此其结果反映了当时地球在一天之内的变化，但由此得出的相位滞后量远大于根据现代观测结果（见第 16 节）得出的地球潮汐滞后量。

经过 $\boldsymbol{r}^*\rightarrow\boldsymbol{r}_1^*$ 的代换后，U_2 变换为 $U_2+\delta U$，其中

$$\delta U(\boldsymbol{r})=\frac{9GMR^5}{2r^5r^{*5}}\Delta t\left\{(\boldsymbol{r}\cdot\boldsymbol{r}^*)[\boldsymbol{r}^*\cdot(\boldsymbol{\Omega}\times\boldsymbol{r})+\boldsymbol{r}\cdot\boldsymbol{v}^*]-\frac{(\boldsymbol{r}^*\cdot\boldsymbol{v}^*)}{2r^{*2}}[5(\boldsymbol{r}\cdot\boldsymbol{r}^*)^2-r^2r^{*2}]\right\} \tag{1-110}$$

和蠕变潮汐理论一样，此处在势能的使用方面也要注意以下几点：

1）静力潮对系统的自转演化和轨道演化没有有效影响（见第 4 节），因此大可通过方程（1-110）来研究此类演化；

2）$\delta U(\boldsymbol{r})$ 是一种依赖于时间的势能，并要通过狄安娜的半径矢量和速度来引入其对 t 的依赖性；

3）作用在伴随天体上的扰动力为 $\delta F=M\nabla_r\delta U$（计算梯度时将 $\boldsymbol{r}^*$ 和 $\boldsymbol{v}^*$ 视作常数）；

4）一旦计算出梯度，便可通过伴随天体来识别“狄安娜”（使 $\boldsymbol{r}^*=\boldsymbol{r}$，$\boldsymbol{v}^*=\boldsymbol{v}$）。由此得出以下表达式

$$\delta \boldsymbol{F} = -\frac{9GM^2R^5}{2r^{10}}\Delta t[2(\boldsymbol{r}\cdot\boldsymbol{v})\boldsymbol{r} + r^2(\boldsymbol{r}\times\boldsymbol{\Omega}+\boldsymbol{v})] \tag{1-111}$$

以及转矩表达式

$$\mathcal{M} = \boldsymbol{r}\times\delta\boldsymbol{F} = -\frac{9GM^2R^5}{2r^8}\Delta t[(\boldsymbol{r}\cdot\boldsymbol{\Omega})\boldsymbol{r} - r^2\boldsymbol{\Omega} + \boldsymbol{r}\times\boldsymbol{v}] \tag{1-112}$$

值得一提的是，继参考文献［41］之后又有人提出了其他理论[17,32]，而尽管这些理论构建出的公式大相径庭，但却得出了相同的封闭式扰动力表达式。此外该扰动力展开式中的偏心率和交角为三阶项，因此其级数展开式与达尔文恒时滞模型中的级数展开式如出一辙（忽略自转对 ϵ_Z 的影响）。

$\delta\boldsymbol{F}$ 的封闭表达式可直接作为 n 体模型中的附加扰动力，以供研究比潮汐演化领域的二体模型更为复杂的系统（参见下一节）。这些系统的难点之一在于引潮力很小，以至于针对坐标变化的方程要花很长时间才能完成数值积分。解决此类问题的办法之一就是人为增加延时 Δt [22,49]，但这种缩放手段不太严格，所以必须对照一些精确的模拟数据来仔细检查所得结果，以保证由此引入的误差始终处于一个可接受的水平。

15　三体模型：角动量的转移

此处以“由一颗类太阳恒星和环绕其运行的两颗邻近行星组成的系统”作为研究对象，并采用了一种 N 体代码（其中已包含米尼亚尔理论中的力）来研究该系统的长期行为。鉴于本文假设该系统的两颗行星分别是一颗炽热的迷你海王星和一颗更加庞大的外侧行星，便采用了现实中 CoRoT 7 系统的参数。其中迷你海王星非常靠近恒星（正如超级地球 CoRoT 7b 那样），而外侧的木星（正如 CoRoT 7c 那样）既足够靠近该行星，又远到可以忽略其与恒星之间的潮汐相互作用[49]。为了研究各种各样的情形，本文将比例因子设为 100。

从图 1－11 可以看出，恒星在内侧行星上引起的潮汐（对恒星的潮汐作用则忽略不计）使后者的运行轨道逐渐变圆，同时使后者朝该恒星坠落。不过一旦其轨道变成圆形，该行星就不会继续坠落了［这一点符合达尔文理论的预期；见方程（1－99）］。虽然外侧行星离得够远，以至于其与恒星之间不存在潮汐相互作用，但内侧行星与恒星之间的潮汐相互作用仍会对其产生影响，以至于外侧行星的偏心率有所减小。一旦内侧行星的轨道变成圆形，外侧行星的偏心率就基本不会减小了。图 1－12 可帮助读者理解外侧行星在内侧行星演化中发挥的作用，其中展示了内侧行星的半长轴（左图中的实线）和两种偏心率（右图）在前 5 000 万年中的演化情况。

外侧行星的质量较大，因此 e_2 在图 1－12 所示的时段内基本不变；另一方面，e_1 一开始波动明显，但很快就会衰减到所谓的第一平衡偏心率[39]。停留在这一偏心定态解中会推迟轨道变成圆形的时间，并加快向恒星坠落的进程[49]。该图还展示了单行星系统（即是说不存在与外侧行星之间的相互作用）中 e_1 的变化。当存在外侧行星时，相应的潮汐效应会显著延长内侧行星轨道变圆所需的时间。此外在单行星的情形下，半长轴 a_1 略有减小，并会在轨道变成圆形化后停止减小。

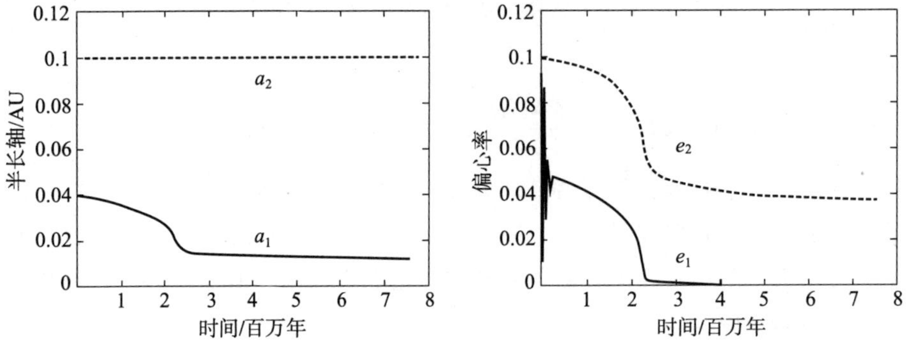

图 1-11 “太阳-迷你海王星-热木星”系统中半长轴和偏心率的长期演化（时间标度=100）

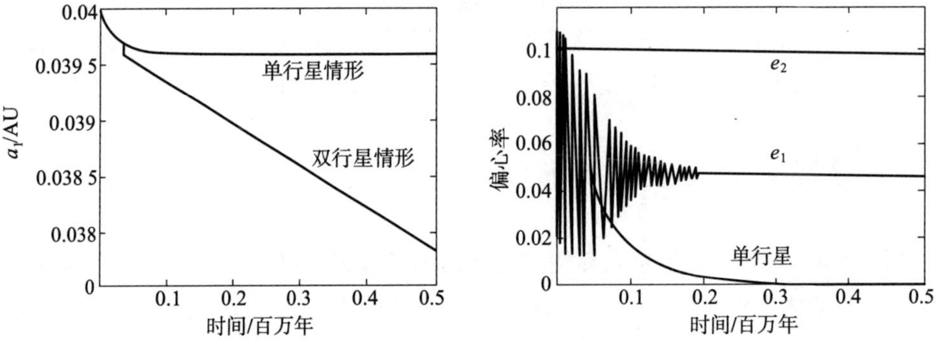

图 1-12 半长轴和偏心率的短期演化

此外也展示了只有内侧行星时的演化情况（经许可后改编自参考文献［49］）

16 潮汐形变主天体的形状

方程（1-37）给出了主天体因动力潮而变形后的形状。在瞬态阶段后，若 $\gamma t \gg 1$，则只有强迫项才具有实质性的影响，且天体形状主要取决于半日分量

$$\frac{1}{2}R\,\bar{\epsilon}_\rho E_{2,k}\sin^2\hat{\theta}\cos\sigma_0\cos(2\hat{\varphi}-2\,\ell-2\omega-\sigma_0) \tag{1-113}$$

上式在三角项的变元为 0（即主天体外形上的顶点与亚伴随点之间的夹角 $\hat{\varphi}-\ell-\omega$ 为 $\frac{1}{2}\sigma_0$）时达到最大值。注意夹角 σ_0（可通过蠕变方程的积分来明确确定其数值）不一定很小。即

$$\sigma_0=\arctan\frac{\nu}{\gamma} \tag{1-114}$$

对理想流体（即静力潮）而言，潮汐最高点与涨潮体（即伴随天体）的平均方向相一致；但对真实的岩质行星而言，$\gamma \ll \nu$，且 σ_0 接近 90°。但从大地测量结果来看，地球整体半日

潮的滞后量很小（0.20°±0.05°）[47]，这与以上数据存在矛盾。为了使理论与测得的地球潮汐滞后量相吻合，此处只得假设实际潮汐除了有蠕变方程产生的动力分量外，还存在一个弹性分量[19]。这里通过各点在球体上的高度来定义这一附加的弹性分量，并由下式得出这一分量

$$\delta\zeta_{el}(\hat{\varphi},\hat{\theta})=\lambda\,\delta\rho(\hat{\varphi},\hat{\theta}) \tag{1-115}$$

式中，ρ 是静力潮（即平衡面）的半径矢量，λ 是与潮汐最大高度有关的量（见第 10.2 节）。以地球为例，λ 约为 0.2，即观测到的月球潮汐最大高度（26 cm，见参考文献 [40]）与静力潮最大高度（1.34 m，见表 1-1）之比。

附加弹性潮的（局部）高度与蠕变潮的主项之和（采用圆弧逼近法）为

$$H=\frac{1}{2}R\,\bar{\epsilon}_{\rho}[\lambda\cos(2\hat{\varphi}-2\ell-2\omega)+\cos\sigma_0\cos(2\hat{\varphi}-2\ell-2\omega-\sigma_0)] \tag{1-116}$$

为简单起见，上式设 $E_{2,0}(e)=1$，$\sin\hat{\theta}=1$（赤道），并将结果限制在占主导的半日分量上。

若在蠕变微分方程（1-26）中引入一个新的变量，以此来描述以上动力蠕变潮和附加弹性潮的组成，那么

$$Z=\zeta+\lambda\delta\rho \tag{1-117}$$

再将前述方程变为以下形式

$$\dot{Z}+\gamma Z=(1+\lambda)\gamma\rho+\lambda\dot{\rho}-\gamma\lambda R \tag{1-118}$$

该方程具有与麦克斯韦模型相同的特征，且可在 $\lambda=0$ 时简化为蠕变模型。

注意上述弹性潮没有转矩且较为保守（见第 4 节）①，因此对由分量 $\lambda\rho$（该分量与附加弹性潮成正比）的蠕变方程推导出的动力潮而言，即使附加上述弹性潮，也不会影响到系统的轨道演化和自转演化。

轨道要素（a，e）的确会发生额外的变化，但它们平均值为零，因此不会对演化造成影响。

16.1 测地滞后量

此时的最大潮汐高度（H 的最大值）已无法像蠕变潮那样达到 $\hat{\varphi}-\ell-\omega=\frac{1}{2}\sigma_0$，而是只能达到 $\hat{\varphi}-\ell-\omega=\frac{1}{2}\varepsilon_0$。其中

$$\varepsilon_0=\arctan\frac{\sin 2\sigma_0}{1+2\lambda+\cos 2\sigma_0} \tag{1-119}$$

---

① 当所有滞后量等于零时，第 4 节的结果就会与蠕变潮汐理论（或达尔文理论）的结果相吻合。第 8 节和第 9 节中针对 $\dot{a}$，$\dot{e}$，$\dot{W}$ 的表达式确实是变元 $\sin(j\ell+\sigma_k)$ 和 $\sin(j\ell+\sigma_k'')$ 的三角级数，而当滞后量消失时，这些变元的平均值就会变为零。相比之下，人们则更难察觉到转矩会在 σ_k 消失时随之消失。不过从线上增刊 [20] 给出的辅助展开式可以看出 $\sum_{k\in\mathbb{Z}}E_{2,k}sin[2\nu-(2-k)\ell]=0$，因此各滞后量消失时 $M_2=0$。

图 1-13（左图）展示了这一函数。可以看出在 $\lambda \neq 0$ 的情况下，若 σ_0 趋于 $\frac{\pi}{2}$（即 $\gamma \ll n$ 时），则 ε_0 趋于 0。

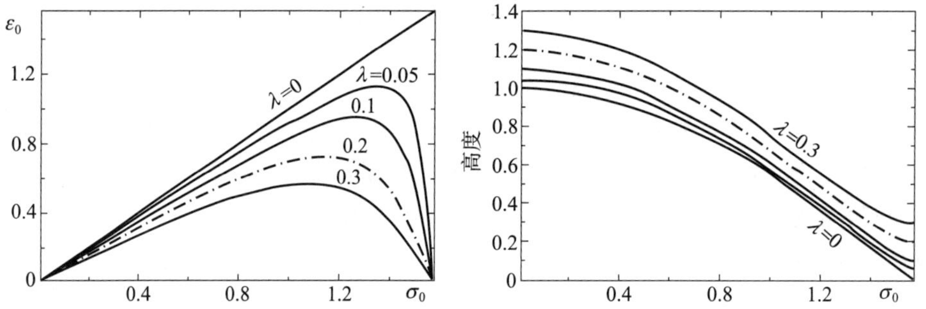

图 1-13　左图：与 σ_0 成函数关系的半日潮滞后量 ε_0（大地测量值）

右图：以 $\frac{1}{2}R\bar{\epsilon}_\rho$ 为单位的复合潮最大高度。点画线对应着 $\lambda = 0.2$（即地球）（经许可后翻印自参考文献［19］）

16.2　潮汐的最大高度

复合潮的最大高度（出现于瞬态阶段刚结束时）是半日频率和松弛因子的函数，即函数 H 的最大值

$$H_{\max} = \frac{1}{2}R\bar{\epsilon}_\rho\sqrt{\lambda^2 + (1+2\lambda)\cos^2\sigma_0} \tag{1-120}$$

图 1-13（右图）展示了实际潮汐的最大相对高度，图中的单位则是静力潮的最大高度（$\frac{1}{2}R\bar{\epsilon}_\rho$）。请注意，当 $\sigma_0 \to \pi/2$（即 $\gamma \ll \nu$）时，蠕变潮的高度趋于零，且潮汐最大高度（大地测量值）就是附加弹性潮的最大高度：（$\frac{1}{2}\lambda R\bar{\epsilon}_\rho$）。$R$ 需要强调的是，大多数现代潮汐理论（如参考文献［33，34，36，41］等）都并未考虑依赖于频率的潮汐高度，这些理论采用了洛夫（Love）定理来计算潮汐变形天体的势能，但并未关注主天体的形状。

17　动力潮：麦克斯韦天体模型

若用麦克斯韦天体的以下本构方程（1-8）（见图 1-14）来代替蠕变微分方程（1-26），便可构建出与实质上等同于蠕变潮汐理论的动力潮理论

$$\dot{Z} + \gamma Z = \gamma\rho + \lambda\dot{\rho} \tag{1-121}$$

该方程界定了“天体实际表面上各点的半径矢量 $Z = Z(\hat{\theta}, \hat{\varphi}, t)$”与“瞬时静力潮表面上对应点的半径矢量 $\rho = \rho(\hat{\theta}, \hat{\varphi}, t)$”之间的关系，其中角度 $\hat{\theta}$，$\hat{\varphi}$ 分别是各表面点的余纬和经度。若借用引入滞后量（大地测量值）时的变换方式［方程（1-117）］来引入变量 ζ（即 $\zeta = Z - \lambda\delta\rho$），上述方程则变为以下形式

$$\dot{\zeta}+\gamma\zeta=(1-\lambda)\gamma\rho+\lambda\gamma R \tag{1-122}$$

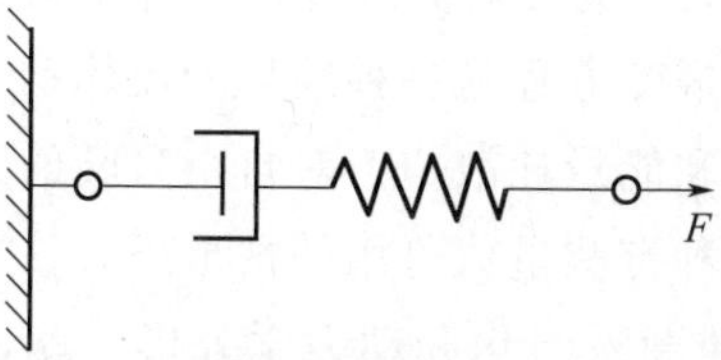

图 1-14　麦克斯韦天体的弹簧-阻尼器模型

该方程表明麦克斯韦黏弹模型[21]与蠕变潮汐模型并无本质区别，这两种理论的差异在于前者采用了乘以 $\gamma\rho$ 的因子$(1-\lambda)$ 以及常数 $\lambda\gamma R$。若用该方程来构建潮汐演化理论，那么其结果其实就是第 5 节至第 9 节得出的结果，只是前者的所有结果都乘以了因子 $(1-\lambda)$ 而已。构建势能的过程中不免要归一化成天体的平均半径，因此附加的常数 $\lambda\gamma R$ 对解没有影响。将由此得出的结果变换成 Correia 等得出的结果[8]，从而得出以下表达式

$$\gamma=\frac{1}{\tau}\quad 且\quad \lambda=\frac{\tau_e}{\tau}$$

其中 τ 是主弛豫时间（弛豫因子的倒数），τ_e 是弹性弛豫时间。要注意此处 $\lambda<1$，而如果 $\lambda=1$，则意味着两个表面在彼此重合时具有相同的径向速度，且系统会持续衰减至平衡状态。这里需采用非线性近似法来得出潮汐谐波。

若改变研究纳维-斯托克斯方程（见第 5.1 节）时（其中同样采用了上述变换 $Z=\zeta+\lambda\delta\rho$）所用的边界条件，那么其第一项边界条件就会变为 $V_r(\rho)=\lambda\dot{\rho}$ [而并非 $V_r(\rho)=0$]。这样一来，常数 C_1 就会变成 $C_1=\frac{w\rho}{6\eta}+\frac{\lambda\dot{\rho}}{\rho}$（而非 $C_1=\frac{w\rho}{6\eta}$），同时纳维-斯托克斯方程的线性近似结果则会变成 $V_r(Z)=\gamma(\rho-Z)+\lambda\dot{\rho}$，也就是方程（1-121）。由此可见，麦克斯韦本构方程就是跨表面层流（其雷诺数较低）的纳维-斯托克斯方程的近似解，但当两个表面彼此重合时，动力潮表面将受制于边界条件，因此其径向速度将取决于静力潮的径向速度。

18　总结

本章致力于通过“一颗均质主天体绕伴随天体轨道平面的正交轴旋转”这一简单用例，综合性地介绍行星潮汐理论体系。这些限制具有重要意义，但行星潮汐理论是一套复杂的理论，因此最好在经过近似处理的简单背景下讨论其主要概念，而不要以复杂的代数运算来展现整套理论。

本文探讨的是一组理论，这组理论均以潮汐变形天体的外形作为研究切入点，并采用了通常的物理定律来推导轨道演化和自转演化。作为此次演讲的中心理论，蠕变潮汐理论（属于第一性原理类理论）采用了经典的纳维-斯托克斯方程来计算天体的潮汐变形，且按照其边界条件，动力潮和静力潮引起的形变一旦相互重合，动力潮就会失去径向速度。此

外为了简化方程，该理论还假设这种潮汐运动的雷诺数较低（即无湍流情形下的层流）。从动力学外形上看，潮汐变形天体是一种运动滞后于伴随天体运动的椭球体，但其滞后程度取决于潮汐理论中的方程。蠕变方程是一种纯粹的流体动力学方程，因此其能完整描述主天体的轨道演化、自转演化和能量耗散。但对自由自转的刚性天体而言，用该方程推导出的结果似乎有误，在唯一一种有测量值可用的情形下，该方程的结果与测量值相去甚远(见第 16 节)。要想了解地球的潮汐演化和动力学外形，就得增加一个弹性分量，以便将蠕变潮转化为麦克斯韦模型。可通过以下办法来增加此分量：修正蠕变潮汐模型的解，或从一开始就用麦克斯韦模型之类的模型来进行计算。这两种办法均会得出相同的潮汐演化，区别仅在于黏弹麦克斯韦模型给出的是乘以因子（$1-\lambda$）后的结果。

本章也充分考虑了达尔文理论，其与流体动力学理论的区别在于滞后量的性质不同。在流体动力学理论中，滞后量通常由一阶微分方程的解明确确定；而在达尔文理论中，滞后量则被视作特意引入静力潮方程变元中的任意量。从形式上看，只要用蠕变潮汐理论得出了潮汐演化的结果，便可如法炮制，在不重新逐步推导的情况下直接写出达尔文理论的结果。具体来说，人们只需将流体动力学滞后量 σ_k 代换为任意量 ε_k，然后在 ε_k 较小的情况下采用弱摩擦近似假设即可。本文讨论了达尔文理论中采用的各种流变学理论，并重点关注了恒时滞理论（该理论假设相应的任意滞后量与所述潮汐谐波的频率成正比）和恒相滞理论（该理论假设滞后量与频率无关）。在 $1/\gamma \to 0$（或 $\gamma \gg n$）的条件下，恒时滞理论等同于蠕变潮汐理论。本文还专门用一节内容讨论了恒时滞理论中的封闭式米尼亚尔公式及其应用。

参考文献

[1] Alexander, M. E.: The weak friction approximation and tidal evolution in close binary systems. Astrophys. Space Sci. 23,459 - 510 (1973).

[2] Barnes, R.: Tidal locking of habitable exoplanets. Celest. Oech. Dyn. Astron. 129(4),509 - 536 (2017).

[3] Beutler, G.: Methods of Celestial Mechanics. Springer, Berlin (2005).

[4] Brouwer, D., Clemence, M.: Methods of Celestial Mechanics. Academic Press, New York (1961).

[5] Carone, L.: Tidal interactions of short - period extrasolar transit planets with their host stars: constraining the elusive stellar tidal dissipation factor. Dissertation, Universität zu Köln (2012).

[6] Cayley, A.: Tables of developments of functions in the theory of elliptic motion. Mem. R. Astron. Soc. 29,191 - 306 (1861).

[7] Chandrasekhar, S.: Ellipsoidal Figures of Equilibrium. Yale University Press, New Haven(1969). Chap. VIII.

[8] Correia, A. C. M., Boué, G., Laskar, J., Rodríguez, A.: Deformation and tidal evolution of closein planets and satellites using a Maxwell viscoelastic rheology. Astron. Astrophys. 571, A50(2014).

[9] Darwin, G. H.: On the influence of geological changes on the Earth's axis of rotation. Philos. Trans. 167,271 - 312 (1877).

[10] Darwin, G. H.: On the bodily tides of viscous and semi - elastic spheroids and on the ocean tides upon a yielding nucleus. Philos. Trans. 170, 1 - 35 (1879). Repr. Scientific Papers Vol. II, Cambridge, 1908.

[11] Darwin, G. H.: On the secular change in the elements of the orbit of a satellite revolving about a tidally distorted planet. Philos. Trans. 171, 713 - 891 (1880). Repr. Scientific Papers Vol. II, Cambridge, 1908.

[12] Dobbs - Dixon, I., Lin, D. N. C., Mardling, R. A.: Spin - orbit evolution of short - period Planets. Astrophys. J. 610,464 - 476 (2004).

[13] Efroimsky, M.: Tidal dissipation compared to seismic dissipation: in small bodies, Earths, and super - Earths. Astrophys. J. 746,150 (2012).

[14] Efroimsky, M.: Bodily tides near spin - orbit resonances. Celest. Mech. Dyn. Astron. 112,283 - 330 (2012).

[15] Efroimsky, M., Lainey, V.: Physics of bodily tides in terrestrial planets and the appropriate scales of dynamical evolution. J. Geophys. Res. 112, E12003 (2007).

[16] Efroimsky, M., Makarov, V. V.: Tidal dissipation in a homogeneous spherical body. I. Methods. Astrophys. J. 795,6 (2014).

[17] Eggleton, P.P., Kiseleva, L.G., Hut, P.: The equilibrium tide model for tidal friction. Astrophys. J. 499,853 - 870 (1998).

[18] Ferraz - Mello, S.: Earth tides in MacDonald's model (2013). arXiv: 1301.5617 astro - ph.EP.

[19] Ferraz - Mello, S.: Tidal synchronization of close - in satellites and exoplanets. A rheophysical approach. Celest. Mech. Dyn. Astron. 116, 109 - 140 (2013). arXiv: 1204.3957.

[20] Ferraz - Mello, S.: Tidal synchronization of close - in satellites and exoplanets: II. Spin dynamics and extension to Mercury and exoplantes host stars. Celest. Mech. Dyn. Astr. 122, 359 - 389 (2015). Errata: Celest. Mech. Dyn. Astr. 130, 78, 20 - 21 (2018). arXiv: 1505.05384.

[21] Ferraz - Mello, S.: On large and small tidal lags. The virtual identity of two rheophysical theories. Astron. Astrophys. 579, A97 (2015). arXiv.org/abs/1504.04609.

[22] Ferraz - Mello, S., Beaugé, C., Michtchenko, T. A.: Evolution of migrating planet pairs in resonance. Celest. Mech. Dyn. Astron. 87, 99 - 112 (2003).

[23] Ferraz - Mello, S., Rodríguez, A., Hussmann, H.: Tidal friction in close - in satellites and exoplanets. The Darwin theory re - visited. Celest. Mech. Dyn. Astron. 101, 171 - 201 (2008). Errata: Celest. Mech. Dyn. Astron. 104, 319 - 320 (2009). arXiv: 0712.1156.

[24] Ferraz - Mello, S., Grotta - Ragazzo, C., Ruiz, L.S.: Dissipative Forces on Celestial Mechanics, Chap. 3. Soc. Bras. Matem., Rio de Janeiro (2015).

[25] Ferraz - Mello, S., Folonier, H., Tadeu dos Santos, M., Csizmadia, Sz., do Nascimento, J.D., Pätzold, M.: Interplay of tidal evolution and stellar wind braking in the rotation of stars hosting massive close - in planets. Astrophys. J. 807, 78 (2015). arXiv: 1503.04369.

[26] Folonier, H. A.: Tide on differentiated planetary satellites. Application to Titan. Dr. Thesis, IAG/Univ. São Paulo (2016).

[27] Folonier, H. A., Ferraz - Mello, S.: Tidal synchronization of an anelastic multi - layered satellite. Titan's synchronous rotation. Celest. Mech. Dyn. Astron. 129, 359 - 396 (2017). arXiv:1706.08603.

[28] Folonier, H.A., Ferraz - Mello, S., Andrade - Ines, E.: Tidal synchronization of close - in satellites and exoplanets: III. Tidal dissipation revisited and application to Enceladus. Celest. Mech. Dyn. Astron. 130, 78 (2018). arXiv: 1707.09229v2.

[29] Folonier, H., Ferraz - Mello, S., Kholshevnikov, K. V.: The flattenings of the layers of rotating planets and satellites deformed by a tidal potential. Celest. Mech. Dyn. Astron. 122, 183 - 198(2015, online supplement). arXiv: 1503.08051.

[30] Goldreich, P.: On the eccentricity of satellite orbits in the Solar System. Mon. Not. R. Astron. Soc 126, 257 - 268 (1963).

[31] Happel, J., Brenner, H.: Low Reynolds Number Hydrodynamics. Kluwer, Dordrecht (1973).

[32] Hut, P.: Tidal evolution in close binary systems. Astron. Astrophys. 99, 126 - 140 (1981).

[33] Jeffreys, H.: The effect of tidal friction on eccentricity and inclination. Mon. Not. R. Astron. Soc. 122, 339 - 343 (1961).

[34] Kaula, W.M.: Tidal dissipation by solid friction and the resulting orbital evolution. Rev. Geophys. 3, 661 - 685 (1964).

[35] Laskar, J.: Large scale chaos and marginal stability in the Solar System. Celest. Mech. Dyn. Astron. 64, 115 - 162 (1996).

[36] MacDonald, G.F.: Tidal friction. Rev. Geophys. 2, 467 - 541 (1964).

[37] Makarov, V. V., Efroimsky, M.: Tidal dissipation in a homogeneous spherical body. II. Three

examples: Mercury, Io, and Kepler - 10 b. Astrophys. J. 795, 7 (2014).

[38] Mardling, R.A., Lin, D.N.C.: On the survival of short - period terrestrial planets. Astrophys. J. 614, 955 - 959 (2004).

[39] Mardling, R.: Long - term tidal evolution of short - period planets with companions. Mon. Not. R. Astron. Soc. 382, 1768 - 1790 (2007).

[40] Melchior, P.: The Tides of the Planet Earth. Pergamon Press, Oxford (1983).

[41] Mignard, F.: The evolution of the lunar orbit revisited - I. Moon and Planets 20, 301 - 315 (1979).

[42] Moulton, F.R.: An Introduction to Celestial Mechanics. Macmillan, New York (1914).

[43] Ogilvie, G.I., Lin, D.N.C.: Tidal dissipation in rotating giant planets. Astrophys. J. 610, 477 - 509 (2004).

[44] Oswald, P.: Rheophysics: The Deformation and Flow of Matter. Cambridge University Press, Cambridge (2009).

[45] Peale, S.J.: Origin and evolution of the natural satellites. Annu. Rev. Astron. Astrophys. 37(1), 533 - 602(1999).

[46] Ragazzo, C., Ruiz, L.S.: Viscoelastic tides: models for use in Celestial Mechanics. Celest. Mech. Dyn. Astron. 128, 19 - 59 (2017).

[47] Ray, R.D., Eanes, R.J., Lemoine, F.G.: Constraints on energy dissipation in the Earth's body tide from satellite tracking and altimetry. Geophys. J. Int. 144, 471 - 480 (2001).

[48] Remus, F., Mathis, S., Zahn, J.P., Lainey, V.: The surface signature of the tidal dissipation of the core in a two - layer planet. Astron. Astrophys. 573, A23 (2015).

[49] Rodríguez, A., Ferraz - Mello, S., Michtchenko, T.A., Beaugé, C., Miloni, O.: Tidal decay and orbital circularization in close - in two - planet systems. Mon. Not. R. Astron. Soc. 415, 2349 - 2358 (2011).

[50] Singer, S.F.: The origin of the Moon and geophysical consequences. Geophys. J.R. Astron. Soc. 15, 205 - 22 (1968).

[51] Sommerfeld, A.: Lectures on Theoretical Physics, vol. 2. Mechanics of Deformable Bodies. Academic Press, New York (1950).

[52] Taylor, P.A., Margot, J.- L.: Tidal evolution of close binary asteroid systems. Celest. Mech. Dyn. Astron. 108, 315 - 338 (2010).

[53] Tisserand, F.: Traité de Mécanique Céleste, tome II. Gauthier - Villars, Paris (1891).

[54] Williams, J.G., Boggs, D.: Tides on the Moon: Theory and determination of dissipation. J. Geophys. Res. Planets 120, 689 - 724 (2015).

[55] Williams, J.G., Efroimsky, M.: Bodily tides near the 1:1 spin - orbit resonance. Correction to Goldreich's dynamical model. Celest. Mech. Dyn. Astron. 114, 387 - 414 (2012).

[56] Yoder, C.F., Peale, S.J.: The tides of Io. Icarus 47, 1 - 35 (1981).

第 2 部分　天体力学中的摄动理论

安东尼奥·乔治（Antonio Giorgilli）

我们这个世界的真正问题不在于它是一个不合理的世界，甚至也不在于它是一个合理的世界。最常见的问题是，这几乎是合理的，但似乎又不完全合理。生命并非不合逻辑，然而对逻辑学家来说，这却是一个陷阱。它看起来只是比本质更具数学性和规律性；其正确性是显而易见的，但其不正确性却是隐藏的；其本性在于等待。(G. K. Chesterton)

摘　要　本文简要介绍了摄动理论的主要成果，特别关注过去 60 年间摄动理论在数学领域的发展，以及柯尔莫哥洛夫（Kolmogorov）和涅霍罗舍夫（Nekhoroshev）的相关工作。本文回顾了摄动理论的主要定理，其目的是在指导思想方面提供一些参考，省略了现有文献中能找到的大部分论证的细节。

关键词　摄动理论；KAM 理论；涅霍罗舍夫理论；指数稳定性；超指数稳定性

1　序言

本文涉及摄动理论框架中的一些基本成果，特别注重由来已久的太阳系稳定性问题。

从迦勒底和埃及天文学家收集的星表开始，古代天文学（根据我们目前的了解）一直以行星运动的周期性特征作为研究基础。同样的概念也存在于希腊基础天文学以及托勒密工作中有关偏心、本轮和等分点的精妙理论中。用现代的话来说，希腊天文学的指导思想是：行星运动形成周期，而周期可以通过观测凭经验确定。

在牛顿之后，天文学的发展广泛采用了拟周期运动这一概念，也就是以拉格朗日在 18 世纪引入的傅里叶级数的现代形式表示的本轮。与之前理论的实际差异在于，可以根据万有引力理论计算出周期。

牛顿指出，万有引力理论提出了关于太阳系稳定性的根本问题：长期相互吸引可能会改变行星的轨道，直到整个星系需要复位[57]。另一方面，通过庞加莱（Poincaré）的工作，我们知道了行星系统动力学实际上是秩序和混沌的复杂而有趣的结合。太阳系的稳定性问题，以及我们正在探索的太阳系外星系的稳定性问题，仍然悬而未决。

1.1　致歉

我的计划是对摄动理论的主要成果给出一个简明的、不过于专业的描述，其中特别关注过去 60 年间摄动理论在数学领域的发展，以及柯尔莫哥洛夫和涅霍罗舍夫的相关工作。我要强调的是，现在与本文讨论内容有关的文献太多了，以致想要详细说明所有文献实际上是不切实际的，一份完整参考文献列表将占满本文中所有可用的空间。因此，我对我所采用的方法制定了若干严格的限制条件。首先，我将对重要数学发展成果提出一些个人观点。这些观点难免有所缺陷，因为它们基于的是我个人有限的经验。我提出了一些定理，但我将避免陈述相关依据的大多数技术元素，而是尝试把重点放在指导思想上——正如我已经说过的，指导思想是根据个人经验选择的，详细的依据可以在参考文献或其他地方找到。第二，我将特别关注那些可能被真正解决的显式算法，可能会使用适当的代数操作工具。这是一项非常强的限制，因为我个人认为，如果想开发出物理世界的数学模型，那么就必须确保计算可行，并不断扩展工作，直到找到一个适用的结果。本着这种精神，找到一项存在性定理是美丽而无价的一步，但我们不应该就此止步。

1.2 摄动理论的开端

众所周知，开普勒在寻找《鲁道夫星表》计算方法时发现了行星轨道呈椭圆形。但是他也想将他的计算结果与他获得的历史观测结果进行比对。他发现木星和土星的运动与椭圆运动的偏差表现得尤为明显[44]。在《鲁道夫星表》引言中，开普勒承诺在一本小册子中解释如何通过引入长期方程（即需要通过数个世纪的观测来确定轨道元素的周期性变化）来修正椭圆轨道。他还撰写了这本小册子的初稿，但初稿直到 1860 年才收录在开普勒著作集中出版[36]。

开普勒关于木星和土星的计算结果汇总如图 2-1 所示。该图显示了观测经度和计算经度间的差异。由于肉眼观测的误差，数据广泛弥散，但显然木星似乎在加速，而土星似乎在减速。后来，这种现象被命名为中心差。开普勒无法计算出需要引入的长期方程，他只是在给一些朋友的信中提到，他已经发现了这个偏差：几个世纪以来，他的笔记内容都不为人知。后来，天文观测次数和精度均有所提高，证实了这一现象，从而提出了一个具有挑战性的问题。

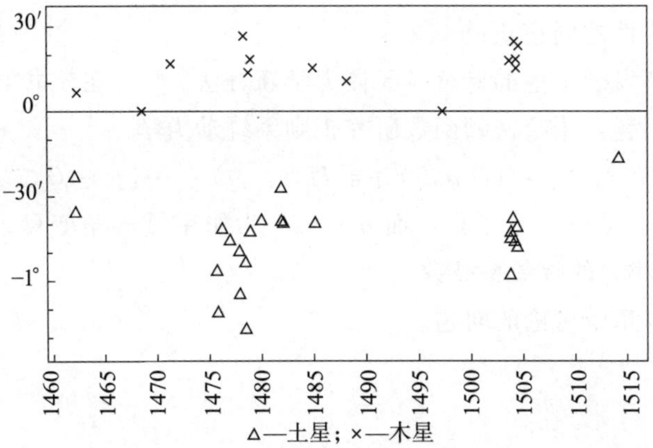

图 2-1 基于《鲁道夫星表》的计算结果与雷乔蒙塔努斯（Johannes Müller der Konisberg）和 Bernhard Walther 观测结果对比（1461—1514 年）（此图摘自参考文献［22］）

哈雷是尝试识别长期修正的第一人。从实用角度出发，他在新的星表中引入了木星和土星轨道半长轴在时间上的线性修正，据此声称他能够对 1700 年前后 6000 年的时间段做出精确预测。在哈雷之后，形容词“长期的”意在表示“在时间上呈线性”。

几十年后，人们提出了一个问题，牛顿的万有引力理论能否解释观测到的偏差。欧拉对此进行了一些尝试。他的功绩在于创造了摄动理论的基础。在欧拉的尝试之后，拉格朗日成功发展出了行星轨道交点的长期运动理论[38,40,41]。不久之后，拉普拉斯将这一理论扩展到了偏心率[16]。与此同时，拉格朗日宣布了他对行星系统稳定性的论证[39]：半长轴的时间演化没有包含质量一阶近似解中的长期项。因此，半长轴演化可以排除哈雷所谓的长期项。1786 年，拉普拉斯成功地回答了木星和土星中心差的相关问题，说明其原因是周期接近 5∶2 的共振[17]。至此，摄动理论框架完全建立。

19 世纪天文学家的大部分工作都致力于证明拉格朗日稳定性结果完全有效。由于庞加莱的工作，摄动展开中的各项分类非常方便[59]。人们可能会发现共有三种不同的项：形式为 $\exp(i\omega t)$ 的纯三角函数项，因此时间作为三角函数的自变量出现；具有时间幂次形式的纯长期项，如 t^s；混合长期项，如 $t^s\exp(i\omega t)$，即以时间幂作为系数的三角函数项。问题可以明确表述为：证明在半长轴演化过程中，在任何质量阶上，既没有纯长期项，也没有混合长期项。

这个梦想很快就破灭了。因为 1809 年，泊松发现在质量二阶中有混合长期项，但没有纯长期项[60]。遗留下来的问题是纯长期项是否会出现在更高阶中。Spiru Haretu 在第三阶中发现了几个纯长期项[32,33]。几年后，Lindstedt[45] 和 Gyldén[31] 提出了能由纯三角函数展开的方法。

1.3 飓风

1885 年，瑞典学院宣布，为了庆祝国王奥斯卡二世 60 岁生日，举办一次竞赛。比赛题目之一可以简述为：用永远一致收敛级数（可能是纯三角级数）表示行星问题的解。该奖项最终授予了庞加莱。实际上，他发现（在许多新的结果中）有许多解不是拟周期的，因此不能以三角展开式表示。他还特别指出了渐近解的存在。在其回忆录的修订版中，他还发现存在产生混沌性的同宿轨道。

几年后，庞加莱发表了他的专著《天体力学新方法》[58]。在该书第 13 节中，他用公式表示了一般动力学问题：用哈密顿函数研究正则系统动力学

$$H(p,q)=H_0(p)+\varepsilon H_1(p,q)+\varepsilon^2 H_2(p,q)+\cdots,p\in\mathcal{G}\subset\mathbb{R}^n,q\in\mathbb{T}^n$$

式中，$p\in\mathcal{G}\subset\mathbb{R}^n$，是一个开子集，而 $q\in\mathbb{T}^n$ 为作用量－角变量。假设哈密顿函数在 p，q 上全纯，并以小 ε 的收敛幂级数展开。

这就是我将在本章中讨论的问题。

2 可积性与不可积性

讨论可以从可积性这一经典概念开始：微分方程组的解可用代数运算表示，包括函数

反演和已知函数的积分。

目前，更常见的做法是把注意力限制在那些可以用作用量-角变量表示的微分方程组上，比如 I、φ，就像在一般动力学问题中一样，并且哈密顿量 $H(I)$ 与角度无关。

2.1　Liouville 定理和 Arnold - Jost 定理

刘维尔[46]提供了可积性的一般框架，阿诺德[4]和约斯特[35]以更几何的形式对其进行了详细阐述。在此需要引入完全对合系统的概念。当满足泊松括号 $\{f, g\}=0$ 的情况下，函数 $f(p, q)$ 和 $g(p, q)$ 即为对合函数。$2n$ 维相空间（n 个自由度）上的完全对合系是 n 个独立对合函数的集合 $\Phi_1(p, q)$，…，$\Phi_n(p, q)$。

定理 1　设哈密顿函数 $H(q, p)$ 拥有第一积分的完全对合系 $\Phi_1(q, p)$，…，$\Phi_n(q, p)$，则下列陈述成立。

1）此系统可积[46]。

2）设 $\Phi_1(p, q)=c_1$，…，$\Phi_n(q, p)=c_n$ 定义的不变流形拥有一个紧致连通分量 Σ_c，则在 Σ_c 的邻域中存在作用量-角度变量 I、φ，因此，哈密顿函数仅取决于作用量 I，即 $H=H(I)$ [4,35]。

可积系统 $H=H(I)$ 的动力学描述如下：相空间分解成不变环面，携带频率为 $\omega(I)=\dfrac{\partial H}{\partial I}$ 的克罗内克流（Kronecker flow）。若哈密顿（Hamiltonian）函数 $H(I)$ 非退化，即若

$$\det\left(\frac{\partial^2 H}{\partial I_j \partial I_k}\right) \neq 0$$

则没有取决于角变量 φ 的独立第一积分。

在可积系统的经典算例中，人们会看到：开普勒问题——Delaunay 已经为此引入了一组方便的作用量-角变量[14]；自由刚体和拉格朗日陀螺的作用量-角变量则由安多耶[1]引入。

2.2　庞加莱不可积性定理

庞加莱提出的第一个否定的结论表明，通常情况下，一般动力学问题是不可积的。采用作用量-角变量符号 $p \in \mathcal{G} \subset \mathbb{R}^n$ 和 $q \in \mathbb{T}^n$，摄动 $H_1(p, q)$ 可用傅里叶级数展开为

$$H_1(p, q) = \sum_{k \in \mathbb{Z}^n} h_k(p) e^{i\langle k, q\rangle}$$

定理 2　设哈密顿函数 $H(p, q)=H_0(p)+\varepsilon H_1(p, q)$ 满足以下假设：

1）非退化，即

$$\det\left(\frac{\partial^2 H_0}{\partial p_j \partial p_k}\right) \neq 0$$

2）一般性：在流形 $\langle k, \omega(p)\rangle=0$ 上，$H_1(p, q)$ 的傅里叶展开式的系数 $h_k(p)$ 不恒等于零。则没有独立于 H 的解析的第一积分。

这一问题值得简述相关证明，因为这些证明有助于以小分母形式理解共振问题是如何

产生的。有关详细阐述，请参阅参考文献［58］第 8 章。尝试通过求解方程 $\{H, \Phi\} = 0$，建立一个展开为 $\Phi(p, q) = \Phi_0(p) + \varepsilon\Phi_1(p, q) + \cdots$ 的首次积分。替换 ε 中的展开式，即得循环系统

$$\{H_0, \Phi_0\} = 0, \{H_0, \Phi_1\} = -\{H_1, \Phi_0\}, \{H_0, \Phi_2\} = -\{H_1, \Phi_1\}, \cdots$$

考虑到非退化，将第一个方程用任何与角变量 q 无关的 $\Phi(p)$ 求解，然后分两步论证。第一步是证明若 Φ 与 H 无关，则 Φ_0 与 H_0 无关。这一部分需要进行巧妙、精确的论证。第二步是证明由于一般性假设，$\Phi_0(p)$ 不能独立于 $H_0(p)$。粗略地说，这一论证短期进展如下文所述。将第二个方程展开为

$$i\sum_k \langle k, \omega(p)\rangle \varphi_k(p) e^{i\langle k, q\rangle} = i\sum_k \left\langle k, \frac{\partial \Phi_0}{\partial p}\right\rangle h_k(p) e^{i\langle k, q\rangle}, \omega(p) = \frac{\partial H_0}{\partial p}$$

则可得出系数 $\varphi_k(p)$。因此，我们必须求解下述方程的无限集

$$\langle k, \omega(p)\rangle \varphi_k(p) = \left\langle k, \frac{\partial \Phi_0}{\partial p}\right\rangle h_k(p), 0 \neq k \in \mathbb{Z}^n$$

在共振流形 $\langle k, \omega(p)\rangle = 0$ 中，必须出现下述两种情况之一

$$\left\langle k, \frac{\partial \Phi_0}{\partial p}\right\rangle = 0 \text{ or } h_k(p) = 0$$

现在，考虑到一般性条件，$h_k(p) \neq 0$；因此我们必须得出 $\left\langle k, \frac{\partial \Phi_0}{\partial p}\right\rangle = 0$。利用 $\mathcal{G}$ 中共振较为密集这一事实得出结论，该事实迫使 $\Phi_0(p)$ 和 $H_0(p)$ 的梯度变化曲线在稠密点集中变为平行。因此，肯定会得出结论：Φ_0 不能独立 H_0。

庞加莱定理造成的直接后果是，一般在受摄情况下，未摄动不变环面的几何结构不能保持，因此 Liouville 定理不适用。

2.3 迷惑案例

上述的一般性条件似乎过强了，庞加莱很清楚这个事实，他确实讨论了如何放宽一般性条件，并仍然保持结果的有效性。在此，我想阐述一个困惑例，旨在说明从同样的意义上说，一般性条件最终是怎样恢复的。与此同时，这个例子为庞加莱提出的难题指出了一条出路。

用下式计算由两个共轭自转天体组成的系统的哈密顿函数 $H = H_0 + \varepsilon H_1$

$$H_0 = \frac{1}{2}(p_1^2 + p_2^2), H_1 = \cos q_1 + \cos(q_1 - q_2) + \cos(q_1 + q_2) + \cos q_2 \qquad (2-1)$$

结果满足非退化条件，但此结果绝非一般性的，因为其只包含有限数量的傅里叶模。让我们选择明显独立于 H_0 的 $\Phi_0(p) = p_1$，以此构造出首次积分。用三角函数的复数表示法计算

$$\{H_1, p_1\} = \frac{i}{2}[(e^{iq_1} + e^{i(q_1 - q_2)} + e^{i(q_1 + q_2)}) - \text{c.c.}]$$

式中，c. c. 代表复共轭。因此，得出 Φ_1 的一个解为

$$\Phi_1 = -\frac{1}{2}\left[\left(\frac{e^{iq_1}}{p_1} + \frac{e^{i(q_1-q_2)}}{p_1-p_2} + \frac{e^{i(q_1+q_2)}}{p_1+p_2}\right) + \text{c.c.}\right]$$

我们立即注意到，如果从平面 p_1 和 p_2 上去除共振流形（实际上是直线）$p_1=0$，$p_1-p_2=0$，$p_1+p_2=0$，则解的范围非常明确。当然，如果我们去除有限数量的共振流形，我们注意到的内容适用于任何属于有限次的三角多项式的摄动。

现在，我们进入下一步。我们必须在 ε^2 阶（即 $\{H_0, \Phi_2\}=\{\Phi_1, H_1\}$）考虑方程。在不进行完整计算的情况下，我们应关注生成的傅里叶模。此过程图解如图 2-2 所示，其中列出了当阶数 $s=1$、2 和 3 时，函数 Φ_s 中出现的傅里叶模。泊松括号让指数相乘，因此 $\{H_1, \Phi_1\}$ 包含新的傅里叶模，包括特别地

$$e^{i(2q_1-q_2)}, e^{i(2q_1+q_2)}, e^{i(q_1-2q_2)}, e^{i(q_1+2q_2)}$$

这些不是此前傅里叶模的倍数。生成的傅里叶模见 2 阶图中的灰色方块。因此，Φ_2 包含新的分母 $2p_1-p_2$、$2p_1+p_2$、p_1-2p_2 和 p_1+2p_2，并且我们必须去除额外共振流形。

$$2p_1-p_2=0, 2p_1+p_2=0, p_1-2p_2=0, p_1+2p_2=0$$

在 ε^3 阶上，我们得出了新傅里叶模，见图中的空心方块。稍加思考，我们就会意识到在 ε^s 阶上，右端 $\{H_1, \Phi_{s-1}\}$ 包含傅里叶模 $e^{i(k_1q_1+k_2q_2)}$，且 $|k_1|+|k_2|\leqslant 2s$，以及一个随着 s 增大的有限数。因此，我们必须去除越来越多的共振直线 $k_1p_1+k_2p_2=0$，且 $|k_1|+|k_2|\leqslant 2s$。我们的结论是，对于 $s\to\infty$，我们必须去除一组共振稠密集，从而确保即使是形式上，也不会在开域上构造与 H 无关的第一积分。

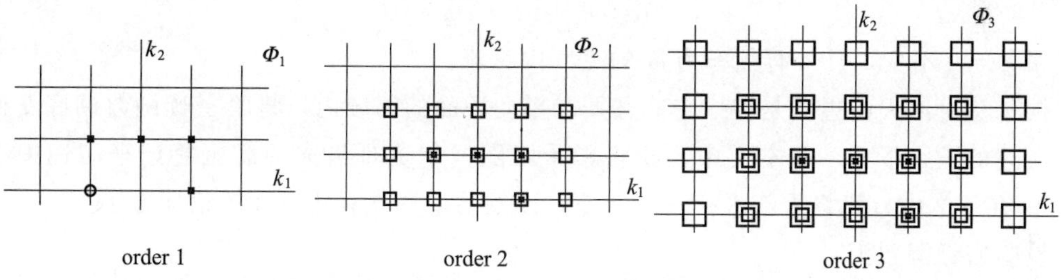

图 2-2　傅里叶模通过哈密顿函数（1）第一积分构造过程的传播。因为（k_1，k_2）和 $-$(k_1，k_2) 实际上表示的是同一个模式，因此只包括了 $k_2\geqslant 0$ 的模式（k_1，k_2）

2.4　如何进行？

事实上，庞加莱的不可积性定理并没有给天文学家们造成太大的麻烦：几个世纪以来，事实证明摄动展开式非常有用。但是仍有一些数学家继续与小分母问题斗争。

自 20 世纪初以来，第一次尝试推导是去除未摄动哈密顿函数 H_0 的非退化假设，同时考虑椭圆平衡点邻域动力学。这个问题将在后文中讨论，所以这里暂时把它放在一边，把注意力集中在 20 世纪下半叶发展起来的两种不同方法上。

第一种方法由柯尔莫哥洛夫于 1954 年开创[37]：只寻找一组以强非共振条件为特征的不变环面，从而限制作用量的初始值。柯尔莫哥洛夫的方法标志着我们现在所说的卡姆(KAM) 理论的开端，KAM 是柯尔莫哥洛夫、阿诺德和莫泽姓名的首字母缩写。

第二种方法由莫泽[53]和李特尔伍德[47,48]提出，涅霍罗舍夫[55,56]用公式表示了其一般形式：对时间加以限制，但考虑开集中的初始数据。寻找在有限但非常长的时间内有效的结果。本文剩余部分将主要讨论这两种方法。

3　本轮共振

本节致力于介绍柯尔莫哥洛夫的一项著名定理，内容涉及拟周期运动在近可积系统中的持久性。这个定理于1954年阿姆斯特丹国际数学家大会上宣布。论证草图发表于参考文献［37］中。柯尔莫哥洛夫在一系列讲座中给出了完整的论证，但似乎尚未（至少在西方国家没有）出版文字版论证。莫泽[54]和阿诺德[2]首先公开发表了相关论证结果。

3.1　柯尔莫哥洛夫正则形式

考虑作用量-角变量 p、q 中的哈密顿量

$$H(p,q)=\langle\omega,p\rangle+F(p,q),\ \omega\in\mathbb{R}^n$$

假设 $F(p,q)$ 至少是一个作用量 p 的平方，即 $F(p,q)=\mathcal{O}(p^2)$ 的情况下，哈密顿量表现为柯尔莫哥洛夫正则形式。正则方程表示如下

$$\dot{q}=\omega+\mathcal{O}(p),\ \dot{p}=\mathcal{O}(p^2)$$

并任意选择初始数据为 $p(0)=0$ 和 $q(0)=q_0$。我们可以得到解为

$$q(t)=\omega t+q_0,\ p(t)=0$$

即环面 $p=0$ 不变，且带有频率为 ω 的克罗内克流。

柯尔莫哥洛夫的想法是在一个非共振未摄动环面的邻域内，将哈密顿函数彻底变换为上文所述的正则形式。在本文中，我将紧紧跟随柯尔莫哥洛夫的简短笔记来简述中心思想[37]。在下文中，我将重新进行一些变换，以阐明一种具有建设性的论证方法。

设哈密顿函数为

$$H(p,q)=h(p)+f(p,q)$$

且 $h(p)$ 非退化，$f(p,q)$ 较小。读者可能想在 $f(p,q)$ 前添加一个参数 ε，这可能有助于探索一些项的最小值。但他们会在某一时刻意识到，在柯尔莫哥洛夫的方案中，必须去掉一个摄动参数。我们还假设 $h(p)$ 是一个平方数，且 $f(p,q)$ 可以展开为角度的傅里叶级数，其系数至多为 p 的平方。这一假设既简化了论点，又保留了问题中最重要的难点。

未摄动哈密顿函数 $h(p)$ 的动力学呈拟周期形式，频率 $\omega(p)=\dfrac{\partial h}{\partial p}$。选择一个初始条件 p^*，使得相应频率 $\omega(p^*)$ 为非共振，即在 $k\neq 0$ 的情况下，$\langle k,\omega\rangle\neq 0$。在平移 $p'=p-p^*$ 的情况下，哈密顿函数采取了下述形式，省略了质数，并用 $\omega\in\mathbb{R}^n$ 代替 $\omega(p^*)$

$$H(p,q)=\eta+\langle\omega,p\rangle+\frac{1}{2}\langle\boldsymbol{C}(q)p,p\rangle+A(q)+\langle B(q),p\rangle \tag{2-2}$$

式中，p 的不同次数的项已经被分开，引入函数 $A(q)$、向量函数 $B(q)$ 和对称矩阵 $\boldsymbol{C}(q)$，

可以用下式计算

$$A(q)=f(p^*,q),B_j(q)=\frac{\partial f}{\partial p_j}(p^*,q),\quad \boldsymbol{C}_{jk}(q)=\frac{\partial^2 h}{\partial p_j \partial p_k}(p^*)+\frac{\partial^2 f}{\partial p_j \partial p_k}(p^*,q)$$

其中，$A(q)$ 和 $B(q)$ 阶数与 f 相同，而 $\boldsymbol{C}(q)$ 包括了对 $h(p)$ 平方部分的小修正。常数 η 可以忽略。

在更一般的集合中，哈密顿函数将含有作用量中更高次的多项式，甚至会是 p 的幂级数。然而，正如前文所述，这只是一个技术上的复杂化，本质上的困难并没有增加。

我现在利用李级数的算法，用公式重新表示柯尔莫哥洛夫的方法，以便进行近恒等正则变换。有关算法的简要说明见附录。柯尔莫哥洛夫建议用下文所示近恒等生成函数来抵消多余部分 $A(q)$ 和 $\langle B(q),\ p\rangle$

$$\chi(p,q)=\langle \xi,q\rangle+X(q)+\langle Y(q),p\rangle(\xi\in\mathbb{R}^n)$$

坐标变换表示为（有一点滥用符号）

$$q'=\exp(L_\chi)q=q+Y(q)+\frac{1}{2}\left\langle\frac{\partial Y}{\partial q},Y(q)\right\rangle+\cdots$$

$$p'=\exp(L_\chi)p=p+\xi+\frac{\partial X}{\partial q}+\left\langle\frac{\partial Y}{\partial q},p\right\rangle+\cdots$$

点表示更高阶项。因此，得出作用量略有平移和变形，且角变量亦有所变形。

将哈密顿函数转换为 $H'=\exp(L_\chi)H$，其中带有 $\langle\omega,\ p\rangle$ 的泊松括号起着特殊作用，所以让我们引入符号 $\partial_\omega=L_{\langle\omega,\ p\rangle}$。我们得出

$$H'=\langle\omega,p\rangle+\frac{1}{2}\langle \boldsymbol{C}(q)p,p\rangle+A(q)-\partial_\omega X+\langle\omega,\xi\rangle+\langle B(q),p\rangle+$$
$$\left\langle \boldsymbol{C}(q)p,\xi+\frac{\partial X}{\partial q}\right\rangle-\partial_\omega\langle Y(q),p\rangle+\cdots$$

式中，第一行含有正则形式中已经包含的部分，点代表未处理的较小项，在后式中必须去除。第二行和第三行含有应该消除的部分。为此，忽略哈密顿函数中的常数 $\langle\omega,\ \xi\rangle$，将方程表示为

$$\begin{cases}A(q)-\partial_\omega X=0\\ \overline{\boldsymbol{C}}\xi+\overline{B+\dfrac{\partial X}{\partial q}}=0\\ B(q)+\boldsymbol{C}(q)\left(\xi+\dfrac{\partial X}{\partial q}\right)-\partial_\omega Y=0\end{cases}\tag{2-3}$$

式中，上划线表示角变量 q 的平均值，此项与函数傅里叶展开中的 q 无关。若已知项的平均值为零，则第一个和第三个方程（通常称为同调方程）可以求解（参见下节）。在第一个方程中，平均值是一个可以忽略的常数。第二个方程旨在精确确定实向量 ξ，以消除第三个方程中已知项的平均值。若常数矩阵 $\overline{\boldsymbol{C}}$ 非退化，此方程就可以求解，这一点最初由 $h(p)$ 的非退化保证。平移向量 ξ 保持频率不变。

确定生成函数后，我们可以进行变换，然后以与（2-2）相同的形式重写哈密顿函数，即

$$H'=\langle\omega,p\rangle+\frac{1}{2}\langle \boldsymbol{C}'(q)p,p\rangle+A'(q)+\langle B'(q),p\rangle$$

其中，$A'(q)$ 和 $B'(q)$ 有望小于 $A(q)$ 和 $B(q)$，且出现了一个新的对称矩阵 $\boldsymbol{C}'(q)$，此新矩阵对此前的对称矩阵进行了小修正。粗略地说，若假设 $A(q)$ 和 $B(q)$ 的阶数为 ε，则可以预期 $A'(q)$、$B'(q)$ 和 $\boldsymbol{C}'(q)-\boldsymbol{C}(q)$ 的阶数为 ε^2。

因此，过程的一致性取决于方程（2-3）的解是否存在。如果存在，那么可以迭代该过程，以便（有望）将多余项的大小减少到零，从而让哈密顿函数表示为柯尔莫哥洛夫正则形式。

3.2　小分母与收敛性问题

同调方程求解问题可以用通式表达：假设一个已知函数 $\psi(p, q)$，其平均值为零，即 $\overline{\psi}=0$，求 χ，使 $\partial_\omega\chi=\psi$。此处的作用量 p 只是参数。这个过程相当标准：我们在讨论庞加莱的不可积性结果时已经使用过这一过程。以傅里叶级数展开

$$\psi(p,q)=\sum_{0\neq k\in\mathbb{Z}^n}\psi_k(p)\exp(i\langle k,q\rangle),\chi(p,q)=\sum_{k\in\mathbb{Z}^n}c_k(p)\exp(i\langle k,q\rangle)$$

其中，$\psi_k(p)$ 已知，$c_k(p)$ 待解。计算

$$\partial_\omega\chi=i\sum_k\langle k,\omega\rangle c_k(p)\exp(i\langle k,q\rangle)$$

因此，假设频率 ω 非共振，可得形式解，其系数为

$$c_k(p)=-i\frac{\psi_k(p)}{\langle k,\omega\rangle}$$

由于分母项的表达式 $\langle k, \omega\rangle$ 可能任意小，我们必须引入一个适当的强非共振条件。柯尔莫哥洛夫实际上使用了西格尔已经引入的丢番图条件，即

$$|\langle k,\omega\rangle|>\frac{\gamma}{|k|^\tau},\gamma>0,\tau>n-1$$

众所周知，一组数量众多的频率均满足这样一项条件，这个补数的测量值是 $\mathcal{O}(\gamma)$。根据庞加莱已经作出的以下考虑，可以证明此解为全纯解。若 $\psi(p, q)$ 全纯，则系数 $\psi_k(p)$ 呈指数衰减，即对于某些 σ，$|\psi_k(p)|\sim e^{-|k|\sigma}$。因此，可得 $|c_k(p)|\sim|k|^\tau e^{-|k|\sigma}\sim e^{-|k|\sigma'}$，其中 $\sigma'<\sigma$。这表明 $\chi(p, q)$ 仍然全纯，因此让柯尔莫哥洛夫的每一步都具有形式一致性。

现在的问题是，迭代过程会产生小分母累加：在每一步中，系数都会获得一个新的小分母，让收敛变得不能确定。现在，我们讨论一下柯尔莫哥洛夫的第二个想法，不要在参数中使用展开式。在一对函数 $A(q)$ 和 $\langle B(q), p\rangle$ 中，收集所有与 p 无关且在 p 中呈线性的影响因素。用非常粗略的启发项来说，这就是发生的情况。从大小为 ε 的函数开始，暂时忘记小分母的贡献，该过程逐步将多余项的大小减少到 ε^2、ε^4、ε^8…；也就是说，他们呈二次递减，就像牛顿的方法一样（正如柯尔莫哥洛夫自己所说）。这种剧减用小分母补偿了因子数量的增长，最终保证了过程的收敛性。后一种探试性论点在过去被普遍使用，并且经常被综合在“二次方法”“二次收敛”“牛顿法”“超收敛”等词中。沿柯尔莫

哥洛夫建议的路径可以找到一项完全的论证，如在参考文献［5］中。

在本文中，出于两个原因，我将避免使用快速收敛法。一个原因是柯尔莫哥洛夫的过程不具构造性，因为从概念上说，处理无穷傅里叶级数非常简单，但几乎不实用：因必须引入某种形式的截断。另一个原因是快速收敛隐藏了分母累加的实际过程：前者只是控制了后者。相反，我的目的是证明在某些情况下，包括在柯尔莫哥洛夫的情况下，分母以一种周到的方式累加。

3.3　规范构造算法

我考虑了一个相当简单的模型，从而再次简化了讨论内容：一个共轭自转天体系统，用哈密顿函数 $H(p, q)=H_0(p)+\varepsilon H_1(p, q)$ 描述，式中

$$H_0(p)=\frac{1}{2}\sum_{j=1}^{n} p_j^2, H_1(p,q)=\sum_{|k|\leqslant K} c_k(p) e^{i\langle k,q\rangle}, p \in \mathbb{R}^n, q \in \mathbb{T}^n \qquad (2-4)$$

其中，固定 $K>0$，系数 $c_k(p)$ 为最多二次的多项式。做出这一选择是为了尽可能减少专业性（尽管仍有足够高的专业性），但对这个问题的所有关键难题都做出了解释。扩展到一般情况的关键是不要被冗长枯燥的计算吓倒。

我们的目的是构造一个哈密顿函数的无穷序列 $H^{(0)}(p, q)$，$H^{(1)}(p, q)$，$H^{(2)}(p, q)\cdots$，$H^{(0)}$ 与式（2-4）中的 H 一致，经过 r 步规范化后，结果的一般形式表示为

$$H^{(r)}=\omega\cdot p+\sum_{s=0}^{r} h_s(p,q)+\sum_{s>r}\varepsilon^s\left[A_s^{(r)}(q)+B_s^{(r)}(p,q)+C_s^{(r)}(p,q)\right] \qquad (2-5)$$

式中，$H^{(r)}(p, q)$ 是柯尔莫哥洛夫正则形式（Kolmogorov's normal form），最高达 r 阶。其中，$h_1(p, q)$，…，$h_r(p, q)$ 是 p 的平方，因此它们是正则形式，并且在第 r 步后不会改变。另外：（ⅰ）$A_s^{(r)}(q)$ 与 p 无关；（ⅱ）$B_s^{(r)}(p, q)$ 在 p 中呈线性；（ⅲ）$C_s^{(r)}(p, q)$ 是 p 中的二次多项式；（ⅳ）$A_s^{(r)}(q)$、$B_s^{(r)}(p, q)$ 和 $C_s^{(r)}(p, q)$ 是 q 的 sK 次的三角多项式，式中，K 是初始哈密顿函数中的 H_1 的次数。该算法应在每一步中保持上文第（ⅰ）项到第（ⅳ）项的属性。

关于模型中引入的简化，必须做出一些说明。在每一个低标签函数上加一个因子 ε^s，读者会立即意识到我们实际上是在进行 ε 展开，这在过去的摄动理论中非常常见。然而，一般摄动不会满足有限次数 K 最多为二次三角多项式的要求。只要足够耐心，读者就可以发现，继续增加 p 的幂，甚至是加上无穷级数，也不会有什么不良影响。无限三角级数的展开肯定更加令人费解，因为我们无法明确地处理无穷多个项。庞加莱也指出了这个问题（见参考文献［58］第 13 章第 147 条），并提出了解决方法。我们可以利用这一事实，即全纯函数的傅里叶展开系数大小随次数呈指数下降。因此，我们可以选择一个截断参数 $K>0$，并将级数分解成规定阶的三角多项式，以按规定形式（2-5）展开哈密顿量。一种比较天真的论点会导致设 $K\sim-\log\varepsilon$，即摄动参数。事实上，值得注意的是，最好的选择是将 K 设置为一个与 ε 无关的常数。这个常数无须很大，例如，设 $K=1/\sigma$ 就足矣。这使得参数展开不切实际，但是在某些范数中，如果不注意 ε 的幂，而是注意各种项的大小，那么一切情况都会非常良好。

对柯尔莫哥洛夫法略微重新变换，即可得出正则化过程。在每一步 r 中，用生成函数 $\chi_1^{(r)}(q)=X^{(r)}(q)+\langle\xi^{(r)}, q\rangle$ 进行第一次正则变换，然后用生成函数 $\chi_2^{(r)}(p, q)=\langle Y^{(r)}(q), p\rangle$ 进行第二次变换。

单个步骤的显式构造算法见表 2-1。假设已经完成第 $r-1$ 步，则哈密顿函数 $H^{(r-1)}(p, q)$ 为所需形式（2-5），用 $r-1$ 代替 r，我们依次构造新的哈密顿函数

$$\hat{H}^{(r)}=\exp(L_{\chi_1^{(r)}})H^{(r-1)},H^{(r)}=\exp(L_{\chi_2^{(r)}})\hat{H}^{(r)}$$

第一个公式是中间哈密顿函数，第二个公式是一直到 r 阶的正则形式。求解两个同调方程，以确定生成函数。考虑到非共振条件，这种做法是可行的。所有进入变换哈密顿数的函数都用李导数表示，读者可以很容易地核查。哈密顿函数仍然是二次式，因为李导数 $L_{\chi_1^{(r)}}$ 的作用使 p 的次数减少 1，而 $L_{\chi_2^{(r)}}$ 保持不变。至于三角次数，延用哈密顿函数的相关规则，因为同调方程未做出任何改变，使得 $\chi_1^{(r)}$ 和 $\chi_2^{(r)}$ 的次数均为 rK。此外，比方说，若 f_s 的次数为 sK，则 $L_{\chi_j^{(r)}}f_s$ 的次数显然为 $(s+r)K$。根据上述内容，读者应该能够检查算法实际上是否适用，从而确保范式的构造在形式上保持一致。现在的挑战是：证明一直到 r 阶，正则形式的哈密顿函数 $H^{(r)}$ 的序列收敛为一个全纯哈密顿函数 $H^{(\infty)}$，比如说，柯尔莫哥洛夫正则形式。

3.4 分析估计

现在，我来谈谈几个世纪以来一直困扰数学家们的一个关键问题：小分母累积。这一部分论述都使用了一个非递实增序列 $\{\alpha_r\}_{r\geqslant 0}$，定义为

$$\alpha_0=1,\quad \alpha_r=\min(1,\min_{0<|k|\leqslant rK}|\langle k,\omega\rangle|)\tag{2-6}$$

也就是说，α_r 是在正则化过程第 r 步时，在生成函数 $\chi_1^{(r)}$ 和 $\chi_2^{(r)}$ 的同调方程的解中可能出现的最小分母。若为非共振频率，则序列 $r\to\infty$ 为零极限。

让我们引入一个适用于下文所述情况的实用范数。对于一个在作用量 p 中次数为 s 的齐次多项式（在多重指标的情况下），$g=\sum_{|j|=s}g_j p^j$，并定义其范数为 $\|g\|=\sum_{|j|=s}|g_j|$，即

表 2-1 柯尔莫哥洛夫正则形式的构造算法

· 生成函数方程 $\chi_1^{(r)}=X^{(r)}+\langle\xi^{(r)}, q\rangle$ 和 $\chi_2^{(r)}=\langle Y^{(r)}(q), p\rangle$：

$$\partial_\omega X^{(r)}-A_r^{(r-1)}=0,\langle\xi^{(r)},p\rangle=\overline{B_r^{(r-1)}}=0$$

$$\partial_\omega\chi_2^{(r)}-\hat{B}_r^{(r)}=0,\hat{B}_r^{(r)}=\langle\frac{\partial X^{(r)}}{\partial q},p\rangle+B_r^{(r-1)}-\overline{B_r^{(r-1)}}$$

· 中间哈密顿函数 $\hat{H}^{(r)}=\exp(L_{\chi_1})H^{(r-1)}$

$$\hat{A}_r^{(r)}=0$$

$$\hat{A}_s^{(r)}=\begin{cases}A_s^{(r-1)}, & r<s<2r\\ \dfrac{1}{2}L_{\chi_1^{(r)}}^2 h_{s-2r}+L_{\chi_1^{(r)}}B_{s-r}^{(r-1)}+A_s^{(r-1)}, & 2r\leqslant s<3r\\ \dfrac{1}{2}L_{\chi_1^{(r)}}^2 C_{s-2r}^{(r-1)}+L_{\chi_1^{(r)}}B_{s-r}^{(r-1)}+A_s^{(r-1)}, & s\geqslant 3r\end{cases}$$

续表

$$\hat{B}_s^{(r)} = \begin{cases} L_{\chi_1^{(r)}} h_{s-r} + B_s^{(r-1)}, & r \leqslant s < 2r \\ L_{\chi_1^{(r)}} C_{s-r}^{(r-1)} + B_s^{(r-1)}, & s \geqslant 2r \end{cases}$$

· 转换哈密顿量 $H^{(r)} = \exp(L_{\chi_2^{(r)}} \hat{H}^{(r)})$（设 $s = kr + m$，其中 $0 \leqslant m < k$）：

$$h_r = L_{\chi_2^{(r)}} h_0 + C_r^{(r)}$$

$$A_s^{(r)} = \sum_{j=0}^{k-1} \frac{1}{j!} L_{\chi_2^{(r)}}^j \hat{A}_{s-jr}^{(r)}, \quad s > r$$

$$B_s^{(r)} = \begin{cases} \dfrac{k-1}{k!} L_{\chi_2^{(r)}}^{k-1} \hat{B}_r^{(r)} + \displaystyle\sum_{j=0}^{k-2} \frac{1}{j!} L_{\chi_2^{(r)}}^j \hat{B}_{s-jr}^{(r)}, & k \geqslant 2, m = 0 \\ \displaystyle\sum_{j=0}^{k-1} \frac{1}{j!} L_{\chi_2^{(r)}}^j \hat{B}_{s-jr}^{(r)}, & k \geqslant 1, m \neq 0 \end{cases}$$

$$C_s^{(r)} = \frac{1}{k!} L_{\chi_2^{(r)}}^k h_m + \sum_{j=0}^{k-1} \frac{1}{j!} L_{\chi_2^{(r)}}^j C_{s-jr}^{(r)}, \qquad s > r$$

系数绝对值之和。对于系数为 $f_k(p)$ 的齐次多项式的三角多项式 $f(p, q) = \prod_k f_k(p) e^{i\langle k, q\rangle}$，我们将一个用 $\sigma > 0$ 参数化的范数定义为

$$\| f \|_\sigma = \sum_k \| f_k \| e^{|k|\sigma}$$

如本文所述，对于三角多项式来说，参数 σ 的选择相当任意。对于一个实解析函数 σ，其与复数条 $\mathbb{T}_\sigma^n$ 的宽度有关［定义见式（2－22），参见附录］，其中函数为全纯有界函数。

回想一下，柯尔莫哥洛夫正则化的算法使用了李导数和同调方程。因此，我们需要了解这些运算如何影响范数。我们做出了以下估计。

表 2－2　柯尔莫哥洛夫正则形式算法定量评价

· 生成函数 $\chi_1^{(r)} = X^{(r)} + \langle \xi^{(r)}, q\rangle$ 和 $\chi_2^{(r)} = \langle Y^{(r)}(q), p\rangle$：

$$\| X_r \|_{(1-d_{r-1})\sigma} \leqslant \frac{1}{\alpha_r} \| A_r^{(r-1)} \|_{(1-d_{r-1})\sigma}, \ | \xi_{r,j} | \leqslant \| \overline{B_r^{(r-1)}} \|_{(1-d_{r-1})\sigma}$$

$$\| \chi_2^{(r)} \|_{(1-d_{r-1}-\delta_r)\sigma} \leqslant \frac{1}{\alpha_r} \| \hat{B}_r^{(r)} \|_{(1-d_{r-1}-\delta_r)\sigma}$$

· 中间哈密顿函数 $\hat{H}^{(r)} = \exp(L_{\chi_1}) H^{(r-1)}$。设

$$G_{r,1} = \frac{2e}{\sigma} (\| A_r^{(r-1)} \|_{(1-d_{r-1})\sigma} + \alpha_r \delta_r \sigma \| \overline{B_r^{(r-1)}} \|_{1-d_{r-1}})$$

若 $r < s < 2r$、$2r \leqslant s < 3r$ 和 $s \geqslant 3r$，分别得

$$\| A_s^{(r)} \|_{(1-d_{r-1}-\delta_r)\sigma} \leqslant \begin{cases} \| A_s^{(r)} \|_{(1-d_{r-1})\sigma} \\ \left(\dfrac{G_{r,1}}{\delta_r \alpha_r}\right)^2 \| h_{s-2r} \|_{(1-d_{s-2r})\sigma} + \dfrac{G_{r,1}}{\delta_r \alpha_r} \| B_{s-r}^{(r-1)} \|_{(1-d_{r-1})\sigma} + \| A_s^{(r)} \|_{(1-d_{r-1})\sigma} \\ \left(\dfrac{G_{r,1}}{\delta_r \alpha_r}\right)^2 \| C_{s-2r}^{(r-1)} \|_{(1-d_{s-2r})\sigma} + \dfrac{G_{r,1}}{\delta_r \alpha_r} \| B_{s-r}^{(r-1)} \|_{(1-d_{r-1})\sigma} + \| A_s^{(r)} \|_{(1-d_{r-1})\sigma} \end{cases}$$

若 $r \leqslant s < 2r$ 和 $s \geqslant 2r$，分别得

续表

$\|\hat{B}_s^{(r)}\|_{(1-d_{r-1}-\delta_r)} \leqslant \begin{cases} \frac{G_{r,1}}{\delta_r\alpha_r}\|h_{s-r}\|_{(1-d_{s-r})\sigma} + \|B_s^{(r-1)}\|_{(1-d_{r-1})\sigma} \\ \|\hat{B}_s^{(r)}\|_{(1-d_{r-1}-\delta_r)} \leqslant \frac{G_{r,1}}{\delta_r\alpha_r}\|C_{s-r}^{(r-1)}\|_{(1-d_{s-r})\sigma} + \|B_s^{(r-1)}\|_{(1-d_{r-1})\sigma} \end{cases}$
·变换后的哈密顿函数 $H^{(r)} = \exp(L_{\chi_2^{(r)}}\hat{H}^{(r)})$ 。设 $G_{r,2} = \frac{3}{\sigma}\|\hat{B}_r^{(r)}\|_{(1-d_{r-1}-\delta_r)}$ 。
若 $s \geqslant r$ ，那么我们得到
$\|h_r\|_{(1-d_r)\varrho,\sigma} \leqslant \frac{G_{r,2}}{\delta_r\alpha_r}\|h_0\|_\sigma + \|C_r^{(r)}\|_{(1-d_{r-1})\sigma}$
$\|A_s^{(r)}\|_{(1-d_r)\varrho,\sigma} \leqslant \sum_{j=0}^{k-1}\left(\frac{G_{r,2}}{\delta_r\alpha_r}\right)^j\|\hat{A}_{s-jr}^{(r)}\|_{(1-d_{r-1}-\delta_r)\sigma}$
$\|B_s^{(r)}\|_{(1-d_r)\varrho,\sigma} \leqslant \sum_{j=0}^{k-1}\left(\frac{G_{r,2}}{\delta_r\alpha_r}\right)^j\|\hat{B}_{s-jr}^{(r)}\|_{(1-d_{r-1}-\delta_r)\sigma}$
$\|C_s^{(r)}\|_{(1-d_r)\varrho,\sigma} \leqslant \frac{G_{r,2}}{\delta_r\alpha_r}\|h_m\|_{(1-d_{r-m})\sigma} + \sum_{j=0}^{k-1}\left(\frac{G_{r,2}}{\delta_r\alpha_r}\right)^j\|\hat{C}_{s-jr}^{(r)}\|_{(1-d_{r-1}-\delta_r)\sigma}$

1）设

$$\psi^{(r)} = \sum_{0<|k|\leqslant rK}\psi_k(p)e^{i\langle k,q\rangle}$$

为一个 rK 次的三角多项式，则同调方程 $\partial_\omega\chi^{(r)} = \psi^{(r)}$ 的零平均化解满足

$$\|\chi^{(r)}\|_\sigma \leqslant \frac{1}{\alpha_r}\|\psi^{(r)}\|_\sigma$$

2）用下文所示不等式评价李导数的作用

$$\left\|\frac{1}{s!}L_{\chi_1^{(r)}}^s f\right\|_{(1-d)\sigma} \leqslant \left(\frac{2e\|\chi_1^{(r)}\|_\sigma}{d\sigma}\right)^s\|f\|_\sigma$$

$$\left\|\frac{1}{s!}L_{\chi_2^{(r)}}^s f\right\|_{(1-d)\sigma} \leqslant \left(\frac{3e\|\chi_2^{(r)}\|_\sigma}{d\sigma}\right)^s\|f\|_\sigma$$

式中，$0 < d < 1$。

读者将会注意到，此估计需要用类似方法将 σ 的数值降到附录所示域的限制范围内（事实上，这是一回事）。

将上述估计用柯尔莫哥洛夫正则形式的算法是一件枯燥但直接的事：将表 2-1 中的循环公式的每步运算替换为相应的范数估计，结果汇总见表 2-2。有一点需要仔细考虑，在每一步中，需要根据第 r 步，对由递增正序 d_r 参数化的σ 进行限制。但是序列必须有一个有限极限 $d < 1$。序列是任意的，因此让 $d_0 = 0$ 且 $d_r = 2(\delta_1 + \cdots + \delta_r)$，其中

$$\delta_r = \frac{1}{\pi^2}\cdot\frac{1}{r^2}, \quad \sum_{r\geqslant 1}\delta_r = \frac{1}{6}$$

在此，必须论述以下内容。李导数引入了一个分母 δ_r ，但这一分母很小，可能和小分母 α_r 一样影响收敛，但我们将看到，它们总是以乘积 $\beta_r = \delta_r\alpha_r$ 的形式出现，因此应用相同的方法控制所有分母。

在不进行技术讨论的情况下，请允许我指出所有估计的共同结构。可以立即看出，各

函数的范数均受不同项之和限制。另外：

1）各项要么源自前一阶的函数，要么源自前一函数的李导数（可能有多个李导数）。

2）源自估计中与 r 无关的常数因子 $G_{r,1}$ 或 $G_{r,2}$ 分别与李导数 $L_{\chi_2^{(r)}}$ 或 $L_{\chi_2^{(r)}}$ 相关联。

3）每个因子 $G_{r,1}$ 或 $G_{r,2}$ 与一个分母 β_r 成对：小分母 α_r 和限制因子 δ_r 总是成对出现。

建议寻找一个右边求和式中各项的统一估计，暂时不考虑估计和值的问题。据预计，r 阶的每个项都受一个表达式限定，如 $b\eta^{r-1}\left(\prod_{\ell}\beta_{\ell}\right)^{-1}$，其中正常数 b 和 η 的乘积根据一组待确定的指数计算。因此，我们将注意力集中在乘积 $\prod_{\ell}\beta_{\ell}$ 中的分母上。更恰当的建议是：忽略分母的实际数值；只关注指数。事实上，指数控制着小分母的累加过程。

3.5　小分母的对策

首先，让我摆脱一个会导致悲观结论的天真论点，似乎每一个步骤都增加了一个新分母

$\chi_1^{(1)}$ 分母为 β_1；　　$\chi_2^{(1)}$ 分母为 β_1^2；

$\chi_1^{(2)}$ 分母为 $\beta_1^2\beta_2$；　　$\chi_2^{(2)}$ 分母为 $\beta_1^2\beta_2^2$；

$\chi_1^{(3)}$ 分母为 $\beta_1^2\beta_2^2\beta_3$；　　$\chi_2^{(3)}$ 分母为 $\beta_1^2\beta_2^2\beta_3^2$；

……

$\chi_1^{(r)}$ 分母为 $\beta_1^2\cdots\beta_{r-1}^2\beta_r$　　$\chi_2^{(r)}$ 分母为 $\beta_1^2\cdots\beta_r^2$。

现在，若假设丢番图不等式 $\alpha_r \sim 1/r^{\tau}$ 和集合 $\delta_r \sim 1/r^2$（我们的选择），则可以得出

$$\|\chi_1^{(r)}\| \sim (r!)^{2\tau+3},\quad \|\chi_2^{(r)}\| \sim (r!)^{2\tau+4}$$

直接结论是，这个朴素论点不能用于证明发生收敛现象；小分母累积似乎具有激增性。

因此，我们面临这样一个问题：我们是否能够控制分母的激增性？正如我已经指出的那样，柯尔莫哥洛夫引入了一种伟大的革命性思想，即：由于“类似于牛顿的方法”（用他自己的话来说），二次收敛提供了有效的控制措施。这一思想使得他在一个存在了两个世纪的古老问题上打开了一个缺口。在不降低柯尔莫哥洛夫工作的巨大重要性的情况下，我们现在能够了解分母累加并不像我们本来预计的那样糟糕。

3.6　小分母的作用

在表 2 - 1 和表 2 - 2 中，我们应该注意分母累加的实际机制。正如我上文已经指出的，最好把注意力集中在小分母的指数上。一种简便的方法是将指数列表（允许重复）。本节中，我将以一种综合的但有很大希望是完整的方式进行论证。

首先，请允许我说明一下分母是如何出现的。

1）生成函数 $\chi_1^{(r)}$ 在 $A_r^{(r-1)}$ 中的现有分母上增加了一个新的分母 α_r。

2）在 $\hat{H}^{(r)}$ 中受影响的第一项是 $\hat{B}_r^{(r)}$，具体方法为在 $L_{\chi_1^{(r)}}h_0$ 项中增加了一个分母 β_r。

3）后一项进入 $\chi_2^{(r)}$，因而又增加了一个分母 α_r，通过李导数升级为 β_r。

现在来讨论一下累加过程。作为试探，让我们试着把复杂的估计方案简化为下面的初等运算。本文中尽可能减少了符号应用。设 ψ_r 是 r 次三角多项式，其有一份分母列表 $\mathcal{I}_r$ 。求解同调方程 $\partial_\omega \chi_r = \psi_r$ ，让 χ_r 拥有一份分母列表 $\{r\} \cup \mathcal{I}_r$ ，并集表示两表合并。假设 f_s 是一个 s 次三角多项式，其有一份指数列表 $\mathcal{I}_s$ 。那么 $L_{\chi_r} f_s$ 拥有列表 $\{r\} \cup \mathcal{I}_r \cup \mathcal{I}_s$ 。如果耐心一点，读者们就会意识到这正是生成算法中出现的表达式中的各项相关联的列表的机制。

现在让我们提出一个小的迂回，独立于在柯尔莫哥洛夫算法中的应用，将其另做他用。设 $\mathcal{I}_s = \{j_1, \cdots, j_{s-1}\}$ 是一个 $s-1$ 非负指数列表，我们可以按非递减顺序收集。下文将介绍指数列表中采用的偏序。对于两份按非递减内部顺序排列的特定列表 $\mathcal{I}_s = \{j_1, \cdots, j_{s-1}\}$ 和 $\mathcal{I}'_s = \{j'_1, \cdots, j'_{s-1}\}$ ，假设在 $j_1 \leqslant j'_1, \cdots, j_{s-1} \leqslant j'_{s-1}$ 的情况下，$\mathcal{I}$ 在 $\mathcal{I}'$ 之前；表示为 $\mathcal{I} \lhd \mathcal{I}'$ 。现在，让我们也介绍一下专项列表

$$\mathcal{I}_s^* = \left\{ \left\lfloor \frac{s}{s} \right\rfloor, \left\lfloor \frac{s}{s-1} \right\rfloor, \cdots, \left\lfloor \frac{s}{2} \right\rfloor \right\} \tag{2-7}$$

引理 3 对于指数列表 $\mathcal{I}_s^*$ ，下列陈述成立

1）若 $0 < r \leqslant s$，得

$$(\{r\} \cup \mathcal{I}_r^* \cup \mathcal{I}_s^*) \lhd \mathcal{I}_{r+s}^*$$

2）对于每个 $k \in \{1, \cdots, j_{\max}\}$，指数 k 出现的准确次数为 $\left\lfloor \frac{s}{k} \right\rfloor - \left\lfloor \frac{s}{k+1} \right\rfloor$。

第一项陈述正好涉及柯尔莫哥洛夫正则化方法中小分母的累加机制。因此，$\mathcal{I}_s^*$ 代表了可以生成的最小指数列表。

第二项陈述包含对小分母作用的控制。设任何序列为 $1 = \alpha_0 \geqslant \alpha_1 \geqslant \alpha_2 \geqslant \cdots$；我们应估计下式乘积

$$\prod_{j \in \mathcal{I}_s^*} \frac{1}{\alpha_j} = (\alpha_1^{q_1} \cdot \cdots \cdot \alpha_{\lfloor s/2 \rfloor}^{q_{\lfloor s/2 \rfloor}} \alpha_s^{q_s})^{-1}$$

式中，$q_k = \left\lfloor \frac{s}{k} \right\rfloor - \left\lfloor \frac{s}{k+1} \right\rfloor$ 为 $\mathcal{I}_s^*$ 的指数数量（等于 k ），且 $q_s = 1$。得

$$\ln \prod_{j \in \mathcal{I}_s^*} \frac{1}{\alpha_j} \leqslant - \sum_{k=1}^{s} \left(\left\lfloor \frac{s}{k} \right\rfloor - \left\lfloor \frac{s}{k+1} \right\rfloor \right) \ln\alpha_k \leqslant - s \sum_{k \geqslant 1} \frac{\ln\alpha_k}{k(k+1)}$$

因此，我们引入了

条件 τ ：序列 $\{\alpha_r\}_{r \geqslant 0}$ 满足

$$-\sum_{r \geqslant 1} \frac{\ln\alpha_r}{r(r+1)} = \Gamma < \infty \tag{2-8}$$

设 α_r 为式（2-6）定义的序列，因此，我们发现了不变环面频率 ω 的强非共振条件。

一些论述让我们能够比较条件 τ 与其他常用条件。

1）西格尔引入的丢番图条件设 $\alpha_r = r^{-k}$，其中 $k > 1$（省略了一个无伤大雅的乘常数）。那么可得出

$$-\sum_{r\geqslant1}\frac{\ln\alpha_r}{r(r+1)}=k\sum_{r\geqslant1}\frac{\ln r}{r(r+1)}<\infty$$

顺便说一下，这也表明：如果序列 α_r 满足条件 $\boldsymbol{\tau}$，那么在我们对柯尔莫哥洛夫理论的估计中，序列 $\beta_r=\delta_r\alpha_r$ 与 $\delta_r\sim r^{-2}$ 也满足条件 τ。

2）条件 $\boldsymbol{\tau}$ 弱于丢番图条件。例如，若 $\alpha_r=e^{-r/\ln^2 r}$，则

$$-\sum_{r\geqslant1}\frac{\ln\alpha_r}{r(r+1)}=\sum_{r\geqslant1}\frac{1}{(r+1)\ln^2 r}<\infty$$

3）ω 违反条件 $\boldsymbol{\tau}$。例如，若 $\alpha_r=e^{-r}$，则

$$-\sum_{r\geqslant1}\frac{\ln\alpha_r}{r(r+1)}=\sum_{r\geqslant1}\frac{1}{(r+1)}=\infty$$

4）布鲁诺条件被广泛应用，其可表示为

$$-\sum_{r\geqslant1}\frac{\ln\alpha_{2^{r-1}}}{2^r}=Б<\infty$$

此条件与条件 $\boldsymbol{\tau}$ 等同，因为得出 $\Gamma<Б<2\Gamma$。然而，使用条件 $\boldsymbol{\tau}$ 可能获得一些优势，因为有时，这一条件有助于得出更好的收敛估计；示例见参考文献［23］所述的在庞加莱-西格尔问题中的应用。

在本文所述情况下，即柯尔莫哥洛夫正规化方法中，我们必须回到表 2－2，只考虑分母 β_r 的作用。问题是找出每个函数中每个系数的分母的最小可能乘积。为此，我们可以将两项信息与每个系数联系起来。这两项信息为：1）分母 β_j 的数量；2）选择规则，即根据我们的偏序排列得到的最大系数列表。只要耐心一点，使用递归，就会发现表 2－3 中总结出的规则。考虑到条件 $\boldsymbol{\tau}$，我们得出结论：分母乘积的增长不会快于 s 的几何级数增长。

表 2－3　函数 h_r、$A_s^{(r)}$、$B_s^{(r)}$ 和 $C_s^{(r)}(1\leqslant r<s)$ 的分母数量与选择规则

函数	分母数量	选择规则
h_r	$2r$	$\mathcal{I}_r^*\cup\mathcal{I}_r^*\cup\{r\}\cup\{r\}$
$A_s^{(r)}$，$\hat{A}_s^{(r)}$	$2s-2$	$\mathcal{I}_s^*\cup\mathcal{I}_s^*$
$B_s^{(r)}$，$\hat{B}_s^{(r)}$	$2s-1$	$\mathcal{I}_s^*\cup\mathcal{I}_s^*\cup\{r\}$
$C_s^{(r)}$	$2s$	$\mathcal{I}_s^*\cup\mathcal{I}_s^*\cup\{r\}\cup\{r\}$

3.7　柯尔莫哥洛夫定理论证梗概

论证中最具挑战性的部分是有关分母的估计。现在的问题是找到生成函数的上界，并证明其满足附录命题 9 中关于正则变换序列收敛的条件。这一部分需要极大的耐心，但没有真正的新想法出现。另一方面，详细阐述将超出本说明的范围。因此，在本文中，我只是提示了如何进行的方法。

从表 2 - 2 可以看出，函数 $A_s^{(r)}$，$B_s^{(r)}$，$C_s^{(r)}$，$\chi_1^{(r)}$ 和 $\chi_2^{(r)}$ 的范数均有可能通过量 $v_{r,s}T_{r,s}C^{s-1}$ 估计为一个乘积因子，式中：

1）幂 C^{s-1} 是估计生成函数范数的 $G_{r,1}$ 和 $G_{r,2}$ 的乘积；

2）$T_{r,s}=\prod_j \beta_j^{-1}$ 是符合上表选择规则的指数 j 与分母的乘积；

3）$v_{r,s}$ 是一个数字因子，其考虑了李导数产生的项数。

所有这些量实际上均具有几何界，常数 C 与摄动大小 ε 成正比。另一方面，此处使用的范数为函数的上确界范数提供了一个上界。因此，对于 ε 足够小的情况，生成函数的范数满足命题 9 的条件，从而保证了柯尔莫哥洛夫范式的收敛性。再耐心一点，读者可能会检查这一论点是否适用于一般动力学问题的任何哈密顿量。因此，我以一项（不太）正式陈述来结束本节。

定理 4 设哈密顿函数

$$H(p,q)=H_0(p)+\varepsilon H_1(p,q),\quad p\in\mathcal{G}\subset\mathbb{R}^n,\quad q\in\mathbb{T}^n$$

假设

1）$H_0(p)$ 非退化，即

$$\det\left(\frac{\partial^2 H_0}{\partial p_j \partial p_k}\right)\neq 0$$

2）$H_0(p)$ 拥有一个不变环面 p^*，其频率 ω 满足条件 $\boldsymbol{\tau}$。

则存在一个正 ε^*，让下面的结论成立：若 $s<s^*$，存在一个受摄不变环面，其以频率 ω 进行拟周期运动，并接近于未受摄的环面。

人们经常强调柯尔莫哥洛夫定理与行星系统的相关性证明了行星系统动力学具有拟周期性，即其可以用经典本轮法描述。但关键的问题是：ε 应该有多小?

3.8 在太阳-木星-土星系统中的应用

关于柯尔莫哥洛夫定理在太阳系的实际适用性这一问题，在过去 30 年里受到了一些关注（见参考文献［7，8，49］）。应该注意的是，太阳系的哈密顿量是退化的。然而，阿诺德已经表明，至少对于三体问题，遵守拉格朗日的长期运动理论，可以去除这种退化。在本节中，我对参考文献［50］进行了非常简短的报告。这篇论文讨论（如果没有在严格的数学意义上予以证明）了柯尔莫哥洛夫定理对太阳—木星—土星三体问题的实际适用性。

本文采用了阿诺德的理念和我们算法的构造性。主要步骤如下。

1）在日心坐标系中，用 Delaunay 变量表示三体问题的哈密顿函数。

2）选择对应于木星和土星实际频率的半长轴的值，并围绕它展开到质量的二阶。

3）取快角变量（平近点角）的平均值，引入庞加莱变量，并在零偏心率和零倾角的轨道邻域中，用幂级数展开哈密顿函数。

4）构造一个最大次数为 6 的伯克霍夫范式，从而去除哈密顿函数的退化，并找到了与系统的实际频率相关的环面。

5）以柯尔莫哥洛夫正则形式的算法所要求的形式，围绕未摄动环面展开哈密顿函数。

6）用表 2-1 所示算法计算最高达某可达阶数的正则形式。

7）通过显式展开式计算生成函数的范数，直到上项所述可达阶数。

范数值如图 2-3 所示。很明显，经过几个步骤后，范数开始呈几何级数下降。这有力地支持了柯尔莫哥洛夫范式具有收敛性这一论点，因此木星和土星的轨道（如果我们忽略其他行星的作用）接近为一个不变的环面。

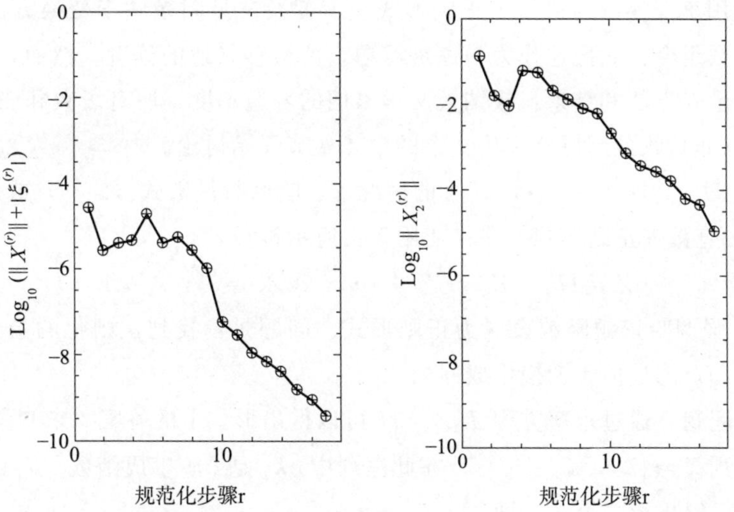

图 2-3　太阳-木星-土星生成函数范数，其实际轨道参数来自 JPL 数据库（本图摘自参考文献［50］）

4　庞加莱（Poincaré）和伯克霍夫（Birkhoff）正则形式

本节旨在利用庞加莱和伯克霍夫正则形式的方法，研究柯尔莫哥洛夫的椭圆平衡解或不变环面邻域内的动力学。我将把重点放在稳定性问题上。

在椭圆平衡解的邻域内，哈密顿函数一般可以用幂级数表示为

$$H(x,y)=H_0(x,y)+H_1(x,y)+H_2(x,y)+\cdots,\quad H_0(x,y)=\frac{1}{2}\sum_{l=1}^{n}\omega_l(x_l^2+y_l^2) \tag{2-9}$$

式中 $\omega=(\omega_1,\ \cdots,\ \omega_n)\in\mathbb{R}^n$ 是线性近似中的频率，$H_s(x,\ y)$ 是正则变量 $(x,\ y)\in\mathbb{R}^{2n}$ 中的 $s+2$ 次齐次多项式。假设级数在原点的某个邻域内收敛。

在柯尔莫哥洛夫的一个不变环面的邻域内，哈密顿函数可以以作用量的幂级数展开为

$$H(p,q)=H_0(p)+H_1(p,q)+H_2(p,q)+\cdots,\quad H_0(p)=\langle\omega,p\rangle,\quad (p,q)\in\mathcal{G}\times\mathbb{T}^n \tag{2-10}$$

其中，系数展开为角度 q 中的傅里叶级数。根据柯尔莫哥洛夫定理，我们一直可以假设级数在原点的邻域 $\mathcal{G}$ 内一致收敛。

处理无穷傅里叶级数显然不适合实际计算。然而，再次利用庞加莱的建议，我们可以

分解哈密顿函数，从而确保 $H_s(p, q)$ 至少是 p 的平方，并且是一个次数为 sK 的三角多项式，其中 K 为正整数。

应该强调的是，虽然这两个问题似乎有所不同，但可以用同样的方法处理。此外，我还要强调的是，这里未假设频率 ω 为非共振频率。

4.1 正则化

我将讨论用李变换法构造一个正则形式。李变换法见附录“李变换方法”。此外，还可以使用李级数组合：我把这作为一道练习题，留给感兴趣的读者。然而，我强调，在本文中我只讨论形式方法和结果：接纳天文学家们的普遍态度，所有级数和三角展开均不考虑收敛问题。(非) 收敛问题将在后文中的第 4.6 节开始讨论。

假设在 $\partial_\omega H = 0$ 且 $\partial_\omega \cdot = \{\cdot, H_0\}$ 的情况下，哈密顿函数式 (2-9) 或式 (2-10) 表现为庞加莱-伯克霍夫正则形式。我将使用下文所示符号

$$Z = H_0 + Z_1 + Z_2 + \cdots, \quad \partial_\omega Z_s = 0, \quad s \geqslant 1$$

因此用符号 Z 强调哈密顿函数表现为正则形式。问题是：找到正则化的哈密顿函数 (2-9) 或式 (2-10) 的近恒等变换生成序列。

对于这个问题，通过求解方程 $T_\chi Z = H$ 可以得出形式上的答案，未知量是正则形式 Z 本身和生成序列 $\chi = \{\chi_1, \chi_2, \cdots\}$。在此序列中，$\chi_s$ 是 s 阶生成函数。回到算子 T_χ 的定义式 (2-19)，得出形式算法，即

$$T_\chi = \sum_{s\geqslant 0} E_s, \quad E_0 = 1, \quad E_s = \sum_{j=1}^{s} \frac{j}{s} L_{\chi_j} E_{s-j}$$

从而得出下文所示算法：若 $s \geqslant 1$，递归求解同调方程可得 χ_s 和 Z_s。

$$Z_s - \partial_\omega \chi_s = \Psi_s, \quad s = 1, \cdots, r \tag{2-11}$$

式中

$$\begin{aligned} \Psi_1 &= H_1 \\ \Psi_s &= H_s - \sum_{j=1}^{s-1} \frac{j}{s} (L_{\chi_j} H_{s-j} + E_{s-j} Z_j) \quad 2 \leqslant s \leqslant r \end{aligned} \tag{2-12}$$

为了得出上述公式，方便的做法是调用李变换三角式

$$\begin{array}{cccccc}
H_0 & H_0 & & & & \\
 & \downarrow & & & & \\
H_1 & E_1 H_0 & Z_1 & & & \\
 & \downarrow & \downarrow & & & \\
H_2 & E_2 H_0 & E_1 Z_1 & Z_2 & & \\
 & \downarrow & \downarrow & \downarrow & & \\
\vdots & \vdots & \vdots & \vdots & \ddots & \\
H_r & E_r H_0 & E_{r-1} Z_1 & E_{r-2} Z_2 & \cdots & Z_r
\end{array}$$

使用显式表达式

$$E_s H_0 = L_{\chi_s} H_0 + \sum_{j=1}^{s-1} \frac{j}{s} L_{\chi_j} E_{s-j} H_0$$

我们可以得到与式（2－11）中表达示类似的 Ψ_s 表达式。为了用上一阶同调方程从 Ψ_s 中去除与 H_0 有关的所有项，需要对代数稍加研究。

4.2　求解同调方程

我们需要一个定义。我们将共振模（$\mathbb{Z}^n$ 的一个子群）与频率向量 ω 结合起来

$$\mathcal{M}_\omega = \{k \in \mathbb{Z}^n : \langle k, \omega \rangle = 0\}$$

维度 $\dim \mathcal{M}_\omega$ 通常被称为共振多解性。

有趣的是，可以将线性算子 $\partial_\omega \cdot = \{\cdot, H_0\}$ 对角化。在椭圆平衡的情况下，我们应该通过下文所述设置，对复变量 ξ，η 进行正则变换

$$x_l = \frac{1}{\sqrt{2}}(\xi_l + i\eta_l), \quad y_l = \frac{i}{\sqrt{2}}(\xi_l - i\eta_l)$$

其中 $l=1$，…，n。未摄动哈密顿函数 H_0 表现为下文所示形式

$$H_0 = \sum_{l=1}^{n} \omega_l I_l, \quad I_l = i\xi_l \eta_l$$

而多项式 $H_s(\xi, \eta)$ 仍然为齐次式。事实证明，算子 ∂_ω 是单项式（在多指数符号中）的基底 $\xi^j \eta^k$ 上的对角线元素，其中

$$\partial_\omega \xi^j \eta^k = i\langle j-k, \omega \rangle \xi^j \eta^k$$

在环面的情况下，线性算子 ∂_ω 在傅里叶基底上已经呈对角线元素，其中

$$\partial_\omega f_k(p) e^{i\langle k,q \rangle} = i\langle k, \omega \rangle f_k(p) e^{i\langle k,q \rangle}$$

∂_ω 的核 $\mathcal{N}_\omega$ 和极差 $\mathcal{R}_\omega$ 采用其通常定义。用 $\mathcal{P}$ 表示所讨论的线性空间（两个傅里叶级数齐次多项式之一），我们定义

$$\mathcal{N}_\omega = \partial_\omega^{-1}(\{0\}), \quad \mathcal{R}_\omega = \partial_\omega(\mathcal{P})$$

由于线性算子 ∂_ω 将 $\mathcal{P}$ 映射入算子本身，核和极差本身均为同一个空间 $\mathcal{P}$ 的子空间。此外，由于 ∂_ω 可对角化，得

$$\mathcal{N}_\omega \cap \mathcal{R}_\omega = \{0\}, \quad \mathcal{N}_\omega \cup \mathcal{R}_\omega = \mathcal{P}$$

因此，唯一被倒转的是局限于 $\mathcal{R}_\omega$ 的算子 ∂_ω。

4.3　庞加莱和伯克霍夫的解决方法

下文论述了一种简明易懂的解决方法，即庞加莱和伯克霍夫提出的解决方法。将式（2－11）的右侧投射到 $\mathcal{N}_\omega$ 和 $\mathcal{R}_\omega$ 上，即（上标有明显含义）

$$\Psi_s = \Psi_s^{(\mathcal{N})} + \Psi_s^{(\mathcal{R})}, \quad \Psi_s^{(\mathcal{N})} \in \mathcal{N}_\omega, \quad \Psi_s^{(\mathcal{R})} \in \mathcal{R}_\omega$$

然后设

$$Z_s = \Psi_s^{(\mathcal{N})}, \quad \chi_s = \partial_\omega^{-1} \Psi_s^{(\mathcal{R})}$$

因此，$\chi_s \in \mathcal{R}_\omega$ 是唯一定义的。可以添加一个属于 χ_s 的任意项 $\tilde{\chi}_s \in \mathcal{N}_\omega$，但通常没有必要这样做。

最后，我们可以这样表述：

命题 5 哈密顿函数 $H=H_0+H_1+\cdots$，其中 $H_0=\sum_l \omega_l I_l$，在作用量中呈线性。此哈密顿函数可以在形式上变换为庞加莱和伯克霍夫正则形式

$$Z=H_0+Z_1+Z_2+\cdots,\quad \partial_\omega Z=0$$

在椭圆平衡的复变量表示中，有

$$Z_s(\xi,\eta)=\sum_{j-k\in\mathcal{M}_\omega} c_{j,k}\xi^j\eta^k$$

在不变环面的作用量-角变量中，得

$$Z_s(p,q)=\sum_{k\in\mathcal{M}_\omega} c_k(p)\exp(i\langle k,q\rangle)$$

4.4 椭圆平衡的作用量——角变量

用作用量-角变量 $p=(p_1,\cdots,p_n)\in\mathbb{R}_+^n$ 和 $q=(q_1,\cdots,q_n)\in\mathbb{T}^n$ 可以更好地描述动力学。因此，通过下述转换，用作用量-角度变量重新表示椭圆平衡解的哈密顿函数

$$x_l=\sqrt{2p_l}\cos q_l,\quad y_l=\sqrt{2p_l}\sin q_l,\quad l=1,\cdots,n$$

复变量中，我们很容易用三角函数的指数形式表示哈密顿函数，即

$$\xi_l=\sqrt{p_l}e^{iq},\quad \eta_l=-i\sqrt{p_l}e^{-iq},\quad l=1,\cdots,n$$

非受摄的哈密顿函数在作用量中变成线性，因为

$$H_0=\langle\omega,p\rangle,\quad \partial_\omega=\left\langle\omega,\frac{\partial}{\partial q}\right\rangle$$

一个齐次多项式 $f(\xi,\eta)=\sum_{|j+k|=s} f_{j,k}\xi^j\eta^k$ 被转换成一个同次三角多项式，此三角多项式可以表示为

$$f(q,p)=\sum_{|k|\leqslant s} c_k(p)\exp(i\langle k,q\rangle)$$

式中，系数 $c_k(p)$ 是 $p^{1/2}$ 的齐次多项式。平方根略有些麻烦，因为它引入了一个奇点。在此情况下，使用笛卡儿坐标通常更有效。将范式扩展为一系列三角多项式。这些三角多项式仅含有傅里叶谐函数 $\langle k,q\rangle$，其中 $k\in\mathcal{M}_\omega$，即

$$Z_s(q,p)=\sum_{k\in\mathcal{M}_\omega,|k|\leqslant s} c_k(p)\exp(i\langle k,q\rangle)$$

式中，$c_k(p)$ 仍是 $p^{1/2}$ 的 s 次的齐次多项式。

4.5 首次积分与作用量——角变量

李变换让我们能够显著简化检索首次积分的过程。

命题 6 哈密顿函数 $H=H_0+H_1+\cdots$，其中 H_0 在作用量中呈线性。此哈密顿函数拥有 $n-\dim(\mathcal{M}_\omega)$ 首次积分，其形式为

$$\Phi(p,q)=\Phi_0(p)+\Phi_1(p,q)+\cdots,\quad \Phi_0(p)=\langle\mu,p\rangle,\quad 0\neq\mu\perp\mathcal{M}_\omega$$

此类首次积分均独立且对合。

步骤如下：求 Z 的首次积分；然后证明 Z 的每个首次积分都产生一个 H 的首次积分。产生的积分具有与 Z 的首次积分一脉相承的独立性和对合性。

设 $\Phi_0=\langle\mu, p\rangle$，其中 $0\neq\mu\in\mathbb{R}^n$，我们需要满足 $\{\Phi_0, Z\}=0$。设 $Z=\sum_{k\in\mathcal{M}_\omega} c_k(p)\exp(i\langle k, q\rangle)$，计算

$$\{\Phi_0,Z\}=-i\sum_{k\in\mathcal{M}_\omega}\langle k,\mu\rangle c_k(p)\exp(i\langle k,q\rangle)$$

若 $\mu\perp\mathcal{M}_\omega$，则为 0。因此有 $n-\dim(\mathcal{M}_\omega)$ 个独立函数。此外，Z 本身是一个首次积分，其与共振情况下得出的积分无关，因为 Z 通常也取决于角变量。一般来说，除非 Z 具有极其特殊的形式，否则不会有进一步的独立的首次积分。

我们现在可以看到 $\Phi=T_\chi\Phi_0=\Phi_0+\Phi_1+\cdots$ 是 H 的一个首次积分。根据李变换算子 T_χ 的性质，得

$$\{\Phi,H\}=\{T_\chi\Phi_0,T_\chi Z\}=T_\chi\{\Phi_0,Z\}=0$$

即 $\Phi=T_\chi\Phi_0$ 是所需形式的首次积分。由此得出的 $n-\dim(\mathcal{M}_\omega)$ 个首次积分显然是独立的。这些首次积分也是对合的。设 $\Phi_0=\langle\mu, I\rangle$ 和 $\Phi'_0=\langle\mu', I\rangle$ 是独立的，则 $\{\Phi, \Phi'\}=\{T_\chi\Phi_0, T_\chi\Phi'_0\}=T_\chi\{\Phi_0, \Phi'_0\}=0$。

在非共振情况下，$\dim(\mathcal{M}_\omega)=0$，范式条件 $\partial_\omega Z=0$ 意味着 $\dfrac{\partial Z}{\partial q}=0$，即 $Z=Z(p_1, \cdots, p_n)$。那么系统在形式上是可积的：$p_1, \cdots, p_n$ 均是首次积分，是作用量变量。此外，用 p 的幂级数形式展开范式（$p^{1/2}$ 的幂必然与角变量有关）。因此，$Z_1=Z_3=\cdots=0$。动力学的常见描述适用于这种情况。相空间被划分成多个不变环面。这些环面由 $p_1, \cdots, p_n$ 参数化，并进行下述频率的拟周期运动

$$\Omega(p)=\omega+\frac{\partial Z_2}{\partial p}(p)+\frac{\partial Z_4}{\partial p}(p)+\cdots$$

因此，一般来说，正则形式的动力系统是非等时态的。

现在让我们来探讨一下更有趣的共振情况，即 $0<\dim(\mathcal{M}_\omega)=r<n$。正如我们已经看到的，正则形式取决于作用量 p 和角变量 $\langle k, q\rangle$ 的组合，其中 $k\in\mathcal{M}$，即

$$Z(p,q)=\langle\omega,p\rangle+Z_1(p_1,\cdots,p_n,\langle k^{(1)},q\rangle,\cdots,\langle k^{(r)},q\rangle)+\cdots$$

若 $r=1$，哈密顿函数 Z 具有 $n-1$ 个独立首次积分。这些积分是作用量 p 的线性组合。此外，哈密顿量本身就是一个首次积分，如果 $Z(q, p)$ 取决于 q，那么其与上一首次积分无关。因此，该系统仍然符合刘维尔可积定理。

除了非常特殊的情况外，预计 $\dim(\mathcal{M}_\omega)=r>1$ 的共振系统不可积。然而，可以使用首次积分，以将自由度的度数减少 r。一般过程如下：首先，找到 $\mathcal{M}_\omega$ 的基底 $k^{(1)}, \cdots, k^{(r)}$，也就是说，我们应该在 $\mathcal{M}_\omega$ 中选择 r 个独立的整数向量，并满足生成空间包括 $(k^{(1)}, \cdots, k^{(r)})\cap\mathbb{Z}^n=\mathcal{M}_\omega$ 的进一步属性。其可表示为

$$\begin{pmatrix} k_{1,1} & k_{1,2} & \cdots & k_{1,n} \\ \vdots & \vdots & \cdots & \vdots \\ k_{r,1} & k_{n-r,2} & \cdots & k_{r,n} \end{pmatrix}$$

这个矩阵中各行为基底的向量。然后，可以用下述形式的整数条目来完成矩阵

$$M=\begin{pmatrix} k_{1,1} & k_{1,2} & \cdots & k_{1,n} \\ \vdots & \vdots & \cdots & \vdots \\ k_{r,1} & k_{n-r,2} & \cdots & k_{r,n} \\ m_{1,1} & m_{1,2} & \cdots & m_{1,n} \\ \vdots & \vdots & \cdots & \vdots \\ m_{n-r,1} & m_{n-r,2} & \cdots & m_{n-r,n} \end{pmatrix},\quad \det M=\pm 1$$

此矩阵被称为幺模矩阵。有趣的事实是，这种矩阵提供了一个环面上的线性变换，保留了所有周期。

在生成函数 $S(I,\ q)=(I,\ Mq)$ 中应用正则变换，即

$$\varphi=Mq,\quad p=M^{\mathrm{T}}I$$

然后将哈密顿函数转换为

$$H_0(I)=\langle\omega',I\rangle,\quad Z_s(I,\varphi)=Z_s(I_1,\cdots,I_n,\varphi_1,\cdots,\varphi_r)$$
$$\omega'=M\omega=(0,\cdots,0,\omega'_{n-r+1},\cdots,\omega'_n)$$

事实证明，哈密顿函数只取决于共振角变量 φ_1，…，φ_r。因此作用量 I_{r+1}，…，I_n 均可以认为是参数的首次积分，$H_0(I_{n-r+1},\ \cdots,\ I_n)$ 是一个常数，我们可以忽略。我们得出结论，动力学由 $r<n$ 个自由度的简化系统族和哈密顿量决定

$$Z(I_1,\cdots,I_n,\varphi_1,\cdots,\varphi_r)=Z_1(I_1,\cdots,I_n,\varphi_1,\cdots,\varphi_r)+Z_2(I_1,\cdots,I_n,\varphi_1,\cdots,\varphi_r)+\cdots$$

用常数 I_{r+1}，…，I_n 的初始值参数化上述等式。然而，一般来说，后一个哈密顿函数不是一个可积系统的摄动：其动力学很可能是混沌的，通常是在一个缓慢的时标上。

最后提醒：我们永远不要忘记，本节中的所有陈述都只是形式上的，我们仍然缺乏对正则形式的（非）收敛的讨论。

4.6　小分母的不良影响

现在让我们来讨论一下庞加莱-伯克霍夫正则形式的收敛问题。为此，让我们再次将非递增序列 $\{\alpha_r\}_{r>0}$ 与频率向量 ω 相关联，定义为

$$\alpha_r=\min_{0<|k|\leqslant rK}(|\langle k,\omega\rangle|)\tag{2-13}$$

此时的问题是，在第 3.5 节开头部分阐述的关于小分母累积的朴素论点完全适用于目前的情况。因为，由循环公式（2-11）和式（2-12），我们发现了以下情况：生成函数 χ_r 似乎含有分母 $\alpha_1\cdots\alpha_r$，导致范数作为阶乘增长。人们可能希望应用一种类似于柯尔莫哥洛夫算法的机制，从而再次产生小分母累加，但是目前尚未发现这样的机制。

因此，有充分迹象表明，庞加莱一伯克霍夫正则形式并未收敛。事实上，西格尔在 1941 年证明正则形式一般是非收敛的[63]：在大多数情况下，对于平衡解发散的邻域内的哈密顿函数，有关其空间的适当拓扑结构，经常出现非收敛的情况，并且发散哈密顿函数非常密集。实际上，情况相当复杂，因为在不同的拓扑结构中，具有收敛正则形式的哈密顿函数集也非常密集。

Contopoulos、Efthymiopoulos 和作者[13,19]根据参考文献［62］所含映射中的一些考虑因素，研究了发散机制。得出的结论是通过丢番图不等式得到的累积估计接近最优。

鉴于存在发散，人们可能会拒绝所有基于庞加莱-伯克霍夫正则形式的方法——这一结论与天体力学悠久的传统形成鲜明对比。后者用于描述许多现象时相当成功。但庞加莱已经提出了一种更好的尝试方法：对摄动级数的渐近特性的利用。

4.7　老式数值探索

1955 年至 1960 年间，在动力学数值模拟初现之际，庞加莱截面法已被用于可视化具有立方非线性的两个谐振子系统的动力学。这是一个可以描述银河系中恒星动力学的简单模型。Contopoulos 已经完成了许多此类研究，他还提出了一种观点，即利用类似于通过庞加莱－伯克霍夫范式获得的级数展开来计算所谓的第三积分（加到能量动量和角动量上），并比较所得结果与庞加莱截面[11]。当然，由于当时可用的计算机能力有限，不得不在较低阶时就截断级数。本节旨在进行类似的比较，把重点放在级数收敛相关方面。

起点仍然是传统起点：在有限阶数截断展开式，比如 $r \geqslant 1$（次数 $r+2$）。也就是说，得到了一个截断的正则形式

$$H^{(r)}=\langle\omega, p\rangle+Z_1(p)+\cdots+Z_r(p)+\mathcal{F}^{(r)}(p, q)$$

式中，$\mathcal{F}^{(r)}$ 是至少为 r 的阶数的非正则化余数。这一点通过构造 r 行的李三角证明，截断的生成序列 $\{\chi_1, \cdots, \chi_r\}$ 也由此方法得出。在本文中，与共振相关的问题以较弱的形式出现：在构造共振范式时，只需避免或考虑共振 $\langle k, \omega\rangle=0$，其中 $|k| \leqslant r+2$。已经确定了生成序列，我们能够构造一个截断的首次积分，例如

$$\Phi^{(r)}=I_l+\Phi_1(p, q)+\cdots+\Phi_r(p, q)$$

将其中一个作用量（或适合共振的作用量组合）作为 I_l。作为一个模型问题，让我们设哈密顿量为

$$H=\frac{\omega_1}{2}\left(x_1^2+y_1^2\right)-\frac{\omega_2}{2}\left(x_2^2+y_2^2\right)+x_1^2 x_2-\frac{1}{3} x_2^3, \quad \omega_1=1, \omega_2=\frac{\sqrt{5}-1}{2} \tag{2-14}$$

需要注意的是，此处的频率正负号不同，让模型回到了平面限制性三体问题的三角平衡的情况：为了保证稳定性，不得将能量积分用作李雅普诺夫函数。

设 $x_1=0$，计算能量表面 $E=0.0025$ 上的庞加莱截面，计算结果如图 2-4 所示。人们会注意到，在原点附近有一个稳定区域，可以通过构造一个合适的第一积分进行研究。这一区域以不稳定周期轨道的分界为界限。

在本文所述区域外，还有三个独立的岛状区，我们提出的正则形式未予以描述。

与首次积分相比并不难。在剖面上选择一个点 (x_2, y_2)，其中 $x_1=0$，求解方程 $H(0, y_1, x_2, y_2)=E$，得 $y_1(x_2, y_2)$。然后在 Φ 中替换这些数值，从而得到两个变量的函数 $\Phi(0, y_1(x_2, y_2), x_2, y_2)$。如果 Φ 是真第一积分（例如，在收敛的情况下），那么函数的水平线应描述轨道的庞加莱截面。

庞加莱截面与首次积分水平线间的比较见图 2-5 和图 2-6（截断阶数为 5、9、12、

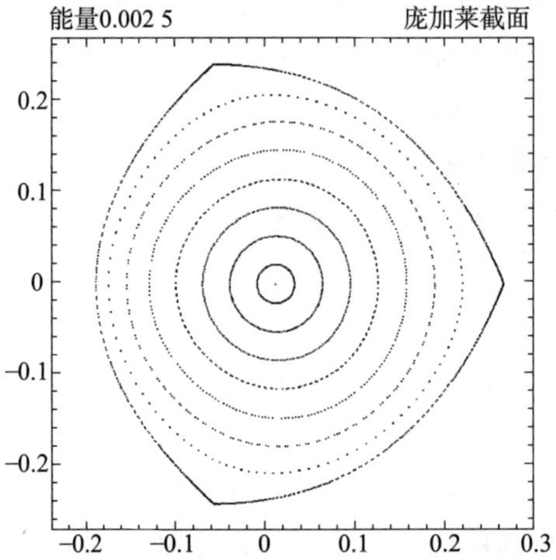

图 2-4　能面 $E=0.0025$ 上的哈密顿量庞加莱截面［式（2-14）］

24、38、45、60、70）。当然，与 20 世纪 60 年代的计算机相比，由于计算机能力提高，使展开到 70 阶成为可能。

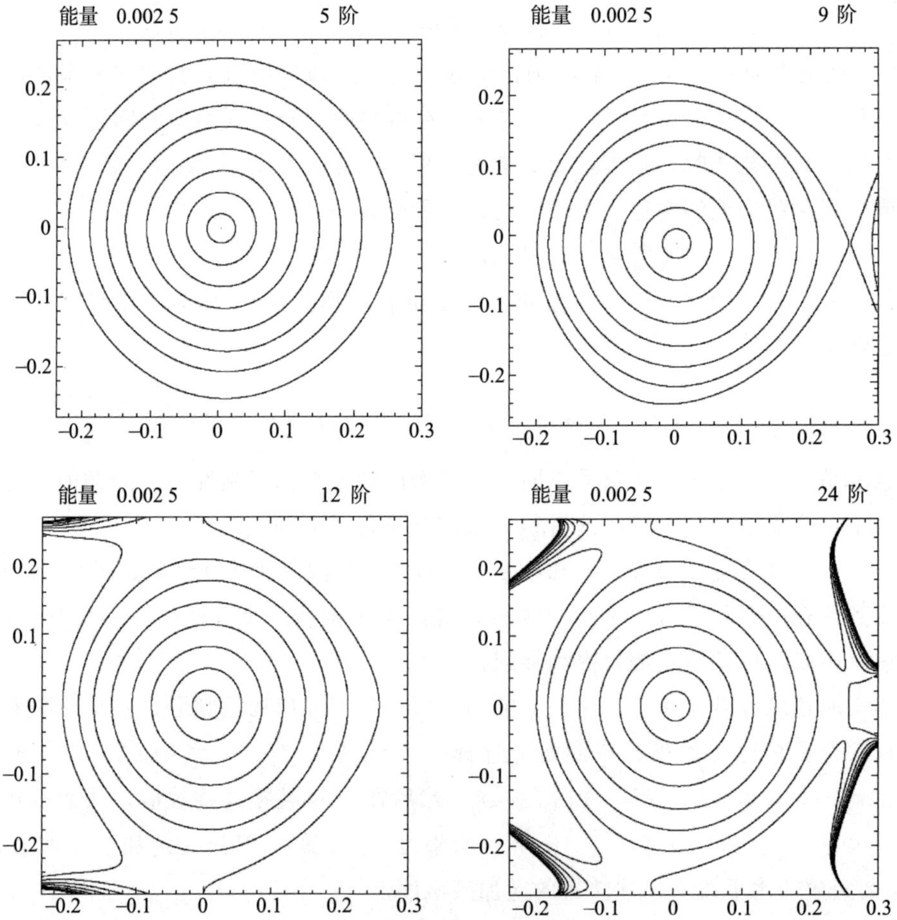

图 2-5　哈密顿量［式（2-14）］庞加莱截面与不同阶截断的第一积分的水平线的比较

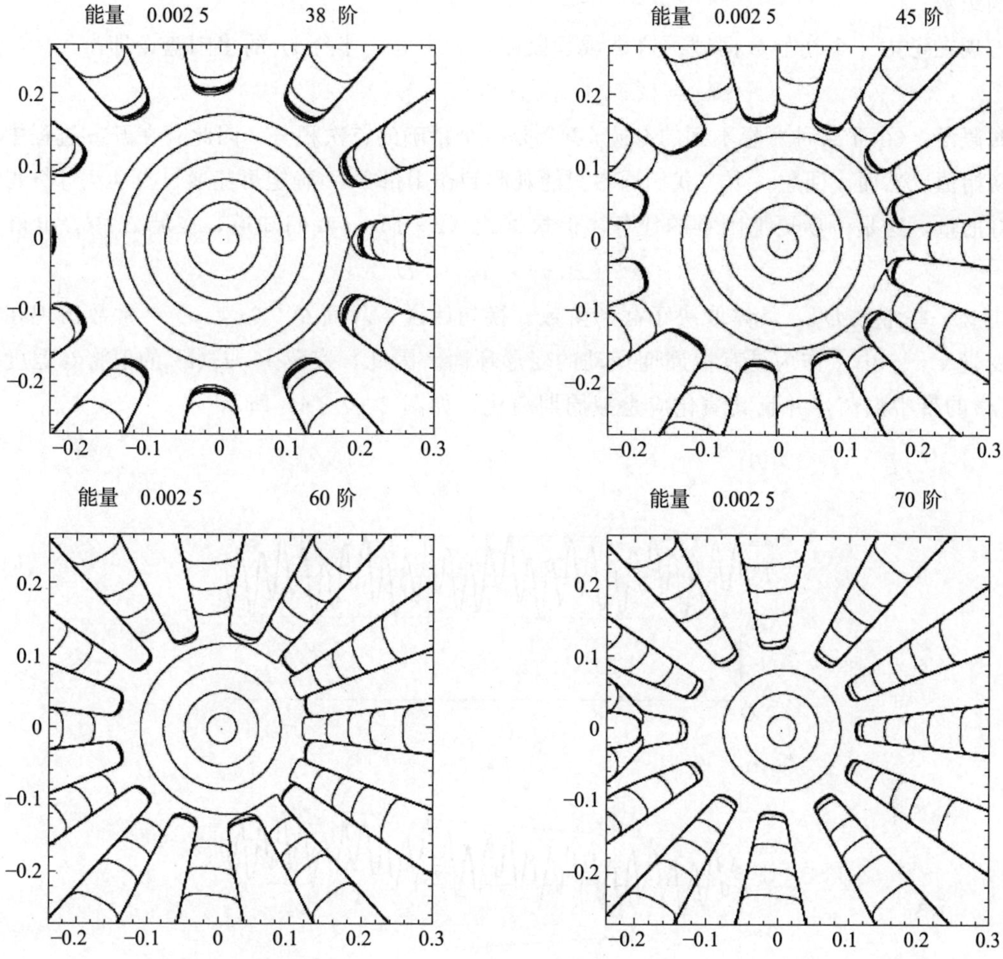

图 2-6　图 2-5 的续图

1997 年，在台式计算机上完成此计算。从图中可以看出，与靠近原点处的曲线（视觉）重合良好，整体上有所改善，展开到截断 24 阶。在此阶，似乎出现了离不稳定轨道不远的奇点。但是截断的进一步增加使得对应区域逐渐缩小，这表明若 $r\to\infty$，则其大小将减到零。这正是渐近序列的预期特性。

4.8　动力学的定性描述

在截断的首次积分方面对动力学的描述基于以下考虑因素。选择 $r\geqslant 1$，并设截断的首次积分为

$$\Phi^{(r)}=I_l+\Phi_1+\cdots+\Phi_r \tag{2-15}$$

在共振情况下，可以采取作用量组合。可很容易检查到，通过构造，可得

$$\dot{\Phi}^{(r)}=-\{H_1,\Phi_r\}$$

这是 $r+3$ 次多项式。对于具有全幂级数展开的哈密顿函数，我们得到一个从 $r+3$ 次项开

始的级数。

现在考虑一个初始数据域。这个域是以原点为中心、半径为ϱ的多圆盘，即

$$\Delta_{\varrho}=\{(x,y)\in\mathbb{R}^{n}:x^{2}+y^{2}\leqslant\varrho^{2}\}$$

暂时假设：(由于某种意想不到的奇迹) $\Phi^{(r)}$ 是一个精确的首次积分，因此其在开方过程中保持初始值。然而，回想一下，我们通常只能观测到作用量 I_l：确定可能通过摄动法计算得出更好的量，这是一项更加困难的任务。但根据式（2-15），我们知道，在域 Δ_{ϱ}中，可得

$$|\Phi^{(r)}(x,y)-I_l|<D_r\varrho^3$$

其中有一些常数 D_r，具体取决于截断阶数。换句话说，环面 $\Phi^{(r)}(x,y)=$常数出现在原始变量 x，y 中，作为具有拟周期运动的变形环面。因此，实际上，$I_l(t)$ 的值将在宽度为 $D_r\varrho^3$ 的带中振荡，并且其演化应是拟周期演化，如图 2-7（a）所示。

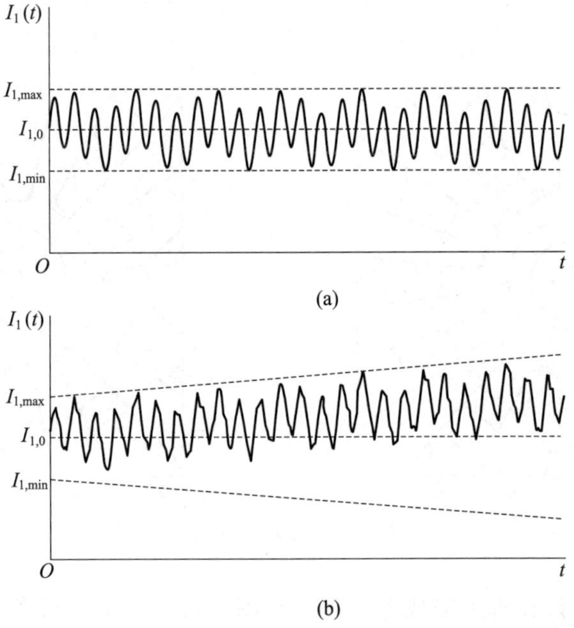

图 2-7 变形和噪声的影响

但 $\Phi^{(r)}(x,y)$ 并不完全是常数。因此，我们只能这样表示（通过三角不等式）

$$|I_l(t)-I_l(0)|<|I_l(t)-\Phi^{(r)}(t)|+|\Phi^{(r)}(t)-\Phi^{(r)}(0)|+|\Phi^{(r)}(0)-I_l(0)|$$

其中

$$|\Phi^{(r)}(t)-\Phi^{(r)}(0)|\leqslant|t|\cdot|\dot{\Phi}^{(r)}|<t\cdot C_r\varrho^{r+3}$$

其中有一些常数 C_r，具体取决于截断阶数。我们得出的结论是，$I(t)$ 在带中振荡。这条带的宽度非常缓慢地增加，斜率为 $O(\varrho^{-r})$，还受到叠加到拟周期运动上的噪声的影响，如图 2-7（b）所示。噪声的影响是无法预测的，并且相对于拟周期演化而言，会引起很小的、可能是混沌的偏差。

这些考虑因素迫使我们接受这样一种观点，即稳定可能只会持续很长一段时间，但不会永远持续。这将在下一节进行详细讨论。

5　长期稳定性

讨论稳定性时，最常见的参考是李雅普诺夫理论（其特别注意平衡解的稳定性）。但是对于一个不断演化的物理系统来说，平衡是一种特殊状态。我们需要一种更精确的方法。这种方法同时考虑到了可积系统中作用量的存在，以及缺乏小摄动引入的可积性。

我们可以把稳定性问题重新表述如下：

证明作用量 I 满足一个不等式，例如

$$|I(t)-I(0)|<\varepsilon^{b},\ |t|\leqslant T(\varepsilon) \tag{2-16}$$

其中 $T(\varepsilon)$ 较大，从某种意义上来说是精确的，而某些正数 $b<1$。

在椭圆平衡的情况下，摄动参数 ε 的作用由平衡邻域的大小 ϱ 决定。

后一个公式特别适用于太阳系的情况。作用量是（粗略但在本质上是正确的）半长轴、偏心率和轨道倾角。角度是平近点角（与开普勒第二定律规定的区域相关），近日点幅角和交会幅角。就生命发展而言，对于太阳系本身的大部分生命来说，至关重要的是，半长轴、偏心率和倾角不得改变过多。问题在于：我们的太阳系模型能解释这么长的稳定时间吗?

5.1　稳定性概念注解

对于摄动的近可积系统的稳定性问题，现在已经开发出了多种不同的方法。基本问题表述见（2-16）。$T(\varepsilon)$ 对摄动大小的依赖性造成了以下差别。

1) $T(\varepsilon)\simeq 1/\varepsilon$ ：绝热不变量。这本质上是拉格朗日的太阳系理论，与平均化方法有关。可以注意到，这一概念在量子力学的发展中起到了重要作用。

2) $T(\varepsilon)\simeq 1/\varepsilon^{r}(r>1)$ ：完全稳定性。正如第 4.8 节所说，伯克霍夫[6]将此概念引入了平衡解附近的动力学。这一概念基于噪声的 $C_r\,\varrho^{r+3}$ 类型的一个界限（含有一些取决于 r 的不确定常数 C_r）。

3) $T(\varepsilon)\simeq \exp(1/\varepsilon^{a})(0<a\leqslant 1)$：指数稳定性。莫泽[53]和李特尔伍德[47,48]针对椭圆平衡解提出了此概念。其通式由涅霍罗舍夫[55,56]得出。

4) $T(\varepsilon)\simeq \exp[\exp(1/\varepsilon^{a})](0<a\leqslant 1)$：超指数稳定性。Morbidelli 和作者已经对此概念进行了研究[24,52]。

5) $T(\varepsilon)=\infty$：永久稳定性。这是 19 世纪许多数学家和天文学家的梦想：证明太阳系的牛顿模型是可积的。这也是李雅普诺夫理论的指导思想[51]。

5.2　绝热理论与完全稳定性

让我们回忆一下，当保持固定值 $r\geqslant 1$ 时，我们可以构造在 r 阶截断的哈密顿量的范式，即

$$H^{(r)} = \langle \omega, p \rangle + Z_1(p) + \cdots + Z_r(p) + \mathcal{F}^{(r)}(p, q), \quad \mathcal{F}^{(r)} = \mathcal{O}(\varepsilon^{r+1})$$

我们还可以构造截断的首次积分，例如

$$\Phi^{(r)} = p_l + \Phi_1(p, q) + \cdots + \Phi_r, \quad \dot{\Phi}^{(r)} = \mathcal{O}(\varepsilon^{r+1})$$

考虑到变形和噪声因素，我们得出以下结论

$$|p(t) - p(0)| = \mathcal{O}(\varepsilon), \quad |t| \sim \frac{1}{\varepsilon^r}$$

若 $r=1$，这相当于使用了平均法。结果是绝热理论的典型估计：这些作用量在阶数为 $1/\varepsilon$ 的时间内几乎保持不变。

完全稳定性的概念本质上与求更高阶数平均值相对应。其结果是定性的，例如，在大小为 ϱ 的椭圆平衡解的邻域的情况下，其可以用公式重新表示为

$$|p(t) - p(0)| = \mathcal{O}(\varrho^3), \quad |t| \sim \frac{1}{\varrho^r}$$

再加上人们通常认为若 ϱ 足够小，这一陈述成立。更准确地说，剩余部分的大小应用下式估计

$$|\mathcal{F}^{(r)}| < C_r \varrho^{r+3}$$

其中，常数 C_r 受小分母累加影响极大，并且随着 r 的增加快速增长。伯克霍夫没有试图估计 C_r 对 r 的依赖程度。然而问题在于：我们能不能做到更加精确，以及我们是否有可能改进伯克霍夫的完全稳定性？

5.3　指数稳定性

为了获得确切的结果，我们可以假设一个非共振条件。同时，我们可以用类似的方式处理共振情况。

可以通过执行分析估计方案得到常数 C_r 的估计值，正如我们对柯尔莫哥洛夫定理所做的那样。但是，我们可以避免枯燥的技术性计算。感兴趣的读者可以在参考文献［20］或参考文献［27］中找到详细的说明。在柯尔莫哥洛夫案例中，我们已经看到，关键问题是来自同调方程的解和柯西对李导数估计的小分母累积。正如我们在第 4.6 节中已经指出的，生成序列的函数 χ_r 预期有分母的乘积 $\alpha_1 \cdots \alpha_r$，α 序列的定义见式（2－13）。我们可以假设频率为丢番图条件，即 $\alpha_r \sim r^{-\tau}$ 且 $\tau > n-1$。因此，我们可以猜测，常数 C_r 可以用 $C^r (r!)^a$ 代替（其中常数 C 不依赖于 r），且 $a > \tau$，以说明李导数的估计值。如此，我们还可以得出 $a = \tau + 1$。

按照上述观点，正则余项（忽略非本质常数）的估计如下所示

$$\mathcal{F}^{(r)} \sim (r!)^a \varepsilon^{r+1}$$

该估计值取决于两个量：1）ε（自然给定）和 2）r（自行选择）。这里可以去掉我们对 r 的任意选择。为此，对于一个给定的 ε 值，我们可以寻找 r 的最佳选择，即：余数 $\mathcal{F}^{(r)}$ 被导出到最小值。将右侧写成 $(r!)^a \varepsilon^r = r^a \varepsilon \cdot [(r-1)!]^a \varepsilon^{r-1}$，并注意，它显然取的是最小值，如下所示

$$r = r_{\text{opt}} = (1/\varepsilon)^{1/a}$$

用斯特灵公式进行计算，如下所示

$$(r_{\mathrm{opt}}!\ )^{a}\varepsilon^{r_{\mathrm{opt}}} \sim \left(\frac{r_{\mathrm{opt}}}{e}\right)^{ar_{\mathrm{opt}}}\varepsilon^{r_{\mathrm{opt}}} \sim \exp\left[-a\left(\frac{1}{\varepsilon}\right)^{1/a}\right]$$

根据需要，后一种估计值仅取决于 ε。因此，对于一个给定的 ε 值，我们得到了下列估计值

$$|p(t)-p(0)|=\mathcal{O}(\varepsilon),\quad |t|\sim \exp\left[a\left(\frac{1}{\varepsilon}\right)^{1/a}\right]$$

时间指数（其幂为 $1/\varepsilon$ ）可称为指数稳定性。李特尔伍德做出了以下评论："即使非永恒，亦相去不远。"

5.4　使用计算机代数

前一节中的论证可以通过一系列适当的代数操作在数值上实现。该做法旨在通过利用显式构造的截断第一积分获得良好的稳定性估计。我将说明椭圆平衡解的情况，并给出一个明确的例子。

假设我们已经根据式（2-11）和式（2-12）的算法构造了范式，直到某一阶数 r。然后我们还可以构造截断的首次积分 $\Phi^{(r)}=I_l+\Phi_1+\cdots+\Phi_r$ ，且 $I_l=(x_l^2+y_l^2)/2$，即 $r+2$ 次的多项式。所有这些均可以通过图 2-5 和图 2-6 中的相同程序来完成。

其目的是对 r 阶数进行数值优化。假设一个定义域

$$\Delta_\varrho=\left\{(x,y)\in\mathbb{R}^{2n}:I_l(x,y)\leqslant\frac{\varrho^2}{2},l=1,\cdots,n\right\}$$

即：一个以原点（平衡点）为中心、半径为 ϱ 的多圆盘。对此，初步的问题是在这样一个域中求多项式的上确界范数。这可以通过不同的方法来实现：最简单的方法是将系数的绝对值相加并乘以一个幂 ϱ^s（如果多项式是一个 s 次齐次多项式）。当然，采用更好的方法将得到对稳定时间的更佳估计值。

取一个初始点 $(x_0,\ y_0)\in\Delta_{\varrho_0}$ 。轨道受到形变和噪声的综合影响，经过一段时间后可能会从一个较大的 Δ_ϱ 圆盘中脱离出来。我们打算确立一个估计值，例如，当 $|t|\leqslant\tau(\varrho_0,\ \varrho)|$ ，$\varrho_0<\varrho$ 时，$\varphi^t(x_0,\ y_0)\in\Delta_\varrho$。为此，我们可以回顾一下以下不等式

$$|I(t)-I(0)|\leqslant\underbrace{|I(t)-\Phi^{(r)}(t)|}_{\delta_r(\varrho)}+|\Phi^{(r)}(t)-\Phi^{(r)}(0)|+\underbrace{|I(0)-\Phi^{(r)}(0)|}_{\delta_r(\varrho_0)}$$

$$\delta_r(\varrho)=\sup_{\Delta_\varrho}|\Phi^{(r)}(x,y)-I_l(x,y)|$$

当 $I(t)<\varrho^2/2$ 时，以上不等式成立。量 $\delta_r(\varrho_0)$ 和 $\delta_r(\varrho)$ 可用来测量 ϱ^3 阶的形变。此外，由于我们知道展开式，因此可以使用上确界范数的估计值加以确定。量 $|\Phi^{(r)}(t)-\Phi^{(r)}(0)|$ 是噪声的影响因素，估计为

$$|\Phi^{(r)}(t)-\Phi^{(r)}(0)|<|t|\sup_{(x,y)\in\Delta_\varrho}|\dot{\Phi}_l(x,y)|$$

对于给定的ϱ_0，ϱ使得

$$D_r(\varrho_0,\varrho)=\frac{\varrho^2-\varrho_0^2}{2}-\delta_r(\varrho)-\delta_r(\varrho_0)$$

这是扩散的剩余量。鉴于 $\delta_r(\varrho)\sim\varrho^3$，函数的定性性态 $D_r(\varrho_0,\varrho)$ 如图 2－8 的左上角所示。ϱ的允许间隔由兼容性条件 $D_r(\varrho_0,\varrho)\geqslant 0$ 决定。

使用所有可用的首次积分，估计 Δ_ϱ中的逃逸时间不少于

$$\tau_r(\varrho_0,\varrho)=\min_{l=1,\cdots,n}\frac{D_r(\varrho_0,\varrho)}{\sup\limits_{(x,y)\in\Delta_\varrho}\left|\dot{\Phi}^{(r)}(x,y)\right|} \tag{2-17}$$

后一个表达式的分母的定性曲线图如图 2－8 的右上角所示：它与 $r!\ \varrho^{r+3}$ 的增长速度相同。因此，在很大程度上取决于 r。

估计值式（2－17）取决于 r、ϱ_0 和 ϱ，我们希望根据 r 和ϱ对其进行优化。即寻找最佳估计值

$$T^*(\varrho_0)=\max_r\sup_\varrho\tau_r(\varrho_0,\varrho)$$

仅取决于初始半径ϱ_0。

固定 r 函数的定性性态 $\tau_r(\varrho_0,\varrho)$ 如图 2－8 的左下角所示。其在 ϱ_{opt} 处的允许间隔 ϱ 内有一个最大值 $T_r^*(\varrho_0)$，该值代表在一个给定 r 值情况下的最佳时间估计值。最后一步是对 r 进行优化。鉴于该级数的渐近特性，这些值 $T_r^*(\varrho_0)$ 的分布预计如图 2－8 的右下角所示。因此，我们可以根据要求为对应于最大值的 r 选择最佳值 r_{opt}，且该值的选择仅取决于ϱ_0。所需值 $T^*(\varrho_0)$ 就是如此求得的最大值，该值与最佳值 ϱ_{opt} 相关联。

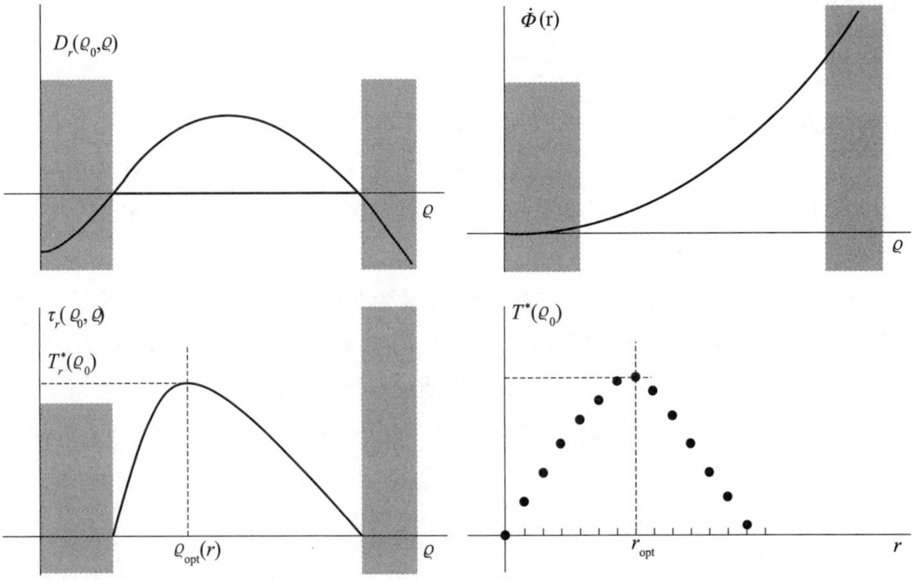

图 2－8 说明最佳稳定时间的计算方案

$T^*(\varrho_0)$ 的定性性态如图 2－9 所示（以重对数图尺表示）。根据一个函数（如 $r!\ \varrho^r$）的性态，ϱ值预计会有递减序列ϱ_1、ϱ_2、ϱ_3、…这标志着最优阶 r_{opt} 的增加。其中ϱ_1起着阈值的作用，超过这个阈值，摄动法将无法起任何作用：因为摄动太大了。相反，在每个区间 $[\varrho_r,\varrho_{r-1}]$ 中，估计的稳定时间为 ϱ^{-r}，如图 2－9 所示。生成图是斜率为$\varrho\to 0$ 的分段序列。估计稳定时间的指数特性实际上是分段序列的下限。

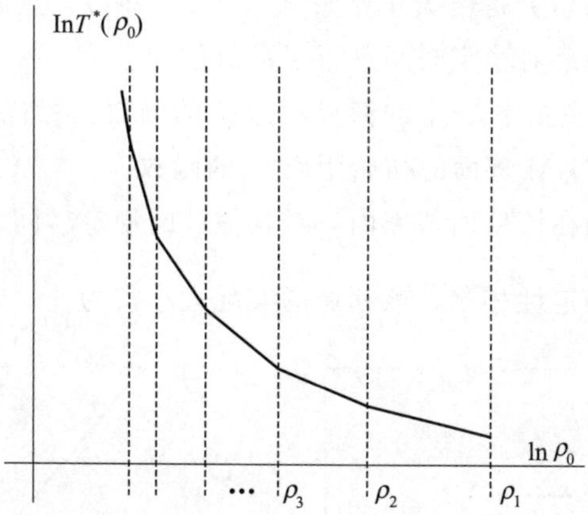

图 2-9　最佳稳定时间（作为初始半径 ρ_0 的函数）的预期性态（以重对数图尺表示）

这里举例说明的方法可以用于研究不变环面邻域的稳定性：这只是使用一种适合于这种情况的代数操作方案的问题。一旦构造了范式的生成序列，过程也将是一样的。最后，如果在范式坐标下工作，稳定时间的数值可能会增加，这样就无须考虑坐标的变形问题。稳定域变为变形圆盘，但是这个过程是正确的。

5.5　在太阳-木星-土星-天王星系统中的应用

文献中已提到了上述方法的某些应用。例如，在参考文献［9，25，18］中已经解决了在太阳-木星系统中三角拉格朗日平衡的应用问题；而对太阳-木星-土星系统的应用可以在参考文献［28，50，61］中找到。我在此报告了对太阳-木星-土星-天王星系统的研究结果[29]，其中我们研究了一个近似于长期轨道的不变 KAM 环面附近的长期稳定性。具体地说，我们可以考虑构建一个平面长期模型，它可以被视为拉格朗日-拉普拉斯理论的一个主要补充。

下面，我仅略述一下程序，详见参考文献［29］。首先，哈密顿量在庞加莱变量中展开。在计算中，我们截断展开式，如下所述。在快速作用中，开普勒部分扩展到二次项，而由于行星之间的相互作用，摄动包括：

1）所谓的快速作用中的线性项。

2）长期变量中直到 18 次的所有项。

3）相对于快速角直到 16 次的所有项。我们的极限选择允许包括近平均运动共振的影响（5：2 木星-土星，7：1 木星-天王星，7：5：3 木星-土星-天王星）。

然后，按照参考文献［50］中描述的方法，我们可以执行两个“柯尔莫哥洛夫类”正则化步骤，以消除快速角产生的主要的摄动项。因此，我们可以改进经典的圆形近似，用一个质量不变到二阶的解来代替它。

然后，通过对快角变量取平均值，就可以得到长期哈密顿函数。在二次项部分对角化之后，哈密顿函数实质上描述了一个由三个摄动谐振子组成的系统。因此，我们可以在椭圆平衡点附近构造一个长期不变的 KAM 环面，并计算在该环面邻域内的估计稳定时间。

实际情况包括显式计算柯尔莫哥洛夫正则形式（直到 5 阶），然后通过迭代估计方案进行高阶伯克霍夫归一化。最后对稳定时间进行了数值估计。

结果见图 2－10，在左图中，r_{opt} 的值显示为 ϱ_0 的函数。在右图中，我们报告了估计的稳定时间，作为与不变 KAM 环面的初始距离 ϱ_0 的函数。

理想的目标是：表明在该环面邻域内，对其估计的稳定时间大于太阳系的寿命。结果表明，与天文观测的不确定性相比，该邻域的实际大小仅为$\frac{1}{10}$。

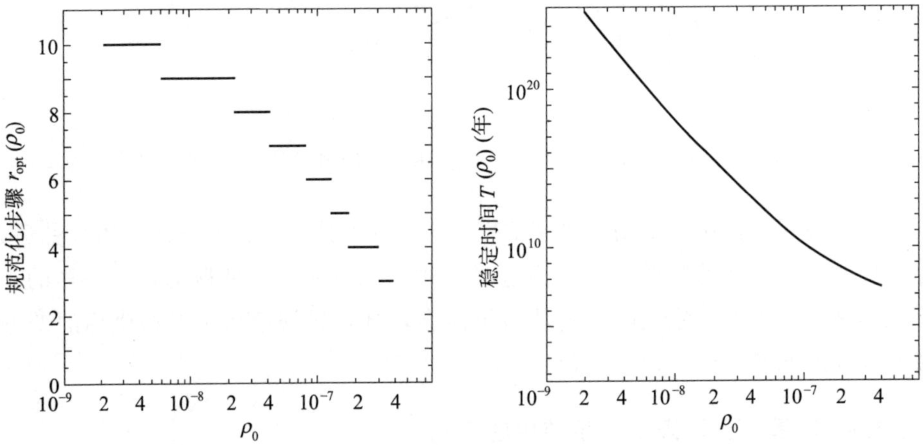

图 2－10　平面太阳-木星-土星-天王星系统的最佳归一化顺序（左图）和估计稳定时间（右图）（见参考文献［29］）

6　接近永恒

最后一节是关于指数稳定性的涅霍罗舍夫定理及其扩展（即超指数稳定性）的非正式阐述。

可以将涅霍罗舍夫定理视作为第 4 节和 6.5 节中所论述的指数稳定性的整体版本。前面章节中的结果是局部的结果，其中涉及椭圆平衡或不变环面的邻域。涅霍罗舍夫理论研究了相空间内一个较大的开集中的动力学稳定性；更确切地说，是在操作域开集合中的稳定性。

超指数稳定性理论旨在表明稳定时间可能比指数时间长得多。

6.1　回到动力学的一般问题

设哈密顿函数为

$$H(p,q)=h(p)+H_1(p,q)+H_2(p,q)+\cdots,\quad (p,q)\in\mathcal{G}\times\mathbb{T}^n$$

其中 $H_s=\mathcal{O}(\varepsilon^s)$ 是 $K>0$ 的 sK 次数的三角多项式。正如已经观测到的那样，各全纯摄动均可以这种形式投射。

我们已经了解到，对于这种系统，首次积分是不存在的（庞加莱定理），因为分母 $\langle k, \omega(p)\rangle$ 并非常数，并且共振是密集的。然而，第 2.3 节的例子表明，截断的首次积分可以在适当的域中加以构造。另一方面，正则形式的局部理论也适用于共振的情况。此类观点在涅霍罗舍夫理论中有所体现。

我们分两个步骤进行，分别命名为解析部分和几何部分。在解析部分，我们得到了在给定共振附近区域内的局部结果；它揭示了轨道的局部特性，但无法提供全局性描述。几何部分通过巧妙地引入共振的地形，实现了全局性的描述。

6.2　局部分析结果

我们需要一个定义。非共振域为作用空间 $\mathcal{G}$ 的一个开子集 $\mathscr{V}$，具有以下特征：

1）给定共振模 $\mathcal{M}\subset\mathbb{Z}^n$，其中 $0\leqslant\dim\mathcal{M}<n$；

2）关于 $\mathscr{V}$ 的非共振条件：当 $r\geqslant 1$ 时，我们希望

$$|\langle k,\omega(p)\rangle|>\alpha,\quad p\in\mathscr{V},\quad k\in\mathbb{Z}^n\setminus\mathcal{M},\ |k|\leqslant rK$$

非共振条件确保可在域 $\mathscr{V}$ 中构建最高可达 r 阶的范式。由于共振模 $\mathcal{M}$ 的不同，正则形式为非共振或共振。因此我们可在正则形式中构建一个哈密顿量

$$H^{(r)}(p,q)=h(p)+Z_1(p,q)+\cdots+Z_r(p,q)+\mathcal{F}^{(r)}(p,q)$$

$$Z_s(p,q)=\sum_{k\in\mathcal{M},|k|\leqslant sK}z_k(p)e^{i\langle k,q\rangle},\quad \mathcal{F}^{(r)}=\mathcal{O}(\varepsilon^r)$$

哈密顿函数的构建与不变环面邻域的哈密顿函数构建相同，唯一的区别在于，$\omega(p)=\dfrac{\partial H_0}{\partial p}$ 取决于作用量。然而，非共振域 $\mathscr{V}$ 中，排除有零因子的存在。

哈密顿函数 $H^{(r)}-\mathcal{F}^{(r)}$ 存在 $n-\dim\mathcal{M}$ 个独立首次积分

$$\Phi(p)=\langle\lambda,p\rangle \text{ 且 } \lambda\perp\mathcal{M}$$

各平面 $\langle\lambda,\ p\rangle=c$ 的交集 $\Pi_{\mathcal{M}}$ 为 $H^{(r)}-\mathcal{F}^{(r)}$ 流的不变量，我们称之为共振域。然而，我们必须考虑到因向范式的转换引起的变形，以及由摄动（非常缓慢地）引起的噪声。因此我们建立一个局部稳定性引理：除非轨道通过柱体（与 $\mathscr{V}$ 边界的交集）离开域 $\mathscr{V}$，轨道在一定时间 $\mathcal{O}(1/\varepsilon^r)$ 内处于共振平面周围半径为 $\delta(\varepsilon)$ 的柱体内。

其含义如图 2-11 所示。共振平面 $\Pi_{\mathcal{M}}(p)$ 为正则坐标中的不变量，初始点 p 决定该共振平面 $\Pi_{\mathcal{M}}(p)$。由于变形，在原坐标中轨道限定在不变平面的一个狭小邻域内，我们称之为柱体。由于 $H^{(r)}-\mathcal{F}^{(r)}$ 流引起沿平面的快速漂移；噪声引起可能横截平面的慢速漂移，这使得柱体随着时间的推移逐渐变大：见第 4.8 节中对动力学的说明。

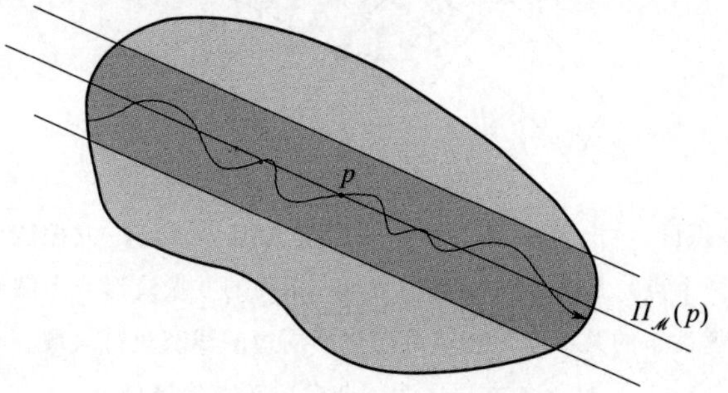

图 2-11　非共振域内的动力学

仅在很长时间后，可能因噪声出现脱离，但在时间 $1/\varepsilon$ 内很可能因快速漂移出现脱离。问题在于：如轨道脱离域 $\mathscr{V}$ 会发生什么情况？脱离可能引起轨道在作用域 $\mathcal{G}$ 内部扩散。

实际上，扩散可能由两种不同的机制引起。第一种机制是由于扩散通道，共振平面与流形 $\langle k, \omega(p)\rangle=0$ 一致或过于接近时可能出现扩散通道。第二种机制是所谓的共振重叠，如图 2－12 所示，沿共振平面的快速漂移可能驱动另一不同非共振域内部的轨道，在此域内可能出现其沿另一不同共振平面漂移的情况等。第二种机制在很久以前就被认定为引起混沌的原因[10,12]。今天，在许多美观的图形中，我们可观测到用该机制表示混沌或扩散特征的参数。至少对于阶数不太高的共振，稳定性结果应该避免这种情形。

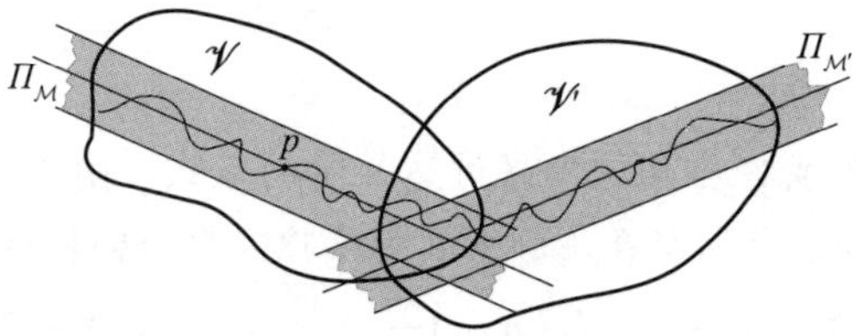

图 2－12　说明了共振重叠机制，该机制可能驱动某轨道通过不同的非共振域，从而引起扩散

6.3　共振的地形

我目前的目标是，演示涅霍罗舍夫定理的几何描述，但不使用过于技术化的形式。此处的定义具有一般性。省略的部分为与参数选择相关的部分，其中的参数决定不同部分的大小。如欲了解更多论证的详情，读者可查阅与本注释中使用方案及语言相同的文献，如参考文献［21，26］。

共振地形主要由共振流形（见图 2－13）提供支撑。选取一个正整数 N，选择任意维度 $s=\dim\mathcal{M}$ 的所有共振模 $\mathcal{M}$，其中维度包含 s 个 $|k|\leqslant N$ 的独立整数向量。每个共振模

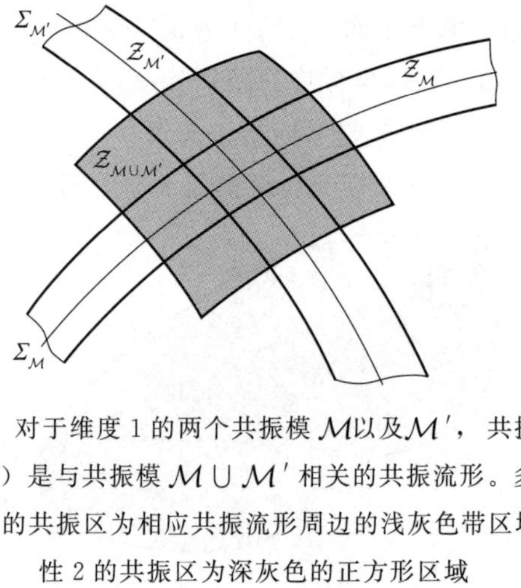

图 2－13　共振流形和共振区。对于维度 1 的两个共振模 $\mathcal{M}$以及$\mathcal{M}'$，共振流形实际上为两条曲线。两条曲线的交集（图中的一个点）是与共振模 $\mathcal{M}\cup\mathcal{M}'$ 相关的共振流形。多解性 0 的共振区为全域 $\mathcal{G}$。与$\mathcal{M}$以及$\mathcal{M}'$ 相关的多解性 1 的共振区为相应共振流形周边的浅灰色带区域。与 $\mathcal{M}\cup\mathcal{M}'$ 相关的多解性 2 的共振区为深灰色的正方形区域

与一个共振流形相关联

$$\Sigma_{\mathcal{M}}=\{p:\langle k,\omega(p)\rangle=0,\quad k\in\mathcal{M}\}$$

共振模的数量满足上述条件，显然数量为有限值；因此共振流形的结构并不密集。我们在共振流形周边选取一个随 $s=\dim\mathcal{M}$ 增加的宽度为 β_s 的带状区域。β_s 随多解性增大使得我们可避免共振重叠，其说明如下文所示。我们将与 $\mathcal{M}$ 相关的共振区定义为

$$\mathcal{Z}_{\mathcal{M}}=\{p:|\langle k,\omega(p)\rangle|\leqslant\beta_s,\quad k\in\mathcal{M},|k|\leqslant N\}$$

我们可以这样讲，共振区有多解性 $s=\dim\mathcal{M}$。

构建多解性 s 的共振块时，从某共振区中取出属于多解性 $s+1$ 共振区的一切，如 $s=\dim\mathcal{M}$，则

$$\mathcal{B}_{\mathcal{M}}=\mathcal{Z}_{\mathcal{M}}\setminus\mathcal{Z}^*_{s+1},\mathcal{Z}^*_{s+1}=\bigcup_{\dim\mathcal{M}'=s+1}\mathcal{Z}_{\mathcal{M}'}$$

注意，多解性 s 的共振块与每个多解性 $s+1$ 共振块的交集为空，但其与多解性大于 $s+1$ 的共振块的交点也可能为非空（见图 2-14）。

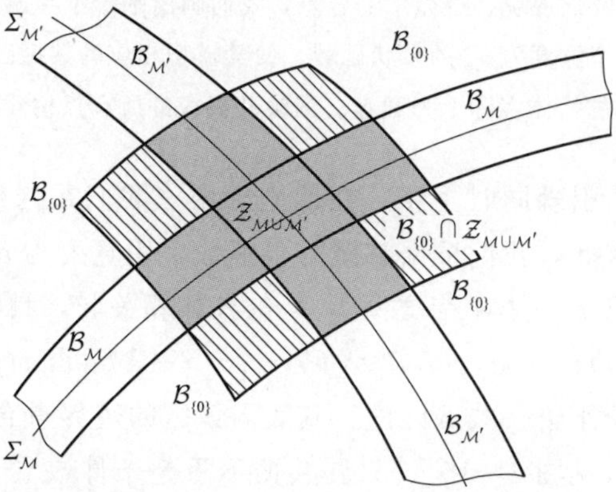

图 2-14　共振块，从多解性 s 的每个共振区中减去属于多解性 $s+1$ 共振区的部分。例如，图 2-13 中 $\mathcal{B}_{\{0\}}$ is 全域减去多解性 1 共振区的浅灰色交叉部分；$\mathcal{B}_{\mathcal{M}}$ 系为共振区 $\mathcal{Z}_{\mathcal{M}}$ 减去多解性 2 的深灰色正方形区域；$\mathcal{B}_{\mathcal{M}\cup\mathcal{M}'}$ 系为深灰色正方形部分。虚线区域属于 $\mathcal{B}_{\{0\}}$ 和 $\mathcal{B}_{\mathcal{M}\cup\mathcal{M}'}$，但不属于多解性 1 的共振区

该理论的分析部分要求构建非共振域，而此处的共振块结构为构建非共振域提供了良好的基础。因为，通过构建共振区，我们确切地知道哪些共振在块内部，而不属于块内部共振模 $\mathcal{M}$ 的其他共振被排除在外。然而，共振块整洁结构与动力学相冲突（以及与分析估算所要求的域限制相冲突，但本文对此不做探讨）。因此，我们应该继续构建块结构，使其在某种程度上模糊。

设 $p\in\mathcal{B}_{\mathcal{M}}$ 为轨道的一点。从分析引理我们可知，我们应考虑沿平面的快速漂移以及可能产生的扩散通道。如共振平面和共振流形过于接近，上述两者不可排除在外且很可能发生。为避免这一情况，未摄动哈密顿量 H_0 必须满足保证两个流形间分离条件的持续保持（见图 2-15）。在涅霍罗舍夫的原文中，用陡度来确定这一条件［大致上：$\Sigma_{\mathcal{M}}$ 与 $\Pi_{\mathcal{M}}(p)$ 间的有限阶相切］，其他的论证需要更容易处理的凸性条件，即横向性，或说是能量表面的凸性。

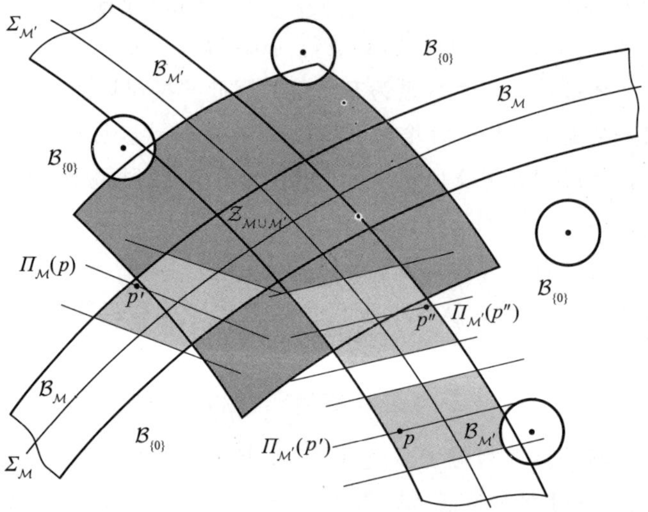

图 2－15　共振平面、柱体及扩展块。沿域中的各点，我们画出平行于共振模$\mathcal{M}$的共振平面。接下来，我们在共振平面周边加上一个宽度为 δ_s 的带状区域，使其横切相应的共振区。这形成一个柱体。例如，非共振块 $\mathcal{B}_{\{0\}}$ 内部某点周边的柱体实际上为圆盘。围绕共振块的所有点构建的柱体结合形成一个扩展块

但这仍然不够。分析引理同时主张，在原坐标中（我们在构建中用到的坐标），我们必须考虑变形和噪声。因此，我们根据共振的多解性，用宽度为 δ_s 的带状区域扩大平面，并将给定共振块的每个点 $p\in\mathcal{B}_{\mathcal{M}}$ 与宽度为 δ_s 的柱体相关联，具体如下所示

$$\mathcal{C}_{\mathcal{M},\delta_s}(p)=\Pi_{\mathcal{M},\delta_s}(p)\cap\mathcal{Z}_{\mathcal{M}},\quad \Pi_{\mathcal{M},\delta_s}(p)=\{p'\in\mathbb{R}^n:\mathrm{dist}(p',\Pi_{\mathcal{M}}(p))\leqslant\delta_s\}$$

注意，由于交集，柱体位于单一共振区内：基底与该区的边界重合。但是，其可能会与高多解性的某区域相重合（见图 2－15）。只要共振不重叠条件成立，后一种情况并无害处：有不同共振模和相同多解性的柱体间的交集应为空。这点可由凸性（或陡度）的特性以及合适的参数 β_s 及 δ_s 的选择来保证，其中这两个参数应根据 s 的增加保持足够的增速。可在公开发表的文章中获得该选择的更多详情，在此我不再赘述。

最后，给定块每点周边的所有柱体均汇集到一个扩展块中。现在我们正式定义

$$\mathcal{B}_{\mathcal{M},\delta_s}=\bigcup_{p\in\mathcal{B}_{\mathcal{M}}}\mathcal{C}_{\mathcal{M},\delta_s}(p)$$

扩展块为该理论分析部分要求的非共振域：在扩展块内部存在已知的共振，同一多解性的共振块间的交集为空。事实上，不同多解性共振块间的交集也可能为非空，这使图示非常模糊，但由于动力学因素，这也是不可避免的。

因此，我们应该利用凸性（或陡度）的特性选择参数 β_s（共振区的宽度）以及 δ_s（柱体的宽度），从而满足共振不重叠的要求。所有参数都必须根据摄动 ε 来定义，并随其减小到零。

6.4　轨道限制和指数稳定性

让我们进入证明的最终论证阶段，我将参照图 2－16 举例说明。由分析引理可知，初始点在共振块上的轨道在相应的柱体内运动，从而在扩展块内漂移。在此回顾一下，快速

漂移的速度为 $\mathcal{O}(\varepsilon)$。相反，由噪声引起的漂移很慢，速度为 $\mathcal{O}(\varepsilon^r)$。因此轨道可能在小于 $\mathcal{O}(1/\varepsilon^r)$ 的时间内仅通过基底离开柱体，但在此情况下，其必须进入一个低多解性的共振区。

后一句评论具有深远的影响：一条轨道在指数级长度的时间内受限于柱体中。让我来说明一下这个论证的思路。

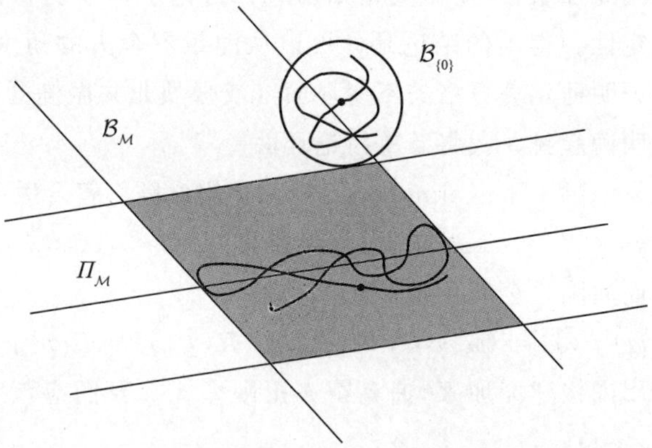

图 2－16　一条轨道可能访问不同多解性的共振区，但其保持受限于最小多解性的柱体内

一条轨道可能访问不同的共振区，但有一点 p' 属于最小多解性的共振区。此时：存在初始点 p' 的轨道在一定时间 $1/\varepsilon^r$ 内仍在相应的柱体内。该论证基于一个简单反证法：假设轨道离开柱体；然后其必须通过柱体的一个基底出口离开，从而进入一个多解性较低的共振区。这与 p' 位于多解性最低共振区的假设相矛盾。因此我们得出以下结论：

对于每一条轨道

$$|p(t)-p(0)|<\delta,\quad |t|\sim\frac{1}{C_r\varepsilon^r}$$

式中，δ 为最大柱体的直径。

根据该分析估算，余数的大小为 $\sim C_r\varepsilon^r$，C_r 如同阶乘（幂）一样同 r 增长，这与平衡的情况相同。

需要对所有扩展块的公共归一化阶数 r 进行最优选择。和椭圆平衡解的情况相同，在此我们利用级数的渐近特性。回顾一下，每个扩展块有其自己的参数 β_s 及 δ_s 以及相对应的值 r，取其中的最差值。然后，最优化过程与我们在椭圆平衡下的优化相似。

定理 7　设 $H=h(p)+\varepsilon f(p,q,\varepsilon)$ 对于在域 $\mathcal{G}\times\mathbb{T}^n$ 中的全部变量均可解析，其中 $\mathcal{G}\subset\mathbb{R}^n$ 为开放集，同时设 $h(p)$ 为凸函数。接下来，存在正常数 μ_* 以及 T^*，因此以下陈述成立

$$\mu_*\varepsilon<1$$

那么对于每条轨道 $p(t)$，$q(t)$ 满足 $p(0)\in\mathcal{G}$，于是我们可以得到估计

$$\mathrm{dist}(p(t)-p(0))\leqslant(\mu_*\varepsilon)^{1/4}$$

其中 t 满足

$$|t| \leqslant \frac{T^*}{\varepsilon} \exp\left[\left(\frac{1}{\mu_* \varepsilon}\right)^{1/a}\right]$$

特定正数 a 根据 n 确定，例如 $a \sim 2n^2$。

6.5　超指数稳定性

在第 4 节中，利用庞加莱-伯克霍夫正则形式，讨论了柯尔莫哥洛夫的不变环面稳定性和椭圆平衡解的稳定性。得出的结论是，可以从涅霍罗舍夫的角度，证明指数稳定性。现在，我的目标是要证明柯尔莫哥洛夫不变环面（或强烈非共振椭圆平衡）的稳定性肯定比指数稳定性强。为明确起见，我将着重讨论环面。

首先，我们应该来回顾一下 Kolmogorov 定理。假设频率符合丢番图条件，即

$$|\langle k,\omega\rangle| > \gamma |k|^{-\tau}, 0 \neq k \in \mathbb{Z}^n, \gamma > 0, \tau \geqslant n-1$$

哈密顿函数在环面周围是全纯正则形式

$$H(p,q) = \langle \omega, p\rangle + \mathcal{R}(p,q),\ \mathcal{R}(p,q) = \mathcal{O}(p^2)$$

第二步，在环面周围构建庞加莱-伯克霍夫正则形式。我们应该对哈密顿函数进行适当展开

$$H(p,q) = \langle \omega, p\rangle + H_1(p,q) + H_2(p,q) + \cdots$$

式中，$H_s(p,\ q)$ 在某些范数中是阶数 ε^s 的小值。另外，$H_s(p,\ q)$ 在 p 中至少是二次，并且，在 q 角中是 sK 次数的三角多项式。正如我们所看到的，这是可以做到的。庞加莱-伯克霍夫正则形式加一个有限阶数 r 后，可以写为

$$H^{(r)}(p,q) = \langle \omega, p\rangle + Z^{(r)}(p) + \mathcal{F}^{(r)}(p,q)$$

通过分析估计和优化选择 r，可以发现，如果 $|\mathcal{R}(p,\ q)| \sim \varepsilon$，则摄动呈指数式变小，即

$$|\mathcal{F}^{(r)}(p,q)| \sim \exp(-1/\varepsilon^{1/n})$$

第三步，在一般形式中使用涅霍罗舍夫定理。将哈密顿函数重新写为

$$H(p,q) = h(p) + \mathcal{F}(p,q),\quad h(p) = \langle \omega, p\rangle + Z^{(r)}(p)$$

这里，我们必须假设 $h(p)$ 满足凸性条件。如此一来，哈密顿函数就具有了涅霍罗舍夫定理所要求的形式，但具有指数级微摄动。由此，从涅霍罗舍夫定理，我们可以得出结论

$$|p(t) - p(0)| \sim \exp(-1/\varepsilon^{1/n}),\quad |t| \sim \exp(\exp(1/\varepsilon^{1/n}))$$

这是超指数稳定性的局部结果，首次在参考文献［52］中提出。

该定理的增强版可以在参考文献［24］中找到。这种情况肯定需要更长篇的论证，而且这是受到阿诺德[3]对柯尔莫哥洛夫定理论证的启发。参考文献［3］证明了在相空间中存在不变环面集合，它们是强烈非共振未摄动环面的变形。与本讲座给出的证明的不同之处在于结果是全局结果，因为它适用于作用空间的开放集，同时还证明了不变环面集合的存在。

在非共振区域，用涅霍罗舍夫定理的解析部分代替阿诺德使用的二次法，从而实现超指数稳定性。同样，出发点是动力学一般问题，即哈密顿系统 $H(p,\ q) = h(p) + \varepsilon F(p,\ q)$。

1）从作用空间中排除所有有限阶小于 $N>0$ 的共振区，留下一个开放的非共振域，其中哈密顿函数可以给出与前述类似的范式，但具有 $\varepsilon'\sim\exp(-1/\varepsilon^{a})$ 大小的摄动（其中某些正数 $a<1$）。因此，在开放的非共振域中，稳定性时长为 $\sim\exp(1/\varepsilon^{a})$。

2）通过适当多次增加 N，对第 1）步进行无限迭代，由此，相较于前一步，每一步的摄动都呈指数式减小。相应地，通过减去新共振创造的共振区，每一步的域也在减少。由此，可以发现一个框架域序列，在其中，可以有一段时间的稳定性。而这段时间被先后认为是通过在每一步增加一个指数形成的

$$\exp(\sim\exp(1/\varepsilon^{a})),\exp(\exp(\exp(1/\varepsilon^{a}))),\cdots$$

3）在无限多个步骤的限制下，我们发现了一个具有开放密集补充的不变环面集合(与阿诺德所发现的类似)。

由此，针对阿诺德的结果，我们补充了显著信息，即环面周围的动力学被冻结的程度远远超过指数。

7　最后一个问题

在这些说明中，我展示了摄动理论的一系列结果，以个人观点进行组织，从开普勒的发现开始，直至最近和当前的研究。我特别加入了柯尔莫哥洛夫关于不变环面持久性的定理和指数，以及超指数稳定性理论。

但仍有一个大问题尚待解决：是否所有这些内容都对太阳系的稳定性有意义？或者，从更广泛的角度看，是否对行星系的稳定性有意义？

柯尔莫哥洛夫定理很难适用于整个太阳系，甚至只包括巨行星和内部行星：数值模拟表明混沌实际上已经发生[42,43]。但是，它构成了长期稳定性理论背后的框架。

涅霍罗舍夫定理则更为有力。首先，该定理并没有排除混沌：它说混沌是被长时间局限在一个小区域内。其次，可以证明短时间相关摄动是被允许的，其甚至不是周期或准周期[26]。因此，可以尝试将小型天体的活动认为是常规的，并有短时间相关性。

由此，可能的问题是：我们是否能证明涅霍罗舍夫（Nekhoroshev）理论，或者与其相关的一些变体，在其构型上可能存在适当限制的情况下，对行星系是否有意义？对一些特殊情况，我们有一些建议。如果我们提出更多的问题，那么我想这些问题的答案是：我们还有很多工作要做。

附录：李级数解法的简要概述

这里，我回顾了一些关于本文中使用的李级数和李变换等概念。假设整个附录中的函数是全纯函数。

李级数

对于给定的生成函数 $\chi(p,q)$，李级数运算子被定义为李导数 $L_\chi \cdot=\{\cdot,\chi\}$ 的指数即

$$\exp(\varepsilon L_\chi)=\sum_{s\geqslant 0}\frac{\varepsilon^s}{s!}L_\chi^s \tag{2-18}$$

这实际上是 $\chi(p,q)$ 生成的正则向量场的自主均流。ε 时刻的均流是为了产生一个正则变换单参数族，该族被写成

$$p=\exp(\varepsilon L_\chi)p'=p'-\varepsilon\left.\frac{\partial\chi}{\partial q}\right|_{p',q'}+\frac{\varepsilon^2}{2}L_\chi\left.\frac{\partial\chi}{\partial q}\right|_{p',q'}-\cdots$$

$$q=\exp(\varepsilon L_\chi)q'=q'+\varepsilon\left.\frac{\partial\chi}{\partial p}\right|_{p',q'}+\frac{\varepsilon^2}{2}L_\chi\left.\frac{\partial\chi}{\partial p}\right|_{p',q'}+\cdots$$

作为全纯函数的运算子，指数运算子呈线性、可逆，并且具有分布在函数乘积和泊松括号上的显著特性，即：$\exp(L_\chi)(f\cdot g)=(\exp(L_\chi)f)\cdot(\exp(L_\chi)g)$ 和 $\exp(L_\chi)\{f,g\}=\{\exp(L_\chi)f,\exp(L_\chi)g\}$。$\exp(\varepsilon L_\chi)$ 的倒数为 $\exp(\varepsilon L_{-\chi})$，因此是自主均流。

Gröbner[30]将指数运算子最有用的特性命名为交换定理。其（以某种让人困惑的方式）被阐述为

$$f(p,q)\big|_{p=\exp(\varepsilon L_\chi)p',q=\exp(\varepsilon L_\chi)q'}=\exp(\varepsilon L_\chi)f\big|_{p',q'}$$

其意义在于，将指数运算子直接应用于函数（右侧），以此来替代对近恒等变换及随后展开参数（左侧）的替换运算：避免替换。

运算子在函数（该函数在参数 ε 的幂级数中展开）$f(p,q)=f_0(p,q)+\varepsilon f_1(p,q)+\varepsilon^2 f_2(p,q)+\cdots$ 中的应用可以用表 2-4 李级数的三角形图解明确表示。在 ε 中有相同阶数的项被排列在同一排。注意：三角形是由列生成的：一旦知道上项后，可分别计算出每一列。如果已知 f 函数，那么可以把同一行的所有项相加，计算得出变换函数 $g=\exp(L_\chi)f$ 的 ε 展开式的系数。可以用如下方程式表示结果

$$g_0=f_0,\quad g_s=\sum_{j=0}^{s}\frac{1}{j!}L_{\chi_1}^j f_{s-j},\quad s\geqslant 1$$

阶数 ε^2 的生成函数 χ_2 会生成一个类似的三角形，但该三角形包含很多空单元格，见表 2-5。

表 2-4　李级数的三角形图解

g_0	f_0					
	↓					
g_1	$L_{\chi_1} f_0$	f_1				
	↓	↓				
g_2	$\frac{1}{2}L_{\chi_1}^2 f_0$	$L_{\chi_1} f_1$	f_2			
	↓	↓	↓			
g_3	$\frac{1}{3!}L_{\chi_1}^3 f_0$	$\frac{1}{2}L_{\chi_1}^2 f_1$	$L_{\chi_1} f_2$	f_3		
	↓	↓	↓	↓		
g_4	$\frac{1}{4!}L_{\chi_1}^4 f_0$	$\frac{1}{3!}L_{\chi_1}^3 f_1$	$\frac{1}{2}L_{\chi_1}^2 f_2$	$L_{\chi_1} f_3$	f_4	
	↓	↓	↓	↓	↓	
⋮	⋮	⋮	⋮	⋮	⋮	⋱

表 2-5　阶数 ε^2 的生成函数的三角形图解

g_0	f_0					
	↓					
g_1	·	f_1				
	↓	↓				
g_2	$L_{\chi_2} f_0$	·	f_2			
	↓	↓	↓			
g_3	·	$\frac{1}{2}L_{\chi_2} f_1$	·	f_3		
	↓	↓	↓	↓		
g_4	$\frac{1}{2}L_{\chi_2}^2 f_0$	·	$L_{\chi_2} f_2$	·	f_4	
	↓	↓	↓	↓	↓	
⋮	⋮	⋮	⋮	⋮	⋮	⋱

具有 ε^r 阶生成函数的函数变换一般公式为

$$g_0 = f_0, \cdots, g_{r-1} = f_{r-1}$$

$$g_s = \sum_{j=0}^{k} \frac{1}{j\,!} L_{\chi_r}^{j} f_{s-jr}, \quad k = \left\lfloor \frac{s}{r} \right\rfloor, \quad s \geqslant r$$

注意，第一个变化出现在阶数 $r+1$。

阶数不断增加的李级数运算子可正式合成为：Let$\chi = \{\chi_1(p, q), \chi_2(p, q), \cdots\}$ 是阶数 ε，ε^2，… 不断增加的生成函数的序列；其复合被正式定义为

$$S_\chi = \cdots \circ \exp(L_{\chi_3}) \circ \exp(L_{\chi_2}) \circ \exp(L_{\chi_1})$$

我们还可以使用运算子序列 S_1，S_2，S_3，… 的递归定义

$$S_1 = \exp(L_{\chi_1}), \quad S_r = \exp(L_{\chi_r}) \circ S_{r-1}$$

将 S_χ 作为 $r \to \infty$ 的后一个序列的极限（在正式意义上）。

鉴于以下特性，李级数的复合是不可避免的：每个坐标的近恒等正则变换

$$p = p' + \varphi_1(p', q') + \varphi_2(p', q') + \cdots, \quad q = q' + \psi_1(p', q') + \psi_2(p', q') + \cdots$$

可以用李级数的复合来表示。总的来说，这对单李级数是不正确的。因此，李级数的复合

常常被 Hori[34] 和 Deprit[15] 分别引入的李变换算法代替，这两种方法在形式上相同。但是，对于收敛性问题（比如柯尔莫哥洛夫定理），李级数的复合显然更好。如果读者尝试用李变换对本说明中的小分母控制进行修订，那么他/她很可能会失败。

李变换的一种算法

与李级数相反，李变换可以用很多不同方法来构建。这里我给出其中一种表达式。如果生成函数的一个序列 $\{\chi_1, \chi_2, \cdots\}$ 将李变换运算子定义为

$$T_\chi = \sum_{s \geqslant 0} E_s \tag{2-19}$$

线性运算子序列 E_s 被递归定义为

$$E_0 = 1, \quad E_s = \sum_{j=1}^{s} \frac{j}{s} L_{\chi_j} E_{s-j} \tag{2-20}$$

运算子可以被视为李级数指数运算子的一般化。简单地说，如果我们选择生成序列 $\chi = \{\chi_1, 0, 0, \cdots\}$，那么 $T_\chi = \exp(L_{\chi 1})$。另外，$T_\chi$ 与李级数指数运算子具有相同特性：呈线性、可逆，分布于乘积和泊松括号上，即：对于函数的任意一对 f 和 g，$T_\chi(f \cdot g) = T_\chi f \cdot T_\chi g$ 和 $T_\chi\{f, g\} = \{T_\chi f, T_\chi g\}$。对于倒数，需要注意：它有详尽的表达，这需要运算子的第二个序列

$$T_\chi^{-1} = \sum_{s \geqslant 0} G_j, \quad G_0 = 1, \quad G_s = -\sum_{j=1}^{s} \frac{j}{s} G_{s-j} L_{\chi_j} \tag{2-21}$$

但是，不推荐使用后面的公式进行实际计算：我们应该能在不久后，找到更为有效的方法。该公式对解析收敛估计是有用的。需要指出的是，倒数不是初等的，因为李变换可以被解释为由非自主向量场的流动产生，不能仅改变向量场的符号来逆变（就像李级数那样）。恰恰是后面的观点在 Deprit[15] 的论文中得到了发展。

最后，T_χ 具有交换定理表示的特性，即

$$f(p, q)\big|_{p=T_\chi p', q=T_\chi q'} = T_\chi f\big|_{p', q'}$$

T_χ 应用法也可以用三角形图解来表示，与李级数的三角形图解类似，见表 2-6。这里的三角形同样由列组成，通过将同一行的所有项相加，可以计算得出函数 $g = T_\chi f$。图解还提供了一种直接方法，用于计算倒数 $f = T_\chi^{-1} g$。即按如下顺序：从第一行，得到 $f_0 = g_0$，然后填写 f_0 列；从第二行，得到 $f_1 = g_1 - E_1 f_0$，然后填写 f_1 列；从第三行，得到 $f_2 = g_2 - E_1 f_1 - E_2 f_0$，然后填写 f_2 列，以此类推。

表 2-6 李变换的三角形图解

g_0	f_0					
	↓					
g_1	$E_1 f_0$	f_1				
	↓	↓				
g_2	$E_2 f_0$	$E_1 f_1$	f_2			
	↓	↓	↓			
g_3	$E_3 f_0$	$E_2 f_1$	$E_1 f_2$	f_3		
	↓	↓	↓	↓		
g_4	$E_4 f_0$	$E_3 f_1$	$E_2 f_2$	$E_1 f_3$	f_4	
	↓	↓	↓	↓	↓	
⋮	⋮	⋮	⋮	⋮	⋮	⋱

分析工具

这里，我介绍一些基本工具，帮助我们讨论李级数的收敛和李级数复合的收敛。我需要重点强调具有作用角变量 $p \in \mathcal{G} \subset \mathbb{R}^n$ 和 $q \in \mathbb{T}^n$ 的相空间情况，如本说明所示。但是，整个论证是基于全纯函数的定理。

第一步要求引入一个复域族

$$\mathcal{D}_{(1-d)(\varrho,\sigma)} = \Delta_{(1-d)\varrho} \times \mathbb{T}^n_{(1-d)\sigma}$$

有固定 ϱ，$\sigma > 0$ 和 $0 \leqslant d < 1$；则

$$\Delta_\varrho = \{p \in \mathbb{C}^n : |p| \leqslant \varrho\}, \quad \mathbb{T}^n_\sigma = \{q \in \mathbb{C}^n : |\mathrm{Im}q| \leqslant \sigma\} \tag{2-22}$$

如果为自由次数，那么域如图 2-17 所示。这里的作用域是一个多圆盘 Δ_ϱ，以原点 $\mathbb{C}^n$ 为中心，这足以证明柯尔莫哥洛夫定理。然而，整个论点可以扩展到复域 $\mathcal{G}_\varrho = \bigcup_{p \in \mathcal{G}} \Delta_\varrho(p)$ 的情况ϱ，使所有半径的复圆盘都是在实域 $\mathcal{G}$ 的每个点中心构造的。

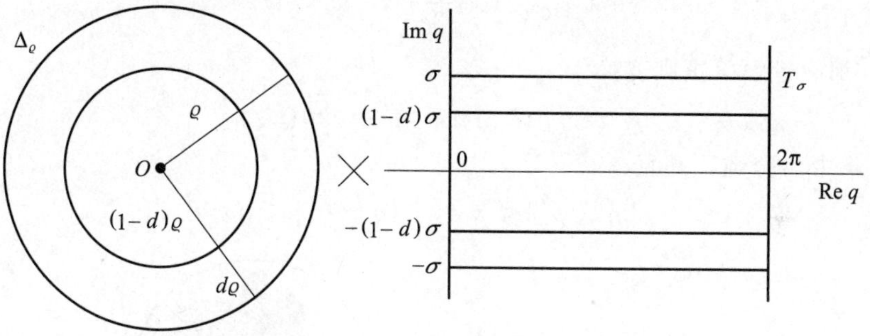

图 2-17　复域族的结构

第二步是将全纯函数导数的柯西估计扩展到李导数的情况。对于在 $\mathcal{D}_{(\varrho,\sigma)}$ 中全纯的函数 $f(p, q)$，我们将使用上确界范数

$$|f|_{(\varrho,\sigma)} = \sup_{(p,q)\in\mathcal{D}_{(\varrho,\sigma)}} |f(p,q)| \tag{2-23}$$

我们假设 $|f|_{(\varrho,\sigma)}$ 是有限的。扩展柯西之后，估计函数 $f(p, q)$ 的导数

$$\left|\frac{\partial f}{\partial p}\right|_{(1-d)(\varrho,\sigma)} \leqslant \frac{1}{d\,\varrho}|f|_{(\varrho,\sigma)}, \qquad \left|\frac{\partial f}{\partial q}\right|_{(1-d)(\varrho,\sigma)} \leqslant \frac{1}{d\sigma}|f|_{(\varrho,\sigma)}$$

也可估计高阶导数。但是为达到我们的目的，更好的做法是获得李导数的估计。适当的解法如下。假设我们知道整个域中的生成函数 χ 的范数 $|\chi|_{\varrho,\sigma}$，以及可能更小的域中的 $\|f\|_{(1-d')(\varrho,\sigma)}$，并且 $0 \leqslant d < 1$。然后，对于 $d' < d < 1$，根据范数的选择，通常会得到一个估计值

$$|L_\chi f|_{(1-d)(\varrho,\sigma)} \leqslant \frac{C}{d(d-d')\varrho\sigma}|\chi|_{\varrho,\sigma}|f|_{(1-d')(\varrho,\sigma)} \tag{2-24}$$

其中常数 $C \geqslant 1$。在目前上确界范数的情况下，由于泊松括号由 $2n$ 个导数乘积之和表示，所以可直接计算得出 $C = 2n$。然而，如果利用我们在给定方向上求导的事实进行更精确的估计，可计算得出更准确的值 $C = 1$。

对多重李导数的估计则更为精细。假设我们已知公共域 $\mathcal{D}_{\varrho,\sigma}$ 上的 $|\chi|_{\varrho,\sigma}$ 和 $|f|_{\varrho,\sigma}$，如果我们想在受限域中评估 $|L_{\chi}^{s}f|_{(1-d)(\varrho,\sigma)}$，则我们可定义 $\delta=d/s$，而后按顺序进行评估

$$|L_{\chi}f|_{(1-\delta)(\varrho,\sigma)},|L_{\chi}^{2}f|_{(1-2\delta)(\varrho,\sigma)},\cdots,|L_{\chi}^{s}f|_{(1-s\delta)(\varrho,\sigma)}$$

为此，我们通过递推应用单个导数的估计值（2-24），逐步设置 $d'=0$，δ，…，$(s-1)\delta$。我们通过一些计算得到估计值（设置 $C=1$）

$$\frac{1}{s!}\ |L_{\chi}^{s}f|_{(1-d)(\varrho,\sigma)}\leqslant\frac{1}{e}\left(\frac{e}{d^{2}\varrho\sigma}\right)^{s}|\chi|_{\varrho,\sigma}^{s}\ |f|_{(1-d')(\varrho,\sigma)}$$

李级数的收敛性与李级数的合成

将后一种估计值代入我们证明的李级数表达式。

引理 8　使 $\chi(p,q)$ 为全纯并被约束在 $\mathcal{D}_{(\varrho,\sigma)}$ 中。如果收敛条件

$$|\chi|_{(\varrho,\sigma)}<\frac{d^{2}\varrho\sigma}{2e},\quad d<1/2$$

得到满足，那么近恒等正则变换

$$p'=\exp(L_{\chi})p,\quad q'=\exp(L_{\chi})q$$

在 $\mathcal{D}_{(1-d)(\varrho,\sigma)}$ 中为全纯，并且

$$|p-p'|<d\varrho,\quad |q-q'|<d\sigma$$

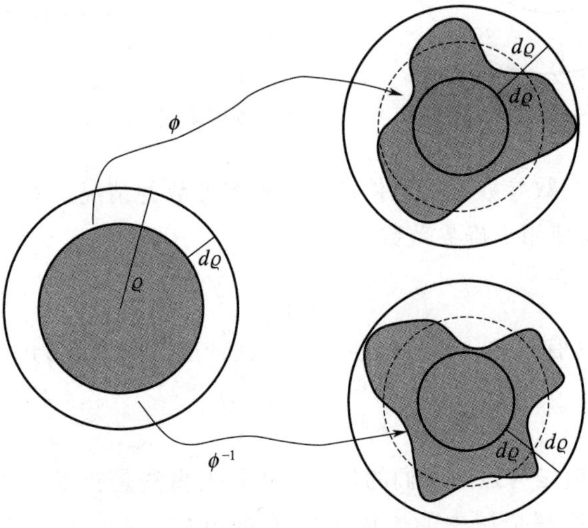

图 2-18　由引理 8 的近恒等式变换引起的变形流用 ϕ 表示，倒数用 ϕ^{-1} 表示

顺便说一下，这个引理实际上是在解析情况下，柯西对局部流存在且唯一性定理的重新表述。从图 2-18 中可以了解引理的含义，并想到变换是由 $\chi(p,q)$ 生成的流所定义的。实质上，该变换是一种坐标的变形。因此，如果我们认为它是定义在域 $\mathcal{D}_{(1-d)(\varrho,\sigma)}$ 上，并且 $d<1/2$，则

$$\mathcal{D}_{(1-2d)(\varrho,\sigma)}\subset\mathcal{D}_{(1-d)(\varrho,\sigma)}\subset\mathcal{D}_{\varrho,\sigma}\tag{2-25}$$

成立，由此，有一个可以明确定义变换的域。

谈到李级数的复合，我们可以把它理解成流的复合。因此，我们应该核实是否仍然满足这种关系式（2-25）。最后的结果被表示为

命题 9　使生成函数的序列 $\chi=\{\chi_1, \chi_2, \cdots\}$ 为全纯并且被约束在 $\mathcal{D}_{(\varrho,\sigma)}$ 中。如果收敛条件

$$\sum_{j\geqslant 1}|\chi_j|_{(\varrho,\sigma)}<\frac{d^2\varrho\sigma}{4e},\quad d<1/2$$

得到满足，那么李级数无限复合生成

$$p'=S_\chi p,\quad q'=S_\chi q$$

的近恒等正则变换

$$S_\chi=\cdots\circ\exp(L_{\chi_3})\circ\exp(L_{\chi_2})\circ\exp(L_{\chi_1})$$

在 $\mathcal{D}_{(1-d)(\varrho,\sigma)}$ 中为全纯，并且

$$|p-p'|<d\varrho,\quad |q-q'|<d\sigma$$

李变换的算法也可能得到相似的结果。但是，本说明并不需要此类结果，因此我将其略去。

参考文献

[1] Andoyer, H.: Cours De mécanique Céleste. Atlantis Press, Paris (1923).

[2] Arnold, V.I.: Proof of a theorem of A.N. Kolmogorov on the invariance of quasi - periodic motions under small perturbations of the Hamiltonian. Usp. Mat. Nauk. 18, 13 (1963); Russ. Math. Surv. 18, 9 (1963).

[3] Arnold, V. I.: Small denominators and problems of stability of motion in classical and celestial mechanics. Usp. Math. Nauk. 18(6), 91 (1963); Russ. Math. Surv. 18(6), 85 (1963).

[4] Arnold, V.I.: A theorem of Liouville concerning integrable problems of dynamics. Sibirsk. Math. Zh. 4, 471 - 474 (1963).

[5] Benettin, G., Galgani, L., Giorgilli, A., Strelcyn, J. M.: A proof of Kolmogorov's theorem on invariant tori using canonical transformations defined by the Lie method. Il Nuovo Cimento 79(B), 201 - 223 (1984).

[6] Birkhoff, G.D.: Dynamical Systems. American Mathematical Society, New York (1927).

[7] Celletti, A., Chierchia, L.: On the stability of realistic three body problems. Commun. Math. Phys. 186, 413 - 449 (1997).

[8] Celletti, A., Falcolini, C.: Construction of invariant tori for the spin - orbit problem in the Mercury - Sun system. Celest. Mech. Dyn. Astron. 53, 113 - 127 (1992).

[9] Celletti, A., Giorgilli, A.: On the stability of the Lagrangian points in the spatial restricted problem of three bodies. Celest. Mech. Dyn. Astron. 50, 31 - 58 (1991).

[10] Chirikov, B.V.: A universal instability of many dimensional oscillator system. Phys. Rep. 52, 263 - 379 (1979).

[11] Contopoulos, G.: A third integral of motion in a Galaxy. Z. Astrophys. 49, 273 - 291 (1960).

[12] Contopoulos, G.: In: Nahon, F., Hénon, M. (eds.) Les nouvelles Méthodes de la Dynamique Stellaire. CNRS, Paris (1966); see also Bull. Astron. Ser. 3, 2, Fasc. 1, 233 (1967).

[13] Contopoulos, G., Efthymiopoulos, C., Giorgilli, A.: Non - convergence of formal integrals of motion. J. Phys. A Math. Gen. 36, 8639 - 8660 (2003).

[14] Delaunay, C.: Théorie du mouvement de la lune. Memoir 28 Academy of Sciences France, Paris (1860).

[15] Deprit, A.: Canonical transformations depending on a small parameter. Celest. Mech. 1, 12 - 30 (1969).

[16] de Laplace, P.- S.: Mémoire sur le principe de la gravitation universelle et sur les inégalités séculaires des planètes qui en dependent. Mémoires de l'Académie Royale des Sciences de Paris (1773). Reprinted in Oeuvres complètes de Laplace. Gauthier - Villars, Paris (1891), tome VIII, pp. 201 - 275.

[17] de Laplace, P - S.: Théorie de Jupiter et Saturne. Mémoires de l'Académie Royale des Sciences de

Paris, année 1785, (1788). Reprinted in Oeuvres complètes de Laplace. Gauthier - Villars, Paris (1891), tome XI, p. 95.

[18] Efthymiopoulos, C., Sándor, Z.: Optimized Nekhoroshev stability estimates for the Trojan asteroids with a symplectic mapping model of co - orbital motion. Mon. Not. R. Astron. Soc. 364(1), 253 - 271 (2005).

[19] Efthymiopoulos, C., Contopoulos, G., Giorgilli, A.: Non - convergence of formal integrals of motion II: improved estimates for the optimal order of truncation. J. Phys. A Math. Gen. 37, 10831 - 10858 (2004).

[20] Giorgilli, A.: Rigorous results on the power expansions for the integrals of a Hamiltonian system near an elliptic equilibrium point. Ann. de l'I.H.P. Prog. Theor. Phys. 48, 423 - 439 (1988).

[21] Giorgilli, A.: Notes on exponential stability of Hamiltonian systems. In: Dynamical Systems, Part I: Hamiltonian Systems and Celestial Mechanics, 87 - 198. Pubblicazioni del Centro di Ricerca Matematica Ennio De Giorgi, Pisa (2003).

[22] Giorgilli, A.: A Kepler's note on secular inequalities. Rendiconti dell'Istituto Lombardo Accademia di Scienze e Lettere, Classe di Scienze Matematiche e Naturali, 145, 97 - 119 (2011).

[23] Giorgilli, A., Marmi, S.: Convergence radius in the Poincaré - Siegel problem. DCDS Ser. S 3, 601 - 621 (2010).

[24] Giorgilli, A., Morbidelli, A.: Invariant KAM tori and global stability for Hamiltonian systems. ZAMP 48, 102 - 134 (1997).

[25] Giorgilli, A., Skokos, C.: On the stability of the Trojan asteroids. Astron. Astrophys. 317, 254 - 261 (1997).

[26] Giorgilli, A., Zehnder, E.: Exponential stability for time dependent potentials. ZAMP 5, 827 - 855 (1992).

[27] Giorgilli, A., Delshams, A., Fontich, E., Galgani, L., Simó, C.: Effective stability for a Hamiltonian system near an elliptic equilibrium point, with an application to the restricted three body problem. J. Differ. Equ. 20, (1989).

[28] Giorgilli, A., Locatelli, U., Sansottera, M.: Kolmogorov and Nekhoroshev theory for the problem of three bodies. Celest. Mech. Dyn. Astron. 104, 159 - 175 (2009).

[29] Giorgilli, A., Locatelli, U., Sansottera, M.: Secular dynamics of a planar model of the Sun - Jupiter - Saturn - Uranus system; effective stability into the light of Kolmogorov and Nekhoroshev theories. Regul. Chaotic Dyn. 22 54 - 77 (2017).

[30] Gröbner, W.: Die Lie - Reihen und Ihre Anwendungen. VEB Deutscher Verlag der Wissenschaften, Berlin (1967).

[31] Gyldén, H.: Untersuchungen über die convergenz der reigen, welche zur darstellung der coordinaten der planeten angewendet werden. Acta 9, 185 - 294 (1887).

[32] Haretu, S.C.: Thèses Presentès a la Faculté des Sciences de Paris. Gauthier - Villars, Paris (1878).

[33] Haretu, S.C.: Sur l'invariabilité des grands axes des orbites planétaires. Ann. Obs. Paris Mém. 18, 1 - 39(1885).

[34] Hori, G.: Theory of general perturbations with unspecified canonical variables. Publ. Astron. Soc. Jpn. 18, 287 - 296 (1966).

[35] Jost, R.: Winkel - und Wirkungsvariable für allgemeine mechanische Systeme. Helv. Phys. Acta 41, 965 - 968 (1968).

[36] Kepler, J.: Consideratio observationum Regiomontani et Waltheri, published in: Johannis Kepleri astronomi opera omnia, MDCCCLX, Vol. VI, pp. 725 - 774.

[37] Kolmogorov, A. N.: Preservation of conditionally periodic movements with small change in the Hamilton function. Dokl. Akad. Nauk SSSR 98, 527 (1954). English translation in: Los Alamos Scientific Laboratory translation LA - TR - 71 - 67; reprinted in Lecture Notes in Physics 93.

[38] Lagrange, J.L.: Recherche sur les équations séculaires des mouvements des noeuds et des inclinaisons des orbites des planètes. Mémoires de l'Académie Royale des Sciences de Paris (1774). Reprinted in Oeuvres de Lagrange, Gauthier - Villars, Paris (1870), tome VI, pp. 635 - 709.

[39] Lagrange, J. L.: Sur l'altération des moyens mouvements des planètes. Nouveaux Mémoires de l'Académie Royale des Sciences et Belles - Lettres de Berlin (1776). Reprinted in Oeuvres de Lagrange. Gauthier - Villars, Paris (1867), tome IV, pp. 255 - 271.

[40] Lagrange, J. L.: Théorie des variations séculaires des éléments des planètes. Première partie contenant les principes et les formules générales pour déterminer ces variations. Nouveaux mémoires de l'Académie des Sciences et Belles - Lettres de Berlin (1781). Reprinted in Oeuvres de Lagrange, Gauthier - Villars, Paris (1870), tome V, pp.125 - 207.

[41] Lagrange, J.L.: Théorie des variations séculaires des éléments des planètes. Seconde partie contenant la détermination de ces variations pour chacune des planètes pricipales. Nouveaux mémoires de l'Académie des Sciences et Belles - Lettres de Berlin (1782). Reprinted in Oeuvres de Lagrange, Gauthier - Villars, Paris (1870), tome V, pp.211 - 489.

[42] Laskar, J.: The chaotic motion of the solar system: a numerical estimate of the size of the chaotic zones. Icarus 88, 266 (1990).

[43] Laskar, J.: Large scale chaos in the solar system. Astron. Astrophys. 287 (1994).

[44] Laskar, J.: Lagrange et la Stabilité du Sytème Solaire. In: Sacchi Landriani, G., Giorgilli, A. (eds.) Sfogliando la Méchanique Analitique. LED edizioni, Milano (2008).

[45] Lindstedt, A.: Beitrag zur integration der differentialgleichungen der differentialgleichungen der störungstheorie. Mém. Acad. Imp. des sciences St. Pétersbourg. XXXI, 4 (1883).

[46] Liouville, M.J.: Sur l'intégrations des équations différentielles de la dynamique. J. de Mathématiques pures et appliquées tome XX, 137 - 138 (1855).

[47] Littlewood, J.E.: On the equilateral configuration in the restricted problem of three bodies. Proc. Lond. Math. Soc. 9(3), 343 - 372 (1959).

[48] Littlewood, J.E.: The Lagrange configuration in celestial mechanics. Proc. Lond. Math. Soc.9(3), 525 - 543 (1959).

[49] Locatelli, U., Giorgilli, A.: Invariant tori in the secular motions of the three - body planetary systems. Celest. Mech. Dyn. Astron. 78, 47 - 74 (2000).

[50] Locatelli, U., Giorgilli, A.: Invariant tori in the Sun - Jupiter - Saturn system. DCDS - B 7, 377 - 398 (2007).

[51] Lyapunov, A. M.: The General Problem of the Stability of Motion (in Russian). Doctoral dissertation, University of Kharkov, Kharkov (1892). French translation in: *Problème général de la*

stabilité du mouvement，Annales de la Faculté des Sciences de Toulouse，deuxième série，Tome IX，203 - 474 (1907). Reprinted in Ann. Math. Study，Princeton University Press，n. 17，(1949).

[52] Morbidelli，A.，Giorgilli，A.：Superexponential stability of KAM tori. J. Stat. Phys. 78，1607 - 1617 (1995).

[53] Moser，J.：Stabilitätsverhalten kanonisher differentialgleichungssysteme. Nachr. Akad. Wiss. Göttingen，Math. Phys. K1 IIa. 6，87 - 120 (1955).

[54] Moser，J.：On invariant curves of area - preserving mappings of an annulus. Nachr. Akad. Wiss. Gött.，II Math. Phys. Kl. 1962，1 - 20 (1962).

[55] Nekhoroshev，N. N.：Exponential estimates of the stability time of near - integrable Hamiltonian systems. Russ. Math. Surv. 32，1 (1977).

[56] Nekhoroshev，N. N.：Exponential estimates of the stability time of near - integrable Hamiltonian systems，2 Trudy Sem. Petrovs. 5，5 (1979).

[57] Newton，I.：Opticks：or，A Treatise of the Reflections. Refractions，Inflections and Coulors of Light，London (1704).

[58] Poincaré，H.：Les méthodes Nouvelles de la Mécanique Céleste. Gauthier - Villars，Paris (1892).

[59] Poincaré，H.：Le\ccedillaons de Mécanique Céleste. Professées a la Sorbonne，Tome I，Théorie générale des Perturbations Planetaires. Gautier - Villars，Paris (1905).

[60] Poisson，S.：Mémoire sur la Variation des Constantes Arbitraires Dans les Questions de Mécanique. J. de l'École Polythecnique quinzième cahier，tome VIII (1809).

[61] Sansottera，M.，Locatelli，U.，Giorgilli，A.：On the stability of the secular evolution of the planar Sun - Jupiter - Saturn - Uranus system. Math. Comput. Simul. 88，1 - 14 (2013).

[62] Servizi，G.，Turchetti，G.，Benettin，G.，Giorgilli，A.：Resonances and asymptotic behaviour of Birkhoff series. Phys. Lett. A 95，11 - 14 (1983).

[63] Siegel，C.L.：On the integrals of canonical systems. Ann. Math. 42，806 - 822 (1941)

第 3 部分　空间碎片：从近地轨道到地球静止轨道

安妮·勒马特（Anne Lemaître）

摘　要　本文从天体力学和相关理论的角度（而非实际操作的角度），重点关注了地球环境中各类空间碎片的动力学状况。引言部分介绍了来自地球的空间碎片，描述了空间碎片群及其演变，并列出了这些空间碎片主要承受的作用力、它们的相对重要性和重点区域［即近地轨道（LEO）、中地轨道（MEO）和地球静止轨道（GEO）］。本文中的共振分几个层面，即 MEO 和 GEO 的引力共振，月球-太阳共振，以及牵涉到太阳的次级共振。本文提出了一种适用于 GEO 或 MEO 区域（这两种区域分别采用不同的精简模型）的经典哈密顿法；介绍、评述并比较了短项积分和长项积分的数值积分以及它们的极值和特征（不论是否为辛积分），并提供了与之关联的混沌性指标（尤其是 MEGNO），以便读者从全局角度来看待某些区域的稳定性；详细考察了太阳辐射压力（包括考虑地影和不考虑地影效应的情形），尤其是 GEO 区域内的效应，以及大气阻力则会对 LEO 区域内的动力学状况产生重要影响（具体影响取决于弹道系数）；同时围绕太阳活动及其对再入时间的影响做了一些比较；最后简要说明了空间碎片的自转、相关的爆炸与碰撞机理以及在综合群中模拟这些事件的可能性。

关键词　空间碎片；太阳辐射压力；辛积分；阻力；综合群

1　引言

“空间碎片”是指在不同高度的轨道上绕地球运行的一切物体（包括任何大小和具有任何化学成分的卫星碎块、火箭部件以及爆炸或碰撞留下的残骸）。

空间碎片的数量在过去几十年中急剧增多：自“Sputnik”号卫星于 1957 年 10 月升空以来，人类已发射了 6 600 多颗卫星，其中有 200 多颗卫星因事故或政治因素而在空间中爆炸。事实上，由于冷战或类似的政治因素，一些国家曾毫不犹豫地让卫星在空间中爆炸，以此来维系它们的创新技术。此外一些空间任务并不关心卫星在寿命结束后的命运，以至于部分卫星在正式完成任务后仍长年绕地球运行。目前仅有 6%的在轨物体是包括卫星在内的现役航天器。

过去人们普遍认为阻力很快就会将大多数物体带回地球，这对轨道高度在 500～900 km 之间的近地目标来说的确如此，但对高度较大的那些轨道（尤其是轨道高度为 36 000 km 且轨道周期恰好为 24 h 的地球静止轨道）来说却未必如此。以一颗经典卫星为例，当轨道高度为 300 km 时，其寿命预计为一个月；当轨道高度为 400 km 时，其寿命预计为一年；当轨道高度为 500 km 时，其寿命预计为 10 年；当轨道高度为 700 km 时，其寿命预计为几十年；当轨道高度为 900 km 时，其寿命预计为几个世纪；当轨道高度为 1 200 km 时，其寿命预计为几千年。

即使阻力能够逐渐清除 LEO 区域内的物体，该区域内也会因碰撞而产生众多碎片，持续形成新的碎片聚集群。

考虑了已知的碰撞，美国国家航空航天局（NASA）提供并维护编目了约 20 000 个空间目标，其中尺寸较大的物体（对 LEO 来说是指超过 10 cm 的物体，对 GEO 来说是指超过 1 m 的物体）可能会对现役卫星造成实际损伤，并危及卫星的任务。这些碎片的信息存储在一种名为“两行根数”（TLE）的格式文件中（更确切地说，两行根数集是一种数据格式，其作用是描述绕地球运行物体的轨道根数）。根据 TLE 对应的相关计算模型便可计算出任何卫星或碎片在任何时刻的位置。这些计算模型通常是一种强大的数值积分器，但仅适用于计算短期内的轨道演化。

现役卫星、航天飞机和国际空间站（ISS）都面临着实实在在的碰撞风险，这些航天器经常需要进行规避，由此消耗的推进剂提高了它们的任务成本。

另一方面，TLE 文件中只收录了尺寸较大的物体，而这不过是空间碎片的冰山一角而已，微小碎片的数量则远多于此。根据粗略估算，地球轨道上约有 20 万个 1～10 cm 的物体，以及 3 500 多万个 0.1～1 cm 的物体。各国既没有为这些碎片建立编目信息，也没有能力逐一识别它们。人们通常会借助灵敏度较高的实验级传感器，以统计方式来了解尺寸小于已编目碎片的空间碎片环境。

光学望远镜适合观测 GEO 和高轨道空间碎片，雷达则更合适于观测 2 000 km 以下的 LEO 区域。地基望远镜可以发现小至 10 cm 的 GEO 空间碎片，地基雷达可探测到小至几毫米的 LEO 空间碎片，原位碰撞探测器则可感知到小至几微米的物体。

此外还可通过分析回收的在轨设备（比如 EURECA 卫星，以及依靠航天飞机从哈勃空间望远镜上回收的三块太阳能帆板）来了解亚毫米级的小碎片环境。

即使人类停止一切发射活动，当前在轨物体的碰撞和解体也将导致空间碎片在数年内继续增加，更不要说人类每年 100 多次的发射活动带来的影响了！

如今的航天器均系统化地配备了特殊设备和装甲防护板（从而提高了成本），并总是需要更强力的火箭（因为航天器的质量变得更大）。尽管这些防护措施代价不菲，但也只能应对厘米级以下的小碎片，对较大的碎片则往往无能为力。这就解释了为何目前最危险的碎片是 1～10 cm 之间的碎片，毕竟该范围内的物体小到无法逐一跟踪，又大到不能仅仅把它们当作只影响表面的微尘。

人类的生活方式高度依赖于航天器：通信、全球定位系统（GPS）、手机、电视、互联网、气候观测、生态研究、灾害预防、军事测绘以及其他许多领域都离不开航天器的支持。尽管技术在进步，但空间碎片带来的成本和风险也在与日俱增，并可能导致现有卫星星座的系统更替和扩充等活动大幅缩水甚至中断。

为减少航天发射产生的碎片数量，并尽量降低航天器在日后解体的可能性。NASA 自 1978 年起便制定了相应的指导原则。其他国家也随即制定了此类原则。经过长达 10 年的激烈辩论和谈判后，联合国大会终于在 2007 年批准了一套在轨空间碎片缓解原则。

这些原则可概括为以下七点：

1）减少正常运行期间产生的碎片；

2）尽量防止航天器在运行阶段解体；

3）降低在轨道上发生意外碰撞的概率；

4）避免故意破坏航天器或进行其他有害活动；

5）尽量防止航天器在任务结束后因储存的能量而解体；

6）减少航天器和运载火箭的轨道级在任务结束后仍长期滞留在近地轨道区域内的情形；

7）减少航天器和运载火箭的轨道级在任务结束后仍长期干扰地球静止轨道区域的情形。

不过这些方针并不足以扭转局面，专家们对此也相当悲观：

“对航天器和环境构成威胁的空间碎片不断积聚在地球轨道上，它们的数量已接近临界点。即使严格遵守现行的缓解措施也无法扭转空间碎片的积聚趋势；如果不采取更加激进的行动［比如“主动清除碎片”（ADR）］，情况就会变得更糟。这可能会成为 21 世纪最大的工程挑战。鉴于国际社会就 ADR 的必要性逐渐达成了共识，人们的关注点将从空间碎片环境建模转向一些截然不同的棘手领域，即技术开发、系统工程和运营。”——J. C. Liou，隶属于 NASA 约翰逊航天中心（Johnson Space Center）的轨道碎片计划办公室（Orbital Debris Program Office）。

欧洲空间局（ESA）制定了一项名为“空间态势感知”（SSA）的计划，并于 2009 年 1 月 1 日正式启动了该计划。SSA 计划旨在及时准确地提供空间环境（尤其是在轨和地面的基础设施面临的危险）方面的信息、数据和服务，以支持欧洲独立地使用空间和穿越空间。总的来说，危险可能来自于在轨物体间的碰撞、恶劣的空间天气以及穿越地球轨道的天然物体造成的撞击。SSA 计划最终将使欧洲能自主地探测、预测和评估以下因素对生命和财产造成的风险：残留的人造空间物体，再入，在轨爆炸与释放事件，在轨碰撞，任务和卫星服务能力中断，近地物体的潜在撞击，以及空间天气现象对天基和地基基础设施的影响。

要想克服 ADR 方面的技术挑战，人们就必须更好地了解当前和未来碎片群的演化。

在 20 世纪 90 年代末，一向研究自然天体动力学的天体力学界开始把目光投向空间碎片。在这之前，一方面，各国空间机构使用的是非常高效的数值积分（包括动力学中各种力和贡献量的最大值），并会对短时间（对探测器或航天器而言，此类时间不会超过它们的寿命）内的运动做积分；另一方面，天文学家开发出的工具一代比一代精密，这使人们能在更长时段内对自然天体做积分（借助于辛积分器或超快映射），或绘制出全局混沌图和稳定图，从而将全局行为反映到个体上。

通过研究存在了数千年之久的不受控物体，空间碎片动力学使天体力学家们得以在新的环境下调整、测试和发展已知的技术和方法。

而在与共振、混沌和摄动有关的少数领域中，人们最近也运用天体力学方法为空间碎片动力学打造了新的工具。

2　经典哈密顿公式

人们会通过势能来表达不同的力（至少对保守力而言是这样），然后将这些力添加到哈密顿形式的二体问题表达式中。引力势摄动和日月摄动是开普勒（Keplerian）二体问题中的经典摄动。

2.1　引力势

地球并不是一个完美的球体，而作为“人造卫星”的空间碎片又与地表离得够近，以至于非球度系数（球谐函数）会导致其大幅度摄动。势能$\mathscr{U}$一般表达如下

$$\mathscr{U}(\boldsymbol{r})=-\mu\int_V \frac{\rho(\boldsymbol{r}_p)}{\|\boldsymbol{r}-\boldsymbol{r}_p\|}\mathrm{d}V,\quad \mu=Gm_E \tag{3-1}$$

式中，$\boldsymbol{r}$ 是空间碎片的位置（用地心赤道坐标系中的三个坐标 x、y、z 表示），r 是其范数；$\boldsymbol{r}_p$ 是地球上任何一点的位置。设 μ 直接等同于 GM_E，其中 G 是引力常数，M_E 是地球质量。

可用球坐标 r 来表示 $\boldsymbol{r}$，并以 λ 作为其经度，以 Φ 作为其纬度

$$\begin{cases} x=r\cos\Phi\cos\lambda \\ y=r\cos\Phi\sin\lambda \\ z=r\sin\Phi \end{cases}$$

则位势变为以下形式

$$\mathscr{U}(r,\lambda,\Phi)=-\frac{\mu}{r}\sum_{n=0}^{\infty}\sum_{m=0}^{n}\left(\frac{R_e}{r}\right)^n \mathscr{P}_{nm}(\sin\Phi)(C_{nm}\cos m\lambda+S_{nm}\sin m\lambda) \tag{3-2}$$

式中，R_e 是地球赤道半径，$\mathscr{P}_{nm}$ 是 n 次、m 阶的勒让德（Legendre）多项式。

系数 C_{nm} 和 S_{nm} 可表示为

$$C_{nm}=\frac{2-\delta_{0m}}{M_S}\frac{(n-m)!}{(n+m)!}\int_V\left(\frac{r_p}{R_e}\right)^n \mathscr{P}_n^m(\sin\Phi_p)\cos(m\lambda_p)\rho(\boldsymbol{r}_p)\,\mathrm{d}V$$

$$S_{nm}=\frac{2-\delta_{0m}}{M_S}\frac{(n-m)!}{(n+m)!}\int_V\left(\frac{r_p}{R_e}\right)^n \mathscr{P}_n^m(\sin\Phi_p)\sin(m\lambda_p)\rho(\boldsymbol{r}_p)\,\mathrm{d}V$$

式中，δ_{0m} 是克罗内克（Kronecker）符号，（x_p，y_p，z_p）是 $\boldsymbol{r}_p$ 的坐标。对应的球坐标表达式为

$$\begin{cases} x_p=r_p\cos\Phi_p\cos\lambda_p \\ y_p=r_p\cos\Phi_p\sin\lambda_p \\ z_p=r_p\sin\Phi_p \end{cases}$$

式中，r_p 为范数，Φ_p 为纬度，λ_p 为经度。

C_{20} 和 C_{22} 是最大的两个系数，它们与主惯性矩 A、B 和 C、地球质量 M_E 以及赤道半

径 R_e 直接相关。

$$J_2=-C_{20}=\frac{2C-B-A}{2M_ER_e^2} \text{ 且 } C_{22}=\frac{B-A}{4M_ER_e^2}$$

由于选择了质心作为原点或参照系，并使用了极坐标形式，因此经简化后得出以下表达式

$$\begin{cases}\mathscr{U}(r,\lambda,\Phi)=-\dfrac{\mu}{r}+\dfrac{\mu}{r}\displaystyle\sum_{n=2}^{\infty}\sum_{m=0}^{n}\left(\frac{R_e}{r}\right)^n\mathscr{P}_n^m(\sin\Phi)J_{nm}\cos m(\lambda-\lambda_{nm})\\ C_{nm}=-J_{nm}\cos(m\lambda_{nm}) \quad S_{nm}=J_{nm}\sin(m\lambda_{nm})\\ J_{nm}=\sqrt{C_{nm}^2+S_{nm}^2} \qquad m\lambda_{nm}=\arctan\left(\dfrac{-S_{nm}}{-C_{nm}}\right)\end{cases} \tag{3-3}$$

人们通常会用 Kaula 公式[24]来代替以上表达式。Kaula 公式引入了若干椭圆轨道根数的显函数，这些要素包括偏心率 e、倾角 i、近地点幅角 ω、升交点赤经 Ω 和平近点角 M，它们都与地球赤道坐标系上的轨道运动有关。θ 则是恒星时（体现了地球的自转）。

$$\mathscr{U}=-\frac{\mu}{r}-\sum_{n=2}^{\infty}\sum_{m=0}^{n}\sum_{p=0}^{n}\sum_{q=-\infty}^{+\infty}\frac{\mu}{a}\left(\frac{R_e}{a}\right)^n F_{nmp}(i)G_{npq}(e)S_{nmpq}(\Omega,\omega,M,\theta) \tag{3-4}$$

$$\begin{aligned}S_{nmpq}(\Omega,\omega,M,\theta)=&\begin{bmatrix}+C_{nm}\\-S_{nm}\end{bmatrix}_{n-m\text{ odd}}^{n-m\text{ even}}\cos\Theta_{nmpq}(\Omega,\omega,M,\theta)+\\&\begin{bmatrix}+S_{nm}\\+C_{nm}\end{bmatrix}_{n-m\text{ odd}}^{n-m\text{ even}}\sin\Theta_{nmpq}(\Omega,\omega,M,\theta)\end{aligned} \tag{3-5}$$

角度 Θ_{nmpq} 被称作 Kaula 重力角，并可由下式得出

$$\Theta_{nmpq}(\Omega,\omega,M,\theta)=(n-2p)\omega+(n-2p+q)M+m(\Omega-\theta) \tag{3-6}$$

2.2 日月摄动

空间碎片因外部天体而产生的加速度表示为

$$\ddot{\boldsymbol{r}}=-\mu_i\left(\frac{\boldsymbol{r}-\boldsymbol{r}_i}{\|\boldsymbol{r}-\boldsymbol{r}_i\|^3}+\frac{\boldsymbol{r}_i}{\|\boldsymbol{r}_i\|^3}\right) \tag{3-7}$$

按照惯例，对太阳而言 $i=1$ 且质量 $M_1=M_S$，对月球而言 $i=2$ 且质量 $M_2=M_M$。

此处可轻松计算出相关的势能

$$\mathscr{R}_i=\mu_i\left(\frac{1}{\|\boldsymbol{r}-\boldsymbol{r}_i\|}-\frac{\langle\boldsymbol{r}\cdot\boldsymbol{r}_i\rangle}{\|\boldsymbol{r}_i\|^3}\right) \tag{3-8}$$

式中，$\mu_i=GM_i$，$\langle\cdot,\cdot\rangle$ 表示标积，$\|\cdot\|$ 表示范数。

此处可采用经典的距离倒数式

$$\mathscr{R}_i=\frac{\mu_i}{r_i}\sum_{n\geqslant2}\left(\frac{r}{r_i}\right)^n\mathscr{P}_n(\cos\phi_i) \tag{3-9}$$

式中，r_i 是天体 i 与地球中心之间的距离，ϕ_i 是第三天体 i 与碎片之间的夹角，$\mathscr{P}_n$ 是 n 次勒让德多项式。

为了将第三天体的贡献和碎片的贡献分开，此处再次用各开普勒根数（a，e，i，Ω，

ω，f）来表示位置矢量 $\boldsymbol{r}$ 的三个分量（x，y，z），其中 f 为真近点角。然后定义指向第三天体的单位矢量的笛卡儿（Cartesian）坐标 X_i、Y_i 和 Z_i，并使用 e、$\sin\dfrac{i}{2}$ 和 M 级数中 f 和 $\dfrac{r}{a}$ 的常用表达式。

由此得出以下表达式，其中第三天体的运动仅表现为系数 A

$$\mathscr{R}_i=\frac{\mu_i}{r_i}\sum_{n=2}^{+\infty}\sum_{k,l,j_1,j_2,j_3}\left(\frac{a}{r_i}\right)^n A_{k,l,j_1,j_2,j_3}^{(n)}(X_i,Y_i,Z_i)\,e^{|k|+2j_2}\left(\sin\frac{i}{2}\right)^{|l|+2j_3}\cos\Phi$$

角度定义如下

$$\Phi=j_1\lambda+j_2\varpi+j_3\Omega,\quad \lambda=M+\omega+\Omega,\quad \varpi=\omega+\Omega \tag{3-10}$$

2.3 庞加莱变量

第一，为采用哈密顿形式，此处首先定义了与 λ、ϖ 和 Ω 有关的 Delaunay 正则动量 L、G 和 H

$$L=\sqrt{\mu a},\quad G=\sqrt{\mu a(1-e^2)},\quad H=\sqrt{\mu a(1-e^2)}\cos i \tag{3-11}$$

第二，为避免出现奇点，此处改用与 p 和 q 有关的非奇异 Delaunay 根数 P 和 Q，从而使 L 和 λ 保持不变

$$\begin{cases}P=L-G & p=-\omega-\Omega\\ Q=G-H & q=-\Omega\end{cases} \tag{3-12}$$

第三，此处引入了名为庞加莱（Poincaré）变量的正则笛卡儿坐标

$$\begin{cases}x_1=\sqrt{2P}\sin p & x_4=\sqrt{2P}\cos p\\ x_2=\sqrt{2Q}\sin q & x_5=\sqrt{2Q}\cos q\\ x_3=\lambda=M+\Omega+\omega & x_6=L\end{cases} \tag{3-13}$$

第四，此处选择了与庞加莱变量直接相关的无量纲非正则变量 ξ_1、ξ_2、η_1 和 η_2

$$\xi_1=U\sin p,\quad \eta_1=U\cos p,\quad \xi_2=V\sin q,\quad \eta_2=V\cos q \tag{3-14}$$

其中

$$U=\sqrt{\frac{2P}{L}},\quad V=\sqrt{\frac{2Q}{L}} \tag{3-15}$$

动量 U 和 V 与 e 和 i 成正比，并可通过下式明确得出它们之间的依赖关系

$$e=U\left(1-\frac{U^2}{4}\right)^{\frac{1}{2}}=U-\frac{1}{8}U^3-\frac{1}{128}U^5+\mathscr{O}(U^7) \tag{3-16}$$

且

$$2\sin\frac{i}{2}=V\left[1-\frac{U^2}{2}\right]^{-\frac{1}{2}}=V+\frac{1}{4}VU^2+\frac{3}{32}VU^4+\mathscr{O}(U^6) \tag{3-17}$$

具体详见参考文献［43］。

2.4 哈密顿公式

在 $n_{\max}$ 和 N_n 为任意固定值的情况下，可用新的变量来表达基于两项主要摄动的哈密顿量

$$\mathscr{H}=-\frac{\mu^2}{2L^2}+\dot{\theta}\Lambda+\sum_{n=2}^{n_{\max}}\frac{1}{L^{2n+2}}\sum_{j=1}^{N_n}\mathscr{A}_j^{(n)}(\xi_1,\eta_1,\xi_2,\eta_2)\mathscr{B}_j^{(n)}(\lambda,\theta)+$$
$$\sum_{i=1}^{2}\sum_{n=2}^{n_{\max}}\frac{L^{2n}}{r_i^{n+1}}\sum_{j=1}^{N_n}\mathscr{C}_j^{(n)}(\xi_1,\eta_1,\xi_2,\eta_2,X_i,Y_i,Z_i)\mathscr{D}_j^{(n)}(\lambda) \tag{3-18}$$

此处引入了第四个自由度，并用角度 θ 来表示与虚动量 Λ 有关的地球自转或恒星时。于是相关的动力学系统表达如下

$$\dot{\xi}_i=\frac{1}{L}\frac{\partial\mathscr{H}}{\partial\eta_i},\quad \dot{\eta}_i=-\frac{1}{L}\frac{\partial\mathscr{H}}{\partial\xi_i},\ i=1,2$$

且

$$\dot{\lambda}=\frac{\partial\mathscr{H}}{\partial L}-\frac{1}{2L}\left[\sum_{i=1}^{2}\frac{\partial\mathscr{H}}{\partial\xi_i}\xi_i+\sum_{i=1}^{2}\frac{\partial\mathscr{H}}{\partial\eta_i}\eta_i\right],\quad \dot{L}=-\frac{\partial\mathscr{H}}{\partial\lambda}$$

最后是两个不太重要的表达式

$$\dot{\theta}=\frac{\partial\mathscr{H}}{\partial\Lambda},\quad \dot{\Lambda}=-\frac{\partial\mathscr{H}}{\partial\theta}$$

3 半分析法

和研究自然天体时一样，要想了解人造天体的动力学状况，第一条途径就是在泊松级数展开式中展开不同的力，然后对相应的微分系统做积分。若想更详细地了解本章内容，则见参考文献［44］。

3.1 非共振情形

在不涉及共振的情形下，本文会将相关的哈密顿量展开为不同变量的幂级数，比如用MSNAM[31]（纳穆尔大学提供的一种级数处理器）得出任何指定阶数下的表达式。在表3-1的例子中，除了其他笛卡儿变量的多项式指数外，还展示了角度 λ 和 θ 的倍数。这些技术向来都用于研究天然物体的动力学状况，但只需略加调整便可用于研究空间碎片。此处以地球静止轨道的半长轴（42 164 km）作为长度单位，以地球质量作为重量单位，而时间单位则与 $\mu=1$ 相对应。

表 3-1 由 MSNAM 得出一些示例项

	λ	θ	ξ_1	η_1	ξ_2	η_2	L	X_M	Y_M	Z_M	r_M	X_S	Y_S	Z_S	r_S	系数
cos	(0	0)	(0	0	0	0	−6	0	0	0	0	0	0	0	0)	0.123 866 19e−04
cos	(0	0)	(0	0	0	2	−6	0	0	0	0	0	0	0	0)	−0.185 799 28e−04
cos	(0	0)	(0	0	0	4	−6	0	0	0	0	0	0	0	0)	0.464 498 22e−05

此处对最快的变量 X 做平均化，然后以更大的步长（从 200 s 到 1 天）对相关的平动力学系统做（数值）积分。这便是本文所说的空间碎片非共振动力学状况的半解析平均解。从参考文献［29］来看，F. Deleflie 及其合作者已借助 STELA 软件对空间碎片做了类似的处理。

表 3－2 按阶数展示了非平均化（括号内）和平均化势能的项数量。

表 3－2　求平均后和求平均前（括号内）由展开式得出的项数量

摄动	项数量			
n 阶展开式 $\xi_1^{i_1}\eta_1^{i_2}\xi_2^{i_3}\eta_2^{i_4}$ 且 $i_1+i_2+i_3+i_4\leqslant n$	$n=2$	$n=4$	$n=6$	$n=8$
位势限值为 J_2	5 (33)	15 (145)	31 (410)	53 (895)
外部天体：太阳和月球				
最高为 2 次表达式	27 (205)	86 (836)	197 (2 374)	390 (5 480)
最高为 3 次表达式	73 (645)	250 (2 642)	611 (7 854)	1 227 (18 380)

3.2　引力共振

请回想下 Kaula 位势公式（3－4）

$$\mathscr{U}=-\frac{\mu}{r}-\sum_{n=2}^{\infty}\sum_{m=0}^{n}\sum_{p=0}^{n}\sum_{q=-\infty}^{+\infty}\frac{\mu}{a}\left(\frac{R_e}{a}\right)^n F_{nmp}(i)G_{npq}(e)S_{nmpq}(\Omega,\omega,M,\theta)$$

其中有一个非常重要的引力幅度角（3－6）

$$\Theta_{nmpq}(\Omega,\omega,M,\theta)=(n-2p)\omega+(n-2p+q)M+m(\Omega-\theta)$$

本文所说的引力共振，就是指空间碎片的轨道运动与地球自转运动之间的共振，这一概念有别于“自转运动和轨道运动都与同一天体有关”的轨旋共振。这种共振意味着两个周期 P_S（1 天）和 P_{obj} 非常接近于某一有理数

$$\frac{P_S}{P_{obj}}\simeq\frac{q_1}{q_2}\tag{3-19}$$

若以上比率等于 1，则意味着靠近地球静止轨道（GEO）；若以上比率接近于 2，则通常意味着位于中地轨道（MEO）区域内。与这两种情况相对应的表达式为

$$\dot{\Theta}_{nmpq}(\dot{\Omega},\dot{\omega},\dot{M},\dot{\theta})=(n-2p)\dot{\omega}+(n-2p+q)\dot{M}+m(\dot{\Omega}-\dot{\theta})\simeq 0\tag{3-20}$$

且当 $q=0$ 时

$$\frac{\dot{M}}{\dot{\theta}}\simeq\frac{\dot{\lambda}}{\dot{\theta}}\simeq\frac{q_1}{q_2}\tag{3-21}$$

系数 J_{22}（包含地球自转的位势系数中最大的一项）起着最重要的作用。

3.3 地球静止轨道共振的情形

现在着重关注地球静止轨道共振（即 $q_1=q_2=1$）的情况（亦称同步情形）。计算轨道周期为 1 天相对应的半长轴，便可得出众所周知的 $a=42\ 164$ km 这一数值。

对于非共振情形下以相同方式得出的位势，此处只保留其中的 J_{22} 项

$$\mathscr{H}=\mathscr{H}_{J_{22}}(\xi_1,\eta_1,\xi_2,\eta_2,\Lambda,\lambda,L,\theta)+\dot{\theta}\Lambda \tag{3-22}$$

然后引入以下共振角

$$\sigma=\lambda-\theta \tag{3-23}$$

要想保留作为正则变量的 σ 和 θ（而非 λ 和 θ），就必须修正本文称之为 L' 和 Λ' 的这两个动量

$$L'=L,\quad \theta'=\theta,\quad \Lambda'=\Lambda+L \tag{3-24}$$

于是共振哈密顿量表达如下

$$\mathscr{H}=\mathscr{H}_{J_{22}}(\xi_1,\eta_1,\xi_2,\eta_2,\sigma,L',\theta)+\dot{\theta}(\Lambda'-L') \tag{3-25}$$

此时 θ 为快角，而此处得出的平均模型（仍然依赖于 σ）则是慢共振角。

和非共振情形一样，此处也要通过级数展开、求平均、平均方程和数值积分这些过程来得出共振平均哈密顿函数。表 3-3 展示了平均哈密顿函数和非平均哈密顿函数（括号中的部分）的项数量。

表 3-4 则展示了此情形下的级数形式。

表 3-3　求平均后和求平均前（括号内）由共振展开式得出的项数量

摄动	项数量			
n 阶展开式 $\xi_1^{i_1}\eta_1^{i_2}\xi_2^{i_3}\eta_2^{i_4}$ 且 $i_1+i_2+i_3+i_4\leqslant n$	$n=2$	$n=4$	$n=6$	$n=8$
由 J_{22} 引起的共振摄动	10 (94)	40 (468)	104 (1 392)	206 (3 178)

表 3-4　由 MSNAM 得出一些示例性共振项

	σ	θ	ξ_1	η_1	ξ_2	η_2	L	X_M	Y_M	Z_M	r_M	X_S	Y_S	Z_S	r_S	系数
cos	(2	0)	(0	0	0	0	−6	0	0	0	0	0	0	0	0)	0.107 776 725 5e−06
cos	(2	0)	(0	0	0	0	−6	0	0	0	0	0	0	0	0)	0.108 090 716 7e−06
sin	(2	0)	(0	0	0	0	−6	0	0	0	0	0	0	0	0)	−0.620 488 192 2e−07

$$\mathscr{H}_{J_{22}}(\xi_1,\eta_1,\xi_2,\eta_2,L,\Lambda,\theta,\lambda)$$

$$\downarrow$$

$$\mathscr{H}_{J_{22}}(\xi_1,\eta_1,\xi_2,\eta_2,L',\Lambda',\theta',\sigma)$$

$$\downarrow$$

$$\overline{\mathscr{H}}_{J_{22}}(\bar{\xi}_1,\bar{\eta}_1,\bar{\xi}_2,\bar{\eta}_2,\overline{L}',\overline{\Lambda}',-,\bar{\sigma})$$

3.4　简单的地球静止轨道共振解析模型

利用共振平均半解析法，此处先确认了展开式中的主项，然后建立了一个精简模型，以便从定性角度描述地球静止轨道局部区域内的共振动力学状况。

基于相关表达式前几项的最简单共振平均模型表达如下

$$\mathscr{H}(L,\sigma,\Lambda)=-\frac{\mu^2}{2L^2}+\dot{\theta}(\Lambda-L)-\frac{1}{L^6}[\alpha_1\cos2\sigma+\alpha_2\sin2\sigma] \tag{3-26}$$

其中

$$\alpha_1\simeq0.1077\times10^{-6},\alpha_2\simeq-0.6204\times10^{-7}$$

求解下式即可轻松确定平衡状态

$$\frac{\partial\mathscr{H}}{\partial L}=0=\frac{\partial\mathscr{H}}{\partial\sigma} \tag{3-27}$$

此处由 $(\sigma_{11}^*, L_{11}^*)$，$(\sigma_{12}^*, L_{12}^*)$ 得出两种稳定平衡状态，由 $(\sigma_{21}^*, L_{21}^*)$，$(\sigma_{22}^*, L_{22}^*)$ 得出两种不稳定平衡状态

$$\sigma_{11}^*=\lambda^*\qquad\sigma_{12}^*=\lambda^*+\pi$$

$$\sigma_{21}^*=\lambda^*+\frac{\pi}{2}\qquad\sigma_{22}^*=\lambda^*+\frac{3\pi}{2}$$

其中 $L_{11}^*=L_{12}^*=0.99999971$，$L_{21}^*=L_{22}^*=1.00000029$，另外 $L=1$ 对应着 42 164 km 的地心距离，同时 $\lambda^*\simeq75.07°$。

图 3-1 中相图的笛卡儿坐标为 $\sqrt{2L}\cos\sigma$ 和 $\sqrt{2L}\sin\sigma$，为区分各共振岛屿，此处已人为放大了图中的系数 α_1 和 α_2。相应的共振运动与 σ 相关，且其周期为 818.7 天$\simeq$2.5 年，共振区的宽度为$\simeq$69 km。

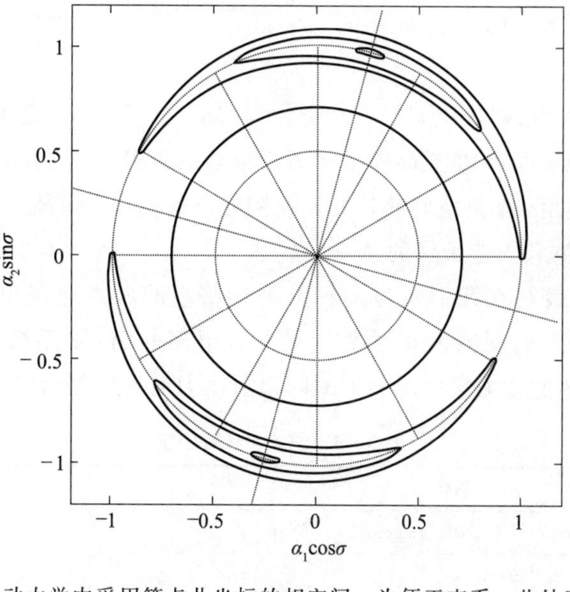

图 3-1　地球同步平均动力学中采用笛卡儿坐标的相空间。为便于查看，此处已人为放大了相关系数

（资料来源：参考文献［44］）

3.5 其他引力共振

人们也对其他引力共振进行了类似的研究，尤其是深入研究了 GPS 和伽利略(Galileo) 星座领域十分重视的 2∶1 共振情形（对应 MEO 区域）。值得一提的是，Rossi 撰写过一篇开创性的论文[37]，而 Celletti 和 Gales 则做了非常完整的分析[7]。

人们也考察过其他的共振（即所谓的次要共振），并描述了它们的位置、平衡状态和宽度。另外同一团队发表的两篇论文则分别探讨了地球静止环带内部[8]和外部[9]的情形。

4 太阳辐射压力

空间碎片的形状、形态和重量千差万别，这意味着其中一些碎片会因太阳辐射压力而发生强烈摄动，其程度与系数 A/m（即面积与质量之比）成正比，而另一些碎片则完全不受影响。这种摄动的重要性可能仅次于二体因素，因此必须纳入考量，有时甚至要优先考虑这种摄动，然后才考虑引力势和日月引力。参考文献［30］（作者为 Milani 和 Gronchi）第 14 章和参考文献［28］均完整地分析了这种摄动的影响。

此处只分析直接辐射压力加速度，并假设系数 A/m 数值较大。我们将构建地球静止轨道区域的平均模型。

一种很巧妙的做法就是仍旧立足于平均化的动力学[35]以及 Gachet 等就行星运动提出的全套摄动理论[20]（其中概括并证明了本文所述基本分析的合理性），但却将偏心率和角动量作为变量。

由直接辐射压力产生的加速度可表达为

$$\boldsymbol{a}_{rp}=C_r P_r\left[\frac{a_S}{\|\boldsymbol{r}-\boldsymbol{r}_S\|}\right]^2\frac{A}{m}\frac{\boldsymbol{r}-\boldsymbol{r}_S}{\|\boldsymbol{r}-\boldsymbol{r}_S\|}\simeq -C_r P_r\frac{A}{m}a_S^2\sum_{n=1}^{n=N}\left(\frac{r}{a_S}\right)^n P_n(\cos\phi) \tag{3-28}$$

其中 C_r 是无量纲反射系数（$0<C_r<2$），$P_r=4.56\times10^{-6}\ \mathrm{N/m^2}$ 是距离 $a_s=1$ AU 处的物体每单位质量的辐射压力，$\boldsymbol{r}$ 是空间碎片相对于地心的位置；$\boldsymbol{r}_S$ 是太阳相对于地心的位置，ϕ 是 $\boldsymbol{r}$ 与 $\boldsymbol{r}_S$ 之间的夹角，A 是空间碎片暴露在阳光下的面积，m 是空间碎片的质量。表 3-5 列举了一些天然天体和人造天体的 A/m 系数。

出乎意料的是，最初在圆形轨道运行上的某些空间碎片表现出了很大的偏心率[38]。为探究背后的原因，人们探测发现这些碎片具有很高的 A/m 系数（某些物体甚至大于 50），以至于这些天体的动力学状况会因太阳辐射压力而发生强烈摄动[13,39,40]。

表 3-5 A/m 系数示例

物体	A/m / ($\mathrm{m^2/kg}$)
“Lageos 1”号卫星和“Lageos 2”号卫星	10^{-3}
“Starlette”号卫星	10^{-3}
GPS（Block Ⅱ）卫星	10^{-2}

续表

物体	A/m / (m^2/kg)
月球	10^{-10}
空间碎片	??（碎片面质比很高——译者注）

图 3-2 展示了空间碎片环境中不同 A/m 值下的摄动量级。

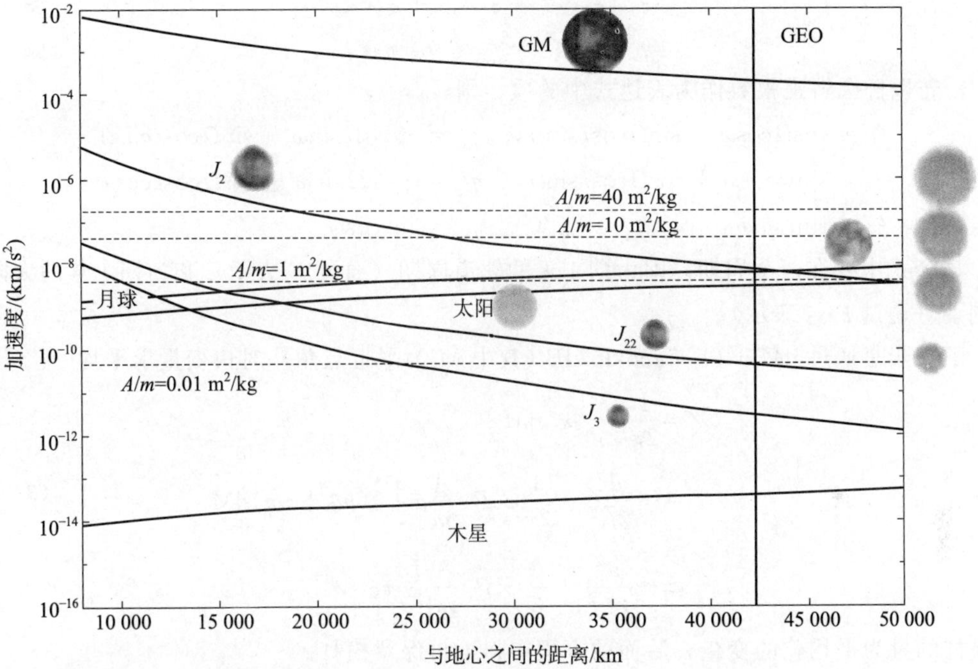

图 3-2　整个空间碎片区域内因 A/m 值的差异而形成的加速度径向分量摄动层级

若假设 A/m 数值较大，那么开普勒问题中的主要摄动因素就是太阳辐射压力

$$\mathscr{H}(\boldsymbol{v},\boldsymbol{r})=\mathscr{H}_{kepl}(\boldsymbol{v},\boldsymbol{r})+\mathscr{H}_{srp}(\boldsymbol{r}) \tag{3-29}$$

其中 $\boldsymbol{r}$ 是卫星相对于地心的位置，$\boldsymbol{v}$ 是卫星的速度，$\mathscr{H}_{kepl}(\boldsymbol{v},\boldsymbol{r})$ 是地球的引力，$\mathscr{H}_{srp}(\boldsymbol{r})$ 是太阳直接辐射压力势

$$\mathscr{H}_{kepl}=\frac{\|\boldsymbol{v}\|^2}{2}-\frac{\mu}{\|\boldsymbol{r}\|} \tag{3-30}$$

$$\mathscr{H}_{srp}=-C_r\frac{1}{\|\boldsymbol{r}-\boldsymbol{r}_S\|}P_r\frac{A}{m}a_S^2 \tag{3-31}$$

4.1　大 A/m 情形下的第一种太阳辐射压力精简模型

首先考虑一种包含二体和直接太阳辐射压力的极简模型。此处用方程（3-30）勒让德多项式中的距离倒数（在一阶项后截断）和哈密顿量得出以下表达式

$$\mathscr{H}=-\frac{\mu^2}{2L^2}+C_rP_r\frac{A}{m}r\bar{r}_S\cos\phi \tag{3-32}$$

其中 ϕ 是 $\boldsymbol{r}$ 与 $\boldsymbol{r}_S$ 之间的夹角，且 $\bar{r}_S=\dfrac{r_S}{a_S}$ 。

$$\mathscr{H}=-\frac{\mu^2}{2L^2}+C_rP_r\frac{A}{m}a(u\xi+v\eta) \tag{3-33}$$

由 $u=\cos E-e$ 和 $v=\sin E\sqrt{1-e^2}$ 得出其中的碎片轨道运动（E 为偏近点角），并通过 ξ 和 η（见以下表达式）来体现太阳的影响

$$\xi=\xi_1\bar{r}_{S,1}+\xi_2\bar{r}_{S,2}+\xi_3\bar{r}_{S,3} \tag{3-34}$$

$$\eta=\eta_1\bar{r}_{S,1}+\eta_2\bar{r}_{S,2}+\eta_3\bar{r}_{S,3} \tag{3-35}$$

a 若以椭圆轨道根数作为表达式中的项，则

$$\xi_1=\cos\Omega\cos\omega-\sin\Omega\cos i\sin\omega,\quad \eta_1=-\cos\Omega\sin\omega-\sin\Omega\cos i\cos\omega$$

$$\xi_2=\sin\Omega\cos\omega+\cos\Omega\cos i\sin\omega,\quad \eta_2=-\sin\Omega\sin\omega+\cos\Omega\cos i\cos\omega$$

$$\xi_3=\sin i\sin\omega,\quad \eta_3=\sin i\cos\omega$$

该公式中存在两个周期，即为期 1 天的轨道周期（通过 E 表示）和为期 1 年的太阳轨道周期（通过 $\bar{r}_{S,i}$ 表示）。

下一步是通过 $\mathrm{d}M=(1-e\cos E)\mathrm{d}E$（其中 M 为平近点角）对快变量求平均

$$\begin{aligned}\overline{\mathscr{H}}&=\frac{1}{2\pi}\int_0^{2\pi}\mathscr{H}\,\mathrm{d}M\\&=-\frac{\mu^2}{2\bar{L}^2}+\frac{1}{2\pi}C_rP_r\frac{A}{m}\bar{a}\int_0^{2\pi}(u\xi+v\eta)\mathrm{d}M\\&\simeq-\frac{\mu^2}{2\bar{L}^2}-\frac{3}{2}C_rP_r\frac{A}{m}\frac{\bar{L}^2}{\mu}\bar{e}\xi\end{aligned} \tag{3-36}$$

带横杠的量为平均化的变量，后面的方程中将不再保留横杠。

再次使用庞加莱变量，从而得出下列各式

$$\begin{cases}p=-\omega-\Omega & P=L-G\\q=-\Omega & Q=G-H\\x_1=\sqrt{2P}\sin p & y_1=\sqrt{2P}\cos p\\x_2=\sqrt{2Q}\sin q & y_2=\sqrt{2Q}\cos q\end{cases}$$

此处使用以下近似表达式 $e\simeq\sqrt{\dfrac{2P}{L}}$，$\cos^2\dfrac{i}{2}=1-\dfrac{Q}{2L}$，$\sin\dfrac{i}{2}\simeq\sqrt{\dfrac{Q}{2L}}$ ，并假设太阳在圆形轨道上运行（倾角为ϵ）

$$\begin{cases}\bar{r}_{S,1}=\cos\lambda_S\\\bar{r}_{S,2}=\sin\lambda_S\cos\epsilon\\\bar{r}_{S,3}=\sin\lambda_S\sin\epsilon\end{cases} \tag{3-37}$$

其中 $\lambda_S=n_St+\lambda_{S,0}$， 则

$$\begin{aligned}\mathscr{H}&=\mathscr{H}(x_1,y_1,x_2,y_2,\lambda_S)\\&\simeq-n_S\kappa\bar{r}_{S,1}(x_1R_2+y_1R_1)+n_S\kappa\bar{r}_{S,2}(x_1R_3+y_1R_2)+n_S\kappa\bar{r}_{S,3}(x_1R_5-y_1R_4)\end{aligned} \tag{3-38}$$

其中 $\kappa=\frac{3}{2}C_rP_r\frac{A}{m}\frac{a}{\sqrt{L}}$（直接与 A/m 成正比），且 $R_i(x_2, y_2)$ 是 x_2 和 y_2 的二次多项式。

由下式得出相关的动力学系统

$$\begin{cases}\dot{x}_1=\dfrac{\partial\mathscr{H}}{\partial y_1} & \dot{y}_1=-\dfrac{\partial\mathscr{H}}{\partial x_1}\\ \dot{x}_2=\dfrac{\partial\mathscr{H}}{\partial y_2} & \dot{y}_2=-\dfrac{\partial\mathscr{H}}{\partial x_2}\end{cases} \tag{3-39}$$

此处分三步计算解析解。第一步假设 $x_2=y_2=0$，从而得出 x_1 和 y_1 的短周期运动

$$\begin{cases}x_1=-\kappa\sin\lambda_S+C_x=-\kappa(\sin\lambda_S-D_x)\\ y_1=\kappa\cos\lambda_S\cos\epsilon+C_y=\kappa(\cos\lambda_S\cos\epsilon+D_y)\end{cases} \tag{3-40}$$

此处推出 e 和 ϖ 遵循某一周期运动（周期为 1 年），进而以 C_x 和 C_y 或 D_x 和 D_y 作为初始条件。如果 κ 更大，$e_{\max}$（偏心率最大值）就会增大。图 3-3 展示了这种周年运动。

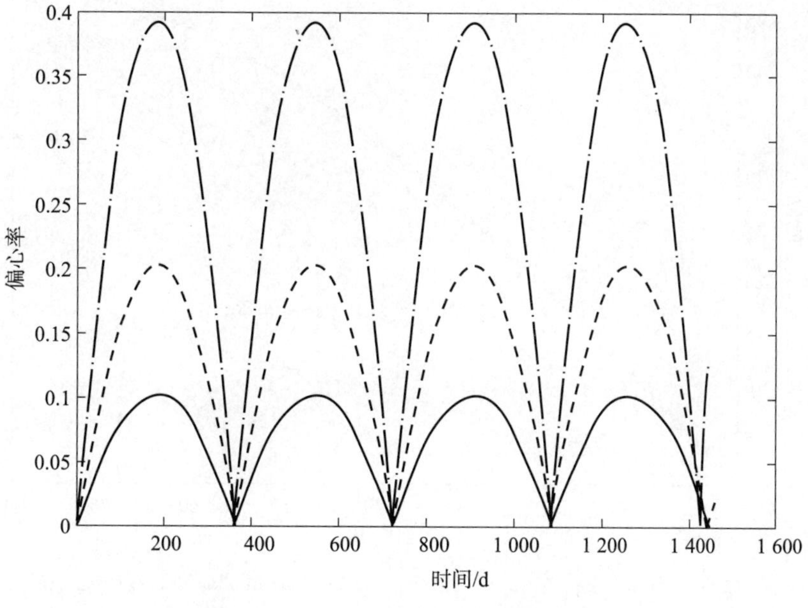

图 3-3　$A/m=5\ \mathrm{m^2/kg}$（实线）、$A/m=10\ \mathrm{m^2/kg}$（点画线）和 $A/m=20\ \mathrm{m^2/kg}$（虚线）时偏心率的周年运动（资料来源：参考文献［43］）

第二步是在对短周期（1 年）求平均后，得出 $\overline{x}_2$ 和 $\overline{y}_2$ 的平均运动

$$\begin{cases}\overline{x}_2=\mathscr{A}\sin\psi\\ \overline{y}_2=\mathscr{A}\cos\psi-\dfrac{\rho}{v}=\mathscr{A}\cos\psi-\tan\epsilon\sqrt{L}\end{cases} \tag{3-41}$$

其中 $\psi=vt+\psi_0$（$\mathscr{A}$ 和 ψ_0 为初始条件）。

我们注意到轨道倾角和升交点经度的平均值（即 $\bar{i}$ 和 $\overline{\Omega}$）遵循着某种长周期运动（周期为数十年），且交角的最大值始终不变：$\bar{i}_{\max}\simeq 2\epsilon$。如果 A/m 增大，κ 就会增大，进而导致 v 增大和运动周期缩短。

第三步是将短周期项（以替代基于 λ_S 的 x_1 和 y_1）重新插入哈密顿量，从而得出以下表达式

$$x_2 = \overline{x}_2 + \frac{\partial \mathscr{W}}{\partial y_2}(\lambda_S), \quad y_2 = \overline{y}_2 - \frac{\partial \mathscr{W}}{\partial x_2}(\lambda_S) \tag{3-42}$$

其中

$$\mathscr{W} = -\kappa^2\left(g_1\sin\lambda_S - g_2\cos\lambda_S + \frac{1}{2}g_3\sin2\lambda_S - \frac{1}{2}g_4\cos2\lambda_S\right) \tag{3-43}$$

函数 g_i，$i=1$，2，3，4 取决于 x_2 和 y_2 以及初始条件，参考文献［22］给出了其显式表达式。

图 3-4 展示了四种不同 A/m 值下的动力学状况，并在长周期运动曲线的基础上叠加了短周年摄动。

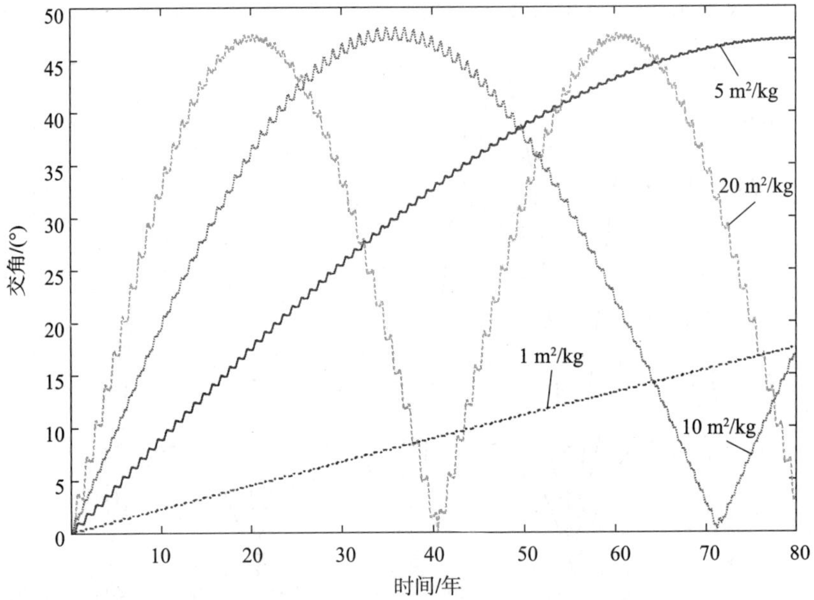

图 3-4　$A/m=1\ \mathrm{m^2/kg}$、$A/m=5\ \mathrm{m^2/kg}$、$A/m=10\ \mathrm{m^2/kg}$ 和 $A/m=20\ \mathrm{m^2/kg}$ 时交角的长周期运动（资料来源：参考文献［43］）

5　地球本影

空间碎片沿其轨道进入地球本影后，太阳辐射压力便暂时不再影响其动力学状况。此处用柱地影方程来描述相应的几何问题

$$\begin{cases} s_c(\boldsymbol{r}) = \dfrac{\boldsymbol{r}\cdot\boldsymbol{r}_S}{r_S} + \sqrt{r^2 - R_e^2} < 0 \text{ 时,位于地球阴影内} \\ s_c(\boldsymbol{r}) = \dfrac{\boldsymbol{r}\cdot\boldsymbol{r}_S}{r_S} + \sqrt{r^2 - R_e^2} > 0 \text{ 时,位于地球阴影外} \\ s_c(\boldsymbol{r}) = \dfrac{\boldsymbol{r}\cdot\boldsymbol{r}_S}{r_S} + \sqrt{r^2 - R_e^2} = 0 \text{ 时,正进入或离开地球阴影} \end{cases} \tag{3-44}$$

该方程对应着用卡丹（Cardan）公式求解的 $\tan\dfrac{E}{2}$ 的 4 次多项式。此处用 E_1 表示阴影进入点的偏近点角 $=E_1(a, e, i, \omega, \Omega, \overline{r}_S)$，用 E_2 表示阴影脱离点的偏近点角 $=E_2(a, e, i, \omega, \Omega, \overline{r}_S)$。图 3-5 展示了相应的圆柱法。

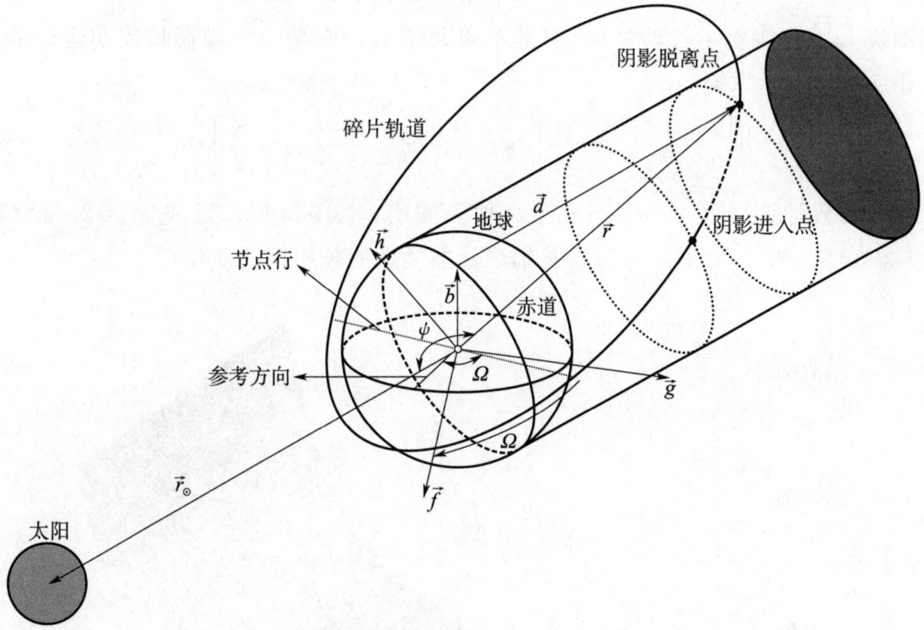

图 3-5　地球本影的圆柱模型。图中假设太阳离得足够远（资料来源：参考文献 [42]）

插入地球阴影以修正精简模型

$$\mathscr{H}=-\frac{\mu^2}{2L^2}+\begin{cases}C_r P_r\dfrac{A}{m}r\overline{r}_S\cos(\phi) & \text{位于地球阴影外}\\ 0 & \text{位于地球阴影内}\end{cases} \tag{3-45}$$

5.1　平均模型

在考虑到 M_1 与 M_2 之间没有太阳辐射压力的情况下，此处再次对快变量（M 为平近点角）求平均

$$\begin{aligned}\overline{\mathscr{H}}&=\frac{1}{2\pi}\int_0^{2\pi}\mathscr{H}\,\mathrm{d}M\\&=-\frac{\mu^2}{2\overline{L}^2}+\frac{1}{2\pi}C_r P_r\frac{A}{m}\overline{a}\left[\int_0^{M_1}(u\xi+v\eta)\mathrm{d}M+\int_{M_2}^{2\pi}(u\xi+v\eta)\mathrm{d}M\right]\end{aligned} \tag{3-46}$$

此结果符合 Ferraz - Mello[18] 或 Aksnes[1] 在其开创性工作中得出的结论。

此时存在地影效应的平均哈密顿量表达为

$$\overline{\mathscr{H}}=-\frac{\mu^2}{2\overline{L}^2}-\frac{3}{2}C_r P_r\frac{A}{m}\frac{\overline{L}^2}{\mu}\overline{e}\xi+\frac{1}{2\pi}C_r P_r\frac{A}{m}\frac{\overline{L}^2}{\mu}[\xi\mathscr{A}+\eta\mathscr{B}] \tag{3-47}$$

其中

$$\begin{cases}\mathscr{A}=-2(1+\bar{e}^2)\cos\dfrac{S}{2}\sin\dfrac{D}{2}+\dfrac{3}{2}\bar{e}D+\dfrac{\bar{e}}{2}\cos S\sin D\\ \mathscr{B}=\sqrt{1-\bar{e}^2}\left(-2\sin\dfrac{S}{2}\sin\dfrac{D}{2}+\dfrac{\bar{e}}{2}\sin S\sin D\right)\end{cases}\tag{3-48}$$

且 $S=E_1+E_2$，$D=E_2-E_1$。$D=0$ 对应着不存在本影的模型。

先围绕 $\overline{L}$ 、再围绕半长轴 $\bar{a}$（此时其不再是常数，而是一个遵循长周期运动的变量）来修正相应的动力学系统

$$\dot{\bar{a}}=\bar{a}^{3/2}\frac{2}{\pi\sqrt{\mu}}C_rP_r\frac{A}{m}\left[\bar{\xi}\sin\frac{S}{2}-\bar{\eta}\sqrt{1-\bar{e}^2}\cos\frac{S}{2}\right]\sin\frac{D}{2}\tag{3-49}$$

请注意相关的数量级：当 $A/m=5\ \mathrm{m^2/kg}$ 时，周期≃13 000 年；当 $A/m=25\ \mathrm{m^2/kg}$ 时，周期≃1 200 年。图 3－6 展示了与半长轴成函数关系的长周期的演化。

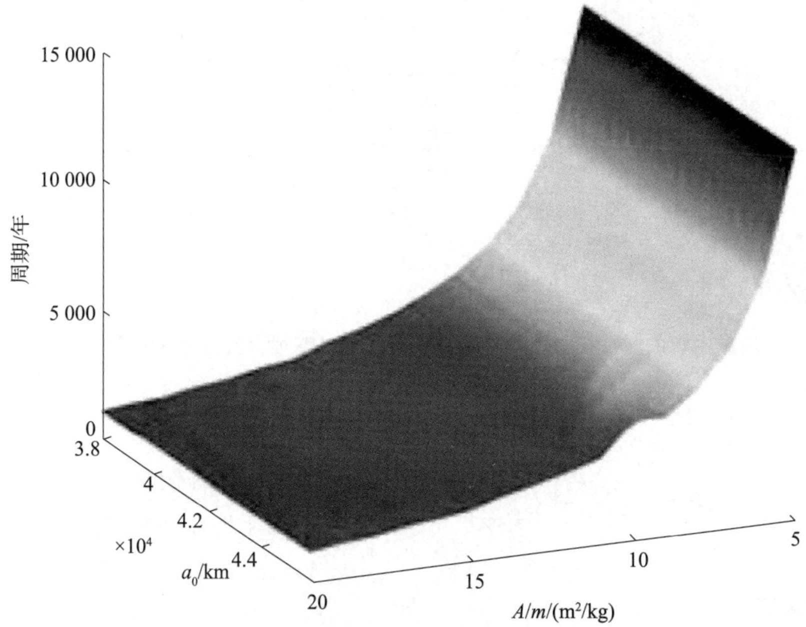

图 3－6　关于地球静止轨道区域内由地球遮蔽效应引起的超长周期（与初始半长轴呈函数关系）以及系数 A/m 的计算结果（资料来源：参考文献［22］）

当 A/m 较大时，穿过阴影会产生超长的周期运动。

（对因太阳辐射压力而发生摄动的开普勒问题所做的）相关数值积分既展示了这种超长周期运动，也体现了本文所用精简模型的准确性。我们已按照简化的圆周太阳运动，用辛积分器 SYMPLEC（参见第 7.2 节）得出了这些积分。

图 3－7 比较了 $A/m=5\ \mathrm{m^2/kg}$ 时 25 000 年内的数值积分（包括有遮蔽效应和无遮蔽效应的情形），图 3－8 则比较了相同情况下的解析解与数值积分。

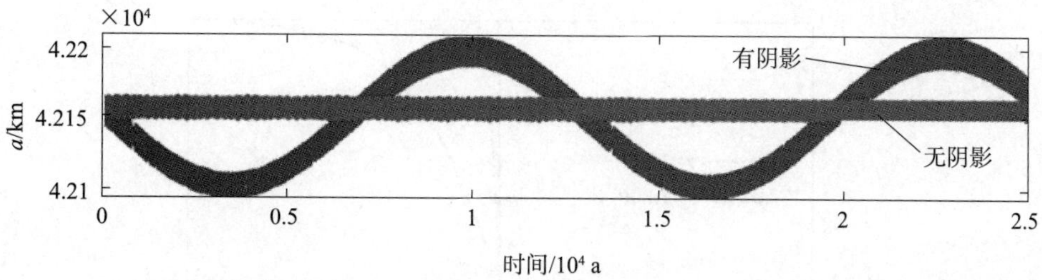

图 3-7　$A/m=5\ \mathrm{m^2/kg}$ 且时间范围为 25 000 年，因太阳辐射压力而发生摄动的开普勒运动的数值积分（包括有遮蔽效应和无遮蔽效应的情形，资料来源：参考文献［22］）

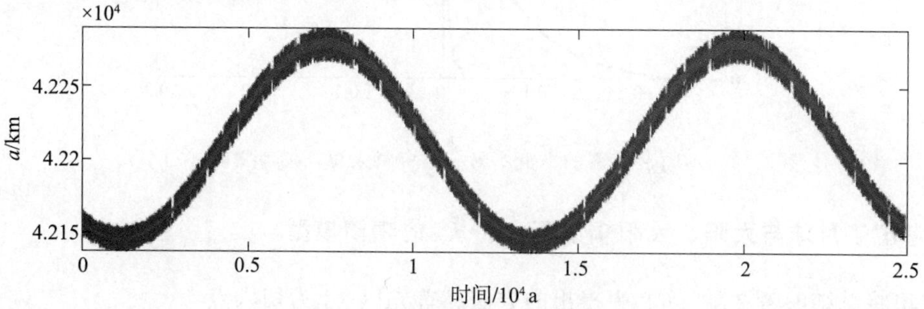

图 3-8　$A/m=5\ \mathrm{m^2/kg}$ 且时间范围为 25 000 年的解析平均模型与数值积分的对比（资料来源：参考文献［22］）

5.2　数值平滑函数

就像开关一样，穿过本影可能会影响到相应的数值积分。为了避免这种不连续情形，此处在双曲正切的基础上，用平滑函数 v_C 来局部替换穿过本影的部分（具体取决于参数 γ，见图 3-9）。γ 越大，该函数的形状越平滑

$$v_C=\frac{1}{2}\{1+\tanh[\gamma s_C(\boldsymbol{r})]\}\simeq\begin{cases}0 & \text{位于圆柱形本影内}\\1 & \text{位于其他位置}\end{cases}\tag{3-50}$$

这样一来，便可在第 7.2 节所述的辛积分器 SYMPLEC 中引入相应的遮蔽效应。

参考文献［22］针对圆锥几何情形给出了更完整的分析和模型，其中描述了通过本影和半影的部分，并用类似的函数 v_u 和 v_p 对该部分做了平滑处理（具体取决于这两个参数）。

6　更完整的精简模型

从图 3-2 可以看出，当 A/m 较大时，太阳辐射压力会对动力学状况产生重要影响，不过日月摄动和 J_2 扁率系数的影响程度也可能会达到同一数量级。此外之前本文将太阳辐射压力的阶数限制在一阶上（就勒让德多项展开式而言），而这一点可以加以改进。

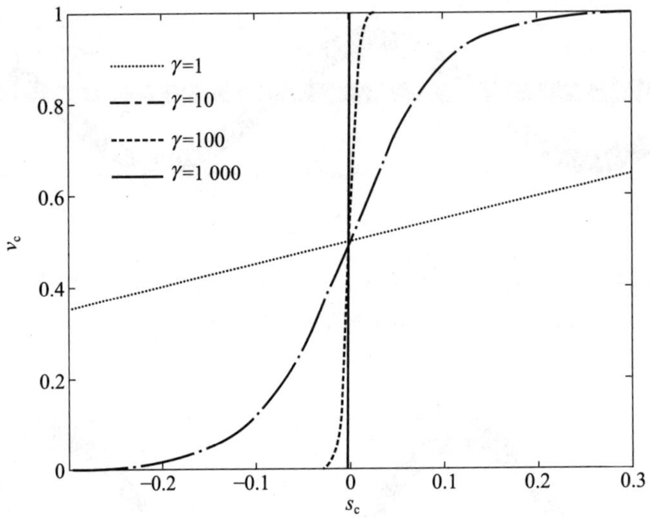

图 3-9 不同 γ 值下的平滑本影 v_C（资料来源：参考文献［21］）

6.1 考虑了月球与太阳、太阳辐射压力和 J_2 的精简模型

这里将总结参考文献［6］中提出的方法。首先以 J_2 为切入点

$$H_{J2}(\boldsymbol{r})=\frac{\mu}{r}J_2\left(\frac{r_S}{r}\right)^2P_2(\sin\lambda)=\frac{\mu}{r}J_2\left(\frac{r_S}{r}\right)^2\frac{1}{2}\left[3\left(\frac{z}{r}\right)^2-1\right] \tag{3-51}$$

其中 λ 代表卫星的纬度，因此 $\sin\lambda=z/r$。

添加体现太阳辐射压力的二阶项

$$\begin{aligned}H_{SRP}(\boldsymbol{r},\boldsymbol{r}_S)&=-C_rP_r\frac{A}{m}a_S^2\frac{1}{\|\boldsymbol{r}-\boldsymbol{r}_S\|}\\&\simeq-C_rP_r\frac{A}{m}a_S^2\left[\left(\frac{r}{a_S}\right)P_1(\cos\phi)+\left(\frac{r}{a_S}\right)^2P_2(\cos\phi)\right]\\&=H_{SRP1}(\boldsymbol{r},\boldsymbol{r}_S)+H_{SRP2}(\boldsymbol{r},\boldsymbol{r}_S)\end{aligned} \tag{3-52}$$

式中，ϕ 是卫星受阳光照射的等效面法线与太阳的夹角。

为体现第三天体的哈密顿量，此处假设太阳和月球的轨道均为圆形。对太阳而言

$$\begin{aligned}H_{3bS}(\boldsymbol{r},\boldsymbol{r}_S)&=-\mu_S\frac{1}{\|\boldsymbol{r}-\boldsymbol{r}_S\|}+\mu_S\frac{\boldsymbol{r}\cdot\boldsymbol{r}_S}{\|\boldsymbol{r}_S\|^3}\\&\simeq-\frac{\mu_S}{a_S}\sum_{n\geqslant 0}\left(\frac{r}{a_S}\right)^nP_n(\cos\phi)+\mu_S\frac{ra_S\cos\phi}{a_S^3}\\&\simeq-\frac{\mu_S}{a_S}\left[1+\left(\frac{r}{a_S}\right)^2P_2(\cos\phi)\right]\end{aligned} \tag{3-53}$$

其中 $\mu_S=GM_S$（M_S 是太阳的质量）。对月球而言

$$H_{3bM}(\boldsymbol{r},\boldsymbol{r}_M)\simeq-\frac{\mu_M}{a_M}\left[1+\left(\frac{r}{a_M}\right)^2P_2(\cos\phi_M)\right] \tag{3-54}$$

其中 $\mu_M=GM_M$(M_M 是月球的质量)，且 ϕ_M 是卫星受月光照射的等效面法线与月球的夹角。

于是完整的精简模型表达如下：

$$\begin{aligned} & H_{SRP}(\boldsymbol{r},\boldsymbol{r}_S)+H_{3bS}(\boldsymbol{r},\boldsymbol{r}_S)+H_{3bM}(\boldsymbol{r},\boldsymbol{r}_M) \\ \simeq\ & H_{SRP_1}(\boldsymbol{r},\boldsymbol{r}_S)+H_{SRP_2}(\boldsymbol{r},\boldsymbol{r}_S)+H_{3bS}(\boldsymbol{r},\boldsymbol{r}_S)+H_{3bM}(\boldsymbol{r},\boldsymbol{r}_M) \\ \simeq\ & C_rP_r\frac{A}{m}a_S r\cos\phi-\frac{\mu_M}{a_M}\left(\frac{r}{a_M}\right)^2P_2(\cos\phi_M)+\left[C_rP_r\frac{A}{m}a_S-\frac{\mu_S}{a_S}\right]\left(\frac{r}{a_S}\right)^2P_2(\cos\phi) \end{aligned} \tag{3-55}$$

且在对短周期运动求平均并通过一些代数运算，可以得出以下表达式

$$\begin{aligned}\overline{H}(x_1,y_1,x_2,y_2)=&\overline{H}_{kepler}+\overline{H}_{J_2}(x_1,y_1,x_2,y_2)+\overline{H}_{SRP_1}(x_1,y_1,x_2,y_2,\boldsymbol{r}_S)+\\ &\overline{H}_{SRP_2+3bS}(x_1,y_1,x_2,y_2,\boldsymbol{r}_S)+\overline{H}_{3bM}(x_1,y_1,x_2,y_2,\boldsymbol{r}_M)\end{aligned} \tag{3-56}$$

其中

$$\overline{H}_{J_2}=C_pP+C_qQ=\frac{C_p}{2}(x_1^2+y_1^2)+\frac{C_q}{2}(x_2^2+y_2^2) \tag{3-57}$$

$$\overline{H}_{SRP_1}=-\frac{3}{2}C_rP_r\frac{A}{m}ae\xi \tag{3-58}$$

$$\overline{H}_{SRP_2+3bS}=-\left[C_rP_r\frac{A}{m}a_S-\frac{\mu_S}{a_S}\right]\frac{3a^2}{4a_S^2}w_S^2=-\beta\frac{3a^2}{4a_S^2}w_S^2 \tag{3-59}$$

$$\overline{H}_{3bM}=\frac{\mu_M}{a_M}\frac{3a^2}{4a_M^2}w_M^2 \tag{3-60}$$

且 $\beta=\left[C_rP_r\frac{A}{m}a_S-\frac{\mu_S}{a_S}\right]\frac{3a^2}{4a_S^2}$。由以下两式得出系数 w_S 和 w_M

$$w_S=-\sin q\sin i\boldsymbol{r}_{S,1}-\cos q\sin i\boldsymbol{r}_{S,2}+\cos i\boldsymbol{r}_{S,3} \tag{3-61}$$

$$w_M=-\sin q\sin i\boldsymbol{r}_{M,1}-\cos q\sin i\boldsymbol{r}_{M,2}+\cos i\boldsymbol{r}_{M,3} \tag{3-62}$$

其中 q 的定义参见式（3-12）。

对于偏心率的短周期（周年）运动，若用 n_s 表示太阳的平均运动，则

$$\dot{x}_1(t)=-C_2y_1-n_S\kappa r_{S,1} \tag{3-63}$$

$$\dot{y}_1(t)=C_2x_1-n_S\kappa r_{S,2} \tag{3-64}$$

其中

$$C_2=\frac{3}{2}\sqrt{\frac{\mu}{a^3}}J_2\frac{r_S^2}{a^2}\ 且\ \kappa=\frac{3}{2}C_rP_r\frac{A}{m}\frac{a}{\sqrt{L}}$$

其解析解为

$$x_1(t)=C_x+\frac{k\sin(n_St+\lambda_{S,0})}{1-\eta^2}[\eta\cos\epsilon+1] \tag{3-65}$$

$$y_1(t)=C_y+\frac{k\cos(n_St+\lambda_{S,0})}{1-\eta^2}[\cos\epsilon+\eta] \tag{3-66}$$

其中 C_x 和 C_y 为初始条件。

对于长周期贡献量（对太阳和月球的运动求平均后的贡献量），则做出以下定义

$$d_1 = n_S \frac{k^2}{4L}\cos\epsilon + \frac{C_q}{2} - \delta - \delta\cos^2\epsilon - \gamma - \gamma\cos^2\epsilon_M \tag{3-67}$$

$$d_2 = n_S \frac{k^2}{4L}\cos\epsilon + \frac{C_q}{2} - 2\delta\cos^2\epsilon - 2\gamma\cos^2\epsilon_M \tag{3-68}$$

$$d_3 = -n_S \frac{k^2}{2\sqrt{L}}\sin\epsilon + 2\delta\sqrt{L}\sin^2\epsilon + 2\gamma\sqrt{L}\sin^2\epsilon_M \tag{3-69}$$

其中 $\delta = \beta \frac{3a^2}{16La_S^2}$ 且 $\gamma = -\frac{\mu_M}{a_M}\frac{3a^2}{16La_M^2}$。

于是 $x_2(t)$ 和 $y_2(t)$ 的对应解分别为

$$x_2(t) = \mathscr{D}\sin\left(\sqrt{d_1 d_2}\,t - \psi\right) \tag{3-70}$$

$$y_2(t) = \mathscr{D}\sqrt{\frac{d_2}{d_1}}\cos\left(\sqrt{d_1 d_2}\,t - \psi\right) - \frac{d_3}{d_1} \tag{3-71}$$

式中，$\mathscr{D}$和 ψ 为初始条件。

图 3-10 展示了两种 A/m 值下有或无月球影响时的倾角变化。当 A/m 增大时（即太阳辐射压力成为主要摄动力时），月球的影响随之减小。

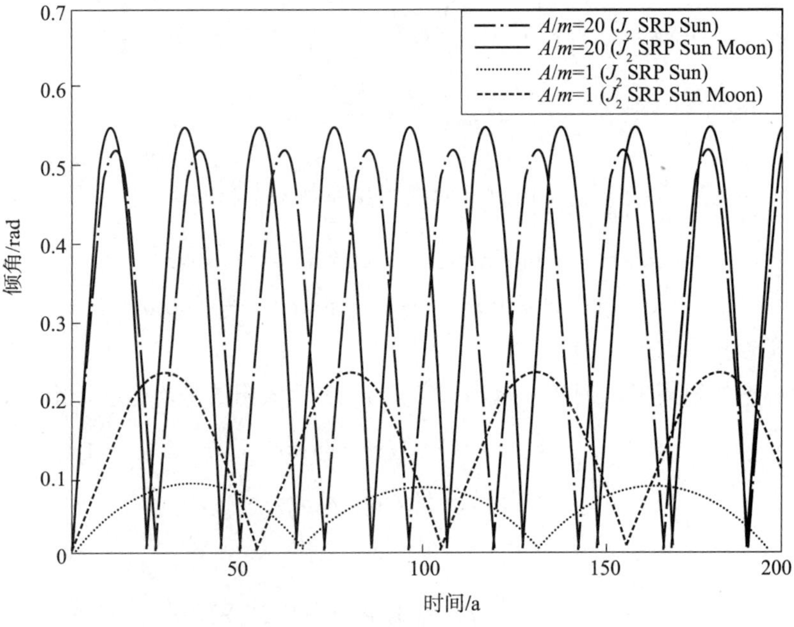

图 3-10　两种模型在两个 A/m 值下得出的倾角解析变化（包括有月球时和无月球时）

（资料来源：参考文献［6］）

6.2　精简模型的质量

本文比较了解析模型和类似数值积分的四个步骤（参见图 3-11）。本文的精简模型不但十分恰当地从定性角度描述了相关行为，而且还给出了合理的相关周期和振幅一次近似结果。从定量角度来看，可以看出最大倾角的差值不超过 10%。

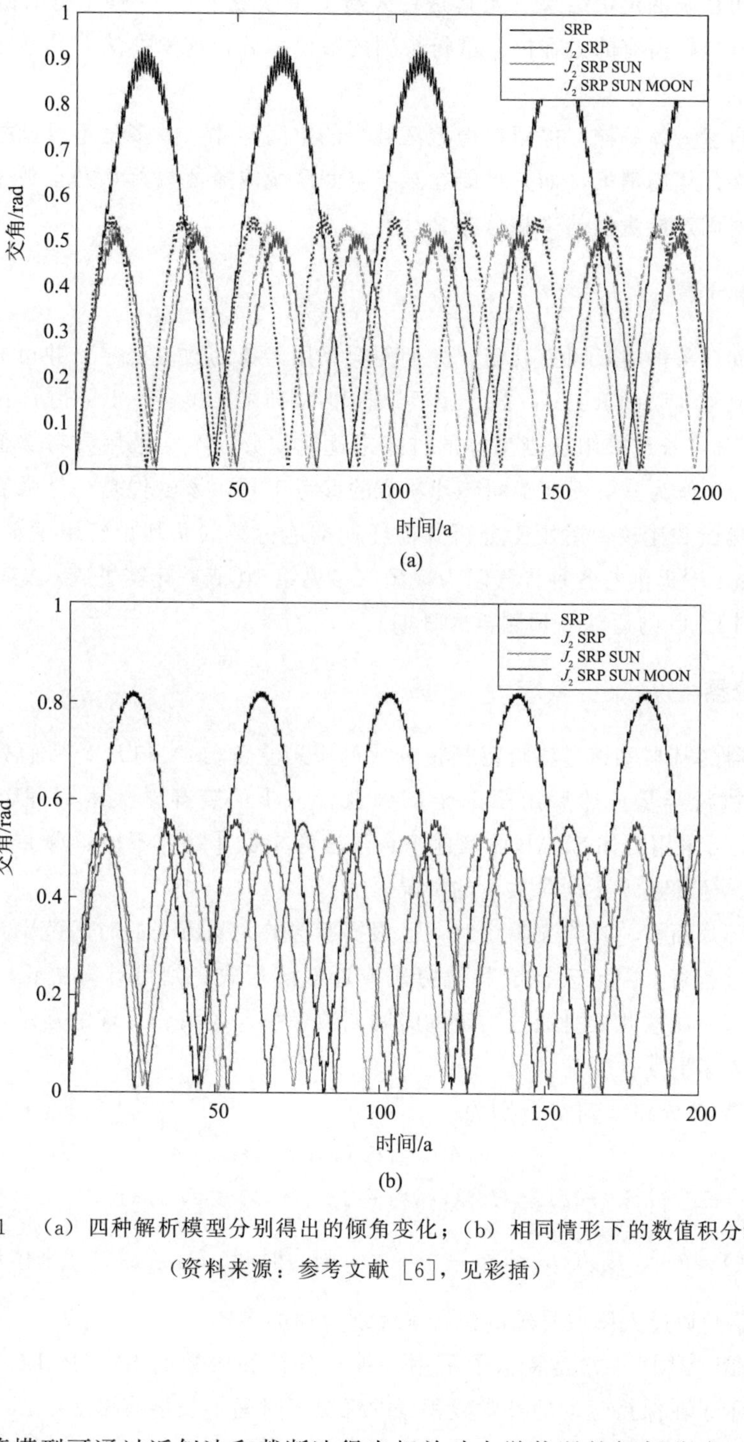

图 3-11　(a) 四种解析模型分别得出的倾角变化；(b) 相同情形下的数值积分结果
（资料来源：参考文献［6］，见彩插）

7　数值解

本文的精简模型可通过近似法和截断法得出相关动力学状况的解析公式，而有了公式中的主频率，人们便能对相关周期做近似处理，并测量椭球要素的最小值和最大值。若需达到更高的精度，则可利用半解析解来进一步展开相关表达式，从而得出可做数值积分的庞大动力学系统。

要想得出精确的定量结果（尤其是在人造卫星领域中），一种十分有效的办法就是对完整表达式（包括所有的力在内）进行烦琐的数值积分，这种办法尤其适合于时长较短的情形。

不过和自然天体一样，停留在稳定区域内的空间碎片（大多是不可操控且不再受控制的）并不会在几年内消失，而是可能在某些空间区域内滞留数百年乃至数千年之久。对此可用保持相对固定能量值的辛积分器来计算。

7.1 经典积分器

如果空间任务的时长只有几年，人们便会采用经典的数值积分，并可通过使用不同阶数的积分器（如 4 阶的 Runge - Kutta 积分器和 10 阶的 Adams - Bashforth - Moulton 积分器）、缩短积分步长或采用适当坐标的方式来优化积分。本文采用参考文献［17］中提出的 NIMASTEP 作为分析任何空间碎片轨道的参考工具，该软件是一件强有力的工具，已经过严格的测试和比较，适用于分析其他任何类地行星（尤其是已用于水星）。最近研究人员已用 Petit[33] 提供的各种大气阻力模型（参见第 10 节）充实了这一工具，使其能够跟踪从 GEO 到 LEO 的运动并预测再入日期。

7.2 辛积分器

辛积分器的基本思想是将哈密顿量分成两个独立部分 A 和 B，从而先用其中第一个动力学部分执行半步，然后用第二个部分执行一步，接着再次用第一个部分执行半步（SABA）。也可采用诸如 SBAB 的其他组合。参考文献［26］不但解释并建立了该方法的原理和细节，还评述了不同阶数下的情况。

就空间碎片而言，参考文献［21］已根据所选的太阳历表的时间范围计算了 500 年内的情况。不过若将太阳历表换成其他历表或近似解析式，则可计算更长时间范围的情况（见第 8.3 节）。注意此处是通过给定的时间函数来引入太阳和月球的运动，同时还为总哈密顿能量引入了周期性变化。

所选的 A 部分和 B 部分分别为

$$A(\boldsymbol{v},\boldsymbol{r},\Lambda)=H_K(\boldsymbol{v},\boldsymbol{r})+H_{Rot}(\Lambda) \tag{3-72}$$

$$B(\boldsymbol{r},t)=H_{\mathrm{GEO}}(\boldsymbol{r},t)+H_{3B}(\boldsymbol{r},t)+H_{SRP}(\boldsymbol{r},t) \tag{3-73}$$

其中 $H_{Rot}(\Lambda)=\dot{\theta}\Lambda$，$H_K(\boldsymbol{v},\ \boldsymbol{r})=\dfrac{v^2}{2}-\dfrac{\mu}{r}$，$t$ 则为时间。H_{GEO} 通过 θ 来体现地球的自转，H_{SRP} 和 H_{3B} 则通过太阳或月球的位置来体现地球的自转。

参考文献［21］一方面展示了采用各种积分器和阶数时 SYMPLEC 的效率和性能，另一方面展示了在保持运动的准常数积分的情况下时间步长能有多大。图 3 - 12 引用了该论文的内容。

此处比较了 SYMPLEC 版本 4 阶 SABA（步长为 4 h，即 14 400 s 左右）和 NIMASTEP 的 10 阶 Adams - Bashforth - Moulton 积分器在以下几种步长内的表现：1 152 s、1 004 s、864 s 或 432 s。图 3 - 13 展示了相关的差异。

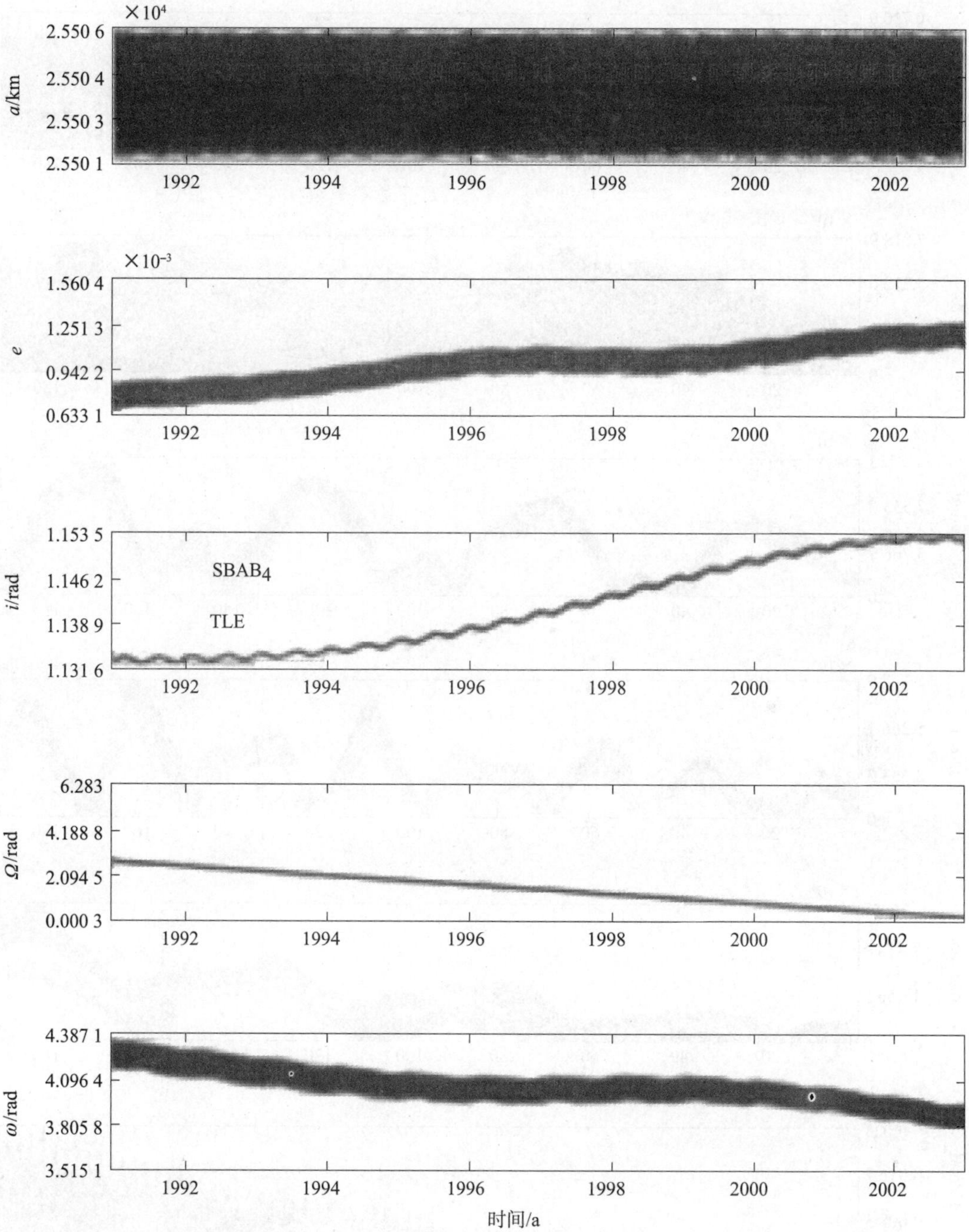

图 3 - 12　用 4 阶 SABA 计算出的 SYMPLEC 结果与 12 年内超高精度轨道 TLE 的比较（$A/m=0.001\ m^2/kg$）。所用模型中纳入了存在圆锥形遮蔽效应的太阳辐射压力、日月摄动和高达 12 阶的位势（资料来源：参考文献［21］）

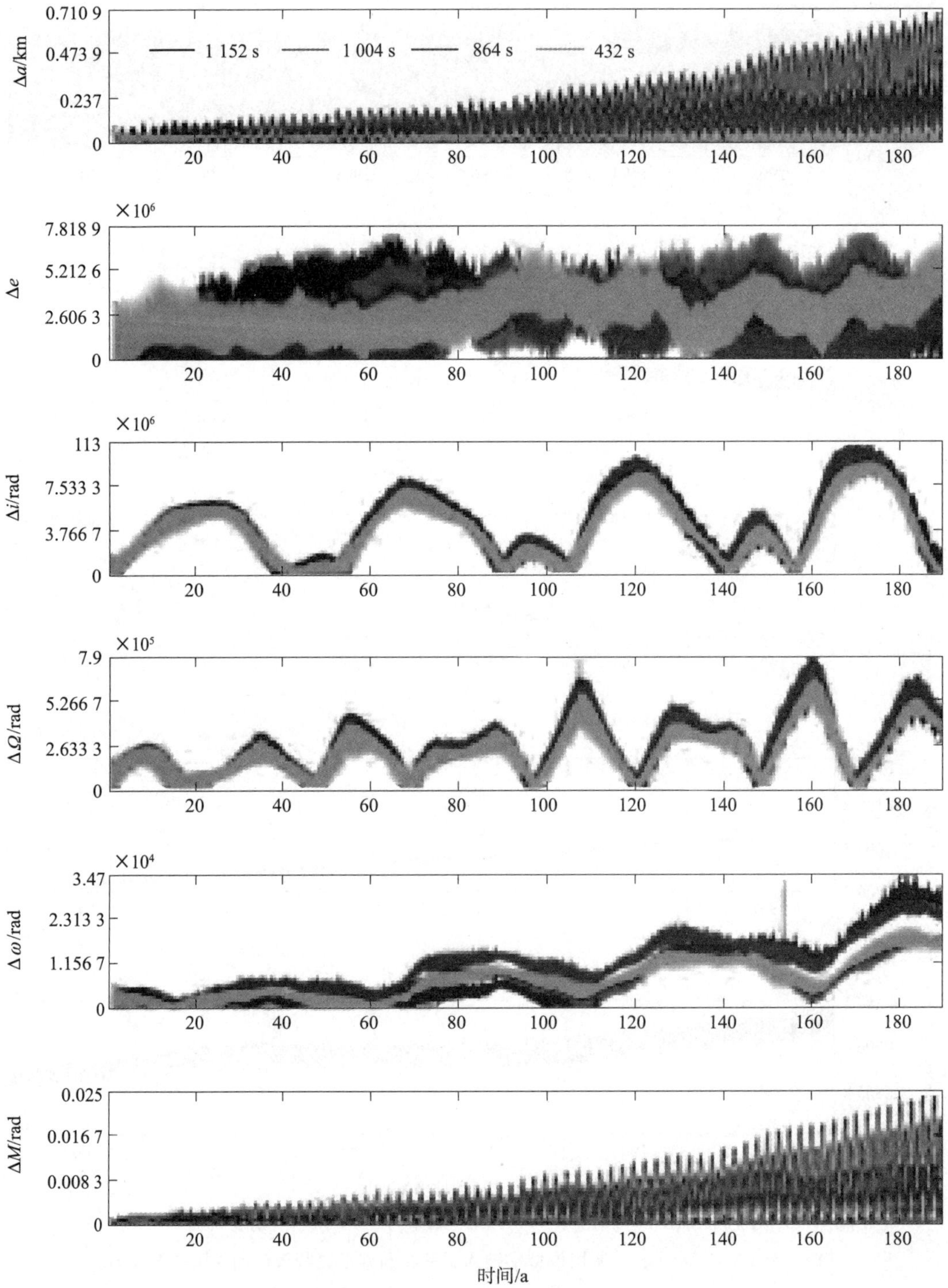

图 3-13　SYMPLEC（步长为 4 h）与 NIMASTEP 的差异，包括步长为 1 152 s（黑色）、1 004 s（蓝色）、864 s（红色）或 432 s（绿色）时的情形（资料来源：参考文献［21］，见彩插）

8　混沌

既然空间碎片带受到如此多的摄动，同时还存在共振，那么其显然是一种混沌系统。为衡量其混沌程度和混沌强度，此处可以采用混沌指标来分析其动力学状况；更确切地说，本文将使用 Cincotta 和 Simo 的团队提出[14]并开发[15]的“邻近轨道的平均指数增长因子”（MEGNO）。我们已将相关计算插入到 NIMASTEP 和 SYMPLEC 中，并利用 Laskar 提出的“频率映射分析”[25]优化了某些特定区域的 MEGNO 分析。

8.1　MEGNO 图

在相空间的混沌（不规则）区域中，两个最初邻近的轨迹大体上会随着时间推移而按指数规律分离开；在准周期（规则）区域中，相邻轨迹则大体上会随着时间推移而按线性规律分离开。

混沌指标可计算这一分离速率（即两个闭合轨道之间不断增大的发散度），并给出关于初始条件敏感依赖性的信息。

李雅普诺夫（Lyapunov）系数 γ 和 λ 量化了在有限时间内或在无穷远处时的这种依赖性。

$$\gamma(t)=\frac{1}{t-t_0}\ln\left(\frac{\mathrm{d}(t)}{\mathrm{d}(t_0)}\right),\quad \lambda=\lim_{t\to\infty}\gamma(t)$$

其中 d 是最初邻近两条轨迹之间的欧几里得（Euclid）距离。如果这两条轨迹具有混沌性（不规则性），d 就会按指数规律增大（平均而言），同时 γ 会接近某一正常数；反之，如果这两条轨迹具有准周期性（规则性），d 就会按线性规律增大，同时 γ 会以 $\ln(t)/t$ 的速率趋近于零。

此处通过变分动力系统的解得出距离 d，而 δ 则与主要的动力学状况有关，且 $d=\|\delta\|$。

如果由下式得出相关的流

$$\frac{\mathrm{d}\boldsymbol{x}}{\mathrm{d}t}=\boldsymbol{f}(\boldsymbol{x}(t),\boldsymbol{\alpha}),\quad x\in\mathbb{R}^{2n} \tag{3-74}$$

其中 $\boldsymbol{\alpha}$ 是参数的向量。相应的线性变分方程为

$$\dot{\boldsymbol{\delta}}=\frac{\mathrm{d}}{\mathrm{d}t}\boldsymbol{\delta}(\boldsymbol{\phi}(t))=\boldsymbol{J}(\boldsymbol{\phi}(t))\boldsymbol{\delta}(\boldsymbol{\phi}(t)),\quad \boldsymbol{J}(\boldsymbol{\phi}(t))=\frac{\partial\boldsymbol{f}}{\partial\boldsymbol{x}}(\boldsymbol{\phi}(t)) \tag{3-75}$$

且 $\boldsymbol{\phi}(t)$ 是相关流动的解。

具体来说，此处通过积分得出 MEGNO 指标 Y 及其平均值 $\overline{Y}$，并将它们的时间导数作为新的微分方程添加到动力学系统的主要方程和变分方程中

$$Y(\boldsymbol{\phi}(t))=\frac{2}{t}\int_0^t\frac{\dot{\mathrm{d}}(\boldsymbol{\phi}(s))}{\mathrm{d}(\phi(s))}s\,\mathrm{d}s,\quad \overline{Y}(\boldsymbol{\phi}(t))=\frac{1}{t}\int_0^t Y(\boldsymbol{\phi}(s))\mathrm{d}s \tag{3-76}$$

如果轨道具有混沌性（不规则性），则 $\overline{Y}(t)\simeq\lambda/2t$；如果轨道具有准周期性（规则

性)，则 $\overline{Y}(t) \to 2$。此外对稳定的等时周期轨道而言，$\overline{Y}(t) \to 0$。

Breiter 等[4] 率先发表了用 MEGNO 分析空间碎片动力学状况的论文。我们还用 MEGNO 充分研究了地球静止轨道区域[45]，以测量不同 A/m 值的碎片区域的稳定性。举例来说，图 3 - 14 中的积分结果就展示了当 $A/m = 1\ \mathrm{m^2/kg}$、$5\ \mathrm{m^2/kg}$、$10\ \mathrm{m^2/kg}$ 和 $20\ \mathrm{m^2/kg}$ 时，混沌区在 30 年内的扩张情况。类摆空间相位受到的摄动越来越多，MEGNO 值也越来越大（换而言之就是与 2 之间的差值越来越大）。从第一张图可以看出，在 30 年后，除靠近分界线的初始条件外，几乎所有轨迹都是规则的；而从最后一张图来看，只有摆空间的中心区域仍保持稳定。

Froeschlé 等提出的“快速李雅普诺夫指标”（FLI）[19] 是最受欢迎的混沌指标，一些团队已采用了该指标来分析空间碎片群（尤其是参考文献［12，16］）。在使用 FLI 或 MEGNO 的情况下，稳定带和共振曲线的各个位置会高度重合，但它们的位置很大程度上取决于用来确定它们的力模型。若只关注位势的一个角度，相空间就会显得非常稳定，但若加上连续的谐波时，情况就完全不同了。

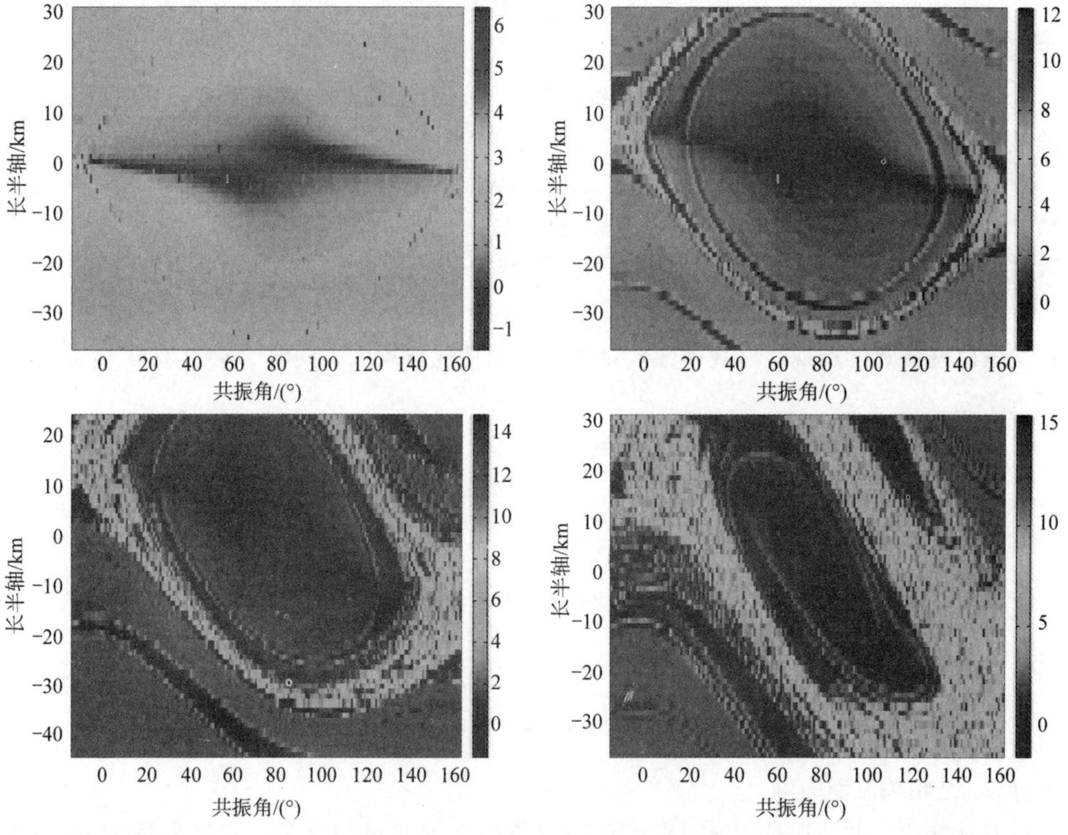

图 3 - 14　4 种太阳辐射压力系数下的 MEGNO 图：$A/m = 1\ \mathrm{m^2/kg}$、$5\ \mathrm{m^2/kg}$、$10\ \mathrm{m^2/kg}$ 和 $20\ \mathrm{m^2/kg}$
（资料来源：参考文献［45］，见彩插）

8.2　频率映射

此处对这些图做了一些改进。首先可通过求平均来减轻摆空间的扭曲程度（如参考文献［45］所示）。此外采用 Laskar 提出的频率映射分析[25]，更精确地分析了某些特定区域，以测量相关运动在经过准周期近似处理后的频率变化（尤其是可按照它们的二阶导数来测量它们的变化）。图 3 - 15 展示了 $A/m=10\ \mathrm{m^2/kg}$ 情形下的示例，图 3 - 16 则展示了用上一幅图的片段计算出的二阶导数。这种方法可以识别较小的稳定岛和稳定带内混沌运动的曲线。

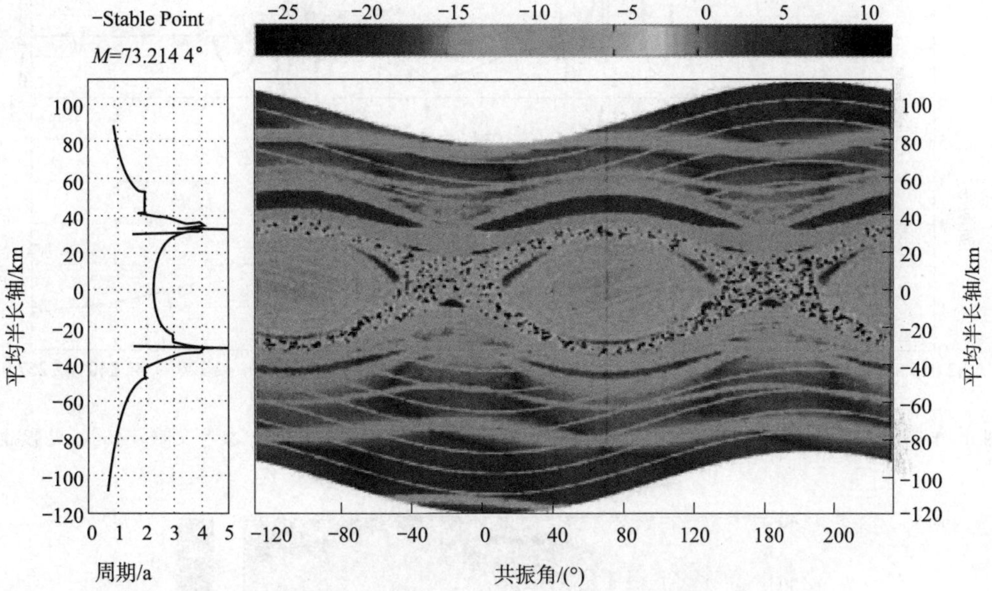

图 3 - 15　相空间的频率映射图（资料来源：参考文献［27］，见彩插）

更确切地说，如果放大摆空间的共振区，就能清楚地看到分界线附近存在三个稳定岛（见图 3 - 17）。这些岛与次级共振相对应，并可对它们进行解析和局部分析。

8.3　次级共振

为解释 $A/m=10\ \mathrm{m^2/kg}$ 时地球静止轨道区域内为何存在次级共振，这里再次以与系数 J_{22} 相关的哈密顿量作为切入点（详细计算见参考文献［27］）。

$$\mathscr{K}=-\frac{\mu^2}{2L^2}-\dot{\theta}L+\frac{3\mu^4}{L^6}R_e^2J_{22}\cos 2(\sigma-\sigma_0)-\frac{15\mu^4}{2L^6}R_e^2e^2J_{22}\cos 2(\sigma-\sigma_0) \tag{3-77}$$

既然 A/m 数值较大，那么周年运动中的偏心率变化就可能十分剧烈。鉴于此，上式便保留了含 e^2 的项。

纳入按偏心率得出的解（3 - 40），从而做出以下简化（比如倾角为零）

$$e^2=\frac{\mathscr{L}^2}{L^2n_S^2}+\gamma^2+\frac{2\mathscr{L}}{Ln_S}\gamma\cos(\lambda_S+\delta) \tag{3-78}$$

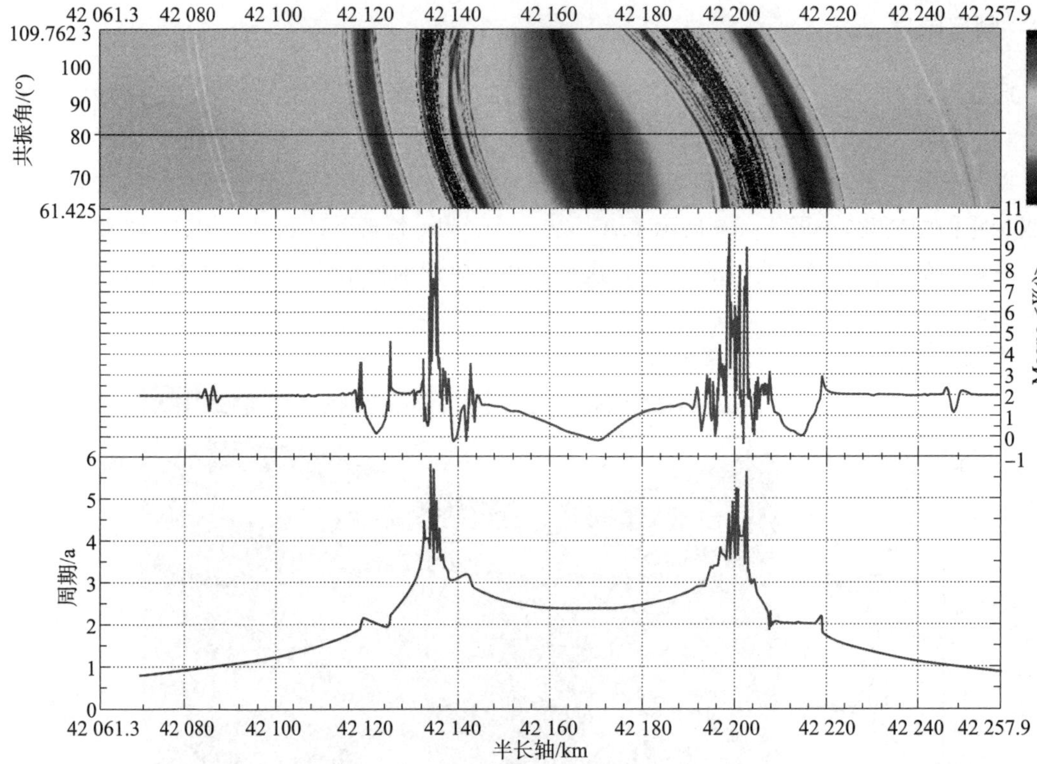

图 3-16　频率映射图：以频率的二阶导数为指标的片段细节（资料来源：参考文献 [45]，见彩插）

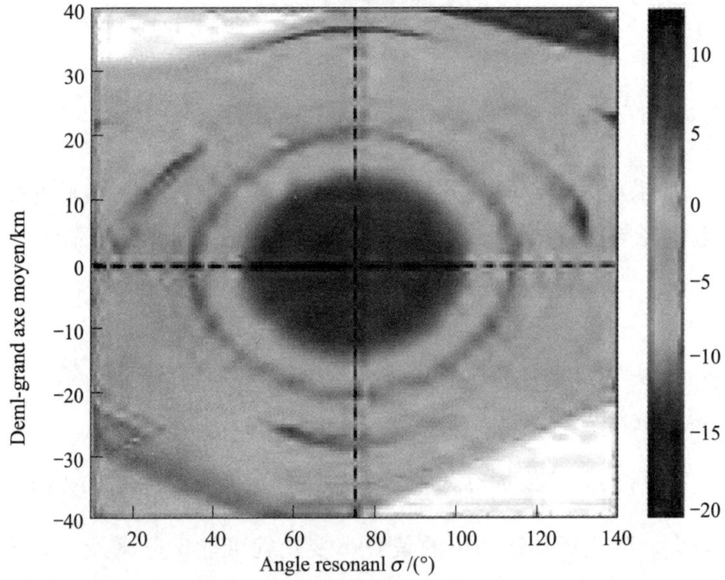

图 3-17　频率映射图：$A/m=10\ \mathrm{m^2/kg}$ 时的共振带放大图。图中的 x 轴是以度为单位的共振角 σ，y 轴是以 km 为单位的半长轴 a（见彩插）

其中 $\mathscr{L}=\kappa\sqrt{L}$ 。最后（用所有这些逐次近似法得出的）哈密顿量 K 为

$$K(L,\sigma)=-\frac{\mu^2}{2L^2}-\dot{\theta}L+\cos(2\sigma-2\sigma_0)\left[\frac{F}{L^6}-\frac{2G}{L^6}\cos(\lambda s+\delta)\right] \tag{3-79}$$

其中

$$\begin{aligned}F&=3\mu^4R_e^2J_{22}-\frac{15\mu^4}{2}R_e^2J_{22}\left(\frac{\mathscr{L}^2}{L^2n_S^2}+\gamma^2\right)\\G&=\frac{15\mu^4}{2}R_e^2J_{22}\frac{\mathscr{L}}{Ln_S}\gamma\end{aligned} \tag{3-80}$$

该式可改写为以下形式

$$2\cos(2\sigma-2\sigma_0)\cos(\lambda_S+\delta)=\cos(2\sigma+\lambda_S-2\sigma_0+\delta)+\cos(2\sigma-\lambda_S-2\sigma_0-\delta)$$

λ_S 的周期显然是 1 年，σ 在天平动带中心处的周期约为 2.5 年，在分界线附近的周期则趋于无穷大。摆锤模型可探测到两个区域，其中的两个频率 $2\dot{\sigma}$ 和 $2\dot{\lambda}_S$ 是可公度的频率。所有的计算都可用椭圆积分通过摆锤公式完成，然后识别出主要次级共振的位置。本文对每种共振情形都采用了如下的经典摆锤公式（R 为动量，r 为共振角）

$$h=\frac{R^2}{2}-b\cos r$$

可将 $R=0$ 和 $r=\pi-\epsilon$ 选作分界线附近的初始条件，并由下式得出相应的能级

$$h_\epsilon=-b\cos(\pi-\epsilon)=b\cos\epsilon$$

ϵ是从分界线起测得的参数（单位为弧度，且分界线上$\epsilon=0$）。特别要指出的是，分界线附近（距离$\epsilon=0.9$）简化变量可分离出一项 3∶1（次级）共振。我们计算出 3 个岛的角位置分别为 60.26°、180.26°和 300.26°（从垂直正轴测量时），与图 3－17 中的位置完全一致。

第 8.3 节依托参数ϵ给出了不同公度的位置，并将摆锤的解析公式得出的数值与对应的数值积分作了比较（见图 3－18）。

对环行带进行类似研究后，发现了 1∶2 和 1∶3 等主要次级共振。

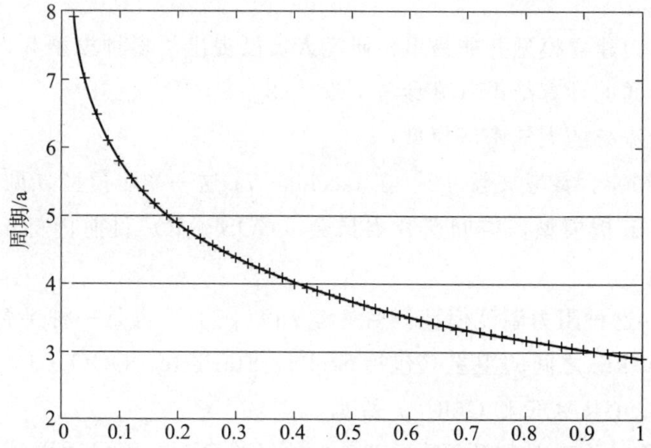

图 3－18　共振情形：通过摆锤微分方程（图中的点）的数值积分和解析式（图中的线）计算出的 $2\sigma-2\sigma_0$ 的周期（以年为单位，且与从分界线起测距的ϵ构成函数关系）（见参考文献［27］）

9　日月共振

本文分析了引力共振，这种共振的特征在于地球的自转与空间碎片（特指 GEO 和 GEO 上的碎片）的轨道周期之间具有可公度性。上文提到的次级共振是在共振内部的天平动角与另一慢角变量之间（就本文而言是在 σ 和 λ_S 之间）发挥作用，而此处介绍的日月共振则是空间碎片与月球和太阳的节点和近地点之间 ω 和 Ω 的长期共振（Breiter 率先分析了这种共振[3]）。

最近一些研究人员系统性地回顾了日月共振，其中尤其值得关注的是参考文献［16］或参考文献［36］，但参考文献［10－12］亦有参考价值。通过采用综合了多种摄动理论的 FLI 来检测混沌带，人们得以真正将空间相位划分为稳定带和混沌带（具体取决于日月共振）。日月共振中的结构是可见的，且多半是长期共振中存在的次级共振。

人们将以下角度组合确认为月球可能发生的长期共振

$$\dot{\Psi}_{2-2p,m,\pm s}=(2-2p)\dot{\omega}+m\dot{\Omega}\pm\dot{\Omega}_M\simeq 0 \tag{3-81}$$

而太阳的表达式则更加简单

$$\dot{\Psi}_{2-2p,m}=(2-2p)\dot{\omega}+m\dot{\Omega}\simeq 0 \tag{3-82}$$

目前的难点在于如何识别这些研究人员在长期共振内部得出的不同层级。要想了解这些区域内复杂的动力学状况，就必须将解析法和数值法结合起来。

10　大气阻力

当空间碎片抵达低轨区域，便无法依靠保守力描述其完整的动力学过程，也不能预测其再入的时间。大气阻力起着重要而有效的作用，它加快能量损失的速度，并将空间碎片推向地球。

不过为这种阻力建立模型并非易事：研究人员已提出了多种模型和方法，但这些模型和方法却给出了不同的计算结果（见参考文献［33］）。

以下是一些最流行的大气密度模型：

· JB2006/JB2008：参考文献［2］在 Jacchia－71 这一初步模型（见参考文献［23］）的基础上提出了半解析模型，空间研究委员会（COSPAR）目前仍将该模型作为其参考模型。

· DTM2013：这种阻力温度模型（见参考文献［5］）也是一种半解析模型，并收录了高度在 200～900 km 之间的卫星（包括 Stella、Starlette、OGO－6、DE－2、AE－C、AE－E、CHAMP、GRACE 和 GOCE）数据。

· TD88：这是一种建立在观测数据基础上的经验模型，可以适用最高 1 200 km 轨道高度（见参考文献［41］）。

· 还有其他许多值得注意的模型，比如其他版本的 Jacchia、MSIS、NRLM－SISE00、

GRAM、MET、GOST 和 TIEGCM 等。

密度函数取决于许多参数，其中最重要的参数包括太阳辐射流量、地磁活动、本地时间、一天的长度以及纬度。

为比较各种模型及其预测效果，我们先用“Stella”号卫星和“Starlette”号卫星的TLE得出两条真实的轨道，再将JB2008、DTM2013和TD88这三个大气模型插入到与10阶Adam-Bashforth-Moulton积分器有关的软件NIMASTEP中，然后跟踪分析它们在20多年内的演化情况（见图3-19）。

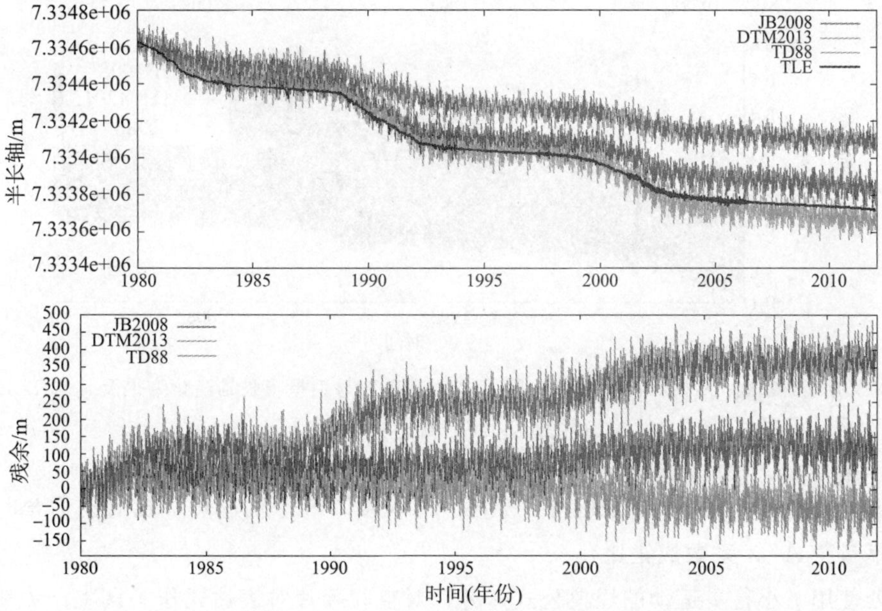

图3-19　用JB2008、DTM2013和TD88得出的“Starlette”号卫星半长轴演化结果及其与TLE的对比（资料来源：参考文献[33]，见彩插）

这三个模型的定性行为非常相似：虽然每次事件中的表现存在差异，但它们的高度都会急剧下降。这些模型彼此间略有不同，并能以大同小异的方式描述（主要由太阳活动导致的）这些事件。

参考文献[33]介绍了对不同软件所做的其他比较，特别是跟踪了中国卫星“风云-1C”爆炸后产生的碎片（见图3-20）。

11　Yarkovsky-Schachs 效应

鉴于Yarkovsky热阻力长期与A/m系数和天体的自旋速度有关，小行星领域的研究人员如今已充分认识到了这种热阻力的重要意义。对短期的空间任务而言，这种热阻力在几年内对人造卫星造成的影响无疑可以忽略不计；然而对存在了数百年时间且自旋状态多样的空间碎片而言，这种热力的影响则仍有待研究。我们已经决定测试这种热阻力的一个

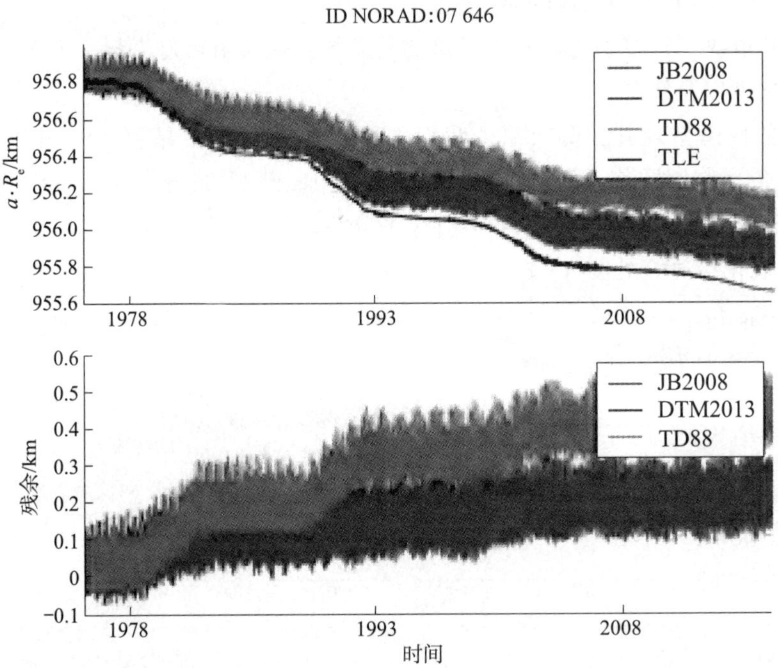

图 3-20 用 JB2008、DTM2013 和 TD88 得出的“Stella”号卫星半长轴演化结果及其与 TLE 的对比（见彩插）

方面，即所谓的 Yarkovsky-Schachs 效应，具体来说就是轨道热贡献对动力学状况的影响（贡献量与 A/m 系数成正比）。

此处使用了小行星运动的经典公式，并针对空间碎片对表达式作了调整。太阳的热量会导致空间碎片产生温度差，进而形成这种主要的轨道效应。更确切地说，Yarkovsky-Schachs 效应会导致半长轴在长期内发生变化（发生于轨道跨越地球阴影边界时）。一旦卫星进入阴影，太阳辐射便无法触及其表面，于是卫星开始冷却；而当卫星离开阴影后，卫星温度又会再次升高。相应的反冲力并非平均作用于整条轨道，因此问题的关键在于位置。

Yarkovsky-Schachs 效应远弱于其他摄动（存在数量级程度的差距），因此是否将这种力系统性地考虑进动力学模型似乎无关紧要。具体见参考文献［32］。

12 空间碎片合成群

在 naXys 研究所［隶属于“那慕尔综合体”（Namur Complex systems）］所做工作的基础上，流动与交通研究团体构建了相应的虚拟群或合成群：在 40 多年的时间里，有若干项目都采用了这些群来描述交通动力学，其中有的涉及图中最短路径的经典 Dijkstra 算法，有的则涉及分析人类选择行为的心理学模型。尽管需要收集家庭、年龄、学校、超市和就业率方面的数据，但研究团队也意识到他们难以获取一组合适的数据。他们通常只能获取非常局部的数据，而且这些数据还会因保护隐私的缘故而受到限制。

通过最近 10 年的努力，他们成功构建了一个完整的比利时合成（人口）群，该群涵盖了一千万以上的人口，并按家庭、工作、学校和习俗进行了分类，从而在完全虚拟的同时又尽量贴近现实（换而言之，就是贴近当地的可用数据）。该研究团体已学会如何调整具体的统计方法，使之适用于这一虚拟群概念。

我们构建了一个特征与真实碎片相似的虚拟空间碎片合成群。目前人类已掌握了 20 000 块 10 cm 或更大物体的 TLE，我们的目标则是模拟出数量更庞大的物体群，尤其是对于 1 cm 的物体进行模拟，由于它们运动速度较快，使其足以对现役卫星、探测器乃至国际空间站（ISS）造成损伤。鉴于此，该物体群将重点关注这一尺寸的物体。

第一轮测试就取得了令人信服的结果：我们模拟了一起含有诸如爆炸和碰撞等的事件，产生了比能观测到的大碎片还要多的碎片，并将其插入到 TLE 编目中。我们采用了“迭代比例拟合”（IPF）法，其可对反映群特征的加权数据进行迭代，直至收敛到稳定状态。该方法立足于数据（即 a，e，i，ω，Ω，M，A/M）离散化后的矩阵表述。我们跟踪了“Ekran 2”号卫星的碎片情况，比较了初始群和合成群，并得出了该方法的收敛性。我们还通过提高原初始群的喷射速度 1 倍的方式，构建了一个新的初始群，并能够测量观测到两个碎片云之间的差异。

我们希望把这个工具开发成一个真正的灾难性事件模拟器或碎片云发展的预测器。

参考文献

[1] Aksnes, K.: Short - period and long - period perturbations of a spherical satellite due to direct solar radiation. Celest. Mech. 13, 89 - 104 (1976).

[2] Bowman, B. R., Kent Tobiska, W., Marcos, F. A., Valladares, C.: The JB2006 empirical thermospheric density model, J. Atmos. Sol. Terr. Phys. 70, 774 - 793 (2008).

[3] Breiter, S.: Lunisolar resonances revisited. Celest. Mech. Dyn. Astron. 81, 81 - 91 (2001) .

[4] Breiter, S., Wytrzyszczak, I., Melendo, B.: Long - term predictability of orbits around the geosynchronous altitude. Adv. Space Res. 35, 1313 - 1317 (2005).

[5] Bruinsma, S.: The DTM - 2013 thermosphere model. J. SpaceWeather Space Clim. 5, A1 (2015).

[6] Casanova, D., Petit, A., Lemaître, A.: Long - term evolution of space debris under the J_2 effect, the solar radiation pressure and the solar and lunar perturbations. Celest. Mech. Dyn. Astron.123, 223 - 238 (2015).

[7] Celletti, A., Galeş, C.: On the dynamics of space debris: 1:1 and 2:1 resonances. J. Non Linear Sci. 24, 1231 - 1262 (2014).

[8] Celletti, A., Galeş, C.: Dynamical investigation of minor resonances for space debris. Celest.Mech. Dyn. Astron. 123, 203 - 222 (2015).

[9] Celletti, A., Galeş, C.: A study of the main resonances outside the geostationary ring. Adv.Space Res. 56, 388 - 405 (2015).

[10] Celletti, A., Galeş, C.: A study of the lunisolar secular resonance $2\dot{\omega}+\dot{\Omega}=0$. Front. Astron.Space Sci. 3, 11 (2016).

[11] Celletti, A., Galeş, C., Pucacco, G., Rosengren, A.J: Analytical development of the lunisolar disturbing function and the critical inclination secular resonance. Celest. Mech. Dyn. Astron. 127, 259 - 283 (2017).

[12] Celletti, A., Efthymiopoulos, C., Gachet, F., Galeş, C., Pucacco, G.: Dynamical models and the onset of chaos in space debris. Int. J. Non Linear Mech. 90, 147 - 163 (2017).

[13] Chao, C.C.: Analytical investigation of GEO debris with high area - to - mass ratio, AIAA paper No. AIAA - 2006 - 6514. In: Presented at the 2006 AIAA/AAS Astrodynamics Specialist Conference, Keystone, Colorado (2006).

[14] Cincotta, P.M., Simó, C.: Simple tools to study global dynamics in non - axisymmetric galactic potentials. Astron. Astrophys. Suppl. 147, 205 - 228 (2000).

[15] Cincotta, P.M., Giordano, C.M., Simó, C.: Phase space structure of multi - dimensional systems by means of the mean exponential growth factor of nearby orbits. Phys. D 182, 151 - 178 (2003).

[16] Daquin, J., Rosengren, A.J., Alessi, E.M., Deleflie, F., Valsecchi, G.B., Rossi, A.: The dynamical structure of the MEO region: long - term stability, chaos, and transport. Celest. Mech. Dyn. Astron. 124, 335 - 366 (2016).

[17] Delsate, N., Compère, A.: NIMASTEP: a software to modelize, study and analyze the dynamics of various small objects orbiting specific bodies. Astron. Astrophys. 540, A120(2012).

[18] Ferraz-Mello, S.: Analytical study of the Earth's shadowing effects on satellite orbits. Celest.Mech. 5, 80-101 (1972).

[19] Froeschlé, C., Lega, E., Gonczi, R.: Fast lyapunov indicators. Application to Asteroidal Motion. Celest. Mech. Dyn. Astron. 6, 41-62 (1997).

[20] Gachet, F., Celletti, A., Pucacco, G., Efthymiopoulos, C.: Geostationary secular dynamics revisited: application to high area-to-mass ratio objects. Celest. Mech. Dyn. Astron. 128, 149-181 (2017).

[21] Hubaux, Ch., Lemaître, A., Delsate, N., Carletti, T.: Symplectic integration of space debris motion considering several Earth's shadowing models. Adv. Space Res. 49, 1472-1486 (2012).

[22] Hubaux, Ch., Lemaître, A.: The impact of Earth's shadow on the long-term evolution of space debris. Celest. Mech. Dyn. Astron. 116, 79-95 (2013).

[23] Jacchia, L.G.: Revised static models of the thermosphere and exosphere with empirical temperature profiles. SAO Special Report 332 (1971).

[24] Kaula, W. M.: Theory of Satellite Geodesy. Blaisdell Publishing Company, Waltam, Toronto (1966).

[25] Laskar, J.: Frequency analysis of a dynamical system. Celest. Mech. Dyn. Astron. 56, 191-196 (1993).

[26] Laskar, J., Robutel, P.: High order symplectic integrators for perturbed Hamiltonian systems. Celest. Mech. Dyn. Astron. 80, 39-62 (2001).

[27] Lemaître, A., Delsate, N., Valk, S.: A web of secondary resonances for large A/m geostationary debris. Celest. Mech. Dyn. Astron. 104, 383-402 (2009).

[28] McMahon, J., Scheeres, D.: Secular orbit variation due to solar radiation effects: a detailed model for BYORP. Celest. Mech. Dyn. Astron. 106, 261-300 (2010).

[29] Metris, G., Exertier, P.: Semi-analytical theory of the mean orbital motion. Astron. Astrophys. 294, 278-286 (1995).

[30] Milani, A., Gronchi, G. F.: Theory of Orbital Determination. Cambridge University Press, Cambridge (2010).

[31] Moons, M.: Averaging approaches. In: Proceedings of the Artificial Satellite Theory Workshop, U.S. N.O.Washington D.C. (1993).

[32] Murawiecka, M., Lemaître, A.: Yarkovsky-Schach effect on space debris motion. Adv. Space Res. 61(3), 935-940 (2017).

[33] Petit, A., Lemaitre, A.: The impact of the atmospheric model and of the space weather data on the dynamics of clouds of space debris. Adv. Space Res. 57, 2245-2258 (2016).

[34] Petit A., Casanova, D., Dumont M., Lemaitre A.: Design of a synthetic population of geostationary space debris by statistical means. In: AAS-AAS 17-363 (2017).

[35] Rosengren, A.J., Scheeres, D.J.: Long-term dynamics of high area-to-mass ratio objects in high-Earth orbit. Adv. Space Res. 52, 1545-1560 (2013).

[36] Rosengren, A.J., Daquin, J., Tsiganis, K., Alessi, E.M., Deleflie, F., Rossi, A., Valsecchi, G.

B.:Galileo disposal strategy: stability, chaos and predictability. Mon. Not. R. Astron. Soc. 464, 4063 - 4076 (2017).

[37] Rossi, A.: Resonant dynamics of Medium Earth Orbits: space debris issues. Celest. Mech. Dyn. Astr., 100, 267 - 286 (2008).

[38] Schildknecht, T., Musci, R., Ploner, M., Beutler, G., Flury, W., Kuusela J., Leon Cruz, J., de Fatima Dominguez Palmero, L.: Optical observations of space debris in GEO and in highlyeccentric orbits. Adv. Space Res. 34, 901 - 911 (2004).

[39] Schildknecht, T., Musci, R., Flohrer, T.: Properties of the high area - to - mass ratio space debris population at high altitudes. Adv. Space Res. 41, 1039 - 1045 (2007).

[40] Schildknecht, T., Früh, C., Herzog, A., Hinze, J., Vananti, A.: AIUB efforts to survey, track, and characterize small - size objects at high altitudes. In: Proceedings of 2010 AMOS Technical Conference, 14 - 17 September, Maui, HI (2010).

[41] Sehnal, L.: Thermospheric total density model TD. Bull. Astron. Inst. Czechoslovakia 39, 120 - 127 (1988).

[42] Valk, S., Lemaître, A.: Semi - analytical investigations of high area - to - mass ratio geosynchronous space debris including Earth's shadowing effects. Adv. Space Res. 42, 1429 - 1443(2008).

[43] Valk, S., Lemaître, A., Anselmo, L.: Analytical and semi - analytical investigations of geosynchronous space debris with high area - to - mass ratios. Adv. Space Res. 41, 1077 - 1090 (2008).

[44] Valk, S., Lemaître, A., Deleflie, F.: Semi - analytical theory of mean orbital motion for geosynchronous space debris, under gravitational influence. Adv. Space Res. 43, 1070 - 1082(2009).

[45] Valk, S., Delsate, N., Lemaître, A., Carletti, T.: Global dynamics of high area - to - mass ratios GEO space debris by means of the MEGNO indicator. Adv. Space Res. 43, 1509 - 1526 (2009).

第 4 部分　计算平动点任务的不变流形

约瑟夫-玛丽亚·蒙代洛（Josep-Maria Mondelo）

摘　要　这份讲义的目的是梳理计算不变流形的数种方法，同时考虑平动点任务初步任务设计的需要。正因如此，所梳理的方法都是为了应对空间圆形限制性三体问题（RTBP）而发展的，并且是在该问题中使用的，但这些方法中的大部分只需加以些许改动或几乎不用作任何改动便可用于一般动力学系统中。所整理的问题包括不动点、周期轨道和不变环面（族）的计算，和所有这些不变对象的稳定和不稳定流形，以及它们之间的同宿和异宿连接的计算。涉及的方法包括纯数值方法和半解析方法。除了研究生水平的微积分、微分方程和基本数值方法知识外，无须任何背景知识。特别地，根据需要，我们引入了推导这些方法所需的动力学系统理论中的概念。

关键词　平动点；限制性三体问题；利萨如轨道；晕轨道；周期轨道；不变环面；不变流形；同宿和异宿连接；中心流形；参数化方法；自动微分

1　引言

在平动点任务中，航天器被运送至空间圆形限制性三体问题（RTBP）中靠近不动点的轨道上，其主天体为太阳和行星或行星和卫星。RTBP 模型描述了一个在两个大型天体（主天体）引力作用下的无限小颗粒的运动，同时假定主天体均绕其质心匀速旋转。在旋转坐标系中，该模型具有五个平衡点：其中由欧拉发现的 L_1、L_2、L_3 三个点称为共线平动点，另外两个由拉格朗日发现的 L_4、L_5 点则称为三角平动点。与环绕地球或其他行星的轨道相比，环绕共线平动点的轨道为空间观测提供了理想位置，其优点包括由于没有天体阴影而提供的一个更加稳定的热环境，并且除一个方向（并不固定，绕主天体旋转）外，可以连续访问整个天球。此外，共线平动点的不稳定性产生了非常丰富的动力学结构，它们不仅可以用来搜索可运行的标称轨道，也可以用来找出标称轨道间的低能量通道。这些运行轨道可以是平动点型的，也可以是绕天体型的。

不同类型平动点任务有以下四个例子：

· SOHO，于 1995 年 12 月发射，被送至环绕地球-太阳系共线点 L_1 的晕轨道。其目标是提供对太阳的连续观测，目前它仍在运行中。

· WMAP（威尔金森微波各向异性探测器），于 2001 年 6 月发射，被送至环绕地球-太阳系共线点 L_2 的利萨如轨道。其目标是绘制宇宙微波辐射的温度波动图。

· Genesis（“起源”号），于 2001 年 8 月发射，被送至环绕地球-太阳系共线点 L_1 的晕轨道。其目标是收集太阳风样本，并在白天将其传送回地球。为此，需要在地球-太阳系共线点 L_2 附近进行额外的离轨操作。

· Artemis（“阿尔忒弥斯”号），2009 年 1 月始运行。作为 Themis 任务中两个航天器任务的延伸，它利用剩余推进剂和地球-月球动力学系统中的 L_1 和 L_2 点，从一条偏心地球高轨道转移到了月球轨道。

图 4-1 中展示了这四个任务的轨道。这四个任务的标称轨道可以在与 RTBP 共线平动点相关的周期轨道和不变环面族中找到。在 SOHO 和 Genesis 的任务中，标称轨道是周期轨道中晕轮族轨道的一部分。在 WMAP 任务中，标称轨道是不变环面利萨如族轨道的一部分。在 Artemis 任务中，标称轨道将是最终的月球轨道，但 L_1 和 L_2 利萨如族轨道的不变环面在从地球到月球的轨道转移中起着重要作用。所有这些周期轨道和环面的不变稳定（反之不稳定）流形可用于到达（反之离开）上述轨道。在 Artemis 任务中，P1 航天器为了从绕 L_2 的利萨如环面转移到绕 L_1 的利萨如环面，精密地遵循了异宿连接。这样的连接是作为到达对象的稳定流形和离开对象的不稳定流形的交点而得到的。Genesis 任务也应用了异宿连接。

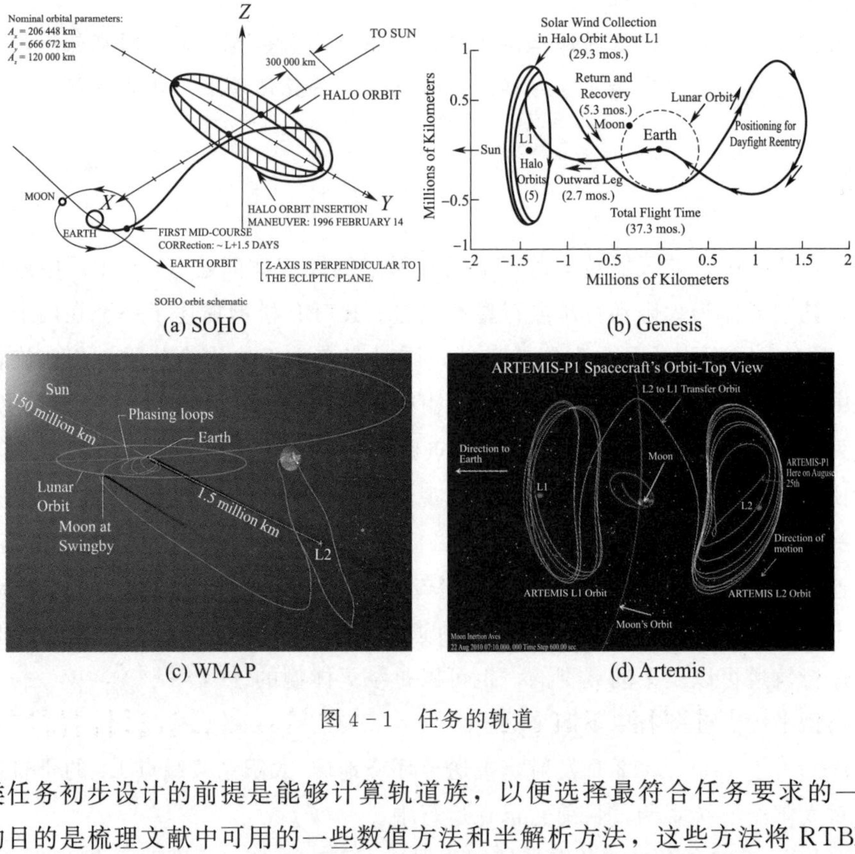

(a) SOHO　　(b) Genesis

(c) WMAP　　(d) Artemis

图 4-1　任务的轨道

这类任务初步设计的前提是能够计算轨道族，以便选择最符合任务要求的一条轨道。本讲义的目的是梳理文献中可用的一些数值方法和半解析方法，这些方法将 RTBP 视作动力系统来计算周期轨道和不变 2D 环面族，同时也能计算它们的不变稳定流形和不稳定流形。我们也会对同宿连接和异宿连接的计算展开一些讨论。虽然本讲义主要讲述的是初步任务设计，但所有要讲到的方法都能用于其他保守动力系统中不变对象的数值计算，其中的许多方法也可直接用于或很容易改编为适用于耗散系统的情况。

本文将要介绍的方法分为两类：数值方法和半解析方法。半解析方法提供了在必须为已知的基本对象附近的展开，该方法在轨道特征的参数研究方面较之数值方法更加方便，因为单个展开涵盖了一个或多个轨道族。在基本对象的邻域内，展开能够提供很好的动力学近似，但在此邻域之外则不能，这是它的缺点。通过数值方法，我们能够计算相空间中的任何单个对象，但使用数值法进行参数分析会变得更为烦琐：因为这需要预先对一个或多个轨道族做数值延拓，再利用生成的大量轨道数据来实现参数分析。不过这并不表示参数分析不可行：第 3.9 节中给出了为能覆盖相空间较大区域而作周期轨道和不变环面的系统性延拓族的示例。

所选的用于计算 RTBP 2D 环面的数值方法基于：在不随时间 - T 流而变化的环面中寻找曲线的傅里叶级数，其中 T 是环面内准周期性轨道的一个周期[6,14]。这是一种成熟的方法，经证明，它是计算 RTBP 2D 环面最适合的方法之一（见参考文献［3］查看有关几种方法的评述）。由于使用该方法要求从周期轨道的标称部分开始，而标称部分又需要通过延拓来事先获得。因此，本文还纳入了对不动点和周期轨道的数值计算的相关讨论，并提出了其标称动力系统的显式线性近似式。在半解析法方面，本文将讲述一种基于参数化的方法[20,21]，该方法可求出共线点中心流形的泰勒展开和紧缩场。在该紧缩场中，共线平动点不再是不稳定的，因此可通过直接的数值积分得到在其邻域中的轨道。一个较早的，称为中心流形减缩的方法[15,25]产生了同样的结果。此外另有一种被称为 Lindstedt - Poincar[25,29]的方法（本文未涉及），它对参数研究还要更加方便，因为该方法解出的是轨道的展开，而不是中心流形的展开，但代价是展开的有效性邻域稍小。

本文结构如下。第 2 节回顾了动力学系统中的一些常用术语，同时介绍了 RTBP 的相关特点；第 3 节描述计算周期轨道和不变环面的数值方法；第 4 节阐释如何使用参数化方法半解析地求解相同的问题，之后则重点关注周期轨道和环面的稳定和不稳定流形的计算；第 5 节回顾对流形做线性近似计算的数值方法；第 6 节阐释如何通过参数化方法半解析地获得这些流形中的轨道；最后，第 7 节回答同宿和异宿连接的计算和延拓问题。

2　动力系统和 RTBP

本节回顾了动力学系统理论中的一些概念，并介绍了空间圆形限制性三体问题（RTBP）。尽管大多数读者可能会熟悉这些概念，但我们将通过回顾它们来引入在本文后面会用到的符号。

2.1　连续动力系统

动力系统理论从数学角度，为研究以确定方式随时间演变的系统提供了一个抽象框架。连续动力系统是将时间视为连续变量的系统，即 $t \in \mathbb{R}$。它们通常由自治（与时间无关的）的常微分方程组定义

$$\begin{cases}\dot{x}_1 = X_1(x_1, x_2, \cdots, x_n)\\ \dot{x}_2 = X_2(x_1, x_2, \cdots, x_n)\\ \quad\vdots\\ \dot{x}_n = X_n(x_1, x_2, \cdots, x_n)\end{cases}$$

或者，简而言之，

$$\dot{\boldsymbol{x}} = \boldsymbol{X}(\boldsymbol{x}), \quad \boldsymbol{x} \in \mathbb{R}^n, \quad \boldsymbol{X}: \mathbb{R}^n \to \mathbb{R}^n$$

假设这个常微分方程组可对于 $t \in \mathbb{R}$ 的时间积分，则时间 $-t$ 流，$\boldsymbol{\phi}_t$：$\mathbb{R}^n \to \mathbb{R}^n$，由如下初值问题定义

$$\begin{cases}\dfrac{\mathrm{d}}{\mathrm{d}t}\boldsymbol{\phi}_t(\boldsymbol{x}) = \boldsymbol{X}(\boldsymbol{\phi}_t(\boldsymbol{x}))\\ \boldsymbol{\phi}_0(\boldsymbol{x}) = \boldsymbol{x}\end{cases}$$

可以将它看作一个将初始条件沿着相应轨道“流动”t 个时间单位的映射。t 的下标符号就是为了强调这个事实。人们常常也将一个连续的动力学系统称为“流”。

给定初始条件 $\boldsymbol{x}_0$，相应的轨道为 $\{\boldsymbol{\phi}_t(\boldsymbol{x}_0)\}_{t\in\mathbb{R}}$。连续动力系统的不动点是其轨道为自身的点，即 $\boldsymbol{\phi}_t(\boldsymbol{x}) = \boldsymbol{x}$，$\forall t \in \mathbb{R}$。只有在 $\boldsymbol{f}(\boldsymbol{x}) = 0$ 时才可能发生这种情况。如果存在 $T > 0$，使得

$$\boldsymbol{\phi}_T(\boldsymbol{x}) = \boldsymbol{x}, \boldsymbol{\phi}_t(\boldsymbol{x}) \neq \boldsymbol{x}, \quad 0 < t < T$$

那么轨道 $\{\boldsymbol{\phi}_t(\boldsymbol{x})\}_{t\in\mathbb{R}}$ 就是周期性轨道。

其中 T 即是它的周期。若初始条件的集合 $A \subset \mathbb{R}^n$ 满足

$$\boldsymbol{\phi}_t(\boldsymbol{x}) \in A \quad \forall t \in \mathbb{R}, \quad \forall \boldsymbol{x} \in A$$

则称 A 为不变集。

不变集的一个简明的例子就是轨道（特别是不动点或周期轨道）。

流形是一组由隐式或参数方程定义（可以是分段定义）的点的集合。不变流形是流形的不变集（例如，环面）。我们通常将一般不变流形称之为不变对象，并保留“不变流形”的称谓来定义与不变对象相关的稳定流形、不稳定流形或中心流形。给定一个不变集 A，其稳定集（不稳定集）$W^s(A)(W^u(A))$ 是随时间向前（向后）流动时，逐渐接近对象的初始条件的集合，也就是接近（离开）A 的初始条件集。即

$$W^s(A) = \{\boldsymbol{x}: \mathrm{dist}(\boldsymbol{\phi}_t(\boldsymbol{x}), A) \xrightarrow{t \to +\infty} 0\}$$

$$W^u(A) = \{\boldsymbol{x}: \mathrm{dist}(\boldsymbol{\phi}_t(\boldsymbol{x}), A) \xrightarrow{t \to -\infty} 0\}$$

对于 A 是流形的数种情况（例如：定点、周期轨道、不变环面），$W^s(A)(W^u(A))$ 也是流形，被称为 A 的稳定流形（不稳定流形）。

2.2 空间圆形限制性三体问题

空间圆形限制性三体问题是连续动力系统的一个例子，可以写作一个具有三个自由

度的带哈密顿函数的哈密顿系统（有关哈密顿系统理论的细节可见参考文献［31］等）

$$H(x,y,z,p_x,p_y,p_z)=\frac{1}{2}(p_x^2+p_y^2+p_z^2)-xp_y+yp_x-\frac{1-\mu}{r_1}-\frac{\mu}{r_2}$$

其中 $r_1^2=(x-\mu)^2+y^2+z^2$，$r_2^2=(x-\mu+1)^2+y^2+z^2$。因此，定义它的常微分方程组是

$$\begin{cases}\dot{x}=\partial H/\partial p_x=p_x+y, & \dot{p}_x=-\partial H/\partial x=p_y-\dfrac{1-\mu}{r_1^3}(x-\mu)-\dfrac{\mu}{r_2^3}(x-\mu+1)\\ \dot{y}=\partial H/\partial p_y=p_y-x, & \dot{p}_y=-\partial H/\partial y=-p_x-\left(\dfrac{1-\mu}{r_1^3}+\dfrac{\mu}{r_2^3}\right)y\\ \dot{z}=\partial H/\partial p_z=p_z, & \dot{p}_z=-\partial H/\partial z=-\left(\dfrac{1-\mu}{r_1^3}+\dfrac{\mu}{r_2^3}\right)z\end{cases}$$

RTBP 描述了在两个天体（称为主天体，质量满足 $m_1>m_2$）的引力作用下，一个无质量粒子的运动情况（“无质量”指对任何其他天体不产生引力作用）。假设主天体绕其共同的质心做匀速旋转。所使用的坐标系是一个随主天体旋转的旋转坐标系，这样质量 m_1 的天体固定在（μ，0，0，0，μ，0），质量 m_2 的天体固定在（$\mu-1$，0，0，0，$\mu-1$，0）。RTBP 取决于质量系数 $\mu=m_2/(m_1+m_2)$。正如哈密顿系统中常见的那样，坐标（x，y，z）被称为位置，坐标（p_x，p_y，p_z）则被称为动量。位置空间（即 3D 物理空间）称为位形空间，参见图 4-2。

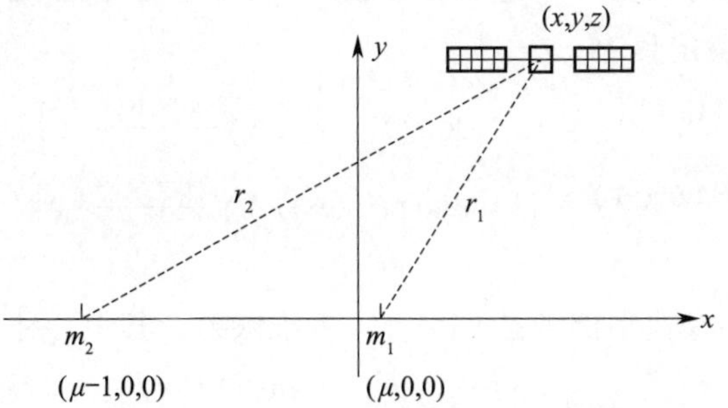

图 4-2　位形空间中 RTBP 的示意描述

简而言之，RTBP 可以表示为 $\dot{\boldsymbol{x}}=\boldsymbol{X}(\boldsymbol{x})$，其中

$$\boldsymbol{x}=(x,y,z,p_x,p_y,p_z),\quad \boldsymbol{X}(\boldsymbol{x})=(X_1(\boldsymbol{x}),X_2(\boldsymbol{x}),\cdots,X_6(\boldsymbol{x}))\tag{4-1}$$

满足

$$\begin{cases}X_1(\boldsymbol{x})=p_x+y, & X_4(\boldsymbol{x})=p_y-\dfrac{1-\mu}{r_1^3}(x-\mu)-\dfrac{\mu}{r_2^3}(x-\mu+1)\\ X_2(\boldsymbol{x})=p_y-x, & X_5(\boldsymbol{x})=-p_x-\left(\dfrac{1-\mu}{r_1^3}+\dfrac{\mu}{r_2^3}\right)y\\ X_3(\boldsymbol{x})=p_z, & X_6(\boldsymbol{x})=-\left(\dfrac{1-\mu}{r_1^3}+\dfrac{\mu}{r_2^3}\right)z\end{cases}\tag{4-2}$$

2.3 离散动力系统

离散动力系统是将时间视为离散变量的系统，即 $t \in \mathbb{Z}$。它们由微分同胚（光滑 1-1 映射）定义

$$\begin{aligned} \boldsymbol{F}: \mathbb{R}^n &\longrightarrow \mathbb{R}^n \\ \boldsymbol{x} &\longmapsto \boldsymbol{F}(\boldsymbol{x}) \end{aligned}$$

我们用 $\boldsymbol{F}^{-1}$ 表示 $\boldsymbol{F}$ 的逆映射，并用上标表示映射的构成

$$\begin{array}{ll} \boldsymbol{F}^0(\boldsymbol{x})=\boldsymbol{x} & \\ \boldsymbol{F}^1(\boldsymbol{x})=\boldsymbol{F}(\boldsymbol{x}) & \\ \boldsymbol{F}^2(\boldsymbol{x})=\boldsymbol{F}(\boldsymbol{F}(\boldsymbol{x})), & \boldsymbol{F}^{-2}(\boldsymbol{x})=\boldsymbol{F}^{-1}(\boldsymbol{F}^{-1}(\boldsymbol{x})) \\ \boldsymbol{F}^3(\boldsymbol{x})=\boldsymbol{F}(\boldsymbol{F}(\boldsymbol{F}(\boldsymbol{x}))), & \boldsymbol{F}^{-3}(\boldsymbol{x})=\boldsymbol{F}^{-1}(\boldsymbol{F}^{-1}(\boldsymbol{F}^{-1}(\boldsymbol{x}))) \\ \vdots & \vdots \end{array}$$

按照这种定义，$\boldsymbol{F}^n$ 就是“离散时间 $-n$ 流”。通过这个概念，以前所有的连续动力系统概念都能转化为离散的情况。给定一个初始条件，其相关轨道为集合 $\{\boldsymbol{F}^i(\boldsymbol{x})\}_{i\in\mathbb{Z}}$，即

$$\{\cdots,\boldsymbol{F}^{-3}(\boldsymbol{x}),\boldsymbol{F}^{-2}(\boldsymbol{x}),\boldsymbol{F}^{-1}(\boldsymbol{x}),\boldsymbol{F}^{0}(\boldsymbol{x}),\boldsymbol{F}^{1}(\boldsymbol{x}),\boldsymbol{F}^{2}(\boldsymbol{x}),\boldsymbol{F}^{3}(\boldsymbol{x}),\cdots\}$$

不动点是使得其轨道为自身的初始条件，即 $\boldsymbol{F}(\boldsymbol{x}_0)=\boldsymbol{x}_0$。$n$ - 周期点是使 $\boldsymbol{F}^n(\boldsymbol{x}_0)=\boldsymbol{x}_0$，$\boldsymbol{F}^i(\boldsymbol{x}_0)\neq\boldsymbol{x}_0$，$\forall i=1$，…，$n-1$ 都成立的初始条件 x_0。如果满足 $\boldsymbol{F}^n(\boldsymbol{x})\in A\ \forall n\in\mathbb{Z}\ \forall \boldsymbol{x}\in A$，则初始条件 $A\subset\mathbb{R}^n$ 这个集被称为不变集。如果 A 是一个流形，则由下式定义的 A 的稳定集和不稳定集为

$$W^s(A)=\left\{\boldsymbol{x}:\mathrm{dist}(\boldsymbol{F}^n(\boldsymbol{x}),A)\xrightarrow{n\to+\infty}0\right\}$$

$$W^u(A)=\left\{\boldsymbol{x}:\mathrm{dist}(\boldsymbol{F}^n(\boldsymbol{x}),A)\xrightarrow{n\to-\infty}0\right\}$$

通常也是流形。

离散动力系统的一个典型例子是 Chirikov 标准映射，其中一种表达可写为

$$\boldsymbol{F}:\begin{pmatrix}x\\y\end{pmatrix}\longmapsto\begin{pmatrix}x+a\sin(x+y)\\x+y\end{pmatrix} \tag{4-3}$$

其中，a 是一个参数，x，$y\in\mathbb{T}=\mathbb{R}/[0,2\pi]$，即，如果 $x-\overline{x}=j2\pi$，$y-\overline{y}=k2\pi$，其中 j，$k\in\mathbb{Z}$，那么我们设（x，y）和（$\overline{x}$，$\overline{y}$）是同一点。标准映射是一种保积映射。在二维空间中，保积等价于辛几何，辛几何是哈密顿形式的离散模拟（更多详细信息参见任何相关的课本，例如参考文献 [31] ）。紧域上二维保积映射的全局动力学（相图）可以通过映射 $\boldsymbol{F}$ 的迭代来快速获得。图 4-3 是通过考虑初始条件 $\{\boldsymbol{p}_j:=(-\pi+j2\pi/100,0)\}_{j=0}^{100}$ 绘制点 $\{\boldsymbol{F}^k(\boldsymbol{p}_j)\}_{k=0}^{1\,000}$（其中 $j=0$，…，100）得到的。可以发现数种不变集（流形），如不动点、不同周期的周期点以及不变曲线。同时也可以观察到具有混沌动力学的不变集。

2.4 动力系统中的轨道生成

离散动力系统中的轨道可以只通过迭代映射生成，如图 4-3 所示。在连续动力系统中，必须使用数值方法对 ODE（常微分方程）进行积分，为了进行误差控制，较之定步

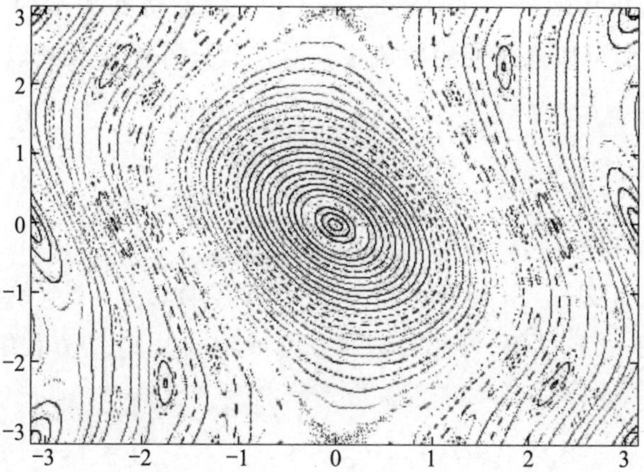

图 4-3　$a=-0.7$ 时，标准映射（4-3）的相图

长法，优先采用变步长法。常用的一个变步长方法系列即 Runge - Kutta - Fehlberg (RKF) 方法，该系列中具有一些高阶版本，如 RKF78[10]。我们也有许多替代方法（见参考文献［19，41］），对于由闭公式给出的常微分方程组，如 RTBP，一个特别好的选择是采用泰勒法，其中具有可自由选择的实现方法[1,27]。在此，我们将简要讨论一步法（带步长控制）的黑盒用法。

对于具有 n 个可能非自洽常微分方程

$$\dot{\boldsymbol{x}}=\boldsymbol{X}(t,\boldsymbol{x})$$

其中 $\boldsymbol{x}$，$\boldsymbol{X}(t,\ \boldsymbol{x})\in\mathbb{R}^n$，用 $\boldsymbol{\phi}(t,\ t_0,\ \boldsymbol{x})$ 表示其从时间 t_0 到时间 t 的流动，并由以下条件定义

$$\frac{\mathrm{d}}{\mathrm{d}t}\boldsymbol{\phi}(t,t_0,\boldsymbol{x})=\boldsymbol{X}(t,\boldsymbol{\phi}(t,t_0,\boldsymbol{x}))\tag{4-4}$$

$$\boldsymbol{\phi}(t_0,t_0,\boldsymbol{x})=\boldsymbol{x},\quad \forall\,\boldsymbol{x}\in\mathbb{R}^n$$

给定 $t_0\in\mathbb{R}$，$\boldsymbol{x}_0\in\mathbb{R}^n$，$h_0\in\mathbb{R}$（小）和公差 δ，实现具有步长控制的一步法的程序将返回 t_1、$\boldsymbol{x}_1$、h_1，证明

1）$|\boldsymbol{x}_1-\boldsymbol{\phi}(t_1,\ t_0,\ \boldsymbol{x}_0)|<\delta$；

2）t_1 尽可能接近 t_0+h_0；

3）h_1 是下一次调用的建议步长。

在接下来的算法描述中，我们把对该程序的调用表示为

$$(t_1,\boldsymbol{x}_1,h_1)=\mathrm{ODEstep}(t_0,\boldsymbol{x}_0,h_0,\boldsymbol{X},\delta)$$

为了实现任意 t_1、t_0、$\boldsymbol{x}_0$ 的 $\boldsymbol{\phi}(t_1,\ t_0,\ \boldsymbol{x}_0)$，我们有必要编写一个程序，该程序多次调用 ODEstep，使用上一次调用的推荐步 h_1 作为输入步 h_0，再加上使用 h_0 进行最终调用 —— 为达到最终时间 t_1 所需的必要步（或者，如果给出的步长受到步长控制而减小，则多次进行上述调用）。在随后的一些算法描述中，对该程序的调用将被表示为

$$(t_1,\boldsymbol{x}_1,h_1)=\mathrm{ODEflow}(t_0,t_1,\boldsymbol{x}_0,h_0,\boldsymbol{X},\delta)$$

在我们为了计算不变量而需要求解的非线性方程组中，我们要能够使用数值方法来计

算有关初始条件的流及其微分，在自洽的情况下，我们将其表示为 $D_x\boldsymbol{\phi}(t, t_0, \boldsymbol{x})$，或简写为 $D\boldsymbol{\phi}_t(\boldsymbol{x})$。我们可以通过使用数值法，对常微分方程组及其以下第一变分方程积分来求解

$$\begin{cases}\dot{\boldsymbol{x}} = \boldsymbol{X}(t,\boldsymbol{x}) \\ \dot{A} = \dfrac{\partial \boldsymbol{X}}{\partial \boldsymbol{x}}(t,\boldsymbol{x})\boldsymbol{A}\end{cases} \tag{4-5}$$

式中，$\boldsymbol{x}$ 是 n 维向量，$\boldsymbol{A}$ 是 $n\times n$ 矩阵。当 $\boldsymbol{x}(t_0)=\boldsymbol{x}_0$，$\boldsymbol{A}(t_0)=\boldsymbol{I}_n$（单位矩阵）时，若 $\boldsymbol{x}(t)$ 和 $A(t)$ 是方程组（4-5）的解，则 $D_x\boldsymbol{\phi}(t, t_0, \boldsymbol{x}_0)=A(t)$。方程组（4-5）可以写为 $n+n^2$ 次常微分方程组

$$\dot{x}_i = X_i(t,x_1,\cdots,x_n), \qquad i=1,\cdots,n$$

$$\dot{a}_{i,j} = \sum_{k=1}^{n}\left(\frac{\partial X_i}{\partial x_k}(t,x_1,\cdots,x_n)\right)a_{k,j}, \quad i,j=1,\cdots,n$$

2.5 庞加莱映射

一种简化连续动力系统研究的方法是考虑寻找一个动力学属性基本相同的离散动力系统。一种实现方法是，对于固定的 $T>0$，考虑离散动力系统中的时间 $-T$ 流（或频闪映射），$\boldsymbol{\phi}_T$。$T-$周期轨道可转变为不动点就是这种情况下的一个例子。另一种将连续动力学系统转为离散动力系统的方法便是利用庞加莱映射。

对于由 $\dot{\boldsymbol{x}}=\boldsymbol{X}(\boldsymbol{x})$ 给定的连续动力系统，设 Σ 是 $\mathbb{R}^n$ 的超曲面，并假设它横于向量场，即对于所有的 $\boldsymbol{x}\in\Sigma$，$\boldsymbol{X}(\boldsymbol{x})$ 都不与 Σ 相切。对于某些 $T_0>0$，设 $\boldsymbol{x}_0$ 满足 $\boldsymbol{\phi}_{T_0}(\boldsymbol{x}_0)\in\Sigma$。隐函数定理保证了邻域 $U\ni\boldsymbol{x}_0$ 和映射 $\tau: U\to\mathbb{R}$（称为时间-返回映射）的存在，从而 $\tau(\boldsymbol{x}_0)=T_0$，且

$$\boldsymbol{\phi}_{\tau(x)}(\boldsymbol{x})\in\Sigma \quad \forall\, \boldsymbol{x}\in U$$

映射 $\boldsymbol{P}(\boldsymbol{x}) := \boldsymbol{\phi}_{\tau(x)}(\boldsymbol{x})$ 被称为对应于 Σ 的庞加莱映射。如果 $\boldsymbol{x}_0\in\Sigma$ 且 $\boldsymbol{P}(\Sigma\cap U)=\Sigma\cap U$，则 $\boldsymbol{P}$ 对 $\Sigma\cap U$ 的限制定义了一个离散动力系统。当从初始的连续动力系统变换到由 $\boldsymbol{P}$ 定义的离散动力系统时，周期轨道转化为不动点，不变环面转化为不变曲线。总体而言，不变量将损失一个维度，而这不论从理论的角度还是计算的角度来看，都是一个优势。

在此离散动力系统中，生成轨道需要对庞加莱映射进行数值计算，其难点在于，时间-返回映射 $\tau(\boldsymbol{x})$ 属于未知项。在我们接近截面 Σ 后，它就可以通过牛顿迭代法来进行校正。这项工作在算法 1 中完成。

算法 1 计算与截面 $\Sigma=\{g(\boldsymbol{x})=0\}$，$g: \mathbb{R}^n\to\mathbb{R}$ 相关的庞加莱映射 $\boldsymbol{P}$（假设从 $g(\boldsymbol{x})<0$ 遍历到 $g(\boldsymbol{x})>0$）。当算法结束时，$\boldsymbol{y}=\boldsymbol{P}(\boldsymbol{x})$ 且 $t=\tau(\boldsymbol{x})$。

输入：$\boldsymbol{x}, g, \boldsymbol{X}, \mathrm{tol}, \mathrm{tol}_2, h_0$

执行：$t:=0, \boldsymbol{y}:=\boldsymbol{x}, h:=h_0$

　　当 $(g(\boldsymbol{y})\geqslant -\mathrm{tol})$ 时

　　　$(t,\boldsymbol{y},h) := \mathrm{ODEstep}(t,\boldsymbol{y},h,\boldsymbol{X},\mathrm{tol}_2)$

当 $(g(\boldsymbol{y})<0)$ 时

$(t,\boldsymbol{y},h):=\text{ODEstep}(t,\boldsymbol{y},h,\boldsymbol{X},\text{tol}_2)$

当 $(|g(\boldsymbol{y})|>\text{tol})$ 时

$$\delta:=-\frac{g(\boldsymbol{y})}{Dg(\boldsymbol{y})\boldsymbol{X}(\boldsymbol{y})}$$

$(t,\boldsymbol{y},h):=\text{ODEflow}(t,t+\delta,\boldsymbol{y},h,\boldsymbol{X},\text{tol}_2)$

输出：$t,\boldsymbol{y}$.

如果还需要庞加莱映射的微分 $D\boldsymbol{P}(\boldsymbol{x})$，可以按照下式进行计算

$$D\boldsymbol{P}(x)=\boldsymbol{X}(\boldsymbol{P}(\boldsymbol{x}))D\tau(\boldsymbol{x})+D\boldsymbol{\phi}_{\tau(x)}(\boldsymbol{x})$$

式中，$D\boldsymbol{\phi}_{\tau(x)}(\boldsymbol{x})$ 可理解为 $D_y\boldsymbol{\phi}_{\tau(x)}(\boldsymbol{y})|_{y=x}$。$D\tau(\boldsymbol{x})$ 的表达式可通过对 $g(\boldsymbol{P}(\boldsymbol{x}))\equiv 0$ 进行隐式微分获得。在对前面的等式进行替换

$$D\boldsymbol{P}(x)=-\boldsymbol{X}(\boldsymbol{P}(x))\frac{Dg\ (\boldsymbol{P}(x))D\boldsymbol{\phi}_{\tau(x)}(\boldsymbol{x})}{Dg(\boldsymbol{P}(x))\boldsymbol{X}(\boldsymbol{P}(x))}+D\boldsymbol{\phi}_{\tau(x)}(\boldsymbol{x}) \tag{4-6}$$

当使用作为一种常规实现的算法 1 计算庞加莱映射时，可以考虑将定义了连续动力系统的常微分方程组及其第一变分方程（4－5）的积分保留下来，这将是很有用的，这样我们就可以得到式（4－6）中的 $D\boldsymbol{\phi}_{\tau(x)}(\boldsymbol{x})$。

3　周期轨道和 2D 环面的数值计算

本节的目的是梳理一些数值方法，用于共线平动点相关的周期轨道和 2D 不变环面的数值计算。由于 RTBP 是哈密顿函数，因此周期轨道和环面均非孤立，而是嵌于族中的。在已计算出一个不变量（周期轨道或环面）后，其族的剩余不变量可通过延拓求得。对于一个族，其第一个对象常常由在简单对象附近展开的线性近似动力学计算得出（例如，从围绕周期轨道的线性化动力学中得到一个环面，或者从围绕定点的线性化动力学中得到一个周期轨道）。为了对共线点周围的动力学特征进行系统性研究，可以分层、多次地采用这种方法。

本节以回顾标准参考文献中（如参考文献［2］）描述的预估校正或拟弧长延拓方法作为开始。之后，对于可以适用于不是二次非线性方程组的情况，3.2 节提供了一种数值解策略，这大大简化了随后介绍的方法的实际实现过程。随后的小节（第 3.3 节至第 3.8 节）提供了计算不变对象的方法和围绕这些对象的线性动力学相关公式，这是对共线平动点周围动力学特征进行系统性数值探索的必要条件。这项工作实际是在第 3.9 节中，在介绍地月系 RTBP 的共线点 L_1 的例子中完成的。

3.1　数值延拓

引入数值延拓这一概念的一种经典办法就是将其看作一种求解未知量的方法：当需要非线性方程系统 $\boldsymbol{G}(\boldsymbol{x})=0$ 的（未知）解时，转而寻求 $\boldsymbol{F}(\boldsymbol{x})=0$［在某种意义上接近 $\boldsymbol{G}(\boldsymbol{x})=0$］的已知解，为了找出 $\boldsymbol{G}$ 的零点，考虑中间系统 $\boldsymbol{H}(\lambda,\ \boldsymbol{x})$ 的单参数族，其中 $\boldsymbol{H}(0,$

$\boldsymbol{x})=\boldsymbol{F}(x)$，$\boldsymbol{H}(1,\ \boldsymbol{x})=\boldsymbol{G}(x)$。例如，$\boldsymbol{F}$ 和 $\boldsymbol{G}$ 之间的凸同伦

$$\boldsymbol{H}(\lambda,\boldsymbol{x})=(1-\lambda)\boldsymbol{F}(\boldsymbol{x})+\lambda\boldsymbol{G}(\boldsymbol{x})$$

然后，我们可以尝试利用参数 λ 延拓 $\boldsymbol{H}(0,\ \boldsymbol{x})=0$ 的已知解 x_0，直到得到 $\boldsymbol{H}(1,\ \boldsymbol{x})=0$ 的解。下面的算法给出了一种简便方法。

算法 2　关于参数 λ 的 $\boldsymbol{H}(\lambda,\ \boldsymbol{x})=0$ 的延拓。

输入：$\boldsymbol{x}_0\in\mathbb{R}^n$ 使得 $\boldsymbol{H}(0,\boldsymbol{x}_0)=0, m\in\mathbb{N}$

执行：$\boldsymbol{x}:=\boldsymbol{x}_0$

　　$\Delta\lambda:=1/m$

　　$\forall i=1,\cdots,m$

　　　　$\lambda:=i\Delta\lambda$

　　　　以 $\boldsymbol{x}$ 为初值，迭代求解 $\boldsymbol{H}(\lambda,\boldsymbol{y})=0$ 得出 $\boldsymbol{y}$

　　$\boldsymbol{x}:=\boldsymbol{y}$

输出：$\boldsymbol{x}$

若沿延拓曲线有一个关于 λ 的转折点，则算法 2 就会失效。一种可以解决这一情况的替代方法即是预测校正或拟弧长延拓方法（见参考文献［2］等）。其基本思想是考虑将弧长作为延拓参数而不是将 λ 作为延拓参数。“拟”表示实际参数并不是真正的弧长，而是沿相切线到连续曲线的距离。定义 $\boldsymbol{y}=(\lambda,\ \boldsymbol{x})\in\mathbb{R}^{n+1}$，然后，只要秩 $D\boldsymbol{H}(\boldsymbol{y})=n$（这是我们将要进行假设的条件），那么 $\boldsymbol{H}(\boldsymbol{y}):=\boldsymbol{H}(\lambda,\ \boldsymbol{x})=0$ 就在 $\mathbb{R}^{n+1}$ 中隐式地定义了一条曲线。可根据下面给出的算法来完成延拓。

算法 3　对于 $\boldsymbol{y}=(\lambda,\ \boldsymbol{x})$（从 $\lambda=0$ 到 $\lambda=1$），$\boldsymbol{H}(\boldsymbol{y})=0$ 的预估校正或拟弧长延拓。

输入：$\boldsymbol{y}=(\lambda,\boldsymbol{x})\in\mathbb{R}^{n+1}$ 使得 $\Pi_1\boldsymbol{y}:=\lambda=0,\boldsymbol{H}(\boldsymbol{y})=0$。

执行：当($\Pi_1\boldsymbol{y}<1$)时

　　使 $\boldsymbol{v}\in\ker D\boldsymbol{H}(\boldsymbol{y})$，$\|\boldsymbol{v}\|_2=1$，指向前

　　对于合适的 γ，取 $z:=\boldsymbol{y}+\gamma\boldsymbol{v}$（参见下方注解）

　　如果($\Pi_1\boldsymbol{z}<1$)

　　　　使用最小范数牛顿校正公式迭代求解关于 z 的 $\boldsymbol{H}(z)=0$

　　否则

　　　　$\gamma:=(1-\Pi_1\boldsymbol{y})/\Pi_1\boldsymbol{v}$

　　　　$z:=\boldsymbol{y}+\gamma\boldsymbol{v}$

　　　　使用牛顿迭代法解 $\boldsymbol{H}(z)=0$，保持 $\Pi_1\boldsymbol{z}$ 为常数

　　$\boldsymbol{y}:=z$

输出：$\boldsymbol{y}$

控制步长 γ 带来的便利是，在每个延拓步长中解 $\boldsymbol{H}(z)=0$ 时，可以保持牛顿迭代法执行的次数不变。一个简单的规则是，假设迭代次数是所选步长的线性函数：如果 n_{old} 是在最后一个延拓步长中所执行迭代的次数，Y_{old} 是使用的最后一个步长，而 n_{des} 是牛顿迭代

的期望次数，则我们可以取

$$\gamma = \frac{n_{\text{des}}}{n_{\text{old}}}\gamma_{\text{old}} \tag{4-7}$$

请注意，除了起始和终止准则以外，在拟弧长法中，不存在可视为参数的具有辨别性的坐标。因此，只要该函数的解是一条曲线，则可适用于任何的非线性方程系统 $\boldsymbol{H}(\boldsymbol{y})=0$ 中。

3.2　非平方、非线性方程系统的数值解

在 3.6 节和 3.8 节中，周期轨道和不变 2D 环面的计算将通过解非线性方程系统的方式来完成。在计算单个对象时，待解系统将具有（局部）唯一解。在这种情况下，标准做法是要求该系统为二次系统，即具有如下形式 $\boldsymbol{G}(\boldsymbol{y})=0$（$\boldsymbol{G}$：$\mathbb{R}^N \longrightarrow \mathbb{R}^N$，对部分 N 成立)，并使用牛顿法进行求解（见任何有关数值分析的课本，如参考文献［41］）。对于族的延拓，待解系统将不具有唯一解，但会具有一条解的曲线。在这种情况下的标准做法是，要求该系统具有比方程数多一个未知数，即具有如下形式：$\boldsymbol{G}(\boldsymbol{y})=0$，$\boldsymbol{G}$：$\mathbb{R}^{N+1} \longrightarrow \mathbb{R}^N$ 对某些 N 成立，并使用改进的牛顿法求解以应对非唯一解的情况（见参考文献［2，39］等）。

为使 3.6 节和 3.8 节的方程组保持简洁，可以不必要求它们是 $N\times N$ 或$(N+1)\times N$ 的形式。解这些方程组的一种方法是：考虑改进的牛顿法 $\boldsymbol{y}_{n+1}=\boldsymbol{y}_n-(\Delta\boldsymbol{y})_n$，对于为进行校正而求解的线性方程组 $D\boldsymbol{G}(\boldsymbol{y}_n)(\Delta\boldsymbol{y})_n=\boldsymbol{G}(\boldsymbol{y}_n)$，求解其极小范数最小二乘解，而极小范数最小二乘解总存在，并且对于任何线性、二次或非线性方程组都是唯一解。假设初始非线性系统 $\boldsymbol{G}(\boldsymbol{y})=0$ 有解（可能解不唯一），并且初始猜测值 y_0 接近一个解，则该策略可通过最小范数修正法将猜测值收敛到附近的解。

我们来简单讨论如何使用列主元法[1]进行 QR 分解来计算线性系统 $\boldsymbol{Ay}=\boldsymbol{b}$ 的极小范数最小二乘解①。假设 $\boldsymbol{A}$ 是任意 $m\times n$ 矩阵，$r:=\mathrm{rank}\boldsymbol{A}\leqslant\min(m,n)$。$\boldsymbol{Ay}=\boldsymbol{b}$ 的最小二乘解

$$\boldsymbol{y}^*\in\mathbb{R}^n:\quad \|\boldsymbol{b}-\boldsymbol{Ay}^*\|_2=\min_{y\in\mathbb{R}^n}\|\boldsymbol{b}-\boldsymbol{Ay}\|_2$$

总是存在。如果 $r=n$，则存在唯一的最小二乘解。如果 $r<n$，则存在维数为 $d:=n-r$ 的最小二乘解的线性子空间。但是，如前所述

$$\boldsymbol{y}_{LS}:\quad \|\boldsymbol{y}_{LS}\|_2=\min\{\|\boldsymbol{y}^*\|_2:\|\boldsymbol{b}-\boldsymbol{Ay}^*\|_2=\min_{y\in\mathbb{R}^n}\|\boldsymbol{b}-\boldsymbol{Ay}\|_2\}$$

总是唯一的。通过列主元法进行 Householder 变换[12]，我们得到了一个分解式

$$\boldsymbol{Q}^{\mathrm{T}}\boldsymbol{AP}=\begin{pmatrix}\boldsymbol{R}_{11} & \boldsymbol{R}_{12}\\ 0 & 0\end{pmatrix}$$

其中 $\boldsymbol{Q}$ 是一个 $m\times m$ 正交矩阵，$\boldsymbol{R}_{11}$ 是一个 $r\times r$ 具有非零对角元素的上三角矩阵，$\boldsymbol{P}$ 是一个 $n\times n$ 置换矩阵。为进行这一分解，我们必须已知 r（或同等，已知 $d=n-r$）。如果我

① 奇异值分解（见参考文献［12］等）也是一种可选的方法，它能提供更多信息但具有更高的计算成本。

们按照如下方法表示

$$\boldsymbol{P}^{\mathrm{T}}\boldsymbol{y}=\begin{pmatrix}\boldsymbol{z}\\ \boldsymbol{s}\end{pmatrix},\quad \boldsymbol{Q}^{\mathrm{T}}\boldsymbol{b}=\begin{pmatrix}\boldsymbol{c}\\ \boldsymbol{d}\end{pmatrix}$$

其中 $\boldsymbol{z}$，$\boldsymbol{c}\in\mathbb{R}^{r}$，$\boldsymbol{s}\in\mathbb{R}^{d}$，$\boldsymbol{d}\in\boldsymbol{R}^{m-r}$，那么 $\boldsymbol{Ay}=\boldsymbol{b}$ 的最小二乘解为

$$\boldsymbol{P}^{\mathrm{T}}\boldsymbol{y}=\left\{\begin{pmatrix}\boldsymbol{R}_{11}^{-1}\boldsymbol{c}\\ 0\end{pmatrix}+\begin{pmatrix}-\boldsymbol{R}_{11}^{-1}\boldsymbol{R}_{12}\\ I_{d}\end{pmatrix}\boldsymbol{s}\right\}_{s\in\mathbb{R}^{d}}$$

式中，$\boldsymbol{I}_d$ 是 $d\times d$ 单位矩阵。找出前一集合的极小范数元素是一个标准的满秩最小二乘问题，它可以通过标准（无列主元处理）QR 分解来进行求解。

为求解 3.6 节和 3.8 节的方程组，写出满足以下功能的程序将十分方便：对于一般的 $m\times n$ 线性方程系统，需要能求出其极小范数最小二乘解，也可以求得由下式给出的核函数 A 的基

$$\ker\boldsymbol{A}=\left\{\boldsymbol{P}\begin{pmatrix}-\boldsymbol{R}_{11}^{-1}\boldsymbol{R}_{12}\\ \boldsymbol{I}_{d}\end{pmatrix}\boldsymbol{s}\right\}_{s\in\mathbb{R}^{d}}$$

3.3　计算流和映射的不动点

为了计算流 $\dot{\boldsymbol{x}}=\boldsymbol{X}(\boldsymbol{x})$ 的不动点，我们求使 $\boldsymbol{G}(\boldsymbol{p})$：$=\boldsymbol{X}(\boldsymbol{p})=0$ 成立的 $\boldsymbol{p}$；为了计算映射 $\boldsymbol{x}\longmapsto\boldsymbol{F}(\boldsymbol{x})$ 的不动点，我们求使 $\boldsymbol{G}(\boldsymbol{p})$：$=\boldsymbol{F}(\boldsymbol{p})-\boldsymbol{p}=0$ 成立的 p。在任何时候，我们都可以对多个变量使用牛顿法来找出 $\boldsymbol{G}$ 的零点。

算法 4　使用牛顿法求函数 $\boldsymbol{G}$：$\mathbb{R}^{n}\to\mathbb{R}^{n}$ 的零点，公差为 tol，从初步猜测值 $\boldsymbol{p}_0$ 开始，并设置允许迭代的最大次数 maxit。

输入：$\boldsymbol{p}_0$，$\boldsymbol{G}$，tol，maxit

执行：$\boldsymbol{p}:=\boldsymbol{p}_0$

　　从 1 到最大迭代次数

　　如果（$|\boldsymbol{G}(\boldsymbol{p})|<$ tol），返回 $\boldsymbol{p}$

　　　　对于 $\Delta\boldsymbol{p}$，求 $D\boldsymbol{G}(\boldsymbol{p})\Delta\boldsymbol{p}=\boldsymbol{G}(\boldsymbol{p})$

　　　　$\boldsymbol{p}:=\boldsymbol{p}-\Delta\boldsymbol{p}$

　　错误（maxit 超出范围）

输出：$\boldsymbol{p}$（若可以）

在 RTBP 中可以用解析的方法看出（见参考文献［42］等），从 L_j，$j=1$，2，3 到最近主天体（记为 γ_j）的距离由对应的欧拉五次方程的唯一正根给出，该方程如下

$$\begin{cases}\gamma_j^5\mp(3-\mu)\gamma_j^4+(3-2\mu)\gamma_j^3-\mu\gamma_j^2\pm2\mu\gamma_j-\mu=0, & j=1,2\\ \gamma_j^5+(2+\mu)\gamma_j^4+(1+2\mu)\gamma_j^3-(1-\mu)\gamma_j^2-2(1-\mu)\gamma_j-(1-\mu)=0, & j=3\end{cases}$$

因此，在这种情况下使用一维搜索的牛顿法即足矣。可以给出一些好的猜测作为初值：对于 $L_{1,2}$ 为 $(\mu/3)^{1/3}$，对于 L_3 为 $1-(7/12)\mu$。

3.4　流的不动点附近的线性行为

对于具有不动点 $\boldsymbol{p}$ 的流 $\dot{\boldsymbol{x}}=\boldsymbol{X}(\boldsymbol{x})$，由于 $\boldsymbol{X}(\boldsymbol{x})=\boldsymbol{X}(\boldsymbol{p})+D\boldsymbol{X}(\boldsymbol{p})(\boldsymbol{x}-\boldsymbol{p})+O(\|\boldsymbol{x}-\boldsymbol{p}\|^2)$ 且 $\boldsymbol{X}(\boldsymbol{p})=0$，其围绕 $\boldsymbol{p}$ 的线性化为

$$\dot{\boldsymbol{x}}=\boldsymbol{A}(\boldsymbol{x}-\boldsymbol{p}) \tag{4-8}$$

其中 $\boldsymbol{A}:=D\boldsymbol{X}(\boldsymbol{p})$。$\boldsymbol{A}$ 的特征值被称为不动点 $\boldsymbol{p}$ 的指数。

假设 $\lambda\in\mathbb{R}$，$\lambda\neq 0$ 是 $\boldsymbol{A}$ 的特征值，$\boldsymbol{v}$ 是相应的特征向量。则

$$\boldsymbol{\varphi}(t):=\boldsymbol{p}+e^{\lambda t}\boldsymbol{v}$$

是线性化流（4-8）的解。如果 $\lambda<0$，$\boldsymbol{\varphi}(t)\to\boldsymbol{p}$，$t\to+\infty$，那么 $\{\boldsymbol{\varphi}(t)\}_{t\in\mathbb{R}}$ 是线性化流中 $\boldsymbol{p}$ 的稳定流形中的轨道。如果 $\lambda>0$，$\boldsymbol{\varphi}(t)\to\boldsymbol{p}$，$t\to-\infty$，那么 $\{\boldsymbol{\varphi}(t)\}_{t\in\mathbb{R}}$ 是线性化流中 $\boldsymbol{p}$ 的不稳定流形中的轨道。流的稳定流形定理（见参考文献［18，35］等）保证了包含 $\boldsymbol{p}$ 的全非线性流 $\dot{\boldsymbol{x}}=\boldsymbol{X}(\boldsymbol{x})$ 的稳定（反之，不稳定）流形的存在，且与由 $\boldsymbol{A}$ 特征值对应的特征向量的严格负（反之，正）实部所张成的线性子空间相切。

现在假设 $\lambda=i\omega$，$\omega\in\mathbb{R}$，$\omega\neq 0$，其中 i 表示虚数单位。此时，$-i\omega$ 也是一个特征值，因此我们可以假设 $\omega>0$。设 $\boldsymbol{v}_1+i\boldsymbol{v}_2$ 为相应的特征向量，$\boldsymbol{v}_1$，$\boldsymbol{v}_2\in\mathbb{R}^n$。定义

$$\boldsymbol{\varphi}_\gamma(t):=\boldsymbol{p}+\gamma((\cos\omega t)\boldsymbol{v}_1-(\sin\omega t)\boldsymbol{v}_2) \tag{4-9}$$

通过使用 $\boldsymbol{A}\boldsymbol{v}_1=-\omega\boldsymbol{v}_2$ 和 $\boldsymbol{A}\boldsymbol{v}_2=\omega\boldsymbol{v}_1$［从 $\boldsymbol{A}(\boldsymbol{v}_1+i\boldsymbol{v}_2)=i\omega(\boldsymbol{v}_1+i\boldsymbol{v}_2)$ 推出］，可以看到 $\boldsymbol{\varphi}_\gamma(t)$ 是线性化流的解。因此，通过改变 γ，$\boldsymbol{\varphi}_\gamma(t)$ 给出了线性化流的周期为 $2\pi/\omega$ 的单参数周期轨道族。如果 $\boldsymbol{A}$ 的剩余特征值 λ_j 满足 $\lambda_j/(i\omega)$ 不是整数这一条件，则 Lyapunov 中心定理（见参考文献［31，38］等）确保了非线性流的单参数周期轨道族的存在，且随着周期轨道坍缩到 $\boldsymbol{p}$，其周期趋至 $2\pi/\omega$。这些周期轨道是 $\boldsymbol{p}$ 的中心流形的一部分，此中心流形是不变流形，且与由 $\boldsymbol{A}$ 特征值对应的特征向量的零实部所张成的线性子空间相切。此流形的存在性由流的中心流形定理保证（见参考文献［18，35］等）。

当 $\lambda=a+i\omega(a,\omega\in\mathbb{R})$，$a$，$\omega\neq 0$ 时，线性流轨道的表达式可以由类似方式得到。在接下来的内容中，这些表达式不是必要的。根据 a 取值的正负，这些轨道将分别接近稳定或不稳定流形中的非线性流的轨道。

3.5　映射的不动点附近的线性行为

对于由具有不动点 $\boldsymbol{p}$ 的 $\boldsymbol{x}\longmapsto\boldsymbol{F}(\boldsymbol{x})$ 给出的离散动力学系统，由于 $\boldsymbol{F}(\boldsymbol{x})=\boldsymbol{p}+D\boldsymbol{F}(\boldsymbol{p})(\boldsymbol{x}-\boldsymbol{p})+O(\|\boldsymbol{x}-\boldsymbol{p}\|^2)$，且有 $\boldsymbol{F}(\boldsymbol{p})=\boldsymbol{p}$，其围绕 $\boldsymbol{p}$ 的线性化表达式为

$$\boldsymbol{x}\longmapsto L_F(\boldsymbol{x}):=\boldsymbol{p}+A(\boldsymbol{x}-\boldsymbol{p}) \tag{4-10}$$

其中 $A=D\boldsymbol{F}(\boldsymbol{p})$。$A$ 的特征值也被称为 $\boldsymbol{p}$ 的乘数。

假设 $\lambda\in\mathbb{R}$，$\lambda\neq 0$ 是 A 的特征值，$\boldsymbol{v}$ 是对应的特征向量。定义

$$\boldsymbol{\varphi}(\xi):=\boldsymbol{p}+\xi\boldsymbol{v}$$

由于 $L_F(\boldsymbol{\varphi}(\xi))=\boldsymbol{\varphi}(\lambda\xi)$，$\{\boldsymbol{\varphi}(\xi)\}_{\xi\in\mathbb{R}}$ 是线性化映射式（4-10）的不变集。如果 $|\lambda|<1$，$L_F^n(\boldsymbol{\varphi}(\xi))\to\boldsymbol{\varphi}(0)=\boldsymbol{p}$ 在 $n\to+\infty$ 时成立，那么 $\{\boldsymbol{\varphi}(\xi)\}_{\xi\in\mathbb{R}}$ 是线性化映射中 $\boldsymbol{p}$

的稳定流形中的一条轨道。如果 $|\lambda|>1$，$L_F^n(\boldsymbol{\varphi}(\xi))\to\boldsymbol{\varphi}(0)=\boldsymbol{p}$ ，在 $n\to-\infty$ 时成立，那么 $\{\boldsymbol{\varphi}(\xi)\}_{\xi\in\mathbb{R}}$ 是线性化映射中 $\boldsymbol{p}$ 的不稳定流形中的一条轨道。映射的稳定流形定理（见参考文献［18，35］等）保证了含 $\boldsymbol{p}$ 的全非线性映射 $\boldsymbol{F}$ 的稳定（反之，不稳定）流形的存在，且与由 A 特征值对应的模严格小于（反之，大于）1 的特征向量所张成的线性子空间相切。

现在假设 $\lambda\in\mathbb{C}$，$|\lambda|=1$，$\lambda=\cos\rho+\boldsymbol{i}\sin\rho$ 并使 $\boldsymbol{v}_1+\boldsymbol{i}\boldsymbol{v}_2$ 为相关特征向量，其中 $\boldsymbol{v}_1$，$\boldsymbol{v}_2\in\mathbb{R}^n$。那么

$$\boldsymbol{\varphi}_\gamma(\xi):=\boldsymbol{p}+\gamma((\cos\xi)\boldsymbol{v}_1-(\sin\xi)\boldsymbol{v}_2) \tag{4-11}$$

满足 $L_F(\boldsymbol{\varphi}(\xi))=\boldsymbol{\varphi}(\xi+\rho)$ ，这样 $\{\boldsymbol{\varphi}_\gamma(\theta)\}_{\theta\in[0,2\pi]}$ 是线性化映射的不变封闭曲线。因此，通过改变 γ，$\boldsymbol{\varphi}_\gamma(\theta)$ 给出了线性化映射的不变曲线的单参数族，旋转数为 ρ。在 ρ 的数论假设和 $\boldsymbol{F}$ 的非退化性元素下，KAM 理论（见参考文献［26］等）确保了全非线性映射 $\boldsymbol{F}$ 的不变曲线的 Cantorian① 单参数族的存在，且随着不变曲线坍缩到 $\boldsymbol{p}$，旋转数逐渐趋向于 ρ。

3.6 流的周期轨道的计算

周期轨道的计算是一个既经典又著名的问题。现有一些公开的软件包，如 AUTO-07p[9]，它们既能用来计算单个周期轨道，又能用来进行轨道族的延拓。尽管如此，接下来介绍的方法所具有的简单性质使它值得被采用，这不仅关乎计算效率方面，还在于能更简单地与 3.8 节中不变环面的计算方法进行交互。在本节中，我们将讨论如何通过求解以流表达的非线性方程组来计算周期轨道的初始条件。这些讨论将会部分延续参考文献［39］。

流的周期轨道的初始条件可以认为是离散动力学系统的不动点。为了将这一想法转变为一种数值方法，首先考虑的一个 n 元非自洽 T－周期的常微分方程组

$$\dot{\boldsymbol{x}}=\boldsymbol{X}(\omega t,\boldsymbol{x}) \tag{4-12}$$

其中 $\omega=2\pi/T$ 且有 $\boldsymbol{X}(\theta,\ \boldsymbol{x})$，$\theta$ 以 2π 为周期②。如式（4-4）中所定义的，用 $\boldsymbol{\phi}(t,\ t_0,\ x_0)$ 表示它的流。考虑映射 $\boldsymbol{F}(\boldsymbol{x}):=\boldsymbol{\phi}(t_0+T,\ t_0,\ \boldsymbol{x})$，其中 t_0 为固定值。正如 3.3 节所讨论的，式（4-12）中的 T－周期轨道的初始条件是由 $\boldsymbol{F}$ 定义的离散动力系统的不动点，也是 $\boldsymbol{G}(\boldsymbol{x}):=\boldsymbol{F}(\boldsymbol{x})-\boldsymbol{x}$ 的零点。正如 2.4 节中所讨论的，$\boldsymbol{\phi}(t_0+T,\ t_0,\ \boldsymbol{x})$ 关于 x 的微分计算是通过对第一变分方程进行积分实现的。

现在假设我们有一个自洽常微分方程组

$$\dot{\boldsymbol{x}}=\boldsymbol{X}(\boldsymbol{x}) \tag{4-13}$$

与流 $\boldsymbol{\phi}_t$，定义见 2.1 节。如果我们希望应用前面的方法，那么我们将要寻找由 $\boldsymbol{F}(\boldsymbol{x}):=$

---

① 这表示，参数并不在实区间上变动，而是在 Cantor 集中变动。KAM 理论还确保了参数会跨越一个充分小的区间，达到几乎全测度。

② 这样一个常微分方程组可以被认为是由自洽的常微分方程组 $\dot{x}=\boldsymbol{X}(\theta,\ x)$，$\dot{\theta}=\omega$ 给出的连续动力系统，式中 θ 是一个额外的定义为模是 2π 的因变量。

$\boldsymbol{\phi}_T(\boldsymbol{x})$ 定义的离散动力系统的不动点。直接应用牛顿法寻找 $\boldsymbol{G}(\boldsymbol{x}):=\boldsymbol{F}(\boldsymbol{x})-\boldsymbol{x}$ 的零点将会失败：因为 $\{\boldsymbol{G}(\boldsymbol{x})=0\}$ 会将整个周期轨道定义为一个流形，所以 $D\boldsymbol{G}(\boldsymbol{x})$ 在周期轨道的每个点处都是奇异的。我们仍然可以使用 3.2 节中的改进牛顿法，但那会给延拓工作增加困难。[①] 更好的策略是通过考虑一个不同的离散动力系统来摆脱奇点——利用庞加莱映射。如果 Σ 是横于流且与我们的目标周期轨道相交的截面，则将相应庞加莱映射表示为 $\boldsymbol{P}(\boldsymbol{x})=\boldsymbol{\phi}_{\tau(\boldsymbol{x})}(\boldsymbol{x})$，其中 $\tau(\boldsymbol{x})$ 是时间返回映射（见 2.5 节）。然后，通过寻找 $\boldsymbol{G}(\boldsymbol{x}):=\boldsymbol{P}(\boldsymbol{x})-\boldsymbol{x}$ 的零点作为 $\boldsymbol{P}$ 的不动点，我们将在庞加莱截面 Σ 中寻找周期轨道的初始条件，其具有局部唯一性。

只要我们所寻找的周期轨道是孤立的（这在一般动力系统中很常见），那么前面的方法就有效。但在如 RTBP 等哈密顿系统中，周期轨道是嵌于轨道族中的。假设我们有一个哈密顿连续动力系统，哈密顿函数为 $H(\boldsymbol{x})$。轨道族的周期轨道与庞加莱截面 Σ 的交点在局部定义了一条曲线。在这条曲线上的所有点处，$D\boldsymbol{G}(\boldsymbol{x})$ 都是奇异的。一种避免这种奇异性的方法是：首先将我们的起始动力系统式（4-13）简化为能量流形 $\{H(\boldsymbol{x})=h\}$。随后，作为 $\boldsymbol{P}$ 的不动点的周期轨道（能量为 h）的初始条件将具有局部唯一性。然而，更简单的方法是在庞加莱映射的不动点条件上增加一个能量方程，这样就无须修改式（4-13）。通过使用这种方法，我们即可求解如下关于 x 的非线性方程组

$$\begin{cases}H(\boldsymbol{x})=h\\ \boldsymbol{P}(\boldsymbol{x})=\boldsymbol{x}\end{cases}$$

这个方程组不是二次的，因此采用牛顿法的标准解法并不可行，但是我们可以采用 3.2 节中改进的牛顿法来求解，其中 $d=0$。这样，$\boldsymbol{P}$ 和 $D\boldsymbol{P}$ 可按照 2.5 节中讨论的方法进行求值。

3.6.1　实际实现

一个比刚才讨论的还要容易实现的周期轨道计算策略是：将庞加莱截面作为一个额外的方程添加进来。通过这种方式，以增加一个额外的方程为代价，避免了对 $\boldsymbol{P}$ 和 $D\boldsymbol{P}$ 进行求值。假设庞加莱截面为 $\Sigma=\{g(\boldsymbol{x})=0\}$，我们将求解关于 $(T,\boldsymbol{x})$ 的 $(n+2)\times(n+1)$ 方程组

$$\begin{cases}H(\boldsymbol{x})=h\\ g(\boldsymbol{x})=0\\ \boldsymbol{\phi}_T(\boldsymbol{x})=\boldsymbol{x}\end{cases}\tag{4-14}$$

这可以通过 3.2 节中改进的牛顿法来实现，只需令 $d=0$，$\boldsymbol{y}=(T,\boldsymbol{x})$，且

$$\boldsymbol{G}(\boldsymbol{y})=\begin{pmatrix}H(\boldsymbol{x})-h\\ g(\boldsymbol{x})\\ \boldsymbol{\phi}_T(\boldsymbol{x})-\boldsymbol{x}\end{pmatrix}\tag{4-15}$$

这种方法的另一个优点是，周期轨道的周期是显式的。

---

① 需要选择一个与二维核函数 $D\boldsymbol{G}(\boldsymbol{x})$ 中的周期轨道族相切的方向。

方程组（4－14）也可以用于周期轨道族的延拓，这可以通过使用算法 3 来实现，其中 $\boldsymbol{H}:=\boldsymbol{G}$［如式（4－15）中所定义的］，但需要令 $\boldsymbol{y}=(h,T,\boldsymbol{x})$。在算法 3 的一个实现中，3.2 节末尾处提出的程序将能够计算核函数 $D\boldsymbol{H}(\boldsymbol{y})$，并通过极小范数校正来解 $\boldsymbol{H}(\boldsymbol{y})=0$。

在方程组（4－14）中，可以通过消除方程和未知数得到用于其他目的的方程组（如计算和延拓周期轨道）。例如，如果我们消去未知数 h，保持 T 为常量，并且消去能量方程 $H(\boldsymbol{x})=0$，则得到的方程组为

$$\begin{cases} g(\boldsymbol{x})=0 \\ \boldsymbol{\phi}_T(\boldsymbol{x})=\boldsymbol{x} \end{cases} \tag{4-16}$$

对于该方程组，我们只需要解 $\boldsymbol{x}$。通过该方程，我们能够计算给定周期的周期轨道。我们还可以通过对 $\boldsymbol{G}(\boldsymbol{y})$［如式（4－15）中所定义的］和 $D\boldsymbol{G}(\boldsymbol{y})$ 进行求值的程序来解像式（4－16）这样的方程组，方法是给定消去 $\boldsymbol{G}(\boldsymbol{y})$ 的组成部分和能消去它的文件，或消去 $D\boldsymbol{G}(\boldsymbol{y})$ 的文件行和/或列的选项。

3.6.2 多目标打靶

正如我们将在 3.9.1 节（例如在图 4 中）中看到的，对于地-月 RTBP 共线点邻域内的许多周期轨道，$D\boldsymbol{\phi}_T(\boldsymbol{x})$ 特征值的最大绝对值可大于 2 000。这意味着，在进行 T 个时间单位的数值积分后，初始条件中的任何误差都会被这个因子所放大。即使存在精确的数据，数值积分第一步的局部截断误差也会被这个因子放大。① 然后，例如，如果把数值积分的公差设为 10^{-14}，那么我们就不能期望误差小于 10^{-11}。正因如此，牛顿法的初始条件需要非常精确才能获得收敛，并且延拓步长会变得非常小。

我们可以利用多目标打靶法来减小这些放大因子。多目标打靶法一般作为一种在解边界值问题中克服动态不稳定性的方法（见参考文献［41］等）而引入。多目标打靶的总体思路可以理解为是引入中间对象作为未知数，用以减少积分次数。在我们的例子中，需要考虑沿周期轨道的 $\boldsymbol{x}_0:=\boldsymbol{x}$，$\boldsymbol{x}_1$，…，$\boldsymbol{x}_{m-1}$ 等点，并将相应的匹配方程添加到待求解的方程组中。这样，方程组（4－14）将变成

$$\begin{cases} H(\boldsymbol{x}_0)=h \\ g(\boldsymbol{x}_0)=0 \\ \boldsymbol{\phi}_{T/m}(\boldsymbol{x}_j)=x_{j+1}, \quad j=0,\cdots,m-2 \\ \boldsymbol{\phi}_{T/m}(\boldsymbol{x}_{m-1})=x_0 \end{cases} \tag{4-17}$$

为了计算单个周期轨道，要考虑的未知数包括 $(T,\boldsymbol{x}_0,\cdots,\boldsymbol{x}_{m-1})$。为了延拓一个周期轨道族，未知数包括 $(h,T,\boldsymbol{x}_0,\cdots,\boldsymbol{x}_{m-1})$。如前所述，通过消除方程和未知数的方式，可以从这个方程组求出具有其他目的的方程组。

通过利用具有 m 个点的多目标打靶法，放大因子通常被减小到起始时的 m 次根倍，这种方法的代价是，待求解的非线性方程组的维数将扩大为原先的 m 倍。

---

① 实际上，即使是计算机最小的浮点数，也会被这个因子放大。

3.7　围绕哈密顿自洽系统周期轨道的线性行为

T 周期轨道的初始条件 $\boldsymbol{x}_0$ 也是 $\boldsymbol{\phi}_T$ 的不动点。若是在哈密顿自洽系统 $\dot{\boldsymbol{x}}=\boldsymbol{X}(\boldsymbol{x})$ 中，仅凭这个结论本身不足以找出 $\boldsymbol{x}_0$ 的数值，但是它在研究 $\boldsymbol{x}_0$ 附近的流的线性行为方面很有用。设 $M:=D\boldsymbol{\phi}_T(\boldsymbol{x}_0)$ 是我们周期轨道的单值矩阵。由于我们系统的自洽特性和其具有首次积分（哈密顿函数）的事实，M 有 1 作为双重特征值（相关证明见参考文献［31］等）。此外，M 是辛矩阵（同样见参考文献［31］等），这表示，如果 λ 是 M 的特征值，那么 $1/\lambda$ 也是特征值。现在假设我们的系统作为 RTBP 具有三个自由度，即 $\boldsymbol{x}\in\mathbb{R}^6$。那么 M 的特征值是

$$\{1,1,\lambda_1,\lambda_1^{-1},\lambda_2,\lambda_2^{-1}\}$$

在接下来的讨论中，我们将假设 $|\lambda_i|\leqslant|\lambda_i^{-1}|$。

在我们具有三个自由度的哈密顿系统中，周期轨道附近的线性行为可以用 Hénon's 稳定性参数[22]的形式来更好地研究，其被定义为

$$s_1=\lambda_1+1/\lambda_1,\quad s_2=\lambda_2+1/\lambda_2 \tag{4-18}$$

计算显示

$$\begin{aligned} s_i\in\mathbb{R},\quad |s_i|>2 &\Longleftrightarrow \lambda_i\in\mathbb{R}\backslash\{-1,1\}\\ s_i\in\mathbb{R},\quad |s_i|\leqslant 2 &\Longleftrightarrow \lambda_i\in\mathbb{C},\quad |\lambda_i|=1\\ s_i\in\mathbb{C}\backslash\mathbb{R} &\Longleftrightarrow \lambda_i\in\mathbb{C}\backslash\mathbb{R},\quad |\lambda_i|\neq 1 \end{aligned}$$

根据 3.5 节中的讨论，如果 $s_i\in\mathbb{R}$，$|s_i|>2$（双曲线情况），则作为 $\boldsymbol{\phi}_T$ 定点的稳定（反之，不稳定）流形 $\boldsymbol{x}_0$ 与 λ_i（反之，λ_i^{-1}）的特征方向相切。这表示，周期轨道具有一个稳定（反之，不稳定）流形，其通过 λ_i，λ_i^{-1} 特征平面的截面与 λ_i（反之，λ_i^{-1}）特征方向相切。如果 $s_i\in\mathbb{R}$，$|s_i|\leqslant 2$（椭圆情况），假设 $\lambda_i=\cos\rho+\boldsymbol{i}\sin\rho$，并且 $\boldsymbol{v}$ 是特征值 λ_i 的特征向量。正如我们所看到的，存在一个连续的单参数封闭曲线族，在 $\{\boldsymbol{x}_0+\alpha_1\mathrm{Re}\boldsymbol{v}+\alpha_2\mathrm{Im}\boldsymbol{v}\}_{\alpha_1,\alpha_2\in\mathbb{R}}$，旋转数为 ρ 的平面上，不随 $\boldsymbol{x}_0$ 附近 $\boldsymbol{\phi}_T$ 的线性化而变化。根据 3.5 节的讨论，全非线性流 $\boldsymbol{\phi}_T$ 在 $\boldsymbol{x}_0$ 附近存在一个 Cantorian 不变曲线族，其旋转极限数为 ρ。当随流发展时，这些不变曲线产生二维不变环面。形如 $\rho=2\pi\, n/m$ 的旋转数通过用 m 乘以周期产生了分叉曲线族（有关此类分叉曲线族的更多详情见参考文献［37］）。对于分别对应于 $s_i=2$ 和 $s_i=-2$ 的特殊值 $\rho=0$ 和 $\rho=\pi$，它们被称为抛物线情况。

注意，如果一个稳定参数 s_i 在一个能量范围内满足 $|s_i|<2$，由于这个范围内的每个能量都产生一个单参数的环面族，被能量作用后这个环面族就变成了双参数族。

3.8　2D 不变环面的计算

本小节旨在讨论 2D 不变环面的计算。参考文献［6］中首次提到这一方法，它是在环面内寻找一条不因时间 $-T$ 流而变化的曲线，其中 T 是环面的周期之一。对于具有三个自由度的自洽哈密顿系统（如 RTBP），该公式将是显式的，但可以对其进行修改以应对

具有不同自由度的系统、非自洽系统[①]或非哈密顿系统。

3.8.1 寻找不变曲线的参数化

根据 KAM 理论（见参考文献［26］等），RTBP 共线点周围产生的 2D 环面可通过函数 $\boldsymbol{\psi}(\theta_1, \theta_2)$ 进行参数化（其中 θ_1、θ_2 以 2π 为周期），满足以下形式的不变性方程

$$\boldsymbol{\psi}(\theta_1 + t\omega_1, \theta_2 + t\omega_2) = \boldsymbol{\phi}_t(\boldsymbol{\psi}(\theta_1, \theta_2)), \quad \forall t \in \mathbb{R}, \quad \forall \theta_1, \theta_2 \in [0, 2\pi] \tag{4-19}$$

式中，(ω_1, ω_2) 是环面的频率向量。寻找环面可以简化为寻找其中的不变曲线，通过观察 $\varphi(\xi) := \boldsymbol{\psi}(\xi, 0)$ 参数化一条不因 $\boldsymbol{\phi}_{2\pi/\omega_2}$ 而变化的曲线，且满足

$$\boldsymbol{\varphi}(\xi + \rho) = \boldsymbol{\phi}_\Delta(\boldsymbol{\varphi}(\xi)) \tag{4-20}$$

对于 $\rho = 2\pi\omega_1/\omega_2$ 和 $\Delta = 2\pi/\omega_2$。一旦已知 $\boldsymbol{\varphi}$，我们就可以通过下式反推得到 $\boldsymbol{\psi}$

$$\boldsymbol{\psi}(\theta_1, \theta_2) = \boldsymbol{\phi}_{\frac{\theta_2}{2\pi}\Delta}\left(\boldsymbol{\varphi}\left(\theta_1 - \frac{\theta_2}{2\pi}\rho\right)\right) \tag{4-21}$$

计算显示，如果 $\boldsymbol{\varphi}$ 是满足式（4-20）的以 2π 为周期的函数，则由式（4-21）定义的 $\boldsymbol{\psi}$ 在每个变量中都是以 2π 为周期的，并且，其中 $\omega_1 := \rho/\Delta$，$\omega_2 := 2\pi/\Delta$ 时满足不变性方程（4-19）。为了将式（4-20）转化为非线性方程的有限系统，我们可以将 $\boldsymbol{\varphi}$ 看作是截断傅里叶级数

$$\boldsymbol{\varphi}(\xi) = \boldsymbol{A}_0 + \sum_{k=1}^{N_f}(\boldsymbol{A}_k\cos(k\xi) + \boldsymbol{B}_k\sin(k\xi)) \tag{4-22}$$

其中 $\{\boldsymbol{A}_k\}_{k=0}^{N_f}$，$\{\boldsymbol{B}_k\}_{k=1}^{N_f} \subset \mathbb{R}^6$，并在 ξ 数值的个数与所需傅里叶系数数量一样多的情况下使用式（4-20）。即我们将去求式（4-22）中定义的 $\boldsymbol{\varphi}$，满足

$$\boldsymbol{\varphi}(\xi_j + \rho) = \boldsymbol{\phi}_\Delta(\boldsymbol{\varphi}(\xi_j)), \quad j = 0, \cdots, 2N_f \tag{4-23}$$

其中

$$\xi_j = j2\pi/(1 + 2N_f)$$

由于我们的动力学系统是自洽的，因此导致出现了两个不确定性：

1）环面内的不变曲线并不是唯一的：如果 $\boldsymbol{\varphi}(\xi)$ 满足式（4-20）或式（4-23），那么 $\boldsymbol{\phi}_t(\boldsymbol{\varphi}(\xi))$ 对于任何 $t \in \mathbb{R}$ 也同样满足。

2）ξ 的原点是自由的：如果 $\boldsymbol{\varphi}(\xi)$ 满足式（4-20）或式（4-23），那么对于任何 $\xi_0 \in \mathbb{R}$，$\boldsymbol{\varphi}(\xi - \xi_0)$ 也同样满足。

第一个不确定性可以通过规定 $\boldsymbol{A}_0$ 的坐标值来进行消除（所选的值必须对我们的目标环面有效）。第二个不确定性可以通过规定 $\boldsymbol{A}_1$ 的坐标为零来进行消除：如果我们表示 $\boldsymbol{A}_1 = (A_{1,1}, \cdots, A_{1,6})$，$\boldsymbol{B}_1 = (B_{1,1}, \cdots, B_{1,6})$，并假设 $j \in \{1, \cdots, 6\}$ 满足 $(A_{1,j}, B_{1,j}) \neq (0, 0)$，由于

$$\begin{aligned} & A_{1,j}\cos(\xi - \xi_0) + B_{1,j}\sin(\xi - \xi_0) \\ = & (A_{1,j}\cos\xi_0 - B_{1,j}\sin\xi_0)\cos\xi + (A_{1,j}\sin\xi_0 + B_{1,j}\cos\xi_0)\sin\xi \end{aligned}$$

① 非自洽情况实际上要更简单，因为在 3.8.1 节中讨论的不确定性并不存在。

我们总可以选择满足 $A_{1,j}\cos\xi_0 - B_{1,j}\sin\xi_0 = 0$ 的 ξ_0。以这种方式消除两个不确定性后，式（4-23）的不变曲线的解 $\boldsymbol{\varphi}$ 的参数化（近似）傅里叶系数和我们动力系统的不变 2D 环面之间就具有了一一对应关系。

3.8.2　方程组

通过求解去掉了两个不确定性后的方程组（4-23），我们可以用“纵向周期”Δ 和旋转数 ρ 来计算环面的不变曲线 $\boldsymbol{\varphi}$，由式（4-21），该环面对应频率为 $\omega_1 = \rho/\Delta$，$\omega_2 = 2\pi/\Delta$。我们也可以用这个系统来进行关于 Δ 和/或 ρ 的延拓，这样，就可以得到相应的 2—参数族。然而，在叙述我们最终要求解的方程组之前，我们还有两个问题要考虑：

1）我们希望能够规定能量值，所以为此添加一个额外的方程。

2）我们希望克服不稳定的影响，正如我们在 3.6.2 节中所做的那样，因此将使用多目标打靶法。

因此，我们将寻找 $\boldsymbol{\varphi}_0$，…，$\boldsymbol{\varphi}_{m-1}$ 满足

$$\begin{cases} H(\boldsymbol{\varphi}_0(0)) - h = 0 \\ \boldsymbol{\varphi}_{j+1}(\xi_i) - \boldsymbol{\phi}_{\Delta/m}(\boldsymbol{\varphi}_j(\xi_i)) = 0, \quad j = 0,\cdots,m-2, \quad i = 0,\cdots,2N_f \\ \boldsymbol{\varphi}_0(\xi_i + \rho) - \boldsymbol{\phi}_{\Delta/m}(\boldsymbol{\varphi}_{m-1}(\xi_i)) = 0, \quad i = 0,\cdots,2N_f \end{cases} \tag{4-24}$$

式中

$$\xi_i = i\,\frac{2\pi}{1+2N_f}, \quad i = 0,\cdots,N_f$$

未知数包括

$$h,\Delta,\rho,\boldsymbol{A}_0^0,\boldsymbol{A}_1^0,\boldsymbol{B}_1^0,\cdots,\boldsymbol{A}_{N_f}^0,\boldsymbol{B}_{N_f}^0,\cdots,\boldsymbol{A}_0^{m-1},\boldsymbol{A}_1^{m-1},\boldsymbol{B}_1^{m-1},\cdots,\boldsymbol{A}_{N_f}^{m-1},\boldsymbol{B}_{N_f}^{m-1}$$

（根据前一小节内容，除 $\boldsymbol{A}_0^0$ 的一个坐标和 $\boldsymbol{A}_1^0$ 的另一个坐标外）有 h，Δ，$\rho \in \mathbb{R}$，$\boldsymbol{A}_j^l$，$\boldsymbol{B}_j^l \in \mathbb{R}^6$，且

$$\boldsymbol{\varphi}_l(\xi) = \boldsymbol{A}_0^l + \sum_{j=0}^{N_f}(\boldsymbol{A}_j^l\cos(j\xi) + \boldsymbol{B}_j^l\sin(j\xi)) \tag{4-25}$$

为计算单个环面，我们在求解方程组（4-24）时，除了由前面部分所考虑的问题给出的坐标以外，还需保持 h、p、T 中的两个参数为常量，这样将使环面在其双参数族中保持不变。为了通过拟弧长法延拓这个环面，参数 h、p、T 中只有一个必须保持不变。以下是两个有趣的情况：

1）将 ρ 定为一个具有良好丢番图性质的数。例如，一个贵族数（一个从某一点开始连分式展开等于 1 的数）。

2）确定 h，以便满足一个等能环面族。在这种情况下必须要小心，因为这个族不是连续的，而是属于 Cantorian 族：只要共振产生的间隙很小，拟弧长法就有效。

注意，无论是计算单环面，还是在延拓一个单参数子族中，我们最终得到的都是一个非线性方程组，在该系统中，方程的数量大于未知数的数量。即，在第一种情况下，该方程组的维度是 $(1+6m(1+2N_f))\times(-1+6m(1+2N_f))$，而在第二种情况下，则是 $1+6m(1+2N_f))\times 6m(1+2N_f)$。使用 3.2 节中的改进牛顿法就可以进行求解。注意，在

求解牛顿法中的校正线性方程组时，若计算单个环面则必须将 d 设为 0，而若延拓单参数子家族则必须将 d 设为 1。

对环面的计算（分别求解，或者延拓）完成后，便可以通过对计算时使用的 ξ 的离散程度进行细化进而评估不变性方程的方式，对其误差进行估计。这样，我们就可以使用估计

$$\max_{j=0,\cdots,M}\left\|\begin{pmatrix}(\boldsymbol{\varphi}_{l+1}(\tilde{\xi}_j)-\boldsymbol{\phi}_{\Delta/m}(\boldsymbol{\varphi}_l(\tilde{\xi}_j)))_{l=0}^{m-2}\\ \boldsymbol{\varphi}_0(\tilde{\xi}_j+\rho)-\boldsymbol{\phi}_{\Delta/m}(\boldsymbol{\varphi}_{m-1}(\tilde{\xi}_j))\end{pmatrix}\right\| \tag{4-26}$$

其中 $\tilde{\xi}_j=j2\pi/M$ 且 $M\gg 1+2N_f$。该估计的值可用于选择傅里叶系数 N_f 的数值。当进行延拓时，N_f 可进行增大或减小，以便将误差估计保持在规定的区间内。观察可知，较大的 N_f 值将导致较大规模方程组的出现，而求解这些方程需要进行 $O((6m(1+2N_f))^3)$ 规模的运算，其所需时间将超过数值积分所需的时间，从而成为该程序的计算瓶颈。

3.8.3　从周期轨道的中心部分开始

根据 3.7 节中的讨论，在一个能量范围内具有椭圆稳定参数的周期轨道族会产生一个 2 参数的不变环面族。本节中，我们将根据主周期轨道附近的线性流推导公式，以获得使用方程组（4 - 24）对等环面族进行延拓的初始条件。

对于任意的函数 $\boldsymbol{G}$，将 $\boldsymbol{y}_0$ 附近 $\boldsymbol{G}$ 的线性化表达式记为

$$L_{\boldsymbol{G}}^{\boldsymbol{y}_0}(\boldsymbol{y})=\boldsymbol{G}(\boldsymbol{y}_0)+D\boldsymbol{G}(\boldsymbol{y}_0)(\boldsymbol{y}-\boldsymbol{y}_0)$$

设 $\boldsymbol{x}_0$ 是 T 一周期轨道的初始条件，具有稳定参数 $s_i=\lambda_i+\lambda_i^{-1}$，满足 $|s_i|\leqslant 2$ 且 $\lambda_i=\cos\nu+\boldsymbol{i}\sin\nu$。如果我们定义 $\boldsymbol{F}:=\boldsymbol{\phi}_T$，那么 $\boldsymbol{x}_0$ 就是 $\boldsymbol{F}$ 的一个不动点，方程式（4 - 11）提供了线性化流不变曲线的表达式。在这个表达式中，ξ 可以用 $\xi-\xi_0$ 来替代，从而得到

$$\overline{\boldsymbol{\varphi}}(\xi):=\boldsymbol{x}_0+\gamma((\boldsymbol{v}_1\cos\xi_0+\boldsymbol{v}_2\sin\xi_0)\cos\xi+(\boldsymbol{v}_1\sin\xi_0-\boldsymbol{v}_2\cos\xi_0)\sin\xi)$$

同时满足

$$L_{\boldsymbol{\phi}_T}^{\boldsymbol{x}_0}(\overline{\boldsymbol{\varphi}}(\xi))=\overline{\boldsymbol{\varphi}}(\xi+v) \tag{4-27}$$

该式是方程（4 - 20）的线性化流版本。因此，作为得到 o. p. 附近环面的初始种子（initial seed），有

$$\begin{aligned}
&h=H(\boldsymbol{x}_0) && \boldsymbol{A}_0^l=\boldsymbol{\phi}_{lT/m}(\boldsymbol{x}_0)\\
&\Delta=T && \boldsymbol{A}_1^l=D\boldsymbol{\phi}_{lT/m}(\boldsymbol{x}_0)(\boldsymbol{v}_1\cos\xi_0+\boldsymbol{v}_2\sin\xi_0)\\
& && \boldsymbol{B}_1^l=D\boldsymbol{\phi}_{lT/m}(\boldsymbol{x}_0)(\boldsymbol{v}_1\sin\xi_0-\boldsymbol{v}_2\cos\xi_0)\\
&\rho=v && \boldsymbol{A}_j^l=\boldsymbol{B}_j^l=0,\quad j\geqslant 2,l=0,\cdots,m-1
\end{aligned}$$

参数 γ 应选得足够小，使得方程（4 - 27）是方程（4 - 20）的一个良好的逼近。3.9 节中的所有计算中，$\gamma=10^{-3}$ 或 $\gamma=10^{-4}$。自由参数 ξ_0 的选择应使得零点是 $\boldsymbol{A}_1^0$ 的一个坐标，这样就可以避免 3.8.1 节所述的第二个不确定性。另一个问题是在计算围绕周期轨道的第一环面时，周期轨道具有一个大的吸引域，并且也是方程组（4 - 24）的（奇异）解。在牛顿迭代过程中，防止回落到吸引域的一种方法是保持 $\boldsymbol{A}_1^0$ 或 $\boldsymbol{B}_1^0$ 的坐标不变。一个很好的方式是 $B_{1,j}^0$，其中 j 使 $A_{1,j}^0$ 保持等于零，以防止出现 3.8.1 节中的

第二个不确定性。

当我们以这种方式得到围绕周期轨道的第一条不变曲线时，我们会说我们“以周期轨道纵向方向开始”。因为我们所得到的围绕 $\boldsymbol{x}_0$ 的一段微小的不变曲线，在式（4－24）中流的求值中，为使其回归所进行的数值积分是“沿着周期轨道”的。如果得到的第一条不变曲线并不微小，而是与周期轨道的大小大致相同且靠近周期轨道，那么接下来将会很方便。我们将上述第二种方法称为“以周期轨道横向方向开始”。

为了推出第二种情况的公式，我们首先通过下式，将线性化流的不变曲线 $\boldsymbol{\varphi}$ 全局化为完整的 2D 环面

$$\overline{\boldsymbol{\psi}}(\theta_1,\theta_2):=L^{\boldsymbol{x}_0}_{\phi_{T\theta_2/(2\pi)}}\left(\overline{\boldsymbol{\varphi}}\left(\theta_1-\frac{\theta_2}{2\pi}\rho\right)\right)$$

计算表明，$\overline{\boldsymbol{\psi}}$ 若满足不变方程式（4－19）的线性化流等量，即有

$$L^{\phi_{T\theta_2/(2\pi)}(\boldsymbol{x}_0)}_{\phi_t}(\overline{\boldsymbol{\psi}}(\theta_1,\theta_2))=\overline{\boldsymbol{\psi}}\left(\theta_1+t\,\frac{v}{T},\theta_2+t\,\frac{2\pi}{T}\right)$$

我们寻找的不变曲线将接近 $\overline{\boldsymbol{\psi}}(0,\ \theta_2)$。为了找到这条曲线，并且因为前面所有的表达式中的 v 都可以用 $\pm v+j2\pi$ 替代，我们可以把以下内容作为初始种子

$$h=H(\boldsymbol{x}_0),\quad \Delta=\frac{2\pi}{\pm v+j2\pi}T,\quad \rho=\frac{(2\pi)^2}{\pm v+j2\pi}+k2\pi \tag{4-28}$$

以及来自 $\left\{\overline{\boldsymbol{\psi}}\left(0,\ j\,\dfrac{2\pi}{N}\right)\right\}_{j=0}^{N-1}$ 的离散傅里叶变换（DFT）的 $\boldsymbol{A}^l_k$，$\boldsymbol{B}^l_k$。DFT 的一些符号及其与傅里叶系数的关系将在 5.2 节中给出。

3.9　地月 RTBP L1 点附近动力学的数值探讨

本小节的目标是实现本节开头提到的分层方法，以便系统地计算围绕 RTBP 共线平动点的周期轨道族和环面族。这也可以看作是对共线平动点的中心流形实现数值增长。所展现的数值结果是参考文献［14］中的子集，将用于 L_1 点和地月质量比。在本小节的所有计算中，RTBP 的流及其与初始条件相关的微分均已根据 2.4 节的讨论进行了求值，数值积分使用了带步长控制的一步法——7 阶和 8 阶 Runge－Kutta－Fehlberg 方法[10]，公差为 10^{-14}。用于地月质量比的值是

$$\mu=1.215\,058\,560\,962\,404\times10^{-2} \tag{4-29}$$

其来自 DE406 JPL 星历文件[40]。

3.9.1　周期轨道

L_1 点附近关于地月质量比的线性行为是中心×中心×鞍点类型[42]，也就是说，如果我们像方程（4－1）和式（4－2）一样用 $\dot{\boldsymbol{x}}=\boldsymbol{X}(\boldsymbol{x})$ 表示 RTBP 的向量场，则我们有

$$\operatorname{Spec} D\boldsymbol{X}(L_1)=\{\boldsymbol{i}\omega_p,-\boldsymbol{i}\omega_p,\boldsymbol{i}\omega_v,-\boldsymbol{i}\omega_v,\lambda,-\lambda\} \tag{4-30}$$

其中 ω_p，ω_v，$\lambda>0$。如 3.4 节中所讨论的，Lyapunov 中心定理确保了每个中心都产生一个周期轨道族。在上述有关 Spec $D\boldsymbol{X}(L_1)$ 的表达式中，可按如下方式选取 ω_p（相应地，ω_v），其要满足特征值 $\pm\boldsymbol{i}\omega_p$（相应地，$\pm\boldsymbol{i}\omega_v$）对应的特征平面包含于 $\{z=p_z=0\}$（相应

地，$\{x=p_x=y=p_y=0\}$）平面中。正因如此，与 $\pm i\omega_p$（相应地，$\pm i\omega_v$）特征值相关的周期轨道族被称为平面（相应地，垂直）Lyapunov 族。对这些族进行数值延拓（见第 3.1 节）的初始猜测值可通过式（4－9）得到。当对方程组（4－17）进行牛顿迭代以找出第一个周期轨道时，避免回落到 L_1 点［这是方程组（4－17）的一个奇异解，具有很大的吸引域］的一种简便方法是保持 x_0 的坐标恒定。

表示由数值延拓得到的周期轨道族的一种简便方法是：绘制其轨道的周期和稳定性参数（4－18）随能量变化的曲线图。周期-能量曲线被称为特征曲线。图 4－4 展示了垂直 Lyapunov 族的特征曲线和稳定性参数。这个轨道族从能量为－1.594 17（L_1 处）开始，在能量为－1.495 90 处有一个分叉（将在稍后讨论），最终在能量为 0.413 91、绕地球和共线点 L_1、L_3 的大平面轨道处结束。我们后续谈到的该族和其他周期轨道族的示例图均可见参考文献［32］。

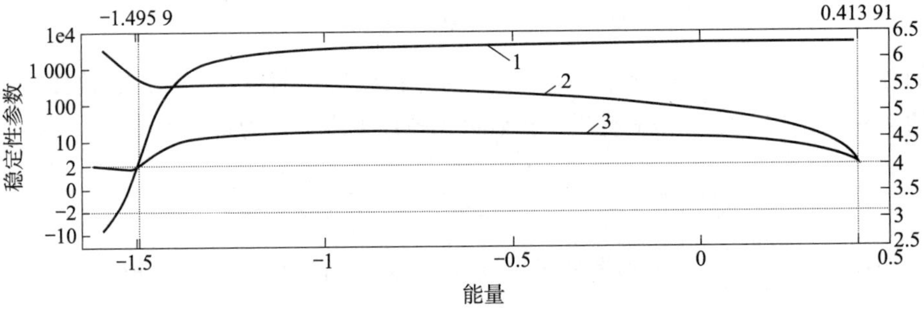

图 4－4　地月 RTBP L_1 附近的垂直 Lyapunov 族的特征曲线（1）和稳定性参数（2 和 3）

在图 4－5 中，我们展示了平面 Lyapunov 族的特征曲线和稳定性参数。该族始于能量为－1.594 17 处（L_1 处），拥有数个分叉，并结束于与地球的碰撞处①。根据参考文献［23］，从平面 Lyapunov 族到三维轨道族的全部可能的分叉类型就是图 4－6 中所示的这些。A 类和 B 类对应于穿过 2 的稳定性参数，而 C 类和 D 类则对应于穿过－2 的稳定性参数（因此属于周期倍增分叉）。对于 A 和 B 的情况有两个（而不是一个）周期轨道族从平面族分叉。这两个分叉族关于 $\{z=0\}$ 对称。假设在平面 Lyapunov 族的延拓中使用的庞加莱截面是 $\{y=0\}$，② 通过在 A、C、D 类的 z 坐标和 B 类的 p_z 坐标中进行小位移，可以得到这类分叉轨道之一的初始条件。在对方程组（4－17）使用牛顿迭代时，位移的坐标可保持不变，从而避免回落到平面 Lyapunov 族中的轨道。表 4－1 中给出了平面 Lyapunov 族的分叉及由参考文献［23］给出的分类。

① 通过使用正则化（见参考文献［42］等），平面 Lyapunov 族也可以由超过此碰撞处的能量延拓得到。我们不再继续延拓此轨道族，是因为碰撞已经超出了我们将要计算的不变环面的能量范围。

② 这是方程组（4－14）或（4－17）中的 $g(x, y, z, p_x, p_y, p_z)=y$。

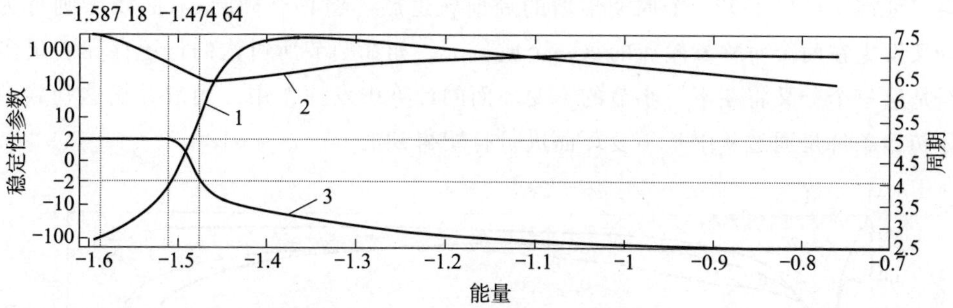

图 4-5　地月 RTBP L_1 附近的平面 Lyapunov 族的特征曲线（1）和稳定性参数（2 和 3）

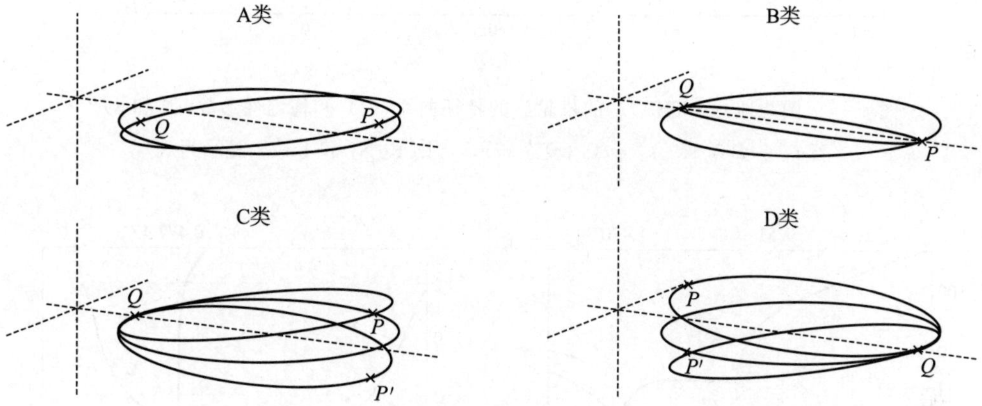

图 4-6　从分叉平面 Lyapunov 轨道到非平面族的可能分叉类型

表 4-1　围绕地月 RTBP L_1 的平面 Lyapunov 族的分叉

分叉	能量	类型
1	−1.587 18	A
2	−1.510 70	B
3	−1.474 64	C

平面 Lyapunov 族的第一个分叉产生了两个对称的周期轨道族，称为晕轨道。图 4-7 中给出了相应的特性曲线和稳定性参数①。这两个族都在围绕地球、月球和共线点 L_1、L_2 的大平面轨道上结束。对于大的能量范围，晕轨道具有复数形式（非实的）稳定性参数；图 4-8 是图 4-7 的缩放图，便于显示从实数到复数的稳定性参数的转变，反之亦然。在图 4-8 的左图中，显示了小稳定性参数是怎样在能量−1.529 44 处穿过 $2\cos(2\pi/3)$ 一次，又在能量为−1.510 81、−1.510 33 处两次通过 $-2=2\cos(2\pi/2)$ 的。第一种情况产生两个周期三重倍增分叉的周期轨道族，其中一个具有椭圆-双曲线常态行为，另一个具有椭圆-椭圆正则行为。第二种情况产生一个周期倍增的周期轨道族，具有椭圆-椭圆正则行

① 给定一个晕轮族的周期轨道，对称族的对称周期轨道具有相同的周期和稳定性参数。

为。第三种情况产生了另一个周期倍增的周期轨道族，但具有椭圆-双曲线正则行为。这三个分叉发生在两个对称晕轮族的每一个成员上。如 3.7 节所讨论的，还存在着更多的分叉，但是这三个分叉将在下一小节的不变环面的计算中发挥作用。用来寻找这些族中轨道的实际初始条件是通过从附近不变环面进行打靶得到的。

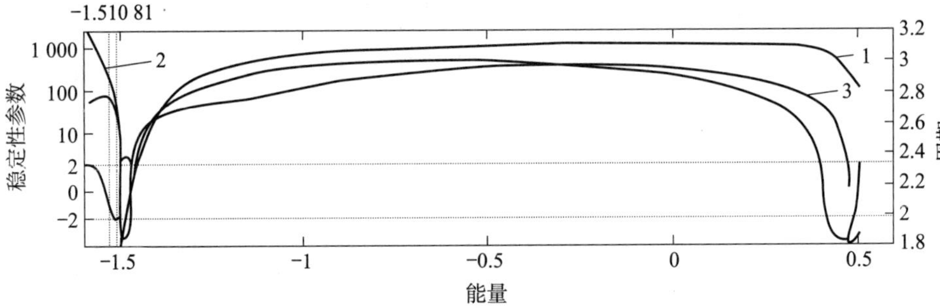

图 4-7 围绕地月 RTBP L_1 的晕轮族的特征曲线（1）和稳定性参数（2 和 3）。若 $s_1 \in \mathbb{C} \setminus \mathbb{R}$，$s_2 = \overline{s}_1$（复杂鞍形），则 $\mathrm{Re}\, S_1$ 和 $\mathrm{Im}\, S_1$ 显示为 3

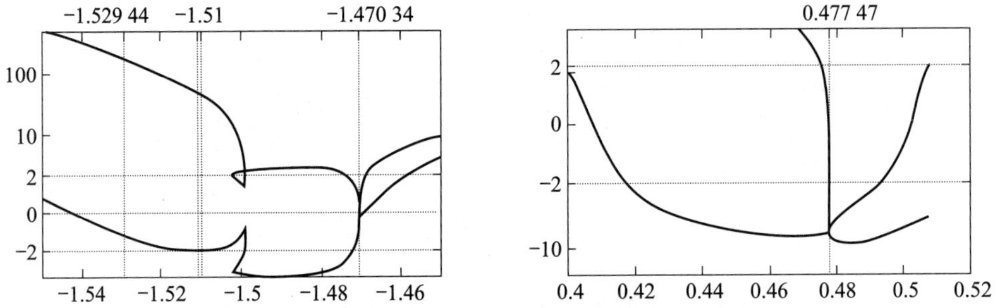

图 4-8 图 4-7 的放大图，显示到复鞍点之间的跃迁

平面 Lyapunov 族的第二个分叉产生了两个族，其相对于 $z=0$ 对称，可认为是一个双道桥，其中垂直的一个与平面 Lyapunov 族相连在其位于能量 $-1.495\ 90$ 的分叉处。这一族的一些轨道如图 4-9 所示。表 1 还反映了我们没有介绍的该平面族的第三个分叉，因为它产生在能量范围之外的一处能量上，将通过下一小节的不变环面延拓所达到。

3.9.2 不变环面

我们将计算的围绕平动点 L_1 的第一个环面族将是具有旋转常数 ρ、从垂直 Lyapunov 周期轨道族纵向开始的环面族。因此，要考虑 ρ 的取值范围由 $v>0$ 的值所提供，例如，根据 3.8.3 节，$2\cos v$ 是基本垂直 Lyapunov 轨道的一个稳定性参数。因此，初始化每个常数 ρ 族的延拓需要找到对应于特定 v 值的垂直周期轨道的初始条件。该初始条件通过延拓方程组（4-17）获得。由于 v 不是延拓变量，因此它必须被视为延拓变量的函数，例如 $v=v(h)$。根据已知值 $v(h)$，h 的值可以通过数值一维求零点的方法求出。Brent 方法是一个不错的选择（见参考文献［36］等），因为其具有快速、全局收敛，且无须计算导数的优点。

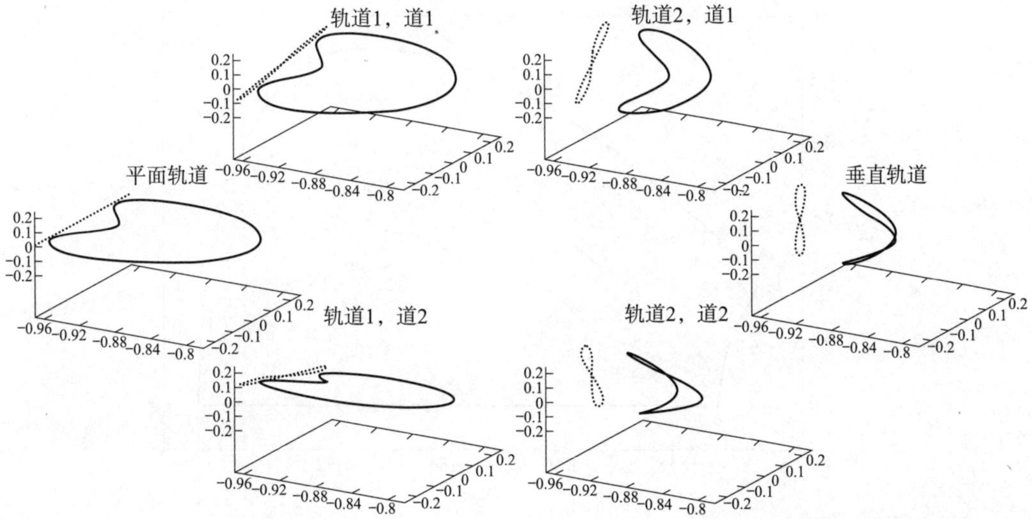

图 4-9　连接围绕地月 RTBP L_1 的平面 Lyapunov 族和垂直族的双道桥中的一些轨道

如果我们将 v 的值沿随周期轨道的垂直 Lyapunov 族的能量［能量范围是有中心部分地（见图 4-4）］表示，我们会得到图 4-10 中标记为 β 的曲线。这条曲线从对应于共线点 L_1 的点 P_2，到对应于能量－1.495 9 处的垂直 Lyapunov 族分叉的点 P_3（见图 4-4）。我们具有旋转常数的环面族的第一次延拓已通过以下方式完成：选择一个以 ρ 为贵族值的近似等间距网格（为了远离共振，如在 3.8.2 节中所讨论的），并从稳定性参数为 $2\cos\rho$ 的 β 曲线的最左侧平面 Lyapunov 周期轨道纵向开始，其中 ρ 的范围为：从图 4-10 中点 P_2 的纵坐标值到 β 曲线上的 v 的最大值。每一个得到的具有常数 ρ 的环面族（在图 4-10 中的水平线）都在具有较高能量的垂直 Lyapunov 轨道上坍缩，正如 β 曲线的形状所示。通过第一次延拓，我们涵盖了图 4-10 中由曲线 α、β、$\gamma(\rho \geqslant \rho(P_2))$ 界定的区域。不变环面族的这种延拓，以及我们将要描述的所有其他延拓，都是通过按以下参数求解方程组（4-24）得到的：$m=2$，牛顿迭代公差为 10^{-11}，以及式（4-7）中的延拓步长控制量取 $n_{\text{des}}=4$。在每个族的延拓中，傅里叶展开式（4-25）的谐波数 N_f 都是被提前确定的，以便将估计值式（4-26）保持在 10^{-10} 以下。除此之外，还设置了上限值 $N_f=100$，当达到这个极限时，允许误差估计值式（4-26）增大到 10^{-8}。同时，发生这种情况时延拓将被停止。在第一次探索中从未发生过这种情况。

为了涵盖曲线 α、β、$\gamma(\rho < \rho(P_2))$ 界定的区域，可以从 β 曲线开始，然后向下。这表示用常数 h 执行环面族的延拓。如果 h 接近 L_1 处的能量，则所获得的等能环面族应以坍缩到一个平面 Lyapunov 轨道的方式结束，因为这就是按照线性所自然发生的事实。该延拓的实际环面见图 4-11，对应 $h=-1.59$。虽然环面确实坍缩到了平面轨道，但是通过求解方程组（4-24）得到的相应不变曲线 ϕ_0 却并没有坍缩到一点，而是趋于整个平面 Lyapunov 终止轨道。ρ 的极限值通过数值检验为

$$\frac{(2\pi)^2}{2\pi - v} - 2\pi \tag{4-31}$$

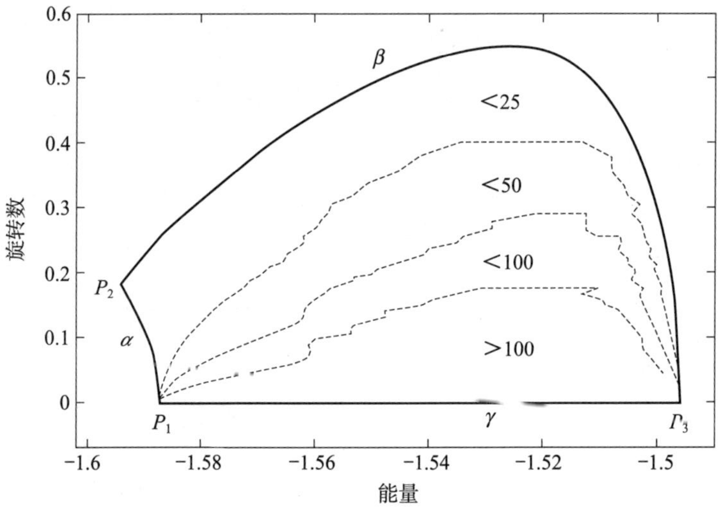

图 4-10　围绕周期轨道 Lyapunov 族（围绕地月 RTBP L_1）计算得到的环面能量-旋转数图。包含环面的曲线 α、β、γ 所界定的区域，按照在每个环面的计算中使用的 N_f 值的不同被分成各个子区域

其中 v 使得 $2\cos v$ 为终点 Lyapunov 平面周期轨道的稳定性参数。因此，根据式（4-28），在图 4-11 中环面内相同的不变曲线可以通过从这个终点 Lyapunov 平面轨道横向开始的方式得到。图 4-10 中的 α 曲线是通过将表达式（4-31）绘制为 h 的函数而得到的，其中 v 使得 $2\cos v$ 为能量为 h 的平面 Lyapunov 轨道的稳定性参数。该曲线中标记为 P_1 的点对应于平面 Lyapunov 周期轨道族到晕轮族的分叉（见图 4-5 和表 4-1）。在图 4-10 中可以看到，图 4-11 的环面族是从 β 曲线到 α 曲线的垂直线，且 $h=-1.59$。

为了完成曲线 α、β、γ 内不变环面的计算，同时为了避免“跳过共振”，我们会回到常数 ρ 的延拓策略。根据上一段的讨论，通过使用形式（4-31）中具有贵族值 ρ 的近似等距网格和产生了 α 曲线的 v 的取值范围，α、β、γ 曲线内的其余环面可以从平面 Lyapunov 周期轨道族横向地开始计算。在这样计算时，一些对应的具有最大 ρ 值的不变环面常数 $-\rho$ 族已经达到了具有较高能量的垂直 Lyapunov 周期轨道，而其余的则由于 $N_f=100$ 的计算限制而停止。对于发生这种情况的每个 ρ 值，我们也用减小能量的方式对这些族进行了延拓：令 ρ 为常数，从 β 曲线的具有此 ρ 值的最右侧垂直 Lyapunov 周期轨道纵向开始。这样，我们就用不变环面覆盖了图 4-10 中除标记为 >100 的区域外的 α、β、γ 曲线内的所有区域。通过允许 $N_f>100$，最后一个区域的一些环面也可以计算了。然而，这些环面中有许多根本就不存在。这是因为，正如我们将在接下来所看到的，随着固定能量大于图 4-10 中 P_1 点的能量，ρ 逐渐趋于零，我们会接近周期轨道的同宿连接。

图 4-10 的 α、β、γ 曲线界定了一组可被视为单族的环面，因为所有这些环面都可以通过从 L_1 开始的数值延拓来达到。接近 L_1，该族的环面是 KAM 理论所给出的，其中的轨道被天体动力学界称之为利萨如轨道。因此，我们将把这个族称为不变环面的利萨如族。这个族中的环面可以被认为具有“自然”频率 $\omega_v(T,\rho)$、$\omega_p(T,\rho)$，该频率由方程（4-30）中共线点 L_1 的频率 ω_v、ω_p 进行延拓得到。应用 Lyapunov 中心定理可得到

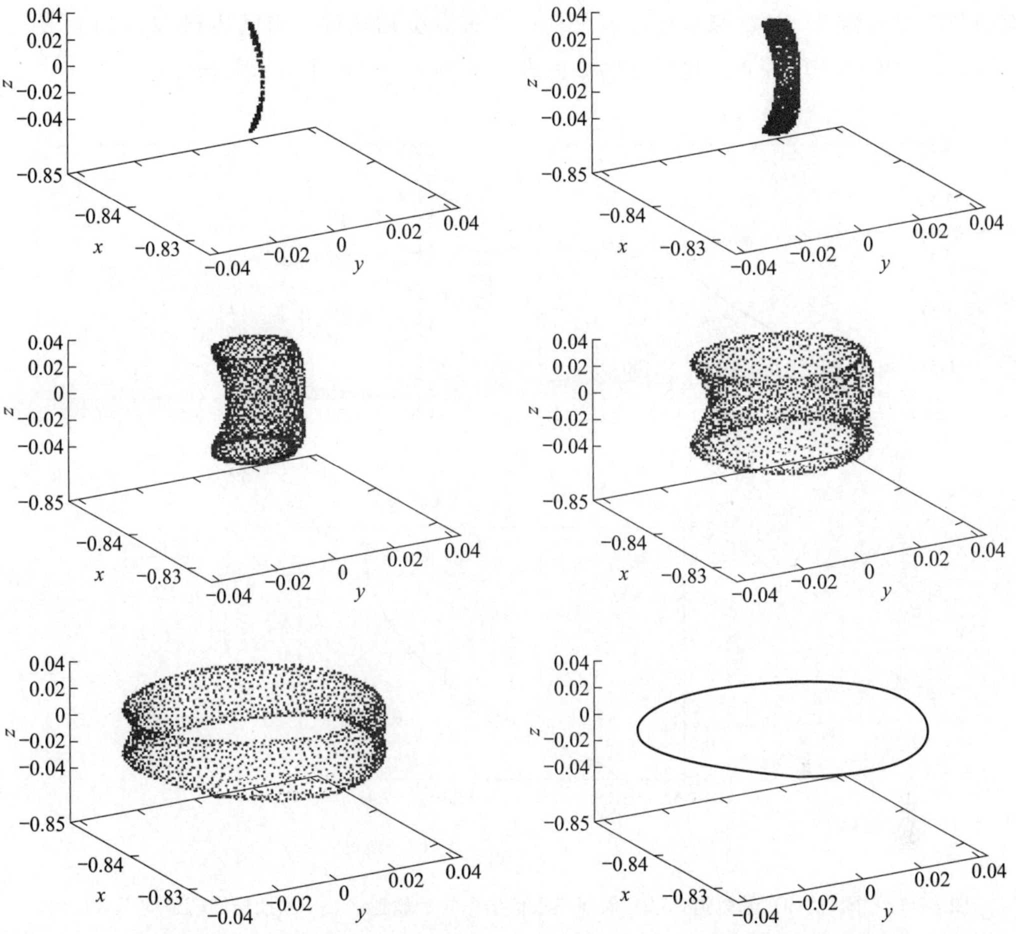

图 4 - 11　从处于能量−1.59 的绕地月 RTBP L_1 的垂直 Lyapunov 周期轨道开始的等能族的示例环面

$$T=\frac{2\pi}{\omega_v(T,\rho)},\quad \rho=2\pi\left(\frac{\omega_p(T,\rho)}{\omega_v(T,\rho)}-1\right)$$

除遵循选择贵族值为 v 的近似等距网格（沿着一中心稳定参数为 $2\cos v$ 的周期轨道）的策略，并以旋转常数 $\rho=v$ 纵向开始具有不变环面族外，我们还对另外几个不变环面族进行了数值延拓。这些额外的族是：

1）围绕晕轨道的不变环面，从该族的开始处到其在能量中的第一个拐点［见图 4 - 7 和图 4 - 8（左图）］。

2）在围绕椭圆-双曲线周期三重倍增晕轮型周期轨道族的不变环面，从该族的开始处到中心稳定性参数穿越- 2 的能量之处。

3）能围绕椭圆-双曲线周期双重倍增晕轮型周期轨道族的不变环面，其能量范围与前一个类似。

4）围绕平面 Lyapunov 轨道的不变环面，在较小能量范围内，从垂直族与之相连的双道桥的分叉处开始，进而完成图 4 - 14 的庞加莱截面。

除了最后一个外，这些族都在图 4 - 12 中以类似于图 4 - 10 的 h -ρ 图表示。与不变环面的利萨如族相反，这些新族中没有任何一个被完全描述过。当已达到 $N_f=100$ 的计算极限时，数值延拓已停止。这些族将如何进一步演化仍是一个有待解决的问题。

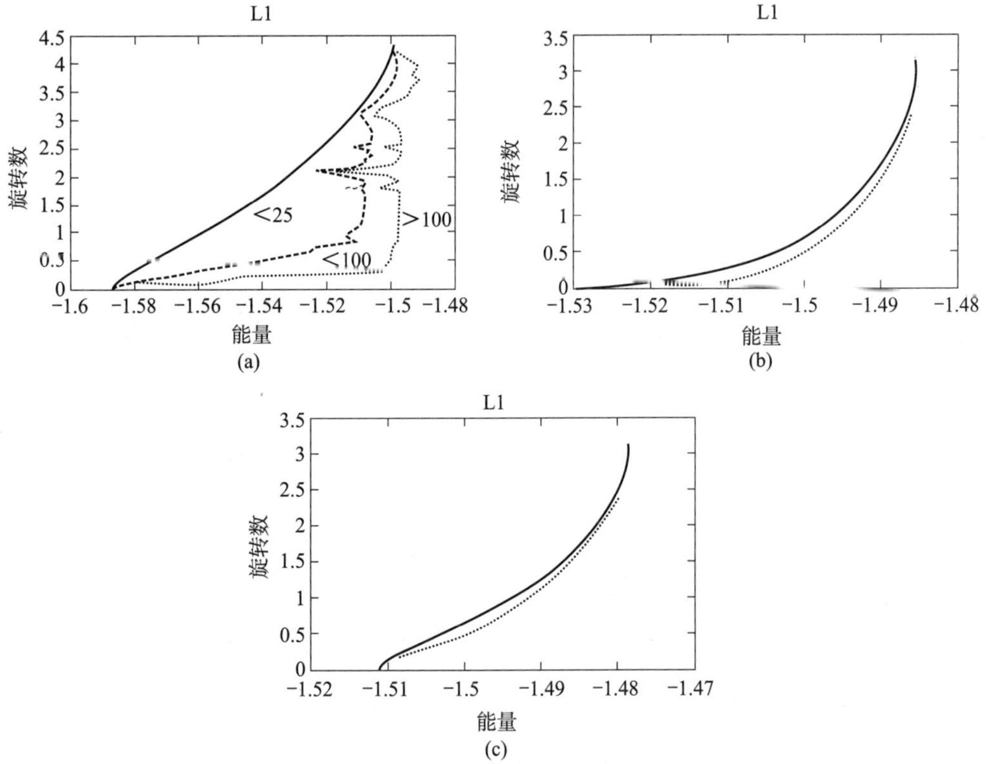

图 4-12　围绕（a）晕轨道，（b）周期三重倍增晕轮型轨道，（c）周期倍增轨道的不变环面。最外面的虚线表示达到计算极限 $N_f=100$

3.9.3　等能庞加莱截面

由于 L_1 的中心流形 $W^c(L_1)$ 是四维的，它对能量值 $W^c(L_1)\cap\{H=h\}$ 的限制是三维的，而在这个限制中的庞加莱截面 $W^c(L_1)\cap\{H=h\}\cap\Sigma$ 是二维的。依照参考文献 [15，25]，通过一系列等能庞加莱截面可以方便地对 $W^c(L_1)$ 进行可视化。这是在图 4-13 和图 4-14 中完成的，使用了庞加莱截面 Σ：$=\{z=0,\ p_z>0\}$。为了能够画出这些图，在前一小节的每个常数 ρ 环面族的延拓中进行牛顿迭代（保持 h 恒定），并从附近环面的拟弧长预测开始（见算法 3），最终获得了图 4-13 所示各图的能量的环面。

图 4-13 中的所有图都具有相似的结构。每个图中的外部曲线都是对应于该图之能级的平面 Lyapunov 轨道。严格地说，庞加莱截面对于这个轨道是无效的，所以不应绘制庞加莱截面。但是，在该图的能量上，用它作为 $W^c(L_1)\cap\Sigma$ 的边界会很有用。

平面 Lyapunov 轨道所界定的区域内的封闭曲线是与在上一小节中计算的不变环面 Σ 的交点。这些交点通过算法 1 计算，从每个环面的不变曲线 φ_0 [见方程组（4-24）] 开始。

在图 4-13 中，x 轴上有一个与垂直 Lyapunov 轨道相关的不动点。该不动点没有被表示出来，但由最小的蓝色曲线勾画了出来。对于较小能量值，整个图像由围绕该不动点的不变曲线形成。这些不变曲线与围绕着垂直周期轨道的利萨如轨道的 Σ 的交点有关，其从垂直到平面 Lyapunov 周期轨道的演变和图 4 - 11 中所示的很相似。在晕轨道从平面 Lyapunov 族分叉出来的能级上，出现了两个额外的不动点，它们同样没有被表示出来，但用最小的紫色不变曲线做了勾画。增加能量值后，晕轮族周期经历了 3.9.1 节提到的两个分叉后分别三重倍增和倍增。在分叉的族中，其中一些有中心部分的被不变环面所围绕，它们也是在前面小节中计算的，其庞加莱截面在此处产生了红色的不变曲线。这些不变曲线产生了“岛链”结构，具有二维保积映射的典型特征（与图 4 - 3 相比）。为了更清楚地展示这种现象，图 4 - 13 中最后一个图展示了分叉周期轨道及其周围不变环面的放大图。

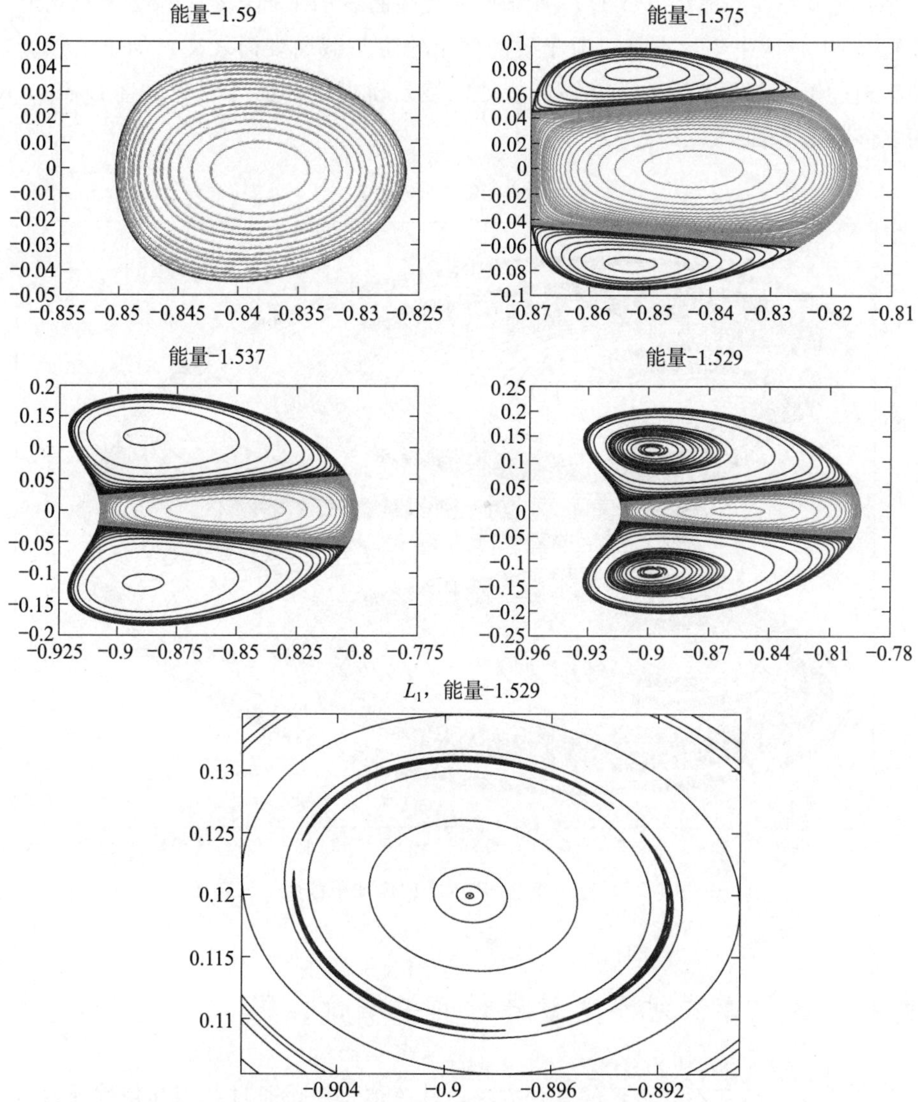

图 4 - 13　已计算之周期轨道族和不变环面族的等能庞加莱截面，$\Sigma = \{z = 0,\ p_z > 0\}$。最后一张图是周期三重倍增晕轮型周期轨道族的放大图（见彩插）

正如图 4－13 所示，绕垂直 Lyapunov 轨道的环面和绕晕轨道的环面之间的区域并不是空的。该区域应至少包含平面 Lyapunov 轨道的不变流形的截面表面上的轨迹，这些流形充当两种环面之间的分界面。同样的事实也发生在分叉晕轮型轨道的岛和绕晕轨道的环面之间。在这种情况下，两种环面之间的区域填充了分叉双曲线晕轮型轨道的不变流形的轨迹。在所有这些边界区域中，运动应具有混沌现象。本节的数值方法无法捕获这种混沌运动，但下一节的半解析方法可以。

图 4－14 所示的对应于能量－1.507 的图具有更多的结构。对于这个能级，周期轨道的平面 Lyapunov 族和垂直 Lyapunov 族之间的双道桥已经是二分叉的，因此平面族已经具有了中心部分，并且其周期轨道再次被不变环面所包围。这些环面的 $\{z=0\}$ 截面是图 4－14 所示的最外面的曲线（此时，围绕所有这些曲线的平面 Lyapunov 周期轨道未被表示出来）。图中，两个菱形点是对应于桥的两个轨道与截面表面之交点的不动点。这些分叉周期轨道的不变流形必定作为在该能量处围绕晕轨道之环面与围绕垂直 Lyapunov 轨道之环面之间的分界面。

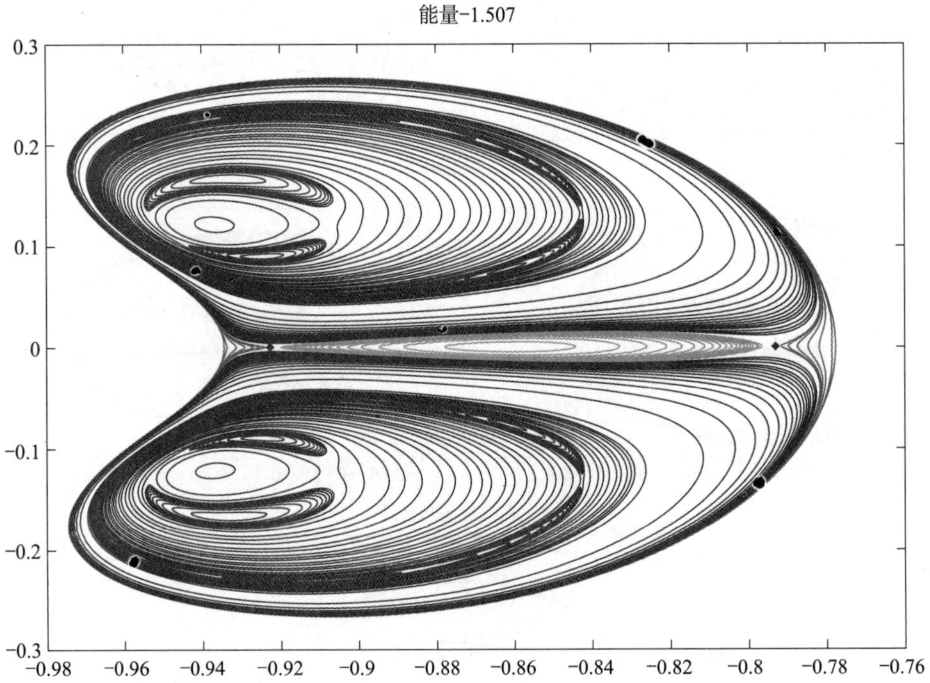

图 4－14　对应于能量－1.507 的庞加莱截面（见彩插）

4　使用参数化方法对不变量进行的半解析计算

参数化方法是研究不变流形的一种方法，其总体思想是通过利用几何性质改变变量从而简化不变方程，进而设法找到不变流形的参数化表达式作为不变方程的解。这种方法的一个优点是，“理论的”和“数值的”是同一原理的两个方面：一方面，证明具有建设性，可以转化为算法；另一方面，当这些算法是以基于区间运算的严格数字方法进行实现时，它们就可以转变成计算机辅助证明。在参考文献［5］中首次提出以来，该方法已被许多作者使用。可以在参考文献［21］中找到一篇近期的综述，其中也有一些原创性的发展。

在本节中，我们将关注参数化方法在围绕流的不动点的不变流形的泰勒展开（非严格）计算中的应用，它将被用于计算地月 RTBP 的共线点 L_1、L_2 的中心流形。这样，参数化方法的这种变体可被视为一种半解析方法，用于计算 RTBP 共线不动点的中心流形内的不变对象。一个较早的，称为中心流形减缩的方法[15,25]基本上产生了同样的结果。参数化方法在计算速度、通用性（方法的实现独立于被研究的动力学系统，在我们这里指 RTBP）和灵活性方面具有一些优势，因为正如我们会在 4.4.2 节中所看到的，流形的坐标可以适应动力系统。

除一些符号修改、额外的计算和绘图之外，讨论将依照参考文献［21］的第 2 章进行。网址 http：//www. maia. ub. edu/dsg/param/下的软件包中包括一个 C 程序，用于计算如下所述的流的不动点的不变流形的展开。

4.1　方法

假设给我们一个连续的 n 维动力学系统 $\dot{\boldsymbol{x}}=\boldsymbol{X}(\boldsymbol{x})$，它有一个不动点 $\boldsymbol{p}$，在该点上向量场的微分是可对角化的。我们想计算一个包含该定点且与向量场微分的 d 维特征空间相切的 d 维流形。通过对变量做出以下形式的改变

$$\boldsymbol{x}=\boldsymbol{p}+P\boldsymbol{y}$$

我们的原始系统可以变成 $\dot{\boldsymbol{y}}=\boldsymbol{Y}(\boldsymbol{y})$，$\boldsymbol{y}=(y_1,\cdots,y_n)$，且 $D\boldsymbol{Y}(0)=\mathrm{diag}(\lambda_1,\cdots,\lambda_n)$，$\lambda_i\in\mathbb{C}$，其满足目标特征空间 $\{\boldsymbol{y}\in\mathbb{R}^n: y_{d+1}=\cdots=y_n=0\}$。然后我们的目标是计算一个 d 维流形的展开式，它包含原式，不受流的影响而变化，并与 $y_1,\cdots,y_d$ 坐标相切。

为此：对于 $\boldsymbol{W}:\mathbb{C}^d\longrightarrow\mathbb{C}^n$，寻找流形的参数化表达，对于 $\boldsymbol{f}:\mathbb{C}^d\longrightarrow\mathbb{C}^d$，寻找退化为流形向量场。这样，如果我们以 $\boldsymbol{s}\in\mathbb{C}^d$ 表示描述流形的参数，那么参数空间中的微分方程是 $\dot{\boldsymbol{s}}=\boldsymbol{f}(\boldsymbol{s})$。从 y 变量中流形 $\boldsymbol{W}(\boldsymbol{s})$ 的参数化来看，原始 $\boldsymbol{x}$ 变量中流形的参数化可恢复为

$$\overline{\boldsymbol{W}}(\boldsymbol{s})=\boldsymbol{p}+P\boldsymbol{W}(\boldsymbol{s}) \tag{4-32}$$

为了找到 $\boldsymbol{W}$、$\boldsymbol{f}$，我们需要解不变性方程

$$\boldsymbol{Y}(\boldsymbol{W}(\boldsymbol{s}))=D\boldsymbol{W}(\boldsymbol{s})\boldsymbol{f}(\boldsymbol{s}) \tag{4-33}$$

假设 $\boldsymbol{W}$、$\boldsymbol{f}$ 展开为关于 $\boldsymbol{s}$ 的幂级数

$$\boldsymbol{W}=\sum_{k\geqslant 1}\boldsymbol{W}_k,\quad \boldsymbol{f}=\sum_{k\geqslant 1}\boldsymbol{f}_k$$

其中，n 维向量 $\boldsymbol{W}_k$ 和 d 维向量 $\boldsymbol{f}_k$ 表示由 $\boldsymbol{s}=(s_1,\cdots,s_d)$ 构成的 k 次齐次多项式

$$\boldsymbol{W}_k=(W_k^1,\cdots,W_k^n),\quad W_k^i=\sum_{m_1+\cdots+m_d=k}W_{k,m}^i s_1^{m_1}\cdots s_d^{m_d}$$

其中 $m=(m_1,\cdots,m_d)\in\mathbb{N}^d$。有了这些符号，我们就可以逐阶地求解不变性方程。其中 0、1 阶可以通过以下式得到满足

$$\boldsymbol{W}_0=0,\quad \boldsymbol{W}_1=(s_1,\cdots,s_d,0,\cdots,0)$$

$$\boldsymbol{f}_0=0,\quad \boldsymbol{f}_1=(\lambda_1 s_1,\cdots,\lambda_d s_d)$$

再来假设

$$\boldsymbol{W}_{<k}:=\boldsymbol{W}_1+\cdots+\boldsymbol{W}_{k-1}$$

$$\boldsymbol{f}_{<k}:=\boldsymbol{f}_1+\cdots+\boldsymbol{f}_{k-1}$$

为已知。如果我们限制方程（4-33）到其 k 阶项，则我们会得到 k 阶上同调方程。将所有未知项放在左侧，再把所有已知项放在右侧，则我们得到右侧如下

$$\boldsymbol{R}_k:=[\boldsymbol{Y}(\boldsymbol{W}_{<k}(\boldsymbol{s}))]_k-\sum_{l=2}^{k-1}\boldsymbol{DW}_{k-l+1}(\boldsymbol{s})\boldsymbol{f}_l(\boldsymbol{s}) \tag{4-34}$$

式中 $[\ ]_k$ 表示“示阶项”。上述表达式中第二项的求值涉及齐次多项式的乘积。第一项包括将 $\boldsymbol{W}$ 的已知部分插入向量场中并得到 k 次项，这使得计算代价更高。通过使用自动微分可以实现高效计算，这将在下面讨论。

k 阶上同调方程左侧的表达式取决于分量。整个 k 阶上同调方程记作

$$(\langle\bar{\lambda},m\rangle-\lambda_i)W_{k,m}^i+f_{k,m}^i=R_{k,m}^i,\quad i\in\{1,\cdots,d\} \tag{4-35}$$

$$(\langle\bar{\lambda},m\rangle-\lambda_i)W_{k,m}^i=R_{k,m}^i,\quad i\in\{d+1,\cdots,n\} \tag{4-36}$$

式中 $\bar{\lambda}:=(\lambda_1,\cdots,\lambda_d)$，$\langle\bar{\lambda},m\rangle:=\lambda_1 m_1+\cdots+\lambda_d m_d$ 。只要式（4-36）可解，就可以计算流形，也就是说，不存在 $m\in\mathbb{N}^d$，$i\in\{d+1,\cdots,n\}$ 使得 $\lambda_i=\langle\bar{\lambda},m\rangle$ ——这将是交叉共振。式（4-35）的求解可以用几种方法来实现，会形成不同样式的参数化：

1）图形样式，包括取 $W_{k,m}^i=0$，$f_{k,m}^i=R_{k,m}^i$，以获得 $W^1(s)=s_1$，…，$W^d(s)=s_d$，这样在 y 坐标中，流形是函数（W^{d+1}，…，W^d）的图形。

2）正常形式样式，其中 $\boldsymbol{f}$ 的展开要尽可能简单

$$W_{k,m}^i=0,\qquad f_{k,m}^i=R_{k,m}^i,\quad \text{如果}\langle\bar{\lambda},m\rangle-\lambda_i=0$$

$$W_{k,m}^i=R_{k,m}^i/(\langle\bar{\lambda},m\rangle-\lambda_i),\quad f_{k,m}^i=0,\qquad \text{其他}$$

当 $\lambda_i=\langle\bar{\lambda},m\rangle$，$i\in\{1,\cdots,d\}$ 时，我们会讨论内部共振。

3）混合样式，给定指数集 I_1，…，$I_N\subset\{1,\cdots,n\}$，将集合$\{s_i=0,\ i\in I_l\}$，$l=1$，…，N，转化为不变子流形

$$\text{如果}\ \exists l:i\in I_l\ \text{且}\ m_j=0\ \forall j\in I_l\quad W_{k,m}^i=R_{k,m}^i,\quad f_{k,m}^i=0$$

$$\text{否则}\qquad W_{k,m}^i=0,\quad f_{k,m}^i=R_{k,m}^i$$

这种混合样式使得参数化形式能适应动力系统，这将会在下面的示例中做展示。

注意，作为一个整体，k 阶上同调方程是线性的和对角的：左侧的每个未知单项式都被作为常数计算，乘以右侧相应单项式。所有计算上的开销都流入到了对 $\boldsymbol{R}_k$ 的求值中。

4.2 效率考量

一旦计算出 $\boldsymbol{R}_k$ 项，用前述的任何一种样式解 k 阶上同调方程都会非常快。假设我们有向量场的显式公式，正如在 RTBP 中的情况，如在式（4-34）中给出的，$\boldsymbol{R}_k$ 的求值取

决于能否进行稠密[①]多元多项式的求和与求积，以及能否将截断的（多元）幂级数合成到诸如正弦或平方根等的初等函数中。

有效实现齐次多项式求积的一种策略是，将其根据变量的序号递归地表示。k 次的 d 元变量齐次多项式可以表示为 k，$k-1$，…，0 次的 $(d-1)$ 个变量多项式的线性组合：对于 $s=(s_1,\cdots,s_d)$，$\hat{s}=(s_1,\cdots,s_{d-1})$

$$f_k(s)=f_k^d(\hat{s})+f_{k-1}^d(\hat{s})s_d+\cdots+f_0^d(\hat{s})s_d^k$$

可用记忆表示法来模仿这个递归定义。使用这种策略避免了对哈希表的需求，并将齐次多项式的乘积简化为系数向量的点积。

对于用截断的泰勒展开合成初等函数，一个有效的策略是使用一种基于径向导数概念的自动微分形式[②]。函数 $f:\mathbb{R}^n\to\mathbb{R}$ 的径向导数被定义为

$$Rf(x):=\nabla f(x)\cdot x=\sum_{i=1}^{d}\frac{\partial f(x)}{\partial x_i}x_i$$

在 k 次齐次多项式上，其满足

$$Rf_k(x)=kf_k(x)$$

其同样满足一种链式法则：对于函数 $\varphi:\mathbb{R}\to\mathbb{R}$

$$R(\varphi\circ f)(x)=\varphi'(f(x))Rf(x)$$

接下来，如果 φ 满足微分方程，则前面的两个性质可以用来推导一个与 f 和 $\varphi\circ f$ 的级数展开有关的递推式。例如，对于

$$\varphi(x)=x^\alpha,\quad f=\sum_{k=0}^{k_{\max}}f_k,\quad f_0\neq 0,\quad [\varphi\circ f]_{\leqslant k_{\max}}=:p=\sum_{k=0}^{k_{\max}}p_k$$

根据 $R(\varphi\circ f)(x)=\varphi'(f(x))Rf(x)$ 和 $x\varphi'(x)=\alpha\varphi(x)$，得出 $p_0=f_0^\alpha$ 且

$$p_k(x)=\frac{1}{kf_0}\sum_{j=0}^{k-1}(\alpha(k-j)-j)f_{k-j}(x)p_j(x)$$

通过使用这种递推，我们可以根据 f_1，…，f_{k-1} 和 p_0，…，p_{k-1} 计算得到 p_k。也就是说，我们也需要 $\varphi\circ f$ 也就是说中阶 $<k$ 的各项。正因如此，为了 $\boldsymbol{W}$、$\boldsymbol{f}$ 的计算能够逐阶进行，我们需要在求解 $[\boldsymbol{F}(\boldsymbol{W}_{<k}(s))]_k$ 的过程中存储所有中间运算的幂级数展开，它们将用于初等函数的幂级数的合成。网址 http://www.maia.ub.edu/dsg/param/中的软件包中包含一个 C 库，它可用于实现多元截断幂级数的操作，以最终实现所有上述想法。

4.3　误差估算

当我们将

$$\boldsymbol{W}_{k\leqslant k_{\max}}:=\boldsymbol{W}_1+\boldsymbol{W}_2+\cdots+\boldsymbol{W}_{k_{\max}},\quad \boldsymbol{f}_{k\leqslant k_{\max}}:=\boldsymbol{f}_1+\boldsymbol{f}_2+\cdots+\boldsymbol{f}_{k_{\max}}$$

计算至最高阶 $k_{\max}$ 后，我们需要检查这些截断展开的质量。为了简化符号，我们将 $\boldsymbol{W}_{k\leqslant k_{\max}}$，$\boldsymbol{f}_{k\leqslant k_{\max}}$ 表示为 $\boldsymbol{W}$，$\boldsymbol{f}$。对于参数空间中的一个具体初始条件 $\boldsymbol{s}_0$，下面三个误差

① 而不是稀疏的。

② 这里的“自动”意指计算泰勒展开式不同的项是通过递归得到的，而不是用符号微分法得到的。

估计量可直接用于检验。将 $\dot{\boldsymbol{s}}=\boldsymbol{f}(\boldsymbol{x})$，$\boldsymbol{s}(0)=\boldsymbol{s}_0$ 的解记为 $\boldsymbol{s}(t)$，将 $\dot{\boldsymbol{x}}=\boldsymbol{X}(\boldsymbol{x})$，$\boldsymbol{x}(0)=\overline{\boldsymbol{W}}(\boldsymbol{s}_0)$ 的解记为 $\boldsymbol{x}(t)$，其中 $\overline{\boldsymbol{W}}$ 是原始坐标系中的流形的参数化表达，如式（4-32）所示，并选择一个足以用于所研究问题的积分时间 T。我们可以考虑：

1）不变性方程中的误差

$$e_I(T,\boldsymbol{s}_0)=\sup_{t\in[0,T]}\|\boldsymbol{X}(\overline{\boldsymbol{W}}(\boldsymbol{s}(t)))-D\overline{\boldsymbol{W}}(\boldsymbol{s}(t))\boldsymbol{f}(\boldsymbol{s}(t))\|$$

2）轨道上误差

$$e_O(T,\boldsymbol{s}_0)=\sup_{t\in[0,T]}\|\overline{\boldsymbol{W}}(\boldsymbol{s}(t))-\boldsymbol{x}(t)\|$$

3）如果 $\dot{\boldsymbol{x}}=\boldsymbol{X}(\boldsymbol{x})$ 有首次积分 H，则减小的首次积分 $H\circ\overline{\boldsymbol{W}}$ 的误差

$$e_H(T,\boldsymbol{s}_0)=\sup_{t\in[0,T]}\|H(\overline{\boldsymbol{W}}(\boldsymbol{s}(t)))-H(\overline{\boldsymbol{W}}(\boldsymbol{s}_0))\|$$

在下文中，我们将使用 $e_O(T,\boldsymbol{s}_0)$ 来改变 $\boldsymbol{s}_0$，以便确定所得到的展开的有效邻域。

4.4 地月 RTBP 共线点 $L_{1,2}$ 的中心流形的展开

对于式（4-29）中给出的地月质量比，本小节展示了 RTBP 的示例结果。

4.4.1 使用图形样式

第一个示例是使用图形样式对 $W^c(L_1)$ 进行的计算。用哈密顿形式表示 RTBP 的向量场为 $\dot{\boldsymbol{x}}=\boldsymbol{X}(\boldsymbol{x})$，并将 $D\boldsymbol{X}(L_1)$ 的特征值按方程（4-30）来表示。用 P 来表示由列特征向量（按顺序对应于特征值 $\boldsymbol{i}\omega_p$，$-\boldsymbol{i}\omega_p$，$\boldsymbol{i}\omega_v$，$-\boldsymbol{i}\omega_v$，λ，$-\lambda$）组成的矩阵。在这个示例中，我们应用了 4.1 节的程序，在下式中设定 $n=6$，$d=4$

$$\boldsymbol{Y}(\boldsymbol{y}):=P^{-1}(\boldsymbol{X}(L_1+P\boldsymbol{y}))$$

并使用图形样式。这样，我们就得到了 L_1 的 4D 中心流形的参数化表达式，为

$$\boldsymbol{s}\longmapsto\overline{\boldsymbol{W}}(\boldsymbol{s}):=L_1+P\boldsymbol{W}(\boldsymbol{s}) \tag{4-37}$$

其中 $W^i(\boldsymbol{s})=s_i$，$i=1,2,3,4$。已经计算了几个 $\boldsymbol{W}$ 到不同阶的展开式，表 4-2 显示了一些计算时间数据。请注意，一个被截断到 70 阶的 4 变量级数具有 $\binom{4+70}{4}=1,150,626$ 个系数。

表 4-2 使用图形样式计算地月 RTBP 的 $W^c(L_1)$ 到不同阶次展开式所需的时间（单位为秒）（使用具有 Intel Core Duo @2.16 GHz CPU 的 Mac 电脑）

10	20	30	40
7.790e−03	4.048e−01	5.497e+00	3.921e+01
50	60	70	
1.900e+02	7.104e+02	2.207e+03	

图 4-15 显示了在固定能量处几个轨道的 $\{s_4=0\}$ 庞加莱截面。请注意，这些图中的每个点都唯一地决定了一条轨道：s_3 是由 s_1、s_2 和能量的（定）值计算出来的。图 4-15 中的庞加莱截面类似于参考文献［15，25］中计算的截面。由于通过了参数化表达式（4-

37)，$s_4=0$ 的点转变为 $z=0$ 的点，图 4-15 中的庞加莱截面也类似于图 4-13 中的截面。请注意，两者的获得方式完全不同：在这里是通过对 $\dot{\boldsymbol{s}}=\boldsymbol{f}(\boldsymbol{s})$ 的直接数值积分获得的；而后者则是通过单独计算每个表示出来的环面得到的。由于使用数值方法的原因，图 4-13 可以达到更高的能量。在这里，展开式仅限于在它们的有效性域内使用。下面的内容给出了对该域的估计。另一方面，在本节中，$\dot{\boldsymbol{s}}=\boldsymbol{f}(\boldsymbol{s})$ 的数值积分使得我们在每个能级中都可以捕获到中心流形的所有动力系统。而在使用数值方法的图 4-13 中，我们只能展示经由单独计算得出的对象。

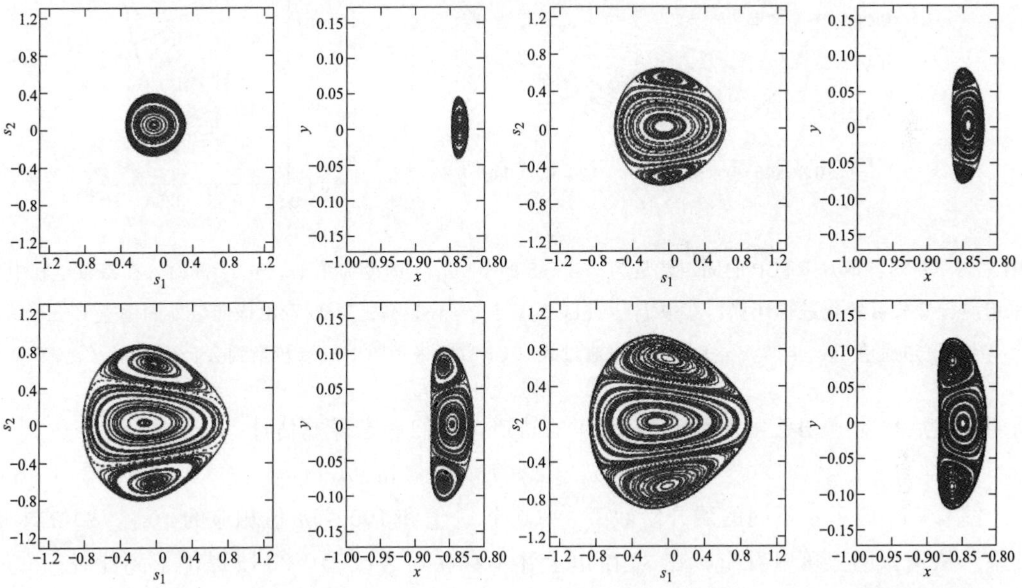

图 4-15　地月 RTBP，其能量 −1.59、−1.58、−1.570、−1.565 处的 $W^c(L_1)$ 的庞加莱 $\{s_4=0\}$ 截面。对于每个能量，我们都在相应的庞加莱截面的参数空间中绘出了一张图，并给出了将前述图中所有点通过式（4-37）转换到原始（旋转）坐标系后的图。图片由 A. Haro 提供

4.4.2　使用混合样式

在下一个示例中，我们使用混合样式参数化，用 $N=2$，$I_1=\{1,\ 2\}$，$I_2=\{3,\ 4\}$ 重新计算了 $W^c(L_1)$。P、n、d 的选择与上一个示例中的相同。通过这种混合样式，由于式（4-30）中特征值的排序，$\{\overline{\boldsymbol{W}}(s_1,\ s_2,\ 0,\ 0)\}_{s_1,\ s_2}$ 描述了由平面 Lyapunov 轨道族张成的 2D 流形，而 $\{\overline{\boldsymbol{W}}(0,\ 0,\ s_3,\ s_4)\}_{s_3,\ s_4}$ 描述了由垂直 Lyapunov 轨道族张成的 2D 流形。特别地，在固定能级的每个 $\{s_4=0\}$ 庞加莱截面上，垂直 Lyapunov 轨道对应于 $s_1=s_2=0$ 的点。图 4-16 展示了一个这样的庞加莱截面。

这种使用参数 s_1、s_2、s_3、s_4 对动力系统之间的适应使得我们可以很容易的为数值探索选择初始条件，以便于用 e_O 估计确定展开的有效域。对于 $s_2>0$，用 $h(s_2)$ 表示平面 Lyapunov 轨道的能量具有"s_2 振幅"，即 $h(s_2):=H(\overline{\boldsymbol{W}}(0,\ s_2,\ 0,\ 0))$。然后，对于 $s_2>0$ 且 $\alpha\in[-1,\ 1]$，定义 $\boldsymbol{s}(s_2,\ \alpha):=(0,\ \alpha s_2,\ s_3,\ 0)$，并选择 s_3，使得满足 $H(\boldsymbol{s}(s_2,\ \alpha))=h(s_2)$。用 T_{s2} 表示能量为 $h(s_2)$ 的平面和垂直 Lyapunov 周期轨道的最大

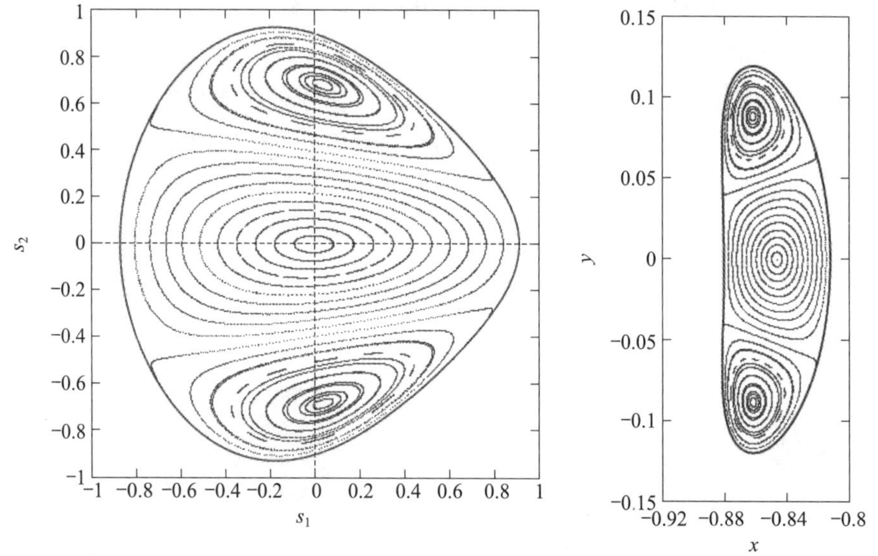

图 4-16　左图：地月 RTBP 的固定能量为 −1.565 的 $W^c(L_1)$ 的庞加莱 $\{s_4=0\}$ 截面（在参数空间中），采用混合样式参数化进行计算，其中 $I_1=\{1,2\}$，$I_2=\{3,4\}$。可以看出该能量处的垂直 Lyapunov 周期轨道对应于 $s_1=s_2=0$。右图：通过式（4-37）将左图中的点转换到会合坐标系（旋转）

周期。然后，对于初始条件为 $\mathbf{s}(s_2,\alpha)$ 的轨道，我们考虑误差估计

$$\varepsilon(s_2,\alpha):=e_O(T_{s_2},\mathbf{s}(s_2,\alpha)) \tag{4-38}$$

图 4-17 展示了不同的展开阶数下，100 个 s_2 值和 100 个 α 值相应的 $\varepsilon(s_2,\alpha)$ 的求值结果。从这张图上可以看出，在 30 阶以上并不存在显著改善。20 阶提供了到能量 −1.57 的约为 10^{-6} 的精度，而 30 阶提供了到相同能量的约为 10^{-10} 的精度和到达能量 −1.565 的约为 10^{-6} 的精度。

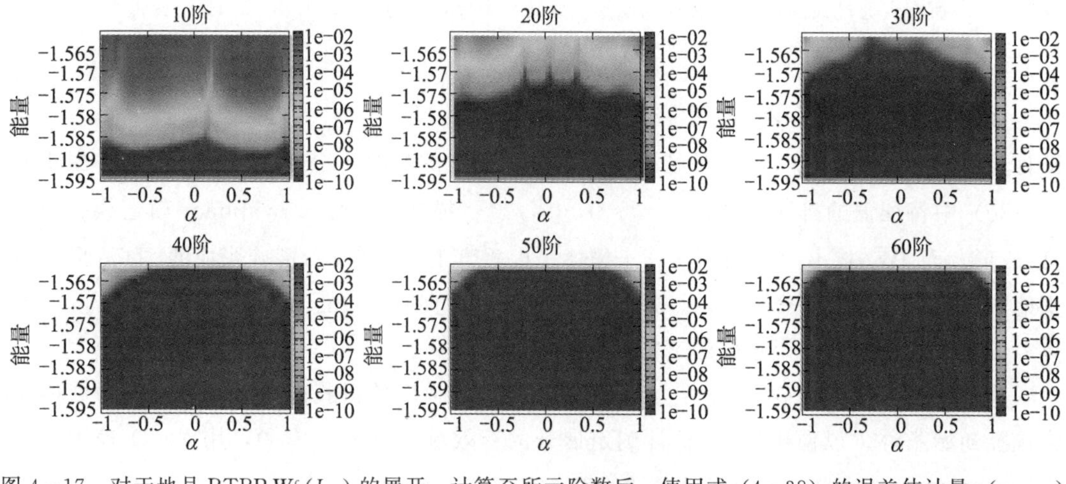

图 4-17　对于地月 RTBP $W^c(L_1)$ 的展开，计算至所示阶数后，使用式（4-38）的误差估计量 $\varepsilon(s_2,\alpha)$ 进行评估。每张图都根据 100 个 s_2 值［在垂直轴上表示为 $h(s_2)$］和 100 个 α 值而生成（见彩插）

作为最后一个示例，我们也用同样的混合样式策略计算了 $W^c(L_2)$ 的展开。图 4 - 18 显示了固定能量为－1.570 时 $W^c(L_2)$ 的庞加莱 $\{s_4=0\}$ 截面。图 4 - 19 显示了阶数为 10、20、30 时，展开的 $\varepsilon(s_2, \alpha)$ 的误差估计。与 L_1 附近的展开相比，其有效性域更小，但精度在相同能量的情况下大约相同。这与 L_2 的能量大于 L_1 的能量这一事实是一致的。

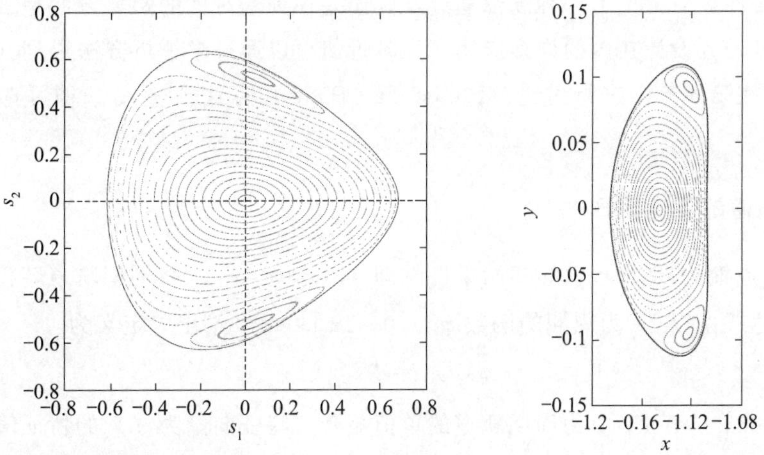

图 4 - 18　左图：地月 RTBP 的固定能量为－1.570 的 $W^c(L_2)$ 的庞加莱 $\{s_4=0\}$ 截面，采用混合样式、$I_1=\{1, 2\}$，$I_2=\{3, 4\}$ 的参数化表达式进行计算。右图：通过式（4 - 37）将左图中的点转换到原始（旋转）坐标系

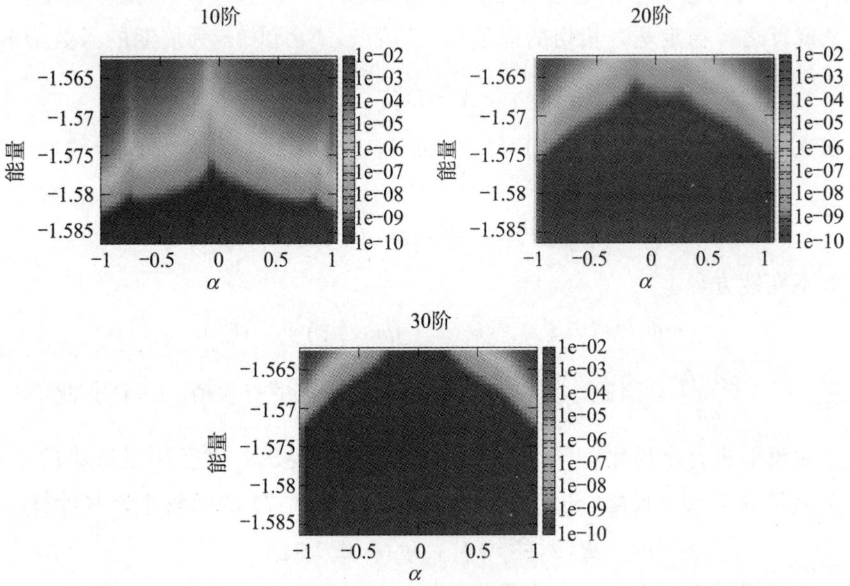

图 4 - 19　对于地月 RTBP $W^c(L_2)$ 的展开，计算至所示阶数后，使用式（4 - 38）的误差估计量 $\varepsilon(s_2, \alpha)$ 进行评估。每张图中的点数和对轴的解释与图 4 - 17 相同（见彩插）

5 周期轨道和 2D 环面的稳定和不稳定流形的数值计算

在本节中，我们将看到如何以数值方式计算周期轨道和环面的稳定和不稳定流形的线性近似。该线性近似提供了一种局部逼近，其误差在到基对象的距离方面是二阶的，足够胜任包括初步任务设计在内的许多应用。高阶近似可以通过半解析方法得到（包括参数化方法），这将在第 6 节中进行讨论。Lindstedt - Poincar 方法[29]是另一种可选用的半解析方法。

5.1 周期轨道的不变流形

设 $\boldsymbol{x}_0$ 为周期为 T 的轨道的初始条件，即 $\phi_T(\boldsymbol{x}_0)=\boldsymbol{x}_0$。将周期轨道转化为不变流形的参数化表达式由以 2π 为周期的函数 $\boldsymbol{\varphi}$：$[0,\ 2\pi]\rightarrow\mathbb{R}^6$ 给出，定义为

$$\boldsymbol{\varphi}(\theta):=\boldsymbol{\phi}_{\frac{\theta}{2\pi}T}(\boldsymbol{x}_0)$$

设 $\Lambda\in\mathbb{R}$，$|\Lambda|\neq 1$ 为周期轨道的单值矩阵（特征向量为 v）的特征值，即

$$D\boldsymbol{\phi}_T(\boldsymbol{x}_0)\,\boldsymbol{v}=\Lambda\boldsymbol{v}$$

满足 $|\Lambda|>1$（反之，$|\Lambda|<1$）的特征值 Λ 将对应于不稳定（反之，稳定）流形。为简便起见，我们假设在接下来的讨论中 $\Lambda>0$；最后再对 $\Lambda<0$ 情况进行评注。因此，$\Lambda>1$（反之，$\Lambda<1$）将对应于不稳定（反之，稳定）流形。与不稳定（反之，稳定）流形（亦称不稳定丛或反之，稳定丛）相切的向量集的参数形式由以 2π 为周期的函数给出

$$\boldsymbol{v}(\theta):=\Lambda^{-\frac{\theta}{2\pi}}D\boldsymbol{\phi}_{\frac{\theta}{2\pi}T}(\boldsymbol{x}_0)\,\boldsymbol{v}$$

通过联立前面两个表达式，我们可以得到不稳定（反之，稳定）流形线性近似的参数化表达式

$$\overline{\boldsymbol{\psi}}(\theta,\xi):=\boldsymbol{\varphi}(\theta)+\xi\boldsymbol{v}(\theta) \tag{4-39}$$

其满足近似不变性方程

$$\boldsymbol{\phi}_t(\overline{\boldsymbol{\psi}}(\theta,\xi))=\overline{\boldsymbol{\psi}}(\theta+t\omega,e^{t\lambda}\xi)+O(\xi^2)$$

其中 $\omega=\dfrac{2\pi}{T}$，$\lambda=\dfrac{\omega\ln\Lambda}{2\pi}$。因此，其仅可以对小 ξ 的情况进行求值。尽管如此，$\overline{\boldsymbol{\psi}}$ 可通过数值积分用于对流形进行全局化，且仍提供圆柱形参数表达式：对于不足够小的 ξ 值，我们可以取一个满足 $m>0$（反之，$m<0$）的整数，使得 $\Lambda^{-m}\xi$ 的值较小，并计算

$$\overline{\boldsymbol{\Psi}}(\theta,\xi)=\boldsymbol{\phi}_{mT}(\overline{\boldsymbol{\psi}}(\theta,\Lambda^{-m}\xi))$$

图 4 - 20 表明了以这种方式全局化的晕轨道的二维不稳定流形的月球分支，直到经过其第一个近月点。请注意，它并不是表示为一组轨道，而是表示为通过变量（θ，ξ）确定的参数化曲面。

在 $\Lambda<0$ 时，如果我们用 $2T$ 代替 T，用 Λ^2 代替 Λ，则前面所有的讨论均有效。这样，ν 以 2π 为周期，并且 $\overline{\boldsymbol{\psi}}$ 和 $\overline{\boldsymbol{\Psi}}$ 的表达式仍提供圆柱形参数化。

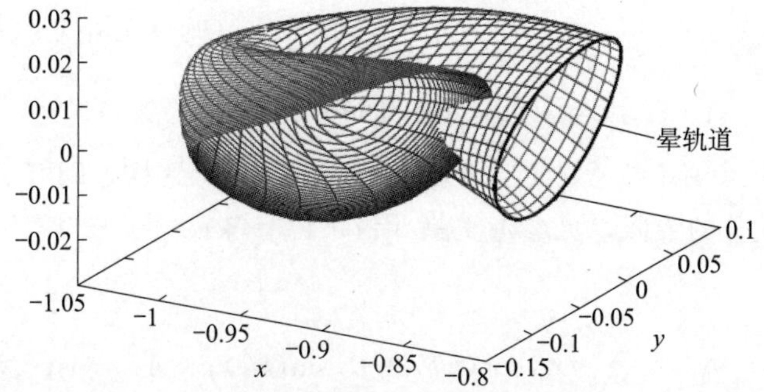

图 4-20　围绕地月 RTBP L_1 的晕轨道的二维不稳定流形的月球分支，其被表示为一个曲面

5.2　二维环面的不变流形

我们继续参考文献 [24] 的讨论，但稍微修改了计算策略。假设 $\boldsymbol{\varphi}$ 参数化了二维环面内的一条不变曲线，如第 3.8.1 节所述

$$\boldsymbol{\phi}_{\Delta}(\boldsymbol{\varphi}(\theta))=\boldsymbol{\varphi}(\theta+\rho) \tag{4-40}$$

我们希望找到 $\Lambda\in\mathbb{R}$，$|\Lambda|\neq1$ 和 $\boldsymbol{u}$：$\mathbb{R}\to\mathbb{R}^6$，以 2π 为周期，并要满足

$$D\boldsymbol{\phi}_{\Delta}(\boldsymbol{\varphi}(\theta-\rho))\boldsymbol{u}(\theta-\rho)=\Lambda\boldsymbol{u}(\theta) \tag{4-41}$$

即与特征值 Λ 相关的不变丛。如果 $|\Lambda|>1$（反之，$|\Lambda|<1$），则这将是一个不稳定（反之，稳定）不变丛，并且在经过 $\boldsymbol{\varphi}$ 参数化的不变曲线上与环面的不稳定（反之，稳定）流形相切。

方程式 (4-41) 可以简洁地写为

$$\mathscr{C}\boldsymbol{u}=\Lambda\boldsymbol{u} \tag{4-42}$$

其中

$$(\mathscr{C}\boldsymbol{u})(\theta)=D\boldsymbol{\phi}_{\Delta}(\boldsymbol{\varphi}(\theta-\rho))\boldsymbol{u}(\theta-\rho)$$

假设 $\boldsymbol{u}$ 被展开为截断的傅里叶级数，则特征值问题式 (4-42) 可以被离散化，从而可通过用它们的离散傅里叶变换 (DFT) 逼近傅里叶系数 $\mathscr{C}\boldsymbol{u}$ 的方法将问题式 (4-42) 转换成有限维矩阵向量特征值问题。

我们对 DFT 使用以下符号：对于偶数 N，给定真实数据 $\{f_j\}_{j=0}^{N-1}$，我们记

$$F_{\{f_j\}_{j=0}^{N-1}}(k):=\frac{1}{N}\sum_{j=0}^{N-1}f_je^{-i2\pi\frac{k}{N}j},\quad k=0,\cdots,N-1$$

$$A_{\{f_j\}_{j=0}^{N-1}}(k):=\frac{\delta_k}{N}\sum_{j=0}^{N-1}f_j\cos\left(2\pi\frac{k}{N}j\right),\quad k=0,\cdots,N/2$$

$$B_{\{f_j\}_{j=0}^{N-1}}(k):=\frac{2}{N}\sum_{j=0}^{N-1}f_j\sin\left(2\pi\frac{k}{N}j\right),\quad k=1,\cdots,N/2-1$$

其中 $\delta_0=\delta_{\frac{N}{2}}=1$，$\delta_k=2$，且 $k=1$，…，$\frac{N}{2}-1$。如果数据来自于对以 2π 为周期的函数的常规采样，即对于 $\theta_j=j2\pi/N$，$f_j=f(\theta_j)$，f 以 2π 为周期

$$f(\theta)\approx A_{\{f_j\}_{j=0}^{N-1}}(0)+\sum_{k=0}^{N/2}(A_{\{f_j\}_{j=0}^{N-1}}(k)\cos(k\theta)+B_{\{f_j\}_{j=0}^{N-1}}(k)\sin(k\theta))+$$
$$A_{\{f_j\}_{j=0}^{N-1}}(N/2)\cos((N/2)\theta)$$

式中，如果 $\theta=\theta_j$，$0\leqslant j\leqslant N-1$，则近似是一个等式。这样，DFT 系数提供了傅里叶系数的近似（关于差分的界限，见参考文献［11，17］等）。

现在，对于

$$\boldsymbol{u}(\theta)=\boldsymbol{A}_0+\sum_{k=1}^{N/2-1}(\boldsymbol{A}_k\cos(k\theta)+\boldsymbol{B}_k\sin(k\theta))+\boldsymbol{A}_{N/2}\cos((N/2)\theta)$$

让我们用 $\{\overline{\boldsymbol{A}}_k\}_{k=0}^{N/2}$，$\{\overline{\boldsymbol{B}}_k\}_{k=1}^{N/2-1}$ 表示 $(\mathscr{C}\boldsymbol{u})(\theta)$ 的 DFT 系数，即

$$(\mathscr{C}\boldsymbol{u})(\theta)\approx\overline{\boldsymbol{A}}_0+\sum_{k=1}^{N/2-1}(\overline{\boldsymbol{A}}_k\cos(k\theta)+\overline{\boldsymbol{B}}_k\sin(k\theta))+\overline{\boldsymbol{A}}_{N/2}\cos((N/2)\theta)$$

如果我们表示

$$\boldsymbol{x}=(\boldsymbol{A}_0,\boldsymbol{A}_1,\boldsymbol{B}_1,\cdots,\boldsymbol{A}_{N/2-1},\boldsymbol{B}_{N/2-1},\boldsymbol{A}_{N/2})$$
$$\overline{\boldsymbol{x}}=(\overline{\boldsymbol{A}}_0,\overline{\boldsymbol{A}}_1,\boldsymbol{B}_1,\cdots,\overline{\boldsymbol{A}}_{N/2-1},\overline{\boldsymbol{B}}_{N/2-1},\overline{\boldsymbol{A}}_{N/2})$$

那么，对于合适的（有限维）矩阵 $\boldsymbol{C}$

$$\overline{\boldsymbol{x}}=\boldsymbol{C}\boldsymbol{x}\tag{4-43}$$

$\boldsymbol{C}$ 的列可以由 DFT 系数得到，该系数为代入 $\boldsymbol{x}$ 空间中的典范基元素的算子$\mathscr{C}$的 DFT 系数。典范基元素即为 $\boldsymbol{w}_k$、$\boldsymbol{w}_k\cos\theta$、$\boldsymbol{w}_k\sin\theta$、$\boldsymbol{w}_k\cos2\theta$、$\boldsymbol{w}_k\sin2\theta$ 等函数，记 $\boldsymbol{w}_k\in\mathbb{R}^6$ 为典范基的第 k 个元素，$k=1$，…，6。由于所有这些函数都可以用 $e^{ik\theta}$ 形式的复指数来表示，因此 $\boldsymbol{C}$ 矩阵的系数可以通过下式计算求出

$$F_{\{D\boldsymbol{\phi}_\Delta(\varphi(\theta_l-\rho))\boldsymbol{w}_j e^{ik(\theta_l-\rho)}\}_{l=0}^{N-1}}(m)$$

该式经过一些计算后，可化为

$$e^{-ik\rho}F_{\{D\boldsymbol{\phi}_\Delta(\varphi(\theta_l-\rho))\boldsymbol{w}_j\}_{l=0}^{N-1}}(m-k)$$

其中 $j=1$，…，6 且 k，$m=0$，…，$N/2$。由于 $D\boldsymbol{\phi}_\Delta(\varphi(\theta_l-\rho))\boldsymbol{w}_j$ 对于每个 j 值是 6－向量，前述表达式的所有需要值的计算都被简化为 36 DFT，通过使用 FFT，每个 DFT 需要 $O(N\log N)$ 次运算。

为选择式（4-43）中 $\boldsymbol{C}$ 矩阵的正确特征值，有必要了解一些有关目标不变丛的谱结构的知识。$\boldsymbol{C}$ 的特征值以圆的形式成组出现。由于我们的目标环面是可约化的，因此圆的数量与约化矩阵的特征值一样多（可以认为该矩阵类似于周期轨道的单值矩阵）。假设式（4-41）有一个解，根据 RTBP 属于哈密顿系统的这一事实，除了单位圆外，还会存在一个包含 Λ 的圆，和另一个包含 Λ^{-1} 的圆，这些是我们所关注的。相应的特征向量提供了我们所关注的不变丛的傅里叶系数。有关此讨论的更多详情，和有关计算特征值的精确度的一些额外考虑可见参考文献［24］。

现在，通过以下式子，根据在不变曲线 $\boldsymbol{\varphi}(\theta)$ 上与环面的稳定或不稳定流形相切的不变稳定丛或不稳定丛 $\boldsymbol{u}(\theta)$，可以得到在整个环面上与环面的稳定或不稳定流形相切的不变丛

$$\boldsymbol{V}(\theta_1,\theta_2)=\Lambda^{-\frac{\theta_2}{2\pi}}D\boldsymbol{\phi}_{\frac{\theta_2}{2\pi}\Delta}\left(\boldsymbol{\varphi}\left(\theta_1-\frac{\theta_2}{2\pi}\rho\right)\right)\boldsymbol{u}\left(\theta_1-\frac{\theta_2}{2\pi}\rho\right)$$

该式假设 $\Lambda>0$。如果事实并非如此，则 Δ 需变为 2Δ，这样把 ρ 替换为 2ρ，Λ 替换为 Λ^2 后可使方程式（4-40）和式（4-41）得到满足。如上所定义，关于 θ_1、θ_2 的函数 $\boldsymbol{V}$ 以 2π 为周期，且满足

$$D\boldsymbol{\phi}_t(\boldsymbol{\psi}(\theta_1,\theta_2))\boldsymbol{V}(\theta_1,\theta_2)=\Lambda^{\frac{t\omega_2}{2\pi}}\boldsymbol{V}(\theta_1+t\omega_1,\theta_2+t\omega_2)$$

式中，$\boldsymbol{\psi}$ 是由方程式（4-21）定义的二维环面的参数化表达式，且 $\omega_1=\rho/\Delta$，$\omega_2=2\pi/\Delta$。根据在整个环面上定义的稳定或不稳定丛的参数化，我们可以把环面的稳定或不稳定流形的线性近似的参数化表达式写成

$$\overline{\boldsymbol{\psi}}(\theta_1,\theta_2,\xi)=\boldsymbol{\psi}(\theta_1,\theta_2)+\xi\boldsymbol{V}(\theta_1,\theta_2) \tag{4-44}$$

式中，θ_1、θ_2 以 2π 为周期，并满足近似不变性方程

$$\boldsymbol{\phi}_t(\overline{\boldsymbol{\psi}}(\theta_1,\theta_2,\xi))=\overline{\boldsymbol{\psi}}(\theta_1+t\omega_1,\theta_2+t\omega_2,e^{t\lambda}\xi)+O(\xi^2)$$

其中，$\omega_1=\rho/\Delta$，$\omega_2=2\pi/\Delta$，$\lambda=\omega_2\ln\Lambda/(2\pi)$，因此方程式（4-44）仅可用于计算 ξ 值较小的情况。对于不足够小的 ξ 值，我们可以考虑一个整数 m，使得 $\Lambda^{-m}\xi$ 较小（对于不稳定流形，$m>0$；对于稳定流形，$m<0$）并计算

$$\overline{\boldsymbol{\Psi}}(\theta_1,\theta_2,\xi)=\boldsymbol{\phi}_{m\Delta}(\overline{\boldsymbol{\psi}}(\theta_1-m\rho,\theta_2,\Lambda^{-m}\xi))$$

6　使用参数化方法进行稳定和不稳定流形的半解析计算

我们已经了解了参数化方法是怎样作为一种半解析方法来找到共线平动点的中心流形中的周期轨道和环面的。无须任何改动，它还能用于找出这些轨道的稳定和不稳定不变流形。$W^c(L_1)$ 不变对象的所有不稳定流形都包含在 L_1 的中心不稳定流形 $W^{cu}(L_1)$ 中。该中心不稳定流形是与特定方向相切的不变流形，该方向由具有下列特征值的特征向量给出

$$\boldsymbol{i}\omega_p,-\boldsymbol{i}\omega_p,\boldsymbol{i}\omega_v,-\boldsymbol{i}\omega_v,\lambda$$

式中，我们重新使用了方程式（4-30）中的符号。$W^c(L_1)$ 不变对象的所有稳定流形都包含在 L_1 的中心稳定流形 $W^{cs}(L_1)$ 中，它是与特定方向相切的不变流形，由具有如下特征值的特征向量给出

$$\boldsymbol{i}\omega_p,-\boldsymbol{i}\omega_p,\boldsymbol{i}\omega_v,-\boldsymbol{i}\omega_v,-\lambda$$

该参数化方法无须任何改动就能用于计算 $W^{cu}(L_1)$ 或 $W^{cs}(L_1)$ 来代替 $W^c(L_1)$。

作为示例，我们可以使用 4.1 节中所描述的流程，使用与第 4.4 节中对 P 相同的选择，$n=d=6$，并选择混合样式的参数化方法并使用表 4-3 定义的指数集 I_1，…，I_{14}。通过这种方式，我们获得了 L_1 整个邻域的再参数化，它与动力系统完全契合。表 4-3 是为不同类型对象选择初始条件的方法。例如，因为 I_1 的使用，形式 $\overline{\boldsymbol{W}}(0,0,0,0,s_5,0)$ 的点处于 L_1 的不稳定流形中；而因为 I_{10} 的使用，形式 $\overline{\boldsymbol{W}}(0,0,s_3,s_4,0,s_6)$ 的点处于垂直 Lyapunov 周期轨道族的稳定流形中。表 4-4 显示了展开至不同阶所需的计算时间。这些时间比 4.4 节中的更长，因为现在截断幂级数具有 6 个变量，而不是 4 个变量。

表 4－3　地月 RTBP L_1 邻域的混合样式再参数化所用的指数集

l	I_l	$s_i=0, i\in I_l$ 描述的子流形
1	{1,2,3,4,6}	L_1 的不稳定流形
2	{1,2,3,4,5}	L_1 的稳定流形
3	{1,2,3,4}	L_1 的双曲线正规部分
4	{3,4,5,6}	周期轨道的平面 Lyapunov 族
5	{3,4,6}	平面 Lyapunov 族的不稳定流形
6	{3,4,5}	平面 Lyapunov 族的稳定流形
7	{3,4}	平面 Lyapunov 族的正规双曲线部分
8	{1,2,5,6}	周期轨道的垂直 Lyapunov 族
9	{1,2,6}	垂直 Lyapunov 族的不稳定流形
10	{1,2,5}	垂直 Lyapunov 族的稳定流形
11	{1,2}	垂直 Lyapunov 族的正则双曲线部分
12	{5,6}	L_1 的中心流形
13	{6}	L_1 的中心不稳定流形
14	{5}	L_1 的中心稳定流形

表 4－4　地月 RTBP L_1 邻域混合样式的再参数化展开至不同阶数所需的计算时间

k_{max}	10	15	20	25	30
时间/s	0.48	6.66	64.83	470.37	1 311.42

如前所述，确定展开的有效性邻域是有必要的。这项工作已在图 4－21 中通过开展类似于 4.4.2 节中进行的探索而完成，但不同之处在于，现采用初始条件 s_5，$s_6\neq 0$，来对 e_O 估计量进行求值，并在时间上既向前积分又向后积分，以测试稳定和不稳定流形。各测试能量处的轨道的 e_O 最大值都由图 4－21 中对应的点来表示。从左至右，曲线对对应于阶数 10、15、20、25、30。有关该探索的全部详情可见参考文献［21］。

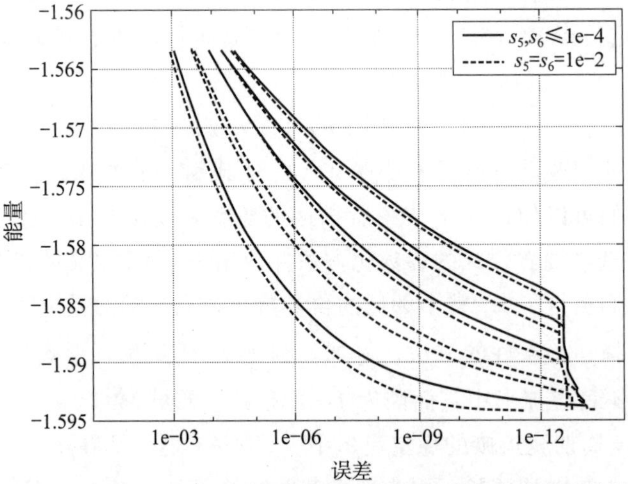

图 4－21　地月 RTBP L_1 邻域的混合样式再参数化的误差估计

至于这些展开的用途，一种示范应用就是生成所谓的转移和非转移轨道[7,8]。在选择对应于 $\pm\lambda$ 的特征向量后，如图 4-22 中所示的那样，s_5，$s_6>0$ 对应的轨道是从地球到月球的转移轨道，反之亦然。

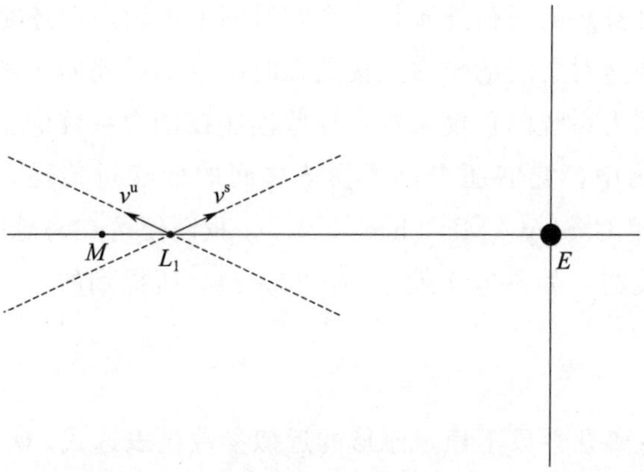

图 4-22　为产生转移和非转移轨道，对 L_1 双曲特征向量进行选择的图示

不过，s_5，$s_6<0$ 的轨道是指在它们离开主天体后，又“弹回”了主天体的非转移轨道。图 4-23 展示了图 4-21 中用于误差估计值求值的一些轨道，由于它们都是按 $s_5=s_6>0$ 进行选择的，因此这些轨道都是转移轨道。为清楚起见，轨道不是使用在误差估计求值过程中那样的积分得出的，而是在时间上向前积分，直到与 $x=\mu-1+R_M$ 区间上向前积分，R_M 第一次相切［在该式中，R_M 是以无量纲单位表示的月球半径（红色轨道）］，再在时间上向后积分（蓝色轨道），直到首次绕过地球后与 $y=0$ 第二次相切。将每条先蓝后红的曲线看作同一条轨道，从图中可以看出所有这些轨道都是地-月转移轨道。

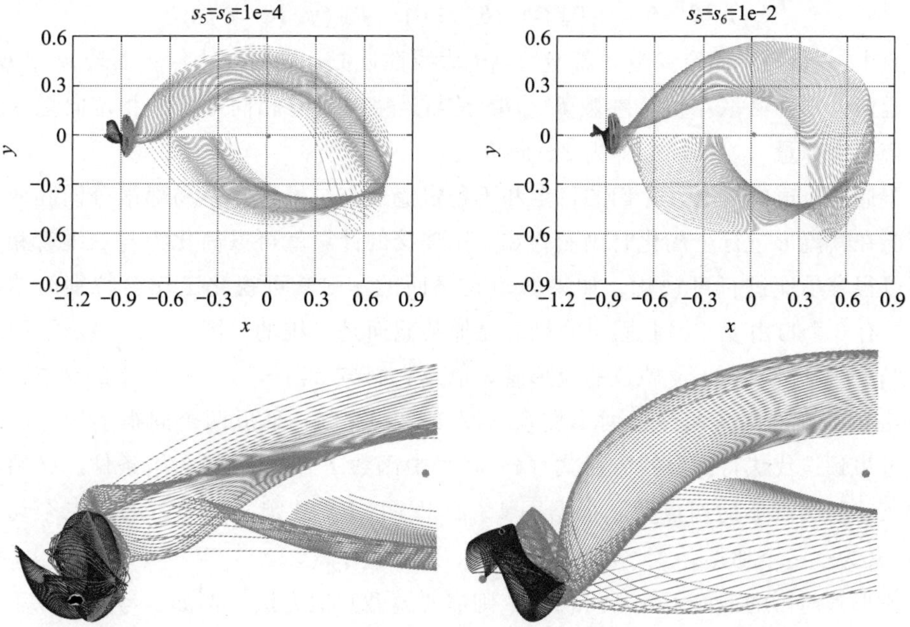

图 4-23　与地球 RTBP L_1 共线点相关的一些转移轨道。第二行的图是第一行的图所对应的 3D 视图（见彩插）

7 对同宿和异宿连接的计算

一个对象（与其自身）的同宿连接是一个在时间上不论向前还是向后都趋向于该对象的轨迹。离开对象和到达对象间的异宿连接是在时间上向后趋向于离开对象并向前趋向于到达对象的轨迹。从动力系统的角度来看，这些连接在动力系统的全局组织中起着基础性的作用。在 RTBP 问题中，它们还提供了物体之间的低能量传递[13]以及共振跃迁[16,28]。通过在 Hill 区域内使用 Conley - McGehee 管[7,30]，我们便可在月球-行星系统的内部区域和外部区域之间规定线路，如参考文献［16，28，34］所提到的。

7.1 计算单个连接

考虑 $\boldsymbol{\psi}^u(\theta,\ \xi)$ 为离开对象不稳定流形的近似参数化表达式，$\boldsymbol{\psi}^s(\theta,\ \xi)$ 为到达对象稳定流形的近似参数化表达式。这些近似可以是线性的，也可以是更高阶的。设 $\Sigma=\{g(\boldsymbol{x})=0\}$ 是与流形相交的庞加莱截面，考虑两个相关的庞加莱映射：P_Σ^+ 由时间上向前的积分计算；P_Σ^- 由时间上向后的积分计算。即

$$\boldsymbol{P}_\Sigma^+(\boldsymbol{x})=\boldsymbol{\phi}_{\tau^+(\boldsymbol{x})}(\boldsymbol{x}),\quad \boldsymbol{P}_\Sigma^-(\boldsymbol{x})=\boldsymbol{\phi}_{\tau^-(\boldsymbol{x})}(\boldsymbol{x}) \tag{4-45}$$

式中，函数 $\tau^+(\boldsymbol{x})$、$\tau^-(\boldsymbol{x})$ 是时间返回映射，且有 $\tau^+(\boldsymbol{x})>0$，$\tau^-(\boldsymbol{x})<0$，它们根据以下条件隐式定义

$$g(\boldsymbol{\phi}_{\tau^+(\boldsymbol{x})}(\boldsymbol{x}))=g(\boldsymbol{\phi}_{\tau^-(\boldsymbol{x})}(\boldsymbol{x}))=0$$

同宿（若离开对象与到达对象相同）连接或异宿（若离开对象与到达对象不同）连接与截面 Σ 的交点由以下函数的零点给出

$$\boldsymbol{F}(\boldsymbol{\theta}^u,\boldsymbol{\theta}^s)=\boldsymbol{P}_\Sigma^+(\boldsymbol{\psi}^u(\boldsymbol{\theta}^u,\xi))-\boldsymbol{P}_\Sigma^-(\boldsymbol{\psi}^s(\boldsymbol{\theta}^s,\xi)) \tag{4-46}$$

在此函数中，ξ 是一个固定参数，若 $\boldsymbol{\psi}^u$、$\boldsymbol{\psi}^s$ 为线性近似，则需取小值；而若 $\boldsymbol{\psi}^u$、$\boldsymbol{\psi}^s$ 是较高阶的近似，则不必取小值。参数 $\boldsymbol{\theta}^u$、$\boldsymbol{\theta}^s$ 是与连接对象有相同维度的相位向量（对周期轨道而言即为标量，二维环面即为 2－向量）。

对于周期轨道的情况，它们的稳定和不稳定流形与二维柱体是局部微分同胚的。只要这种情况在其流形进行全局化时仍然存在，则连接的计算就可以简化为与二维管相交，进而就可以很容易地进行可视化。如果轨道是平面的，则其可视化工作会特别简单：平面 RTBP 具有 2 个自由度，因此固定能量的庞加莱截面是二维的。图 4 - 24 显示了围绕地月 RTBP L_1 的平面 Lyapunov 轨道的流形管，以及它们与 Σ：$=\{x=\mu-1\}$ 的交点。来自流形管与 Σ 的截面的两条曲线的两个交点（图 4 - 24 右侧）形成两个同宿连接。可从此图中，通过牛顿迭代法得到寻找方程式（4 - 46）中函数 $\boldsymbol{F}$ 的零点的初始条件。必须注意定义庞加莱映射的流形的切点数：根据图 4 - 24 左图，$\boldsymbol{P}_\Sigma^+$ 被定义为与Σ的第二个切点，而 $\boldsymbol{P}_\Sigma^-$ 被定义为第一个切点。

若流形管与Σ的截面不容易可视化，则需要遵循其他方法。例如，考虑在以下二者之间搜寻异宿连接：

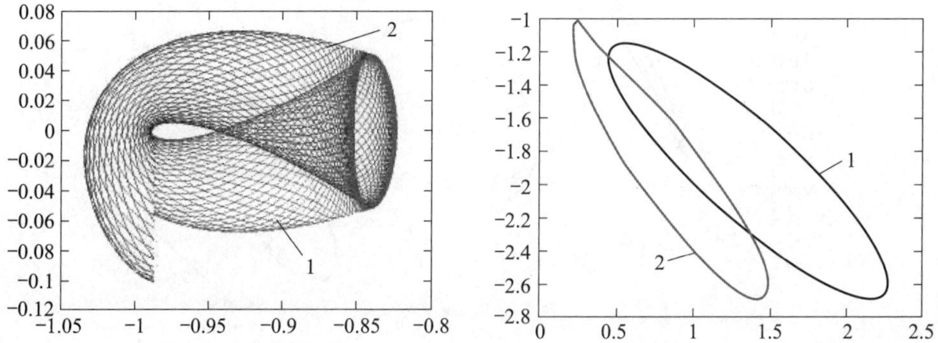

图 4-24　左图：围绕地月 RTBP L_1 的平面 Lyapunov 轨道的流形管（1：稳定流形，2：不稳定流形）。右图：流形管与截面 $\Sigma=\{x=\mu-1\}$ 段的交点。左图中的坐标为：x、y，右图中为 p_x、p_y

1）围绕地月 RTBP L_1 的利萨如轨道，其能量 $\bar{h}:=-1.58$，旋转数 $\bar{\rho}:=0.2800082$，

2）围绕 L_2 的利萨如环面，其具有相同的能量，旋转数 $\tilde{\rho}:=0.1700025$。

将离开（反之，到达）环面的不稳定（反之，稳定）流形的线性近似的参数化表达式记为 $\boldsymbol{\Psi}^u(\theta_1,\theta_2,\xi)$（反之，$\boldsymbol{\Psi}^s(\theta_1,\theta_2,\xi)$）。在与截面的切点达到需要的数量后，将方程式（4-45）中定义的庞加莱截面也记为 P_Σ^+、P_Σ^-。然后，为寻找联系，我们可以写出关于 θ_1、θ_2 的函数

$$\min_{\bar{\theta}_1,\bar{\theta}_2\in[0,2\pi]} \operatorname{dist}(P_\Sigma^+(\boldsymbol{\Psi}^u(\theta_1,\theta_2)),P_\Sigma^-(\boldsymbol{\Psi}^s(\bar{\theta}_1,\bar{\theta}_2)))$$

并绘制在了图 4-25 中。图 4-26 中示出了对应于该图中右侧放大图的异宿连接。

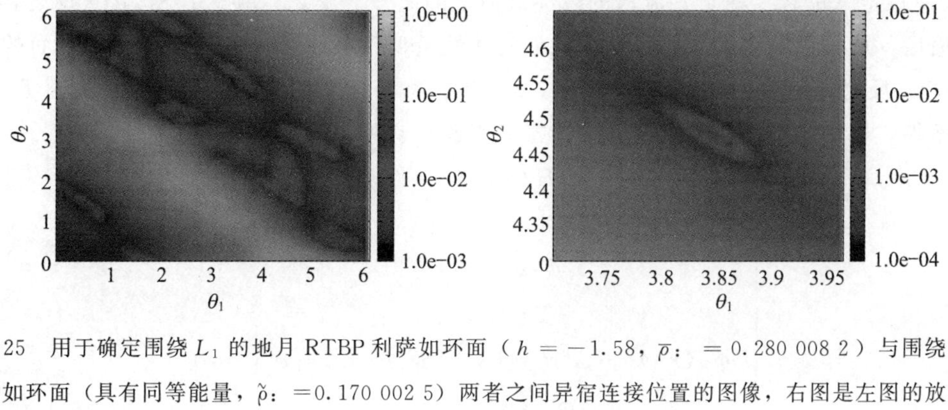

图 4-25　用于确定围绕 L_1 的地月 RTBP 利萨如环面（$h=-1.58$，$\bar{\rho}:=0.2800082$）与围绕 L_2 的利萨如环面（具有同等能量，$\tilde{\rho}:=0.1700025$）两者之间异宿连接位置的图像，右图是左图的放大图（见彩插）

7.2　连接的延拓

由于 RTBP 是一个哈密顿系统，周期轨道和环面不是孤立的，而是族的一部分。因此，它们之间的连接也是族的一部分。如果我们想要沿一个族计算几个连接，那么像前面描述的那样对它们进行单独计算将会是一个烦琐的过程。

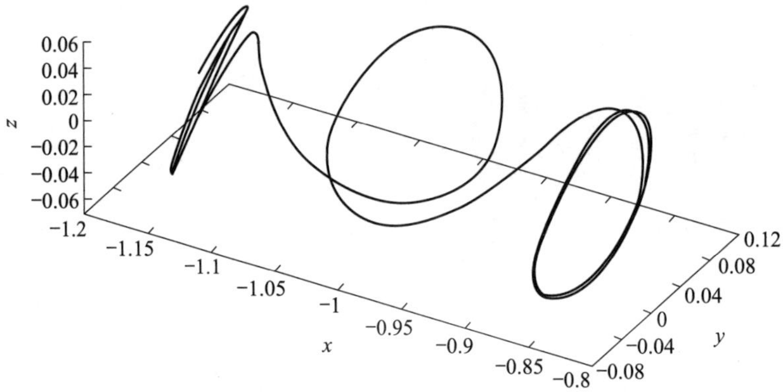

图 4-26　对应于图 4-25 右侧放大图的异宿连接

沿着族计算同宿或异宿连接的过程可进行自动化，方法是对方程式（4-46）进行延拓，让 $\boldsymbol{\psi}^u(\theta^u, \xi)$ 和 $\boldsymbol{\psi}^s(\theta^s, \xi)$ 沿着离开和到达对象族自由演化。

其实际的实现方法依赖于 $\boldsymbol{\psi}^u$、$\boldsymbol{\psi}^s$ 的获得方法，可以是半解析方法或者数值方法。在下文中，我们将重点讨论数值方法。

假设我们想以数值方法，通过延拓来计算 RTBP 周期轨道的同宿连接族。设 $\Sigma_1 = \{g_1(\boldsymbol{x})=0\}$ 是用于周期轨道初始条件的庞加莱截面，$\Sigma_2 = \{g_2(\boldsymbol{x})=0\}$ 是用于匹配周期轨道不变流形的庞加莱截面。假设这些庞加莱截面沿我们想要计算的族的部分是有效的，我们需要把确定该族的周期轨道及其同宿连接所需的一切项都看作未知项：能量值 h、周期轨道的初始条件 $\boldsymbol{x}_0$、与不稳定（反之，稳定）流形相关的单值矩阵的特征值 $\boldsymbol{v}^u$（反之，$\boldsymbol{v}^s$）、不稳定（反之，稳定）流形的线性近似上的离开（反之，到达）相、θ^u（反之，θ^s），以及最后，从不稳定（反之，稳定）流形的线性近似到截面（流形在此相交）表面的飞行时间 T^u（反之，T^s）。方程组需要对 h、$\boldsymbol{x}$、T、Λ^u、$\boldsymbol{v}^u$、Λ^s、$\boldsymbol{v}^s$、θ^u、T^u、θ^s、T^s 施加所有条件，以确定其周期轨道及同宿连接。因此，它将是

$$
\begin{cases}
H(\boldsymbol{x}) - h = 0 \\
g_1(\boldsymbol{x}) = 0 \\
\boldsymbol{\phi}_T(\boldsymbol{x}) - \boldsymbol{x} = 0 \\
\|\boldsymbol{v}^u\|^2 - 1 = 0, \quad \|\boldsymbol{v}^s\|^2 - 1 = 0 \\
D\boldsymbol{\phi}_T(\boldsymbol{x})\boldsymbol{v}^u - \Lambda^u \boldsymbol{v}^u = 0, \quad D\boldsymbol{\phi}_T(\boldsymbol{x})\boldsymbol{v}^s - \Lambda^s \boldsymbol{v}^s = 0 \\
g_2(\boldsymbol{\phi}_{T^u}(\boldsymbol{\psi}^u(\theta^u, \xi))) = 0 \\
g_2(\boldsymbol{\phi}_{T^s}(\boldsymbol{\psi}^s(\theta^s, \xi))) = 0 \\
\boldsymbol{\phi}_{T^u}(\boldsymbol{\psi}^u(\theta^u, \xi)) - \boldsymbol{\phi}_{T^s}(\boldsymbol{\psi}^s(\theta^s, \xi)) = 0
\end{cases}
\tag{4-47}
$$

根据式（4-39），有

$$
\boldsymbol{\psi}^j(\theta, \xi) = \boldsymbol{\phi}_{\frac{\theta}{2\pi}T}(\boldsymbol{x}) + \xi\,(\Lambda^j)^{\frac{\theta}{2\pi}} D\boldsymbol{\phi}_{\frac{\theta}{2\pi}T}(\boldsymbol{x})\boldsymbol{v}^j
$$

其中 $j=u$，s。注意，方程组（4-47）包括有关 $\boldsymbol{v}^u$、$\boldsymbol{v}^s$ 的标准化条件，用以使它们具有局部唯一性。还需注意的是，由于我们使用流形的线性近似，因此 ξ 是一个必须固定为较

小值的参数，如 10^{-6}。实际实现要求在周期轨道中和连接中进行多目标打靶，在参考文献［4］中可见更多详细信息。图 4－27 展示了绕地月 RTBP L_1 的一个大平面 Lyapunov 轨道（蓝色）的同宿连接（紫色），它们就是通过这样的延拓程序得到的。为协助可视化工作，对所有的近地点、远地点、近月点、远月点都按它们沿连接的出现顺序进行编号。

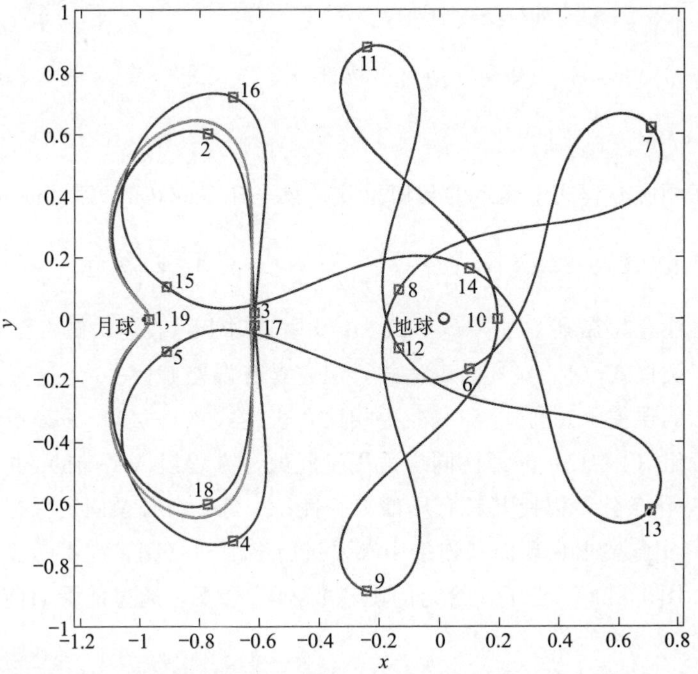

图 4－27　地月 RTBP 的大平面 Lyapunov 轨道（蓝色）的同宿连接（紫色），通过数值延拓得到（见彩插）

可以使用同样的思路来执行环面连接的延拓。假设我们想要延拓 RTBP 环面的异宿连接。考虑一个庞加莱截面 Σ 来匹配稳定流形和不稳定流形，并假设它沿我们想要延拓的所有连接族的部分都有效。至于未知数，我们需要考虑所有确定离开环面和到达环面及连接的数据。这将包括：

1）能量，h 。

2）离开环面的数据：其“纵向周期”，Δ^u ；旋转数，ρ^u ；其不变曲线参数化的傅里叶系数，$\boldsymbol{\varphi}^u$ ；其不稳定丛的特征值，Λ^u ；其不稳定丛，$\boldsymbol{u}^u$ ；连接的离开相，θ_1^u、θ_2^u；以及从流形到庞加莱截面的飞行时间 Δ_*^u 。

3）到达环面的类似数据：Δ^s、ρ^s、$\boldsymbol{\varphi}^s$、Λ^s、$\boldsymbol{u}^s$、θ_1^s、θ_2^s、Δ_*^s 。

如前所述，方程组需要对 h、Δ^u、ρ^u、$\boldsymbol{\varphi}^u$、Λ^u、$\boldsymbol{u}^u$、θ_1^u、θ_2^u、Δ_*^u、Δ^s、ρ^s、$\boldsymbol{\varphi}^s$、Λ^s、$\boldsymbol{u}^s$、θ_1^s、θ_2^s、Δ_*^s 施加所有条件，以确定两个不变环面和它们之间的异宿连接。因此，它将是

$$
\begin{cases}
H(\boldsymbol{\varphi}^u(0)) - h = 0 & H(\boldsymbol{\varphi}^s(0)) - h = 0 \\
\boldsymbol{\phi}_{\Delta^u}(\boldsymbol{\varphi}^u(\theta)) - \boldsymbol{\varphi}^u(\theta + \rho^u) = 0 & \boldsymbol{\phi}_{\Delta^s}(\boldsymbol{\varphi}^s(\theta)) - \boldsymbol{\varphi}^s(\theta + \rho^s) = 0 \\
\boldsymbol{v}^u(0) \cdot \boldsymbol{v}^u(0) - 1 = 0 & \boldsymbol{v}^s(0) \cdot \boldsymbol{v}^s(0) - 1 = 0 \\
D\boldsymbol{\phi}_{\Delta^u}(\boldsymbol{\varphi}^u(\theta))\boldsymbol{v}^u(\theta) - \Lambda^u \boldsymbol{v}^u(\theta + \rho^u) = 0 & D\boldsymbol{\phi}_{\Delta^s}(\boldsymbol{\varphi}^s(\theta))\boldsymbol{v}^s(\theta) - \Lambda^s \boldsymbol{v}^s(\theta + \rho^s) = 0 \\
g(\boldsymbol{\phi}_{\Delta^u_*}(\boldsymbol{\Psi}^u(\theta_1^u, \theta_2^u))) = 0 & g(\boldsymbol{\phi}_{\Delta^s_*}(\boldsymbol{\Psi}^s(\theta_1^s, \theta_2^s))) = 0 \\
\boldsymbol{\phi}_{\Delta^u_*}(\boldsymbol{\Psi}^u(\theta_1^u, \theta_2^u)) - \boldsymbol{\phi}_{\Delta^s_*}(\boldsymbol{\Psi}^s(\theta_1^s, \theta_2^s)) = 0 &
\end{cases}
\tag{4-48}
$$

对于需要在相应方程式中确定的与傅里叶系数一样多的 θ 的离散值，还有

$$
\boldsymbol{\Psi}^i(\theta_1^i, \theta_2^i) = \phi_{\frac{\theta_2^i}{2\pi}\Delta^i}\left(\boldsymbol{\varphi}^i\left(\theta_1^i - \frac{\theta_2^i}{2\pi}\rho^i\right) + (\Lambda^i)^{-\frac{\theta_2^i}{2\pi}} \boldsymbol{\xi}^i \boldsymbol{v}^i\left(\theta_1^i - \frac{\theta_2^i}{2\pi}\rho^i\right)\right) \tag{4-49}
$$

其中 $i=u$、s。注意，在 $\boldsymbol{\varphi}^i(\theta_1^i-(\theta_2^i/(2\pi))\rho^i)$ 附近对上述表达式做直至 ξ^i 第一阶的泰勒展开将其变成了类似式（4-44）的表达式，但它具有误差 $O((\xi^i)^2)$ 这一点除外，这已经是流形线性近似的误差了。与式（4-44）相比，表达式（4-49）具有不包含流的微分的优点，有关方程组（4-47）的评注同样适用于此处：方程组（4-48）也包括了用于不变丛 $\boldsymbol{v}^u$、$\boldsymbol{v}^s$ 的归一化条件，以使其具有局部唯一性；ξ^i 是一个必须固定保持为较小值的参数（如 10^{-6}）；实际实施要求在环面和连接中都要进行多目标打靶，在参考文献［33］中可见更多详细信息。图 4-28 示出了在给定的旋转数 ρ^u、ρ^s 下，通过能量向前和向后的延拓所得到的一些连接。

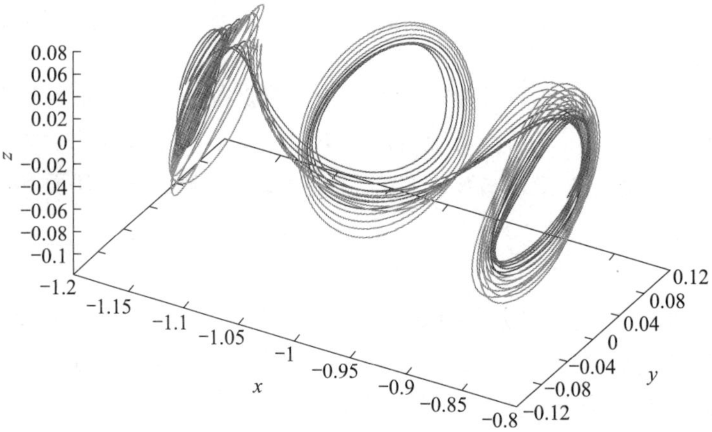

图 4-28　以固定的 $\rho^u := \bar{\rho}, \rho^s := \tilde{\rho}$ 对图 4-26 中的连接进行延拓，包含对能量向前（绿色）和向后（橙色）（见彩插）

参考文献

[1] Abad, A., Barrio, R., Blesa, F., Rodriguez, M.: Algorithm 924: TIDES, a Taylor series integrator for differential equations. ACM Trans. Math. Softw. 39(1), Article No. 5 (2012).

[2] Allgower, E.L., Georg, K.: Numerical Continuation Methods. Springer Series in Computational Mathematics, vol. 13. Springer, Berlin (1990). An introduction.

[3] Baresi, N., Olikara, Z.P., Scheeres, D.J.: Fully numerical methods for continuing families of quasi-periodic invariant tori in astrodynamics. J. Astronaut. Sci. 65(2), 157-182 (2018).

[4] Barrabés, E., Mondelo, J.-M., Ollé, M.: Numerical continuation of families of homoclinic connections of periodic orbits in the RTBP. Nonlinearity 22(12), 2901-2918 (2009).

[5] Cabré, X., Fontich, E., de la Llave, R.: The parameterization method for invariant manifolds. I. Manifolds associated to non-resonant subspaces. Indiana Univ.Math. J. 52(2), 283-328 (2003).

[6] Castellà, E., Jorba, À.: On the vertical families of two-dimensional tori near the triangular points of the bicircular problem. Celest. Mech. Dyn. Astron. 76(1), 35-54 (2000).

[7] Conley, C.C.: Low energy transit orbits in the restricted three-body problem. SIAM J. Appl. Math. 16, 732-746 (1968).

[8] Conley, C.C.: On the ultimate behavior of orbits with respect to an unstable critical point. I. Oscillating, asymptotic, and capture orbits. J. Differ. Equ. 5, 136-158 (1969).

[9] Doedel, E.J.: Continuation and bifurcation software for ordinary differential equations. Technical report, Concordia University (2007).

[10] Fehlberg, E.: Runge-kutta formulas of high order with stepsize control through leading truncation error term. Technical report, NASA, (1968). NASA-TR-R-287.

[11] Gasquet, C., Witomski, P.: Fourier Analysis and Applications. Texts in Applied Mathematics, vol. 30. Springer, New York, (1999). Filtering, numerical computation, wavelets, Translated from the French and with a preface by R. Ryan.

[12] Golub, G.H., van Loan, C.F.: Matrix Computations, 3rd edn. The Johns Hopkins University Press, Baltimore and London (1996).

[13] Gómez, G., Masdemont, J.J.: Some zero cost transfers between Libration Point orbits. Adv. Astronaut. Sci. 105, 1199-1216 (2000).

[14] Gómez, G., Mondelo, J.-M.: The dynamics around the collinear equilibrium points of the RTBP. Phys. D 157(4), 283-321 (2001).

[15] Gómez, G., Jorba, À., Masdemont, J., Simó, C.: Dynamics and Mission Design Near Libration Point Orbits - Volume 3: Advanced Methods for Collinear Points. World Scientific, Singapore (2001). Reprint of ESA Report *Study Refinement of Semi-Analytical Halo Orbit Theory*, 1991.

[16] Gómez, G., Koon, W.S., Lo, M.W., Marsden, J.E., Masdemont, J., Ross, S.D.: Connecting orbits and invariant manifolds in the spatial restricted three-body problem. Nonlinearity 17(5),

1571 - 1606 (2004).

[17] Gómez, G.,Mondelo, J.- M., Simó, C.: A collocation method for the numerical Fourier analysis of quasi - periodic functions. II. Analytical error estimates. Discrete Contin. Dyn. Syst. Ser. B 14(1), 75 - 109 (2010).

[18] Guckenheimer, J., Holmes, P.: Nonlinear Oscillations, Dynamical Systems, and Bifurcations of Vector Fields. Springer, New York (1983).

[19] Hairer, E., Nørsett, S. P., Wanner, G.: Solving Ordinary Differential Equations I. Nonstiff Problems, 2nd edn. Springer, Berlin (1993).

[20] Haro, À.: Automatic differentiation tools in computational dynamical systems (2008, preprint). Available at www.maia.ub.edu/dsg/.

[21] Haro, A., Canadell, M., Figueras, J.- L., Luque, A., Mondelo, J. M.: The Parameterization Method for Invariant Manifolds: From Rigorous Results to Effective Computations. Applied Mathematical Sciences, vol. 195. Springer, Cham (2016).

[22] Hénon, M.: Exploration numérique du problème restreint. II.- masses égales, stabilité des orbites periódiques. Ann. Astrophys. 28, 992 - 1007 (1965).

[23] Hénon, M.: Vertical stability of periodic orbits in the restricted problem. I. Equal masses. Astron. Astrophys. 28, 415 - 426 (1973).

[24] Jorba, À.: Numerical computation of the normal behaviour of invariant curves of n - dimensional maps. Nonlinearity 14(5), 943 - 976 (2001).

[25] Jorba, À., Masdemont, J. J.: Dynamics in the center manifold of the Restricted Three - Body Problem. Phys. D 132, 189 - 213 (1999).

[26] Jorba, À., Villanueva, J.: On the normal behaviour of partially elliptic lower - dimensional tori of Hamiltonian systems. Nonlinearity 10(4), 783 - 822 (1997).

[27] Jorba, A., Zou, M.: A software package for the numerical integration of odes by means of high - order Taylor methods. Exp. Math. 14(1), 99 - 117 (2005).

[28] Koon, W.S., Lo, M.W., Marsden, J.E., Ross, S.D.: Heteroclinic connections between periodic orbits and resonance transitions in celestial mechanics. Chaos 10(2), 427 - 469 (2000).

[29] Masdemont, J.: High - order expansions of invariant manifolds of libration point orbits with applications to mission design. Dyn. Syst. Int. J. 20(1), 59 - 113 (2005).

[30] McGehee, R. P.: Some homoclinic orbits for the restricted three - body problem. PhD thesis, University of Wisconsin (1969).

[31] Meyer, K.R., Hall, G.R., Offin, D.: Introduction to Hamiltonian Dynamical Systems and the N - Body Problem, 2nd edn. Springer, New York (2009).

[32] Mondelo, J.- M.: Contribution to the Study of Fourier Methods for Quasi - Periodic Functions and the Vicinity of the Collinear Libration Points. PhD thesis, Universitat de Barcelona (2001).Available at www.tdx.cat/TDX - 0117102 - 130456.

[33] Mondelo, J.- M., Ollé, M., de Sousa - Silva, P., Terra, M.: Families of heteroclinic connections between quasi - periodic libration point trajectories. Paper IAC - 14, C1, 1, 9, x25029, 65th International Astronautical Congress 2014, September 29 - October 3, Toronto.

[34] Parker, J.S., Lo, M.W.: Shoot the moon 3D. Adv. Astronaut. Sci. 123, 2067 - 2086 (2006).

[35] Perko, L.: Differential Equations and Dynamical Systems, 3rd edn. Springer, Berlin (2001).

[36] Press, W.H., Teukolsky, S.A., Vetterling, W.T., Flannery, B.P.: Numerical Recipes in C++: The Art of Scientific Computing, 2nd edn. Cambridge University Press, Cambridge (2002).

[37] Rimmer, R.J.: Generic bifurcations for involutory area preserving maps. Mem. Am. Math. Soc. 41 (272), v+165 (1983).

[38] Siegel, C.L., Moser, J.K.: Lectures on Celestial Mechanics. Classics in Mathematics. Springer, Berlin (1995). Translated from the German by C. I. Kalme. Reprint of the 1971 translation..

[39] Simó, C.: On the analytical and numerical approximation of invariant manifolds. In: Benest, D., Froeshlé, C. (eds.) Modern Methods in Celestial Mechanics, pp. 285 - 330]Editions Frontières, Gif - sur - Yvette (1990).

[40] Standish, E.M.: JPL planetary and lunar ephemerides, DE405/LE405. Technical Report IOM 312.F. 98 - 048, Jet Propultion Laboratory (1998).

[41] Stoer, J., Bulirsch, R.: Introduction to Numerical Analysis, 3rd edn. Springer, Berlin (2002).

[42] Szebehely, V.: Theory of orbits. The Restricted Problem of Three Bodies. Academic, New York (1967).

第 5 部分　碎石堆天体的天体力学

丹尼尔·J. 舍雷斯（Daniel J. Scheeres）

摘　要　本章推导了相互作用刚性天体的一般方程，用以解释相互作用刚性天体之间的滚动运动。之前已给出非滚动运动的推导过程，但为适应滚动运动和滑移运动，有必要建立非完整形式的运动方程。推导结果表明，依靠引力相互吸引且相互堆叠的一系列天体，其关键分析参数可以在这一更合理的公式中得以保持。最后，本章简单地将这些推导结果应用于一系列相互滚动的天体上，表明推导结果满足非完整约束。

关键词　碎石堆小行星；N 个刚性天体的问题；散体天体力学

1　引言

近几十年来，随着“碎石堆”小行星的发现，依靠引力相互堆叠在一起并围绕彼此旋转的刚性天体的运动已成为一个越来越重要的研究课题[2,7]。这些刚性天体由不同大小的硬质天体组成，相互堆叠在一起。这种机制可采用连续介质力学原理进行研究，就像 Holsapple 已进行的研究一样[4]，也可以通过质点力学的离散元模拟进行研究[8,16]。对刚性天体还可以从离散体天体力学的角度进行分析，离散体天体力学更侧重于分析天体轨道和自转的力学约束[11]。本章从天体力学的角度介绍了该问题，强调如何通过动力学方式处理接触约束，并就具有静止构型的天体的稳定性，提供了详细的计算示例。

本文概要如下：首先，概述了刚性天体的基本质量分布属性以及刚性天体之间的相互吸引；随后，对系统状态及约束进行了定义，并特别给出了天体接触时的动态约束条件；在此基础上，给出了运动学方程和相关量，以定义系统的完整拉格朗日方程组；然后，利用劳斯规约法，推导出特殊的拉格朗日方程，以定义修正势能以及完整的平衡条件；最后研究了碎石堆天体稳定性的一种特殊情况，用以强调相互堆叠成一条直线的任意数量天体的稳定性条件。

2　问题描述

以一组通过引力和表面接触力作用的 N 个刚性天体的质量分布为例。我们将其视为一个由 N 个刚性天体组成的质量分布系统，每个刚性天体给予单独编号 $\mathscr{B}_i$，$i=1$，2，…，N，都有各自的质心位置、速度以及天体方向和转动。因此，系统总共有 $6N$ 个自由度。

请注意，在刚性天体假设中，对这些自由度施加了特定的约束条件，这些约束条件在以前对该问题的讨论中已有所提及。但是到目前为止还没有采用合适的运动方程，以对这些约束条件进行全面详细的说明[12]。因此，本章将这些约束条件进行更加严格地定义，运动方程用恰当的公式表示后，将详细说明一些具体结果。

2.1　密度分布与天体状态

以由任意 N 个刚性天体组成的质量分布系统为例，并根据参考文献［9］中给出的推导，对每个刚性天体给予单独的编号 $\mathscr{B}_i$，$i=1$，2，…，N 。每个刚性天体 $\mathscr{B}_i$ 由微分质量分布 $\mathrm{d}m_i$ 定义，微分质量分布假设是有限密度分布，表示为

$$\mathrm{d}m_i=\rho_i(\boldsymbol{r})\mathrm{d}V \tag{5-1}$$

$$m_i=\int_{\mathscr{B}_i}\mathrm{d}m_i \tag{5-2}$$

式中，m_i 为刚性天体 $\mathscr{B}_i$ 的总质量，ρ_i 为刚性天体 $\mathscr{B}_i$ 的密度（可能是常数），$\boldsymbol{r}$ 为相对于给定坐标系的空间位置向量变量，$\mathrm{d}V$ 为微分体积元。如果 $\mathscr{B}_i$ 用点质量-密度分布描述，则刚性天体本身就定义为单点 $\boldsymbol{r}_i$。相反，如果刚性天体定义为有限密度分布，则 $\mathscr{B}_i$ 定义为 $\rho_i(\boldsymbol{r})>0$ 的 $\mathbb{R}^3$ 中的一个紧致集。在任意一种情况中，$\mathscr{B}_i$ 均定义为紧致集。通过定义通用质量微分方程

$$\mathrm{d}m(\boldsymbol{r})=\sum_{i=1}^{N}\mathrm{d}m_i(\boldsymbol{r}) \tag{5-3}$$

以及总质量分布 $\mathscr{B}=\{\mathscr{B}_i,\ i=1,\ 2,\ \cdots,\ N\}$，即可进一步推广该记号。因此，上述定义可简化为$\mathscr{B}$上的积分

$$M=\int_{\mathscr{B}}\mathrm{d}m \tag{5-4}$$

其中，$M=\sum_{i=1}^{N}m_i$ 为系统的总质量。

每个微分质量元 $\mathrm{d}m_i(\boldsymbol{r})$ 都有一个特定的位置和相关的速度。对于给定刚性天体 $\mathscr{B}_i$ 内的小天体，对该刚性天体做一个假设，以使整个刚性天体的状态可由该刚性天体的质心位置和速度定义

$$\boldsymbol{r}_i=\frac{1}{m_i}\int_{\mathscr{B}_i}\boldsymbol{r}\mathrm{d}m \tag{5-5}$$

$$\boldsymbol{v}_i=\frac{1}{m_i}\int_{\mathscr{B}_i}\boldsymbol{v}\mathrm{d}m \tag{5-6}$$

其中，假设质心速度是相对于惯性坐标系及其姿态角速度测得的（参见下文）。最后，假设这些位置和速度是相对于系统作为原点的质心而定义的，因此

$$\int_{\mathscr{B}}\boldsymbol{r}\mathrm{d}m(\boldsymbol{r})=0 \tag{5-7}$$

$$\int_{\mathscr{B}}\boldsymbol{v}\mathrm{d}m(\boldsymbol{r})=0 \tag{5-8}$$

因此，各刚性天体的位置由各自相对于原点的位置向量 $\boldsymbol{r}_i$ 确定，额外约束为 $\sum_{i=1}^{N} m_i \boldsymbol{r}_i = 0$。各刚性天体相对于彼此的位置也定义为 $\boldsymbol{r}_{ij} = \boldsymbol{r}_j - \boldsymbol{r}_i$，各刚性天体的相对速度定义为 $\dot{\boldsymbol{r}}_{ij} = \dot{\boldsymbol{r}}_j - \dot{\boldsymbol{r}}_i$。

2.2 天体指向与惯量

每个刚性天体都有一个相对于惯性坐标系的唯一指向。因此，刚性天体的相关质量分布参数扩大到包括刚性天体的惯性矩（或者惯性张量/并矢），相关方向上的自由度也必须予以定义。

在每个刚性天体内，可定义一组独特的正交轴，用于确定刚性天体的方向。然后，可以使用变换矩阵或方向余弦矩阵来定义这些正交轴相对于惯性坐标系的方向，从而定义刚性天体的方向。将并矢 $\overline{\boldsymbol{A}}_i$ 表示为惯性坐标系上映射到刚性天体 i 的体坐标系上的向量。请注意，该并矢一定是正交归一的向量，这意味着 $\det(\overline{\boldsymbol{A}}_i) = 1$，$\overline{\boldsymbol{A}}_i^{\mathrm{T}} \cdot \overline{\boldsymbol{A}}_i = \overline{\boldsymbol{A}}_i \cdot \overline{\boldsymbol{A}}_i^{\mathrm{T}} = \overline{\boldsymbol{U}}$，式中，$\overline{\boldsymbol{U}}$ 为恒等并矢，(•) 算子为并矢点积。

请注意，并矢 $\overline{\boldsymbol{A}}_i$ 足以定义刚性天体的姿态，但由于上述属性，该并矢受到过度约束，需要指定 9 个数，但必须满足 6 个约束条件。因此，始终可以选择三个为一组的唯一独特欧拉角来表征刚性天体的并矢和方向，虽然这种表征法始终存在与之相关的奇点。或者，也可以定义并矢 $\overline{\boldsymbol{A}}_i$ 的旋转轴和旋转角，旋转轴和旋转角分别是统一特征值的特征向量和与该并矢的复共轭特征值相关的角度。这种表征法虽然仍然至少有一个约束方程，但没有任何奇点。与轴角变量密切相关的是四元数表征法，这种表征法仍然有 4 个数和 1 个约束条件。

由于该记号简单，我们仅依靠并矢 $\overline{\boldsymbol{A}}_i$ 来定义刚性天体的惯性方向。同样，定义两个刚性天体相对于彼此的方向也很重要。为此，我们将 $\overline{\boldsymbol{A}}_{ij} = \overline{\boldsymbol{A}}_j \cdot \overline{\boldsymbol{A}}_i^{\mathrm{T}}$ 定义为刚性天体 i 坐标系上映射到刚性天体 j 坐标系上的并矢。

为了详细说明旋转刚性天体的运动学，角速度 $\boldsymbol{\omega}_i$ 需定义为刚性天体 i 相对于惯性坐标系的角速度。因此，方向并矢 $\overline{\boldsymbol{A}}_i$ 的运动学方程可表示为

$$\dot{\overline{\boldsymbol{A}}}_i = -\tilde{\boldsymbol{\omega}}_i \cdot \overline{\boldsymbol{A}}_i \tag{5-9}$$

$\tilde{\boldsymbol{a}}$ 为与向量 $\boldsymbol{a}$ 相关的交叉积并矢，因此，$\tilde{\boldsymbol{a}} \cdot \boldsymbol{b} = \boldsymbol{a} \cdot \tilde{\boldsymbol{b}} = -\boldsymbol{b} \cdot \tilde{\boldsymbol{a}} = \boldsymbol{a} \times \boldsymbol{b}$。同样，如果刚性天体 j 相对于刚性天体 i 的角速度为 $\omega_{ij} = \omega_j - \omega_i$，则 $\overline{\boldsymbol{A}}_{ij}$ 的时间变化率为

$$\dot{\overline{\boldsymbol{A}}}_{ij} = -\tilde{\boldsymbol{\omega}}_{ij} \cdot \overline{\boldsymbol{A}}_{ij} \tag{5-10}$$

刚性天体做平移运动时的质量相当于刚性天体做旋转运动时的惯性张量/并矢。刚性天体的惯性并矢定义为质量积分

$$\overline{\boldsymbol{I}}_i = -\int_{\mathscr{B}_i} (\tilde{\boldsymbol{\rho}} \cdot \tilde{\boldsymbol{\rho}}) \mathrm{d}m_i(\boldsymbol{\rho}) \tag{5-11}$$

式中，假设质量元的位置 $\boldsymbol{\rho}$ 是相对于刚性天体的质心定义的，并矢在名义上是在固定天体坐标系中定义的。因此，如果要把惯性并矢转换到惯性坐标系中，就需要将方向并矢用作

$\overline{\boldsymbol{A}}_i^{\mathrm{T}} \cdot \overline{\boldsymbol{I}}_i \cdot \overline{\boldsymbol{A}}_i$ 。一个单独的不同之处在于刚性天体相对于系统原点的惯性矩，我们将该惯性矩定义为

$$\overline{\boldsymbol{J}}_i(\boldsymbol{r}_i) = \overline{\boldsymbol{I}}_i - m_i \tilde{\boldsymbol{r}}_i \cdot \tilde{\boldsymbol{r}}_i \tag{5-12}$$

需要明确注意的是，惯矩是刚性天体 i 在坐标系中的位置函数。使用 $\overline{\boldsymbol{J}}$ ，即说明惯性矩阵并不是相对于质心指定的，$\boldsymbol{r}_i$ 为刚性天体 i 相对于系统坐标原点的位置向量，这意味着 $\overline{\boldsymbol{J}}_i$ 为刚性天体 i 相对于坐标原点的总惯性矩。

除了单体的惯性并矢外，还需要表示系统的惯性矩。从根本上说，系统的惯性矩等于

$$\overline{\boldsymbol{J}} = \sum_{i=1}^{N} \overline{\boldsymbol{J}}_i \tag{5-13}$$

使用一般质量微分方程，整个系统相对于系统坐标原点的惯性矩可表示为单积分方程

$$\overline{\boldsymbol{J}} = -\int_{\mathscr{B}} (\tilde{\boldsymbol{r}} \cdot \tilde{\boldsymbol{r}}) \mathrm{d}m(\boldsymbol{r}) \tag{5-14}$$

假设坐标原点为系统的质心，通过运用拉格朗日恒等式，惯性并矢就可以改写为用质量元的相对指向表示，如下

$$\overline{\boldsymbol{I}} = -\frac{1}{2M}\int_{\mathscr{B}}\int_{\mathscr{B}} (\tilde{\boldsymbol{r}} - \tilde{\boldsymbol{r}}') \cdot (\tilde{\boldsymbol{r}} - \tilde{\boldsymbol{r}}') \mathrm{d}m(\boldsymbol{r}) \mathrm{d}m(\boldsymbol{r}') \tag{5-15}$$

式中，我们可以注意到，$\overline{\boldsymbol{J}} = \overline{\boldsymbol{I}}$ 。从该表达式中可以很容易看出，系统惯量仅用系统中的各刚性天体的相对位置和方向进行定义，而这些向量又在给定的惯性坐标系中被指定。

2.3　自由度与约束条件

前面提到，N 体有 $3N$ 个平动自由度和 $3N$ 个转动自由度，因此，N 体总共就有 $6N$ 个自由度。在公式中，我们通过将系统中心设为质心，已经移除了 3 个自由度，因此，自由度总数减少到 $3(2N-1)$ 个。自由度分为三个通用类别：天体的相对位置、天体相对于彼此的指向，以及系统相对于惯性坐标系的总体指向。请注意，天体的相对位置和指向与系统相对于惯性空间的总体指向无关。实际上，通过选择相对指向和位置的参考坐标系，并将该坐标系固定到其中一个天体上，就可以实现这一点。

回顾这些自由度是有益的。$N=1$ 时，没有相对位置自由度和相对姿态自由度，因此，系统只有一个惯性指向自由度，总共就有 3 个自由度，这与一般规则相一致。$N=2$ 时，我们从一个没有自由度的中心体开始研究。第二个天体相对于中心体的位置有 3 个自由度，相对于中心体的姿态有 3 个自由度。最后，加上惯性方向，总共就有 9 个自由度。每增加一个天体，就增加 6 个自由度，这再次表明与一般规则相一致。

需要区分内部相对自由度与惯性指向自由度。对于当前系统而言，我们用 q_i 来表示内部自由度，其中，$i=1, 2, \cdots, 6(N-1)$。具体而言，这些内部自由度为质心的相对位置以及刚性天体相对于彼此的指向。为方便起见，我们可以想象这些自由度为固定在其中一个刚性天体中的共同坐标系内的笛卡儿位置向量和欧拉角。请注意，这些自由度的时间导数是在惯性坐标系的基础上表达的。这里用旋转并矢 $\overline{\boldsymbol{A}}$ 来表征另外 3 个用于将系统的相

对坐标系转换至惯性坐标系的自由度。

请再次注意，在综述中，用于确定系统相对于惯性空间指向的最后 3 个自由度并不改变任何基础积分量，只改变总角动量 $\boldsymbol{H}$ 和系统的总惯性矩 $\bar{\boldsymbol{I}}$ 。其原因在于，每个这种指向都作用于整个系统，但不改变系统的相对方向或速度。这个不变性与角动量积分的存在有关。尽管如此，由于动能是相对于惯性坐标系定义的，因此，惯性坐标系与相对坐标系之间仍然存在基本联系。

2.3.1 单侧约束

任何两个天体的表面互相接触时，这两个天体之间就存在单侧约束。单侧约束由天体的相对位置和姿态驱动，并且来自刚性天体以及有限密度约束。最终，这意味着天体的质心由于其形状而不能随意靠近彼此。每对天体 i 和 j 之间都存在约束，这种约束的一般式如下

$$r_{ij} \geqslant d_{ij}(\hat{\boldsymbol{r}}_{ij},\overline{\boldsymbol{A}}_{ij}) \tag{5-16}$$

式中，$\boldsymbol{r}_{ij}$ 为两个天体的相对位置，r_{ij} 为相对位置的量值，$\hat{\boldsymbol{r}}_{ij}$ 为单位向量，$\overline{\boldsymbol{A}}_{ij}$ 为天体的相对姿态。函数 d_{ij} 是为特定的一对天体定义的。假设两个天体都是凸面体，那么只有相对距离会受到影响。如果两个天体都不是凸面体，一旦这两个天体接触，就会产生附加单侧姿态约束。

对于具有 6 个相对自由度（3 个位置自由度和 3 个角度自由度）的二体系统而言，一旦两个天体相接触，位置自由度就会减少到 2 个，但角度自由度仍然有 3 个。当两个天体接触时，这种约束就会简化成完整约束，因为这种约束只适用于天体之间的几何关系，并作为两个天体之间相对姿态和位置的函数，具体而言，$r_{ij}=d_{ij}(\hat{\boldsymbol{r}}_{ij},\overline{\boldsymbol{A}}_{ij})$。两个天体接触时，根据两个天体之间的相对摩擦，还会产生额外的物理现象。最容易建模的状态是假设两个天体滚动时不会彼此滑移。但这会产生如下所述的附加约束。

2.3.2 非完整约束

单侧约束起作用时，假设天体滚动时不会彼此滑移，那么就会产生非完整约束。一般来说，非完整约束是指天体系统的相对速度受到的约束，这种约束作为系统其他状态的函数，对运动方向进行限制。非完整约束的显著特征在于其不可积性，这意味着非完整约束不可简化为纯粹的几何约束。对该特征的另一种看法是，两个天体的相对几何形状不受非完整约束的内在限制，尽管在每个相对几何形状上，两个天体如何相对移动都会受到约束。

对于一个具有 n 个自由度 q_i 的系统，其受到的一组 m 个非完整约束的一般式可简化成[3]

$$\sum_{i=1}^{n} a_{ji}(\boldsymbol{q},t)\dot{q}_i + a_{jt}(\boldsymbol{q},t) = 0 \tag{5-17}$$

式中，$j=1,\ 2,\ \cdots,\ m$。请注意，这些约束取决于系统的自由度，还可能取决于时间（虽然在我们的系统中，不会存在时间）。通过证明某些下标 k 和 i 满足条件 $\partial a_{ji}/\partial_{qk} \neq \partial a_{jk}/\partial q_i$，即可明确检验非完整约束的不可积性。如果这些交叉偏导数对于所有自由度都是相

等的，则该非完整约束就是可积的，并且原则上可简化成完整约束。

一个简单的例子就是当两个球体相互堆叠在一起的时候。此时，假设这两个球体滚动时不会滑移，球体相对于彼此的行程将受相对于彼此的转动方向约束。因此，如果球体围绕给定的轴简单转动，就会形成球体接触点的特定路径。假设球体可以在三个方向转动，即，一个方向垂直于通过接触点的切面（这个方向的转动不会形成运动），两个方向围绕正交轴，一旦选择了转动角度，这两个方向的组合可以使球体在曲面上沿指定方向滚动。因此，该系统就具有两个附加约束，这意味着两个球体之间的相对姿态是可以随意改变的——球体上的相对位置受非完整约束限制。不过，虽然有这些约束，但在单侧约束起作用的情况下，球体的相对位置和方向仍可以取最初具有 5 个自由度的系统的所有可能数值。

具体而言，当球体接触时，运动约束可表示为

$$\dot{u} - \cos\theta_3 R\dot{\theta}_1 - \sin\theta_3 R\dot{\theta}_2 = 0 \tag{5-18}$$

$$\dot{v} + \sin\theta_3 R\dot{\theta}_1 - \cos\theta_3 R\dot{\theta}_2 = 0 \tag{5-19}$$

式中，$\dot{u}$ 和 $\dot{v}$ 为滚动球体中心相对于静止球体的速度，两者在正交方向进行定义；θ_3 为球体围绕其接触点相对于彼此的转动；θ_1 和 θ_2 为球体在两个相互垂直的方向的转动，而这两个相互垂直的方向又垂直于与 θ_3 相关的轴。在非完整约束和运动约束中，由于系数 $\dot{\theta}_3$ 均为零，所以可以证明约束的不可积性，这意味着，该系数对任何其他角度的偏导数为零。但是，系数 $\dot{\theta}_1$ 和 $\dot{\theta}_2$ 为 θ_3 的函数，因此，这两个系数的偏导数一般来说非零，这表明可积性条件未得到满足。

2.3.3　一般约束

单侧约束起作用时，非完整约束也起作用，导致两个接触天体的相对运动受到限制。非完整约束也会影响运动方程的表达式，这一点在后面会加以讨论。有关一般情况的示意图，如图 5-1 所示。

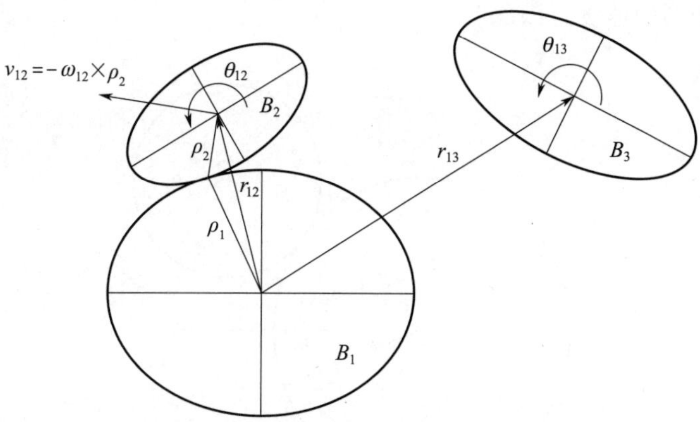

图 5-1　堆叠在一起并围绕彼此运转的天体的几何形状

如果两个天体都是局部光滑的，而且在其接触点附近是凸面，则上述“球状”模型在

性质上与实际情况相似，并可以归纳得出，曲面在不同方向的局部曲率是不同的。如果曲面不是凸面，或者不光滑，则附加单侧约束可能在附加角方向起作用。

当天体 i 和天体 j 接触时，通常按下述方式来对约束进行表征，其中，下标 $i=1$，$j=2$。两个天体接触时，相对位置向量为 $\boldsymbol{r}_{12}=d_{12}(\hat{\boldsymbol{r}}_{12}\cdot\overline{\boldsymbol{A}}_{12})\hat{\boldsymbol{r}}_{12}$，相对位置的量值为完整约束。在凸体假设中，两个天体之间会存在唯一的接触点，该接触点将作为天体的相对状态的函数，我们将其表示为 $\boldsymbol{\rho}_1$ 和 $\boldsymbol{\rho}_2$，如图 5－1 所示。请注意，曲面的法线在该接触点是反平行的。这些接触位置向量在其相对的体固坐标系中定义，并且是相对状态的光滑函数，因此可以写成函数 $\boldsymbol{\rho}_i(\hat{\boldsymbol{r}}_{12},\overline{\boldsymbol{A}}_{12})$。因此可以得出恒等式 $\boldsymbol{r}_{12}=\boldsymbol{\rho}_1-\boldsymbol{\rho}_2$。

以天体 1 作为系统相对位置的参考系，并假设天体 2 滚动时不会在其曲面上滑移，则天体 2 相对于天体 1 的速度可表示为非完整约束

$$\dot{\boldsymbol{r}}_{12}+\boldsymbol{\omega}_{12}\times\boldsymbol{\rho}_2=\boldsymbol{0} \tag{5-20}$$

式中，速度和角速度是相对于天体 1 的速度和角速度，且不直接考虑天体 1 的旋转或运动。需要注意的是，速度沿方向 $\hat{\boldsymbol{r}}_{12}$ 的投影与可积方向一致，这意味着沿该方向的距离是采用方程式（5－16）定义的约束。因此，非完整约束就是垂直于这条线的方向，并与天体 2 相对于天体 1 可能采取的两个滚动运动方向一致。另外，还可以用公式表示两个天体之间接触点附近的局部非完整约束，但在这里，我们不采用该方法。

对半径分别为 R_1 和 R_2 的两个彼此滚动的球体（参见图 5－2）进行计算是有益的。假设球体 1 是固定的，球体 2 在球体 1 上滚动，运动被约束在一个平面内。根据计算，球体 2 相对于球体 1 的速度为

$$\dot{\boldsymbol{r}}_{12}=R_2\dot{\theta}_{12}\hat{\boldsymbol{r}}_{\perp} \tag{5-21}$$

式中，$\dot{\theta}_{12}$ 为球体的相对角速度（在一个平面内测得），$\hat{\boldsymbol{r}}_{\perp}$ 为运动方向的单位向量，该单位向量与球心的相对位置和角速度向量正交。这就提供了一个速度表达式。但是，也可以将该速度简化成一个角速度，表示为图中的 $\dot{\phi}_{12}$，球体 2 的球心以这个角速度相对于球体 1 的球心移动。请注意，球体 1 到球体 2 的距离等于 R_1+R_2，球体 2 相对于球体 1 的角速度 $\dot{\phi}_{12}$ 必须产生相同的速度，因此

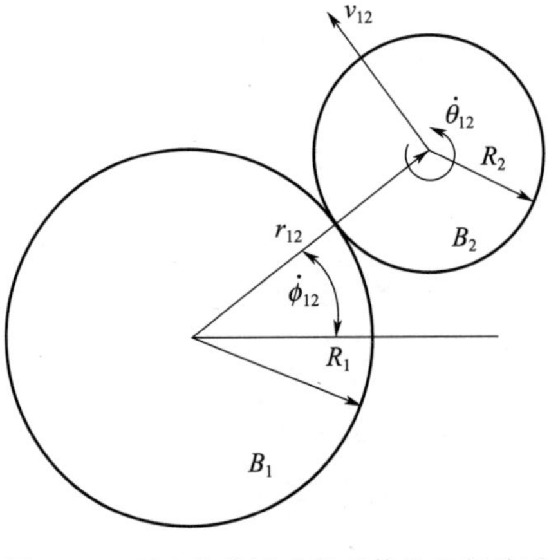

图 5－2　两个彼此滚动的球体的几何关系

$$\dot{\boldsymbol{r}}_{12}=(R_1+R_2)\dot{\phi}_{12}\hat{\boldsymbol{r}}_{\perp} \tag{5-22}$$

把上述两个方程列成等式后，可以得到如下约束

$$\dot{\phi}_{12}=\frac{R_2}{R_1+R_2}\dot{\theta}_{12} \tag{5-23}$$

这样，球体的相对平移运动就与其相对转动运动联系起来了。

如果愿意的话，还可以采取进一步考虑对相对姿态的单侧约束。对于上述角度 θ_{12}，这通常表示为

$$\theta_{12}-d_{\theta}(\boldsymbol{r},\overline{\boldsymbol{A}})\geqslant 0 \tag{5-24}$$

这说明，角度将在特定的相对指向终止。如果任意一个天体存在凹度或者不连续斜率，就会出现单侧约束。如果一个单侧约束起作用，非完整约束的维度就会减少一个；如果两个单侧约束起作用，非完整约束就会完全消失，这两个起作用的单侧约束仅仅提供两个天体之间的几何约束。

2.4　相互引力势能

系统的相互引力势能由不同天体之间的成对相互势能组成

$$\mathscr{U}=-\mathscr{G}\sum_{i=1}^{N-1}\sum_{j=i+1}^{N}\int_{\mathscr{B}_i}\int_{\mathscr{B}_j}\frac{\mathrm{d}m_i\,\mathrm{d}m_j}{|\boldsymbol{r}_{ij}+\boldsymbol{\rho}_j-\boldsymbol{\rho}_i|} \tag{5-25}$$

式中，$\boldsymbol{r}_{ij}=\boldsymbol{r}_j-\boldsymbol{r}_i$，$\boldsymbol{\rho}_i$ 表示质量分布上的积分变量。请注意，在方程式（5-25）中定义 $\mathscr{U}$ 时，未考虑这些天体的自身势能。对于这些刚性天体而言，由于其质量密度是有限的，因此不考虑这些刚性天体的自身势能是合理的。但是，引力势能的更一般的表达式

$$\mathscr{U}'=-\frac{\mathscr{G}}{2}\int_{\mathscr{B}}\int_{\mathscr{B}}\frac{\mathrm{d}m(\boldsymbol{r})\,\mathrm{d}m(\boldsymbol{r}')}{|\boldsymbol{r}-\boldsymbol{r}'|} \tag{5-26}$$

必然包含刚性天体的自身势能。但是，对于刚性天体假设而言，对于前面两个表达式，任何一个表达式相对于系统自由度的梯度都是相等的。

两个天体的相互势能可以简化成只涉及不同表面积分的简明表达式。根据参考文献［17］中 Liebenthal[5] 对恒定密度天体（这里可以在名义上假设其密度恒定）之经典结果的总结，可以得出

$$\mathscr{U}_{ij}=-\mathscr{G}\int_{\mathscr{B}_i}\int_{\mathscr{B}_j}\frac{\mathrm{d}m_i\,\mathrm{d}m_j}{|\boldsymbol{r}_{ij}+\boldsymbol{\rho}_j-\boldsymbol{\rho}_i|} \tag{5-27}$$

$$=\frac{\sigma_i\sigma_j}{2}\mathscr{G}\int_{\partial\mathscr{B}_i}\int_{\partial\mathscr{B}_j}|\boldsymbol{r}_{ij}+\overline{\boldsymbol{A}}_{ij}^{\mathrm{T}}\cdot\boldsymbol{\rho}_j-\boldsymbol{\rho}_i|\,\mathrm{d}\boldsymbol{S}_i\cdot\mathrm{d}\boldsymbol{S}_j \tag{5-28}$$

式中，σ_i 为各天体的密度，我们明确指出天体 j 坐标系相对于天体 i 坐标系的必要指向，并默认假设幅度算子中的所有其他向量都位于天体 i 坐标系中。请注意，相互势能已表达成相互积分，有向曲面面积 $\mathrm{d}\boldsymbol{S}_i$ 为彼此在不同的交互天体表面上做的点积，表示为 $\partial\mathscr{B}_i$。

采用这种形式时，虽然不能求出这些积分的封闭解（但对于最简单的系统除外），但要描述作用于两个天体之间的力和力矩的一般式就特别简单。因此，这两个天体之间的力就作为该表达式相对于两个天体质心之间距离的负梯度进行求解。

$$\mathscr{F}_{ij} = -\frac{\partial \mathscr{U}_{ij}}{\partial \boldsymbol{r}_{ij}} \tag{5-29}$$

$$= -\frac{\sigma_i \sigma_j}{2} \mathscr{G} \int_{\partial \mathscr{B}_i} \int_{\partial \mathscr{B}_j} \hat{\boldsymbol{r}} \mathrm{d}\boldsymbol{S}_i \cdot \mathrm{d}\boldsymbol{S}_j \tag{5-30}$$

式中，$\boldsymbol{r} = \boldsymbol{r}_{ij} + \overline{\boldsymbol{A}}_{ij}^{\mathrm{T}} \cdot \boldsymbol{\rho}_j - \boldsymbol{\rho}_i$，$\hat{\boldsymbol{r}} = \boldsymbol{r}/r$。请注意，$\mathscr{F}_{ij}$ 是基于体坐标系 1 的隐函数。

对于两个天体之间的力矩，必须考虑与天体 j 相对于天体 i 坐标系的指向有关的势能梯度。确定该势能梯度的捷径就是，从这两个天体之间的当前指向（表示为 $\overline{\boldsymbol{A}}_{ij}$）开始着手，然后考虑一个较小的附加变分，该附加变分由围绕天体 j 的每根轴转动的欧拉角组成，表示为 $\delta\boldsymbol{\theta}_{ij}$。变分很小时，可以假设 $\delta\boldsymbol{\theta}_{ij} = \boldsymbol{\omega}_{ij}\delta t$，因此，如果附加变分很小，天体 j 相对于天体 i 的指向就可以表达为 $\delta\overline{\boldsymbol{A}}_{ij} = \delta\widetilde{\boldsymbol{\theta}}_{ij} \cdot \overline{\boldsymbol{A}}_{ij}$。鉴于此，由于相对姿态中的变分，相对向量的广义变分 $\boldsymbol{r} = \boldsymbol{r}_{ij} + \overline{\boldsymbol{A}}_{ij}^{\mathrm{T}} \cdot \boldsymbol{\rho}_j - \boldsymbol{\rho}_i$ 就可以表示为 $\delta_\theta \boldsymbol{r} = (\delta\overline{\boldsymbol{A}}_{ij})^{\mathrm{T}} \cdot \boldsymbol{\rho}_j = -\overline{\boldsymbol{A}}_{ij}^{\mathrm{T}} \cdot \widetilde{\delta\boldsymbol{\theta}}_{ij} \cdot \boldsymbol{\rho}_j = \overline{\boldsymbol{A}}_{ij}^{\mathrm{T}} \cdot \widetilde{\boldsymbol{\rho}}_j \cdot \delta\boldsymbol{\theta}_{ij}$。由于 $\delta_{\boldsymbol{\theta}} \mathscr{U}_{ij} = \frac{\partial \mathscr{U}_{ij}}{\partial \boldsymbol{\theta}} \cdot \delta\boldsymbol{\theta}$，因此，对于天体 i 在天体 j 上的力矩，其一般方程为

$$\mathscr{M}_{ij} = -\frac{\partial \mathscr{U}_{ij}}{\partial \boldsymbol{\theta}_{ij}} \tag{5-31}$$

$$= -\frac{\sigma_i \sigma_j}{2} \mathscr{G} \int_{\partial \mathscr{B}_i} \int_{\partial \mathscr{B}_j} \hat{\boldsymbol{r}} \cdot \overline{\boldsymbol{A}}_{ij}^{\mathrm{T}} \cdot \widetilde{\boldsymbol{\rho}}_j \mathrm{d}\boldsymbol{S}_i \cdot \mathrm{d}\boldsymbol{S}_j \tag{5-32}$$

请注意，$\mathscr{M}_{ij}$ 是基于体坐标系 1 的隐函数。

根据两个天体之间力和力矩的这些定义，就可以相对容易地证明以下恒等式

$$\mathscr{F}_{ij} + \overline{\boldsymbol{A}}_{ij}^{\mathrm{T}} \cdot \mathscr{F}_{ji} = 0 \tag{5-33}$$

$$\mathscr{M}_{ij} + \overline{\boldsymbol{A}}_{ij}^{\mathrm{T}} \cdot \mathscr{M}_{ji} = \boldsymbol{r}_{ij} \times \mathscr{F}_{ij} \tag{5-34}$$

2.5 动能与角动量

最后，动能与角动量向量的积分形式可表示为[9]

$$T = \frac{1}{2} \sum_{i=1}^{N} \int_{\mathscr{B}_i} (\boldsymbol{v} \cdot \boldsymbol{v}) \mathrm{d}m_i(\boldsymbol{r}) \tag{5-35}$$

$$\boldsymbol{H} = \sum_{i=1}^{N} \int_{\mathscr{B}_i} (\boldsymbol{r} \times \boldsymbol{v}) \mathrm{d}m_i(\boldsymbol{r}) \tag{5-36}$$

式中，假设 $\boldsymbol{v}$ 是相对于惯性坐标系测得的速度。通过再次定义以下单一和联立通用质量微分方程，即可进一步推广该记号

$$T = \frac{1}{2} \int_{\mathscr{B}} (\boldsymbol{v} \cdot \boldsymbol{v}) \mathrm{d}m(\boldsymbol{r}) \tag{5-37}$$

$$\boldsymbol{H} = \int_{\mathscr{B}} (\boldsymbol{r} \times \boldsymbol{v}) \mathrm{d}m(\boldsymbol{r}) \tag{5-38}$$

式中，假设这些向量是相对于惯性坐标系指定的。与引力势能类似，这些向量也可以仅使用相对坐标表示

$$T=\frac{1}{4M}\int_{\mathscr{B}}\int_{\mathscr{B}}(\boldsymbol{v}-\boldsymbol{v}')\cdot(\boldsymbol{v}-\boldsymbol{v}')\,\mathrm{d}m(\boldsymbol{r})\mathrm{d}m(\boldsymbol{r}') \tag{5-39}$$

$$\boldsymbol{H}=\overline{\boldsymbol{A}}\cdot\frac{1}{2M}\int_{\mathscr{B}}\int_{\mathscr{B}}(\boldsymbol{r}-\boldsymbol{r}')\times(\boldsymbol{v}-\boldsymbol{v}')\,\mathrm{d}m(\boldsymbol{r})\mathrm{d}m(\boldsymbol{r}') \tag{5-40}$$

请注意，角动量必须从相对坐标系映射到惯性坐标系，在惯性坐标系中，角动量在封闭系统内必然是守恒的。

3　运动方程

3.1　一组刚性天体的拉格朗日方程

首先考虑系统最简单形式的拉格朗日方程。将系统的坐标定义为天体质心相对于系统质心的 N 个位置向量 $\boldsymbol{r}_i$，并定义这些天体的对应姿态，这些姿态名义上用欧拉角 $\boldsymbol{\theta}_i$ 表示。请注意，使用的特定角度可随意改变。拉格朗日方程的具体形式会随任何单侧约束是否起作用而发生变化。

为了获得确定性，按以下方式考虑独立的 $6(N-1)+3$ 个自由度。假设天体 1 为参考体，相对于惯性空间的指向记为 $\boldsymbol{\theta}_1$。然后考虑其他天体（$j=2$，3，…，N）及其相对于天体 1 的位置 $\boldsymbol{r}_{1j}$、相对于惯性坐标系的位置时间变化率 $\dot{\boldsymbol{r}}_{1j}$，及其相对于天体 1 的欧拉角 $\boldsymbol{\theta}_{1j}$。

拉格朗日量为 $L=T-\mathscr{U}$。没有起作用的约束时，拉格朗日方程的一般式为

$$\frac{\mathrm{d}}{\mathrm{d}t}\frac{\partial L}{\partial\dot{\boldsymbol{r}}_{1i}}=\frac{\partial L}{\partial\boldsymbol{r}_{1i}} \tag{5-41}$$

$$\frac{\mathrm{d}}{\mathrm{d}t}\frac{\partial L}{\partial\dot{\boldsymbol{\theta}}_{1i}}=\frac{\partial L}{\partial\boldsymbol{\theta}_{1i}} \tag{5-42}$$

与天体 1 的姿态方程相加，得出

$$\frac{\mathrm{d}}{\mathrm{d}t}\frac{\partial L}{\partial\dot{\boldsymbol{\theta}}_1}=\frac{\partial L}{\partial\boldsymbol{\theta}_1} \tag{5-43}$$

也可以选择系统不同的独立自由度，使得它们由一组最少的刚性天体位置和指向组成。

现在考虑两个天体之间存在一个起作用的约束的情形。对系统中的天体重新编号，并将其中一个天体视为“中心体”（下标 $i=1$），将其他天体视为堆叠在中心体上（下标 $i=2$）。因此，这些天体的相对位置向量 $\boldsymbol{r}_{12}$ 的量值受到约束，$r_{12}=d_{12}(\hat{\boldsymbol{r}}_{12},\overline{\boldsymbol{A}}_{12})$。与这个完整约束有关的是两个附加非完整约束，其形式为 $\boldsymbol{a}_{1r}\cdot\dot{\boldsymbol{r}}_{12}+\boldsymbol{a}_{1\theta}\cdot\dot{\boldsymbol{\theta}}_{12}=0$，式中，$\boldsymbol{a}_{1x}\in\mathbb{R}^{2\times3}$。请注意，完整约束也可以表示成微分形式，因此可以得出 $\boldsymbol{a}_{2r}\cdot\dot{\boldsymbol{r}}_{12}+\boldsymbol{a}_{2\theta}\cdot\dot{\boldsymbol{\theta}}_{12}=0$，式中，$\boldsymbol{a}_{2x}\in\mathbb{R}^{1\times3}$。这么做是为了能够明确地求解出约束力，如下所述。然后，可以将这三个约束合并成一个一般式

$$[\boldsymbol{a}_r]\cdot\dot{\boldsymbol{r}}_{12}+[\boldsymbol{a}_\theta]\cdot\dot{\boldsymbol{\theta}}_{12}=0 \tag{5-44}$$

式中，$[\boldsymbol{a}_x] \in \mathbb{R}^{3\times3}$，表示三个约束方程。

假设该约束起作用，则天体 1 和天体 2 之间的相对运动方程为

$$\frac{\mathrm{d}}{\mathrm{d}t}\frac{\partial L}{\partial \dot{\boldsymbol{r}}_{12}} = \frac{\partial L}{\partial \boldsymbol{r}_{12}} + \boldsymbol{\lambda}_{12} \cdot [\boldsymbol{a}_r] \tag{5-45}$$

$$\frac{\mathrm{d}}{\mathrm{d}t}\frac{\partial L}{\partial \dot{\boldsymbol{\theta}}_{12}} = \frac{\partial L}{\partial \boldsymbol{\theta}_{12}} + \boldsymbol{\lambda}_{12} \cdot [\boldsymbol{a}_\theta] \tag{5-46}$$

两个方程中的拉格朗日乘数 $\boldsymbol{\lambda}_{12} \in \mathbb{R}^3$ 都是相等的，可通过与方程式（5－44）联立求解。解出拉格朗日乘数后，可得出约束力和力矩如下

$$\boldsymbol{F}_{12} = \boldsymbol{\lambda}_{12} \cdot [\boldsymbol{a}_r] \tag{5-47}$$

$$\boldsymbol{M}_{12} = \boldsymbol{\lambda}_{12} \cdot [\boldsymbol{a}_\theta] \tag{5-48}$$

有关非完整动力学的更全面介绍，见参考文献［3］。

3.2 转换到旋转系统

我们特别关注的是非零恒定角动量造成的系统整体旋转。具体目标是消掉运动积分，有时候这称为消掉节点。分析时，我们可以很简单地消除一个自由度，以此来定义我们讨论相对平衡及其稳定性时使用的修正势能。

我们定义了一个非常特殊的旋转坐标系，以便于通过这个坐标系测量运动。这个坐标系是通过定义系统的角速度来定义的，系统的角速度是角动量积分的函数。但在此之前，首先要定义一个角速度向量，并且随后应证明该向量是根据角动量推导出来的

$$\boldsymbol{\omega} = \frac{\boldsymbol{H}}{I_H} \tag{5-49}$$

$$= \dot{\theta}\hat{\boldsymbol{H}} \tag{5-50}$$

式中，$I_H = \hat{\boldsymbol{H}} \cdot \overline{\boldsymbol{I}} \cdot \hat{\boldsymbol{H}}$ 为系统在惯性空间固定方向附近的惯性矩，$\boldsymbol{H}$ 为惯性空间中任意选择的常数向量。请注意，I_H 是用天体的相对位置和方向描述的内部系统的函数，也是该系统相对于 $\hat{\boldsymbol{H}}$ 的方向的函数，但不是该系统相对于围绕单位向量旋转的角度（表示为 θ ）的函数。由于旋转轴在空间内是固定的，因此，角速度 $\boldsymbol{\omega} = \dot{\theta}\hat{\boldsymbol{H}}$ 为真实速度，可表示为角度的时间导数。

这定义了系统的整体旋转速度，该速度与系统的总角动量及其质量分布密切相关。然后，就可以相对于该旋转坐标系对系统进行表征。请注意，旋转速度 $\dot{\theta}$ 不一定是不变的，因为力矩 I_H 通常而言不是恒定的。请注意，最初对该旋转的定义与角动量无关，但可以证明，通过适当选择 θ 及其旋转方向，该定义又可以与该守恒量联系起来。

首先，在旋转坐标系中表示系统动能，并用 $\boldsymbol{\omega}$ 定义旋转向量，这意味着要相对于旋转坐标系来表示时间导数。在下文中，使用简化记号 $\Delta\boldsymbol{r} = \boldsymbol{r} - \boldsymbol{r}'$，其他向量也使用类似的简化记号来表示，这两种向量将在总质量分布上进行积分。然后，给定一个惯性速度 $\Delta\boldsymbol{v}$，则可相对于旋转坐标系将其表示为

$$\Delta \boldsymbol{v} = \Delta \dot{\boldsymbol{r}} + \boldsymbol{\omega} \times \Delta \boldsymbol{r} \tag{5-51}$$

式中，$\Delta \boldsymbol{v}$ 为相对于惯性坐标系的速度，$\Delta \dot{\boldsymbol{r}}$ 为相对于旋转坐标系的速度，$\Delta \boldsymbol{r}$ 为相关质元的位置。该惯性速度与其自身的点积（即动能被积函数）就变成

$$\Delta \boldsymbol{v} \cdot \Delta \boldsymbol{v} = (\Delta \dot{\boldsymbol{r}} + \widetilde{\boldsymbol{\omega}} \cdot \Delta \boldsymbol{r}) \cdot (\Delta \dot{\boldsymbol{r}} + \widetilde{\boldsymbol{\omega}} \cdot \Delta \boldsymbol{r}) \tag{5-52}$$

$$= \Delta \dot{\boldsymbol{r}} \cdot \Delta \dot{\boldsymbol{r}} + 2\boldsymbol{\omega} \cdot \widetilde{\Delta \boldsymbol{r}} \cdot \Delta \dot{\boldsymbol{r}} - \boldsymbol{\omega} \cdot \widetilde{\Delta \boldsymbol{r}} \cdot \widetilde{\Delta \boldsymbol{r}} \cdot \boldsymbol{\omega} \tag{5-53}$$

式中，使用了交叉积并矢的特性并重新排列了各项。

现在考虑以上各项上的二重积分。首项是相对于旋转坐标系的动能

$$T_r = \frac{1}{4M}\int_{\mathscr{B}}\int_{\mathscr{B}} \Delta \dot{\boldsymbol{r}} \cdot \Delta \dot{\boldsymbol{r}} \, \mathrm{d}m(\boldsymbol{r}) \mathrm{d}m(\boldsymbol{r}') \tag{5-54}$$

使用前面定义的惯性并矢 $\overline{\boldsymbol{I}}$［见方程式（5－15）］，尾项也可以表示成简单形式

$$\frac{1}{2}\boldsymbol{\omega} \cdot \overline{\boldsymbol{I}} \cdot \boldsymbol{\omega} = -\frac{1}{4M}\boldsymbol{\omega} \cdot \int_{\mathscr{B}}\int_{\mathscr{B}} \widetilde{\Delta \boldsymbol{r}} \cdot \widetilde{\Delta \boldsymbol{r}} \, \mathrm{d}m(\boldsymbol{r}) \mathrm{d}m(\boldsymbol{r}') \cdot \boldsymbol{\omega} \tag{5-55}$$

根据定义 $\boldsymbol{\omega} = \boldsymbol{H}/I_H = \dot{\theta}\hat{\boldsymbol{H}}$，可得

$$\frac{1}{2}\boldsymbol{\omega} \cdot \overline{\boldsymbol{I}} \cdot \boldsymbol{\omega} = \frac{1}{2} I_H \dot{\theta}^2 \tag{5-56}$$

最后考虑中项，中项表示为

$$\boldsymbol{\omega} \cdot \frac{1}{2M}\int_{\mathscr{B}}\int_{\mathscr{B}} \widetilde{\Delta \boldsymbol{r}} \cdot \Delta \dot{\boldsymbol{r}} \, \mathrm{d}m(\boldsymbol{r}) \mathrm{d}m(\boldsymbol{r}') = \boldsymbol{\omega} \cdot \boldsymbol{H}_r \tag{5-57}$$

式中，$\boldsymbol{H}_r$ 为相对于旋转坐标系的角动量。我们最终会证明中项为零；但在运动方程得到完全定义之前，我们在技术上无法进行这种代换，这意味着运动方程中存在该中项，正如看到的一样。

因此，可得到动能

$$T = T_r + \frac{1}{2} I_H \dot{\theta}^2 + \dot{\theta}\hat{\boldsymbol{H}} \cdot \boldsymbol{H}_r \tag{5-58}$$

3.2.1　简化的拉格朗日函数

原始系统的拉格朗日量为 $L = T - \mathscr{U}$。在该旋转坐标系中，拉格朗日量为

$$L = T_r + \dot{\theta}\hat{\boldsymbol{H}} \cdot \boldsymbol{H}_r + \frac{1}{2} I_H \dot{\theta}^2 - \mathscr{U} \tag{5-59}$$

请注意，各项都与角度 θ 无关，因此，$\partial L/\partial\theta = 0$，动量积分为

$$\frac{\mathrm{d}}{\mathrm{d}t}\frac{\partial L}{\partial \dot{\theta}} = 0 \tag{5-60}$$

$$I_H \dot{\theta} + \hat{\boldsymbol{H}} \cdot \boldsymbol{H}_r = H \tag{5-61}$$

如果 $\hat{\boldsymbol{H}}$ 是沿着系统的总角动量向量方向选择的，则该向量等于系统的总角动量。

在该系统中，可以运用劳斯规约法（有关该方法的严格实施，见参考文献［1，3，15］）。因此，劳斯函数定义为

$$L_R = L - \dot{\theta}\frac{\partial L}{\partial \dot{\theta}} \tag{5-62}$$

角速率 $\dot{\theta}$ 可求解为

$$\dot{\theta}=\frac{1}{I_H}[H-\hat{\boldsymbol{H}}\cdot\boldsymbol{H}_r] \tag{5-63}$$

将其代入刚才定义的劳斯函数并简化，得出

$$L_R=T_r-\left(\frac{H^2}{2I_H}+\mathscr{U}\right)+\frac{1}{I_H}\boldsymbol{H}\cdot\boldsymbol{H}_r-\frac{(\hat{\boldsymbol{H}}\cdot\boldsymbol{H}_r)^2}{2I_H} \tag{5-64}$$

我们将修正势能$\mathscr{E}$定义为

$$\mathscr{E}=\frac{H^2}{2I_H}+\mathscr{U} \tag{5-65}$$

3.2.2 运动方程

首先考虑无约束的一般运动方程。请注意以下表达式，在这些表达式中，我们只详细说明平移运动

$$\frac{\partial T_r}{\partial\dot{\boldsymbol{r}}_{1i}}=\frac{m_1m_i}{m_1+m_i}\dot{\boldsymbol{r}}_{1i} \tag{5-66}$$

$$\frac{\partial\boldsymbol{H}_r}{\partial\dot{\boldsymbol{r}}_{1i}}=\frac{m_1m_i}{m_1+m_i}\tilde{\boldsymbol{r}}_{1i} \tag{5-67}$$

$$\frac{\partial\boldsymbol{H}_r}{\partial\boldsymbol{r}_{1i}}=-\frac{m_1m_i}{m_1+m_i}\tilde{\dot{\boldsymbol{r}}}_{1i}\quad i=2,3,\cdots,N \tag{5-68}$$

此外，在上述运动方程中，还需要注意 H 为常数，$\boldsymbol{H}_r=\boldsymbol{0}$，虽然该变量的偏导数不一定为零，而且必须代入运动方程。由此可得

$$\frac{m_1m_i}{m_1+m_i}[\ddot{\boldsymbol{r}}_{1i}+2\tilde{\boldsymbol{\omega}}\cdot\dot{\boldsymbol{r}}_{1i}+\dot{\boldsymbol{\omega}}\cdot\tilde{\boldsymbol{r}}_{1i}]=-\frac{\partial\mathscr{E}}{\partial\boldsymbol{r}_{1i}} \tag{5-69}$$

$$\frac{\mathrm{d}}{\mathrm{d}t}\frac{\partial(T_r+\boldsymbol{\omega}\cdot\boldsymbol{H}_r)}{\partial\dot{\boldsymbol{\theta}}_{1i}}-\frac{\partial(T_r+\boldsymbol{\omega}\cdot\boldsymbol{H}_r)}{\partial\boldsymbol{\theta}_{1i}}=-\frac{\partial\mathscr{E}}{\partial\boldsymbol{\theta}_{1i}} \tag{5-70}$$

式中，$\dot{\boldsymbol{\omega}}=-(H/I_H^2)\dfrac{\mathrm{d}I_H}{\mathrm{d}t}$。

现在考虑天体 1 和天体 2 之间的单侧约束以及非完整约束起作用时的情况。这种情况下的方程形式与上面的相同，但附加的约束力项除外

$$\frac{m_1m_2}{m_1+m_2}[\ddot{\boldsymbol{r}}_{12}+2\tilde{\boldsymbol{\omega}}\cdot\dot{\boldsymbol{r}}_{12}+\dot{\boldsymbol{\omega}}\cdot\tilde{\boldsymbol{r}}_{12}]=-\frac{\partial\mathscr{E}}{\partial\boldsymbol{r}_{12}}+\boldsymbol{\lambda}_{12}\cdot[\boldsymbol{a}_r] \tag{5-71}$$

$$\frac{\mathrm{d}}{\mathrm{d}t}\frac{\partial(T_r+\boldsymbol{\omega}\cdot\boldsymbol{H}_r)}{\partial\dot{\boldsymbol{\theta}}_{12}}-\frac{\partial(T_r+\boldsymbol{\omega}\cdot\boldsymbol{H}_r)}{\partial\boldsymbol{\theta}_{12}}=-\frac{\partial\mathscr{E}}{\partial\boldsymbol{\theta}_{12}}+\boldsymbol{\lambda}_{12}\cdot[\boldsymbol{a}_\theta] \tag{5-72}$$

此外，约束条件为

$$[\boldsymbol{a}_r]\cdot\dot{\boldsymbol{r}}_{12}+[\boldsymbol{a}_\theta]\cdot\dot{\boldsymbol{\theta}}_{12}=0 \tag{5-73}$$

3.2.3 雅可比运动积分

由于定义的拉格朗日量为时间不变量，在单侧约束都不起作用的情况下，应存在雅可比运动积分（即能量守恒）。在我们对起作用的接触非完整约束所作的无滑移滚动假设中，

可以证明也存在该积分。如果考虑滑移运动，就不会存在该积分，因为滑移运动会导致出现非保守功。

为了明确地进行推导，需要取方程式（5－69）～式（5－72）分别与 $\dot{\boldsymbol{r}}_{1i}$ 和 $\dot{\boldsymbol{\theta}}_{1i}$ 的点积，将点积求和，得出

$$\sum_{i=2}^{N}\left\{\frac{m_1 m_i}{m_1+m_i}[\ddot{\boldsymbol{r}}_{1i}+2\widetilde{\boldsymbol{\omega}}\cdot\dot{\boldsymbol{r}}_{1i}+\dot{\boldsymbol{\omega}}\cdot\tilde{\boldsymbol{r}}_{1i}]\right\}\cdot\dot{\boldsymbol{r}}_{1i}+$$

$$\sum_{i=2}^{N}\left\{\frac{\mathrm{d}}{\mathrm{d}t}\frac{\partial(T_r+\boldsymbol{\omega}\cdot\boldsymbol{H}_r)}{\partial\dot{\boldsymbol{\theta}}_{1i}}-\frac{\partial(T_r+\boldsymbol{\omega}\cdot\boldsymbol{H}_r)}{\partial\boldsymbol{\theta}_{1i}}\right\}\cdot\dot{\boldsymbol{\theta}}_{1i} \tag{5-74}$$

$$=-\sum_{i=2}^{N}\left\{\frac{\partial\mathscr{E}}{\partial\boldsymbol{r}_{1i}}\cdot\dot{\boldsymbol{r}}_{1i}+\frac{\partial\mathscr{E}}{\partial\boldsymbol{\theta}_{1i}}\cdot\dot{\boldsymbol{\theta}}_{1i}\right\}+\boldsymbol{\lambda}_{1i}\cdot\{[\boldsymbol{a}_r]\cdot\dot{\boldsymbol{r}}_{1i}+[\boldsymbol{a}_\theta]\cdot\dot{\boldsymbol{\theta}}_{1i}\}$$

反过来看，我们首先注意到，在无滑移条件下，约束项应恒等于零。其次，可以很容易发现，与修正势能相关的项为$-\mathscr{E}$的时间全导数。最后，可以证明首项等于 $\mathrm{d}/\mathrm{d}t(T_r+\omega\cdot\boldsymbol{H}_r)$。但是，在运动方程中，我们注意到恒等式$\boldsymbol{H}_r=\boldsymbol{0}$，这意味着其时间导数也为零。

因此，根据以下方程，可以明确得出能量积分

$$\frac{\mathrm{d}}{\mathrm{d}t}[T_r+\mathscr{E}]=0 \tag{5-75}$$

$$E=T_r+\mathscr{E} \tag{5-76}$$

从该分析中，可以得出几个结论。首先，根据能量方程，可得出

$$E-\mathscr{E}=T_r \tag{5-77}$$

$$E-\mathscr{E}\geqslant 0 \tag{5-78}$$

因此，可得出

$$E\geqslant\mathscr{E} \tag{5-79}$$

相对动能 $T_r=0$ 时，二者相等。可以证明，在系统的总角动量 H 已知的情况下[12]，可以获得最小动能。

请注意，$E=\mathscr{E}$ 的条件有时候并不足以让系统处于相对平衡状态（定义如下），因为作用在系统内的力可能不平衡，从而可能导致系统即时演变。

如果无滑移滚动假设不成立，比如，如果侧向力大于摩擦极限，则能量不再守恒，并按以下方程减少

$$\frac{\mathrm{d}}{\mathrm{d}t}[T_r+\mathscr{E}]=\boldsymbol{F}_{12}\cdot\dot{\boldsymbol{r}}_{12}+\boldsymbol{M}_{12}\cdot\dot{\boldsymbol{\theta}}_{12} \tag{5-80}$$

对于相互接触的刚性天体系统而言，这可能是刚性天体系统减少其总能量同时保持其总角动量不变的主要方式。

3.3　平衡条件与稳定性条件

使用指定的运动方程，可以确定相对平衡的条件和稳定性的条件。事实上，如果能量的经典形式［即二次形（动能）部分和势能部分］已知，则稳定性条件的推导过程就很简单。唯一的问题是刚性天体接触时存在单侧约束。我们将单独考虑这些情况。首先，我们

给出一些定义。

定义 1（相对平衡） 对于一个给定的构型，若其内部动能为零（$T_r=0$），则可以说该构型处于“相对平衡状态”，这意味着，在某一时刻 $\mathscr{E}=E$，并且该构型在至少有限的时间段内仍然保持在相对平衡状态。

定义 2（能量稳定性） 对于一个给定的相对平衡状态，若与该相对平衡状态的任何等能量偏差需要负的内部动能，即 $T_r<0$（这意味着这种运动是不会产生的），则可以说该相对平衡状态具有“能量稳定性”。

请注意，能量稳定性不同于李雅普诺夫稳定性或谱稳定性，李雅普诺夫稳定性或谱稳定性是航天动力学中常见的稳定性概念（能量稳定性与李雅普诺夫稳定性或谱稳定性的区别在参考文献［10］中的“整体问题”中详细讨论）。一般而言，能量稳定性更强，因为能量稳定性对任何能量耗散都具有鲁棒性，事实上——如果能量稳定性适用的话——若给定的相对平衡构型具有能量稳定性，则意味着该构型不能摆脱任何额外的能量，因此，在没有注入外源能量的情况下，该构型将处于静态，在这种情况下，我们称该构型处于（局部）最小能量状态。

3.3.1 无接触情况

天体之间无接触时，必然没有起作用的单侧约束，所有自由度都不受约束。我们还注意到，动能是广义坐标系速度的二次函数，具有自然系统的形式（参考文献［3］第 72 页）。因此，相对平衡的条件为所有 $\dot{\boldsymbol{q}}=0$（得出 $T_r=0$），且 $\partial\mathscr{E}/\partial\boldsymbol{q}=\boldsymbol{0}$。

当修正势能的 Hessian 矩阵为正定矩阵，或者 $\partial^2\mathscr{E}/\partial\boldsymbol{q}^2>0$ 时（这意味着矩阵只有正特征值），构型就具有能量稳定性。当 $\partial^2\mathscr{E}/\partial\boldsymbol{q}^2\geqslant 0$ 时（这意味着矩阵至少有一个特征值为零），构型就具有随遇稳定性。在这种情况下，系统能够以相对于平衡状态的恒速漂移，最终破坏构型。如果构型不是正定构型，或者，如果构型是半正定构型，则构型不稳定，并且矩阵至少有一个负特征值，系统在保持能量守恒的同时，能够偏离平衡构型。另一种考虑不稳定情况的方法是，系统仍然可以耗散能量，因此可以演变到较低的能量状态。请注意，这是一种比天体力学和航天动力学中有时使用的稳定性更强的形式，在天体力学和航天动力学中，线性化运动的谱稳定性有时是稳定的（就像在满足劳斯判据的三体问题的拉格朗日构型一样）。

在天体力学中，值得注意的是，对于质点 n 体问题（$n\geqslant 3$），任何相对平衡构型的 Hessian 矩阵至少有一个负特征值，而且是不稳定的[6]。因此，对于质点 N 体问题，所有中心构型在能量上始终是不稳定的，但对于二体问题除外。在二体问题中，只有一个相对平衡状态，而且该状态为正定状态，因此具有稳定性。请注意，在三体问题中，拉格朗日构型在满足劳斯判据时，可能具有谱稳定性，但并未达到修正势能的最小值，因此，如果出现能量耗散，三体的运动方式便将逐渐偏离其原有的拉格朗日构型。请注意，对于有限密度问题，在任何角动量下，始终存在稳定构型[11]。

为了与变分记号一致，在无接触情况中（即，对坐标无约束），平衡条件为

$$\delta\mathscr{E}=0 \tag{5-81}$$

式中，$\delta\mathscr{E}=\sum_{i=1}^{n}(\partial\mathscr{E}/\partial q_i)\delta q_i$ ，相当于所有 i 的 $\partial\mathscr{E}/\partial qi=0$。稳定性条件为

$$\delta^2\mathscr{E}>0 \tag{5-82}$$

相当于 Hessian 矩阵 $[\partial^2\mathscr{E}/\partial q_i\partial q_j]$ 为正定矩阵。

3.3.2　接触情况

如果约束已起作用，则必须修改平衡条件与稳定性条件。在不失一般性的情况下，假设选择的广义坐标与各接触约束对应，因此，在接触约束起作用的范围附近，单侧约束可以改写成

$$\delta q_j\geqslant 0 \tag{5-83}$$

式中，$j=1$，2，…，m 个约束。请注意，这些受约束的广义坐标可能是天体之间的相对位置或欧拉角。假设系统处于构型 $\boldsymbol{q}$， 该构型存在前述列举的 m 个起作用的约束，并且 $T_r=0$。此外，假设 $n-m$ 个无约束状态符合 $\mathscr{E}_{qi}=0$，$i=m+1$，…，n。对于这个处于静止状态的系统，虚功和能量原理规定，m 个约束状态的变化应确保修正势能只增不减，或者

$$\delta\mathscr{E}\geqslant 0 \tag{5-84}$$

$$\delta\mathscr{E}=\sum_{j=1}^{m}\mathscr{E}_{qj}\delta q_j \tag{5-85}$$

对于假设的状态约束，上式相当于 $\mathscr{E}_{qj}\geqslant 0$，其中，$j=1$，2，…，$m$。在推导上式的过程中，只需要注意的是，根据定义，如果修正势能只在数值上增加，则运动是不会产生的，因为这相当于动能从零减少，而这当然不是物理学意义上的减少。

对于稳定性，$n-m$ 个无约束变量必须满足之前推导出的正定条件。对于约束状态，只需将条件收紧为 $\delta\mathscr{E}>0$ 或者 $\mathscr{E}_{qj}>0$，$j=1$，2，…，m。最后一个论断需要一些更具体的证据来支撑，该论断推动我们就相对平衡状态的充要条件得出以下一般定理。

4　在欧拉静止构型中的应用

现在让我们应用这些结果来更好地理解参考文献［13，14］中最近研究的 n 体的欧拉静止构型的稳定性。我们从更广义的角度来考虑该问题，以适用于具有不同直径的天体。在这种一般构型中，天体成一条直线上相互堆叠在一起（见图 5－3）。我们注意到有 $N-1$ 个起作用的单侧约束，因此，相互接触的天体之间存在的非完整约束为起作用的单侧约束的两倍。需要指出的是，也可通过修正势能来研究该构型的平衡条件与稳定性条件。

在参考文献［14］中，对该系统及其约束进行了详细讨论，本文对这些详细讨论作了简要总结。大体上，我们可以用任何两个天体之间的相对距离来描述该系统，并通过考虑任何两个接触的天体之间的位移，来定义相对距离的一组独立变化。

类似地，我们可以将研究内容限制在平面运动范围内，并通过指定相邻天体中心之间的角度以及初始直线构型，来定义天体的相对方向。

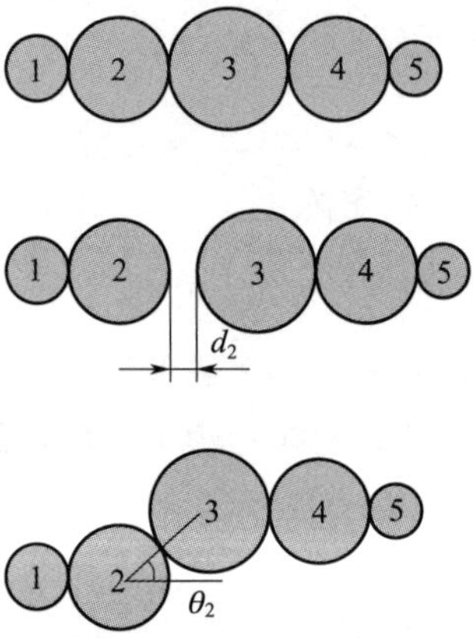

图 5-3　欧拉静止构型的定义以及距离变化和角度变化

4.1　指定欧拉静止构型

假设 N 个球体相互接触，除了端部之外，各侧都有一个相邻的球体。每个球体的质量为 m_i，直径为 D_i，假设其密度相等（虽然这也可以通过归纳得出，但这么做是毫无价值的）。所以，每个球体的惯矩为 $I_i=\frac{1}{10}m_iD_i^2$ 。任何两个球体 i 和 j 之间的相对位置向量为

$$\boldsymbol{d}_{ij}=\left[\sum_{k=i}^{j-1}\frac{1}{2}(D_k+D_{k+1})\cos\theta_k\right]\hat{\boldsymbol{x}}+\left[\sum_{k=i}^{j-1}\frac{1}{2}(D_k+D_{k+1})\sin\theta_k\right]\hat{\boldsymbol{y}} \tag{5-86}$$

式中，$\hat{\boldsymbol{x}}$ 是根据初始直线构型获得的，$\hat{\boldsymbol{y}}$ 处于旋转平面内并与旋转平面垂直

$$d_{ij}^2=\frac{1}{4}\left[\left(\sum_{k=i}^{j-1}(D_k+D_{k+1})\cos\theta_k\right)^2+\left(\sum_{k=i}^{j-1}(D_k+D_{k+1})\sin\theta_k\right)^2\right] \tag{5-87}$$

系统围绕垂直于 $\hat{\boldsymbol{x}}$ 和 $\hat{\boldsymbol{y}}$ 平面的轴旋转的惯矩、系统围绕系统质心旋转的惯矩以及引力势能为

$$I_H=\sum_i^N\frac{1}{10}m_iD_i^2+\frac{1}{\sum_k^N m_k}\sum_{i<j}m_im_jd_{ij}^2 \tag{5-88}$$

$$\mathscr{U}=-\mathscr{G}\sum_{i<j}\frac{m_im_j}{d_{ij}} \tag{5-89}$$

两式在修正势能中合并，得

$$\mathscr{E}=\frac{H^2}{2I_H}+\mathscr{U} \tag{5-90}$$

式中，角动量 H 为系统的自由参数。

4.2　平衡条件

通过证明无约束变量（即角变量）的修正势能第一变分为零，并证明约束变量（即任

何两个天体之间的距离）的修正势能第一变分为正，即可得到平衡条件。关于这些变分的几何定义，见图 5－3。首先考虑角变量，这意味着需要求解 $\partial \mathscr{E} / \partial \theta_m = 0$，得出

$$-\frac{H^2}{2I_H^2}\frac{\partial I_H}{\partial \theta_m} + \frac{\partial \mathscr{U}}{\partial \theta_m} = 0 \tag{5-91}$$

其中

$$\frac{\partial I_H}{\partial \theta_m} = \frac{1}{\sum_k^N m_k}\sum_{i<j} m_i m_j \frac{\partial d_{ij}^2}{\partial \theta_m} \tag{5-92}$$

$$\frac{\partial \mathscr{U}}{\partial \theta_m} = \frac{\mathscr{G}}{2}\sum_{i<j}\frac{m_i m_j}{d_{ij}^3}\frac{\partial d_{ij}^2}{\partial \theta_m} \tag{5-93}$$

这意味着只需要求解 $\frac{\partial d_{ij}^2}{\partial \theta_m}$。通过进行该运算过程，可得

$$\frac{\partial d_{ij}^2}{\partial \theta_m} = \frac{D_m + D_{m+1}}{2}\begin{cases} 0 & m \leqslant i-1 \\ \left[-\sin\theta_m \sum_{k=i}^{j-1}(D_k + D_{k+1})\cos\theta_k + \cos\theta_m \sum_{k=i}^{j-1}(D_k + D_{k+1})\sin\theta_k\right] & i \leqslant m \leqslant j-1 \\ 0 & m \geqslant j \end{cases} \tag{5-94}$$

显然，如果所有角 $\theta_k = 0$，或者如果所有角 θ_k 都相等，则上式为 0。只要所有单侧约束都起作用，这就可以把欧拉静止构型确定为一种可能的平衡状态。

为了检验是否所有单侧约束都起作用，或者，更准确地说，为了检验所有约束力均与压力相反，就必须确定是否 $\partial \mathscr{E} / \partial d_m \geqslant 0$，式中，$d_m$ 定义为天体 m 与 $m+1$ 之间的距离。这是在平衡条件下求解的，意味着可以设 $\theta_k = 0$，然后求解偏导数

$$-\frac{H^2}{2I_H^2}\frac{\partial I_H}{\partial d_m} + \frac{\partial \mathscr{U}}{\partial d_m} \geqslant 0 \tag{5-95}$$

其中

$$\frac{\partial I_H}{\partial d_m} = \frac{2}{\sum_k^N m_k}\sum_{i<j} m_i m_j d_{ij}\frac{\partial d_{ij}}{\partial d_m} \tag{5-96}$$

$$\frac{\partial \mathscr{U}}{\partial d_m} = \mathscr{G}\sum_{i<j}\frac{m_i m_j}{d_{ij}^2}\frac{\partial d_{ij}}{\partial d_m} \tag{5-97}$$

现在只需求解 $\frac{\partial d_{ij}}{\partial d_m}$。通过进行该运算过程，可得

$$\frac{\partial d_{ij}}{\partial d_m} = \begin{cases} 0 & m \leqslant i-1 \\ 1 & i \leqslant m \leqslant j-1 \\ 0 & m \geqslant j \end{cases} \tag{5-98}$$

将上式代入 I_H 和 $\mathscr{U}$ 的偏导数，可得出一组简化表达式

$$\frac{\partial I_H}{\partial d_m} = \frac{2}{\sum_k^N m_k}\sum_{i=1}^{m}\sum_{j=m+1}^{N} m_i m_j d_{ij} \tag{5-99}$$

$$\frac{\partial \mathcal{U}}{\partial d_m}=\mathcal{G}\sum_{i=1}^{m}\sum_{j=m+1}^{N}\frac{m_i m_j}{d_{ij}^2} \tag{5-100}$$

$$d_{ij}=\sum_{k=i}^{j}D_k-\frac{1}{2}(D_i+D_j) \tag{5-101}$$

因此，是否存在平衡状态，将取决于系统的角动量水平。具体而言，我们可以得出每个 d_m 变分的 H 极限值

$$\left(\frac{H}{I_H}\right)^2\leqslant\frac{2\partial \mathcal{U}/\partial d_m}{\partial I_H/\partial d_m} \tag{5-102}$$

$$=\mathcal{G}M\frac{\displaystyle\sum_{i=1}^{m}\sum_{j=m+1}^{N}\frac{m_i m_j}{d_{ij}^2}}{\displaystyle\sum_{i=1}^{m}\sum_{j=m+1}^{N}m_i m_j d_{ij}} \tag{5-103}$$

$$=\Omega_{F,m}^2 \tag{5-104}$$

式中，H/I_H 之比仅仅是系统的总自旋速度，自旋速度 $\Omega_{F,m}$ 为欧拉静止构型在球体 m 和 $m+1$ 之间分离时的自旋速度。因此，让系统处于相对平衡状态的极限自旋速度为

$$\Omega_F=\min_m \Omega_{F,m} \tag{5-105}$$

其中，我们将这种极限自旋速度称为“分裂”自旋速度。

4.3　稳定性条件

如果 $H^2\leqslant I_H^2\Omega_F^2$，则欧拉静止构型是一个相对平衡点。为了检验稳定性，需要在平衡条件下求解 Hessian 矩阵 $\mathcal{E}_{mn}=[\partial^2\mathcal{E}/\partial\theta_m\partial\theta_n]$，并检验该矩阵是否为正定矩阵。

修正势能相对于角 θ_n 的第二个偏导数为

$$\frac{\partial^2\mathcal{E}}{\partial\theta_n\partial\theta_m}=\frac{H^2}{I_H^3}\frac{\partial I_H}{\partial\theta_m}\frac{\partial I_H}{\partial\theta_n}-\frac{H^2}{2I_H^2}\frac{\partial^2 I_H}{\partial\theta_n\partial\theta_m}+\frac{\partial^2\mathcal{U}}{\partial\theta_n\partial\theta_m} \tag{5-106}$$

但是，在平衡条件下求解时，偏导数 $\dfrac{\partial I_H}{\partial\theta_m}=0$。此外，$I_H$ 和$\mathcal{U}$的第二个偏导数为

$$\frac{\partial^2 I_H}{\partial\theta_n\partial\theta_m}=\frac{1}{M}\sum_{i<j}m_i m_j\frac{\partial^2 d_{ij}^2}{\partial\theta_n\partial\theta_m} \tag{5-107}$$

$$\frac{\partial^2\mathcal{U}}{\partial\theta_n\partial\theta_m}=\frac{\mathcal{G}}{2}\sum_{i<j}\frac{m_i m_j}{d_{ij}^3}\frac{\partial^2 d_{ij}^2}{\partial\theta_n\partial\theta_m} \tag{5-108}$$

引力势能偏导数中的附加项在平衡条件下为零。最后，还需要注意的是，在平衡条件下求解的 d_{ij}^2 项的第二个偏导数为

$$\frac{\partial^2 d_{ij}^2}{\partial\theta_n\partial\theta_m}=\frac{1}{2}\begin{cases}0 & m\leqslant i-1\\ (D_m+D_{m+1})(D_n+D_{n+1}) & i\leqslant m<n\leqslant j-1\\ (D_m+D_{m+1})\left[D_m+D_{m+1}-\displaystyle\sum_{k=i}^{j-1}(D_k+D_{k+1})\right] & i\leqslant m=n\leqslant j-1\\ 0 & n\geqslant j\end{cases} \tag{5-109}$$

式中，假设 $m \leqslant n$。所有这些都可以合并到修正势能的第二个偏导数的一般式中

$$\frac{\partial^2 \mathscr{E}}{\partial\theta_n \partial\theta_m} = \frac{\mathscr{G}}{2}\sum_{i=1}^{m}\sum_{j=n+1}^{N}\frac{m_i m_j}{d_{ij}^3}\left[1-\left(\frac{H}{I_H}\right)^2 \frac{d_{ij}^3}{\mathscr{G}M}\right]\frac{\partial^2 d_{ij}^2}{\partial\theta_n \partial\theta_m} \tag{5-110}$$

这为计算矩阵元素提供了一种详细的算法。另外，为该系统开发一个矩阵记号也是有用的，需要指出的是，在该矩阵记号中，在相对平衡条件下求解时，自旋速度也等于比值 $H/I_H = \Omega$。$\mathscr{E}_{\theta\theta} = \left[\frac{\partial^2 \mathscr{E}}{\partial\theta_n \partial\theta_m}\right]$，类似地，$\mathscr{U}_{\theta\theta} = \left[\frac{\partial^2 \mathscr{U}}{\partial\theta_n \partial\theta_m}\right]$，$I_{\theta\theta} = \left[\frac{\partial^2 I_H}{\partial\theta_n \partial\theta_m}\right]$。因此，修正势能的 Hessian 矩阵的一般式为

$$\mathscr{E}_{\theta\theta} = \mathscr{U}_{\theta\theta} - \frac{1}{2}\Omega^2 I_{\theta\theta} \tag{5-111}$$

当 $\mathscr{E}_{\theta\theta}$ 为正定矩阵时（这意味着该矩阵的所有特征值均为正），则达到稳定。请注意，一般而言，矩阵 $I_{\theta\theta}$ 为非奇异矩阵，因此，上述方程可改写成

$$\mathscr{E}_{\theta\theta} = \frac{1}{2} I_{\theta\theta}\left[2 I_{\theta\theta}^{-1}\mathscr{U}_{\theta\theta} - \Omega^2 I\right] \tag{5-112}$$

式中，I 为单位矩阵。因此，通过求出 $2I_{\theta\theta}^{-1}\mathscr{U}_{\theta\theta}$（表示为 λ_k^2）的特征值，就可以将这个问题简化成经典特征值问题。因此，稳定性条件为 $\Omega^2 > \max_k \lambda_k^2 = \Omega_S^2$，从而定义系统完全稳定时的最小自旋速度。

我们确实注意到了参考文献［14］中关于矩阵大小的讨论中的一个细节。虽然角变量中有 $N-1$ 个自由度，但我们只需检验系统的 $N-2$ 个变分，因为系统总有一个零特征值对应于系统的匀速转动。换句话说，对于二体系统，无须检验其稳定性，但对于三体系统，两体之间只有一个唯一的差角，等等。

4.4　结果

在这些详细结果已知的情况下，便可以明确检验对于由不同数目（N 个）的小天体所组成的不同大小、质量的系统在稳定及分裂时所对应的自旋速度。对给定的构型进行测试时，关键是测试间隔 $\Delta\Omega = \Omega_F - \Omega_S$ 是否为正，这意味着，将有一系列自旋速度让系统处于相对平衡状态和稳定状态。

等尺寸构型的稳定性与 N 的函数关系。首先，重新创建在参考文献［14］中研究并在参考文献［13］中纠正的主题。假设所有天体的尺寸和密度相等，并确定 $\Delta\Omega > 0$ 是否与 N 存在函数关系。图 5-4 给出了差异与 N 的函数关系，图中还给出了稳定时的自旋速度和分裂时的自旋速度。自旋速度按单个球体的临界自旋速度进行归一化处理，临界自旋速度定义为表面上的平均运动速度。在这里，可以明显看出，$N=21$ 时，将出现过渡，这意味着，$N \geqslant 22$ 时，质量和尺寸相等的欧拉静止构型永远不会稳定。

对天体尺寸相对变化的鲁棒性。然后，考虑构型在单个天体的相对尺寸发生变化时的鲁棒性。首先，仅考虑奇数个天体的中心天体尺寸发生变化时的影响，并研究中心天体的尺寸为其他天体尺寸 0.1～10 倍时的稳定性间隔 $\Delta\Omega$。图 5-5 给出了稳定性间隔的演变与奇数个不同 N 体中的中心天体的尺寸之间的函数关系。

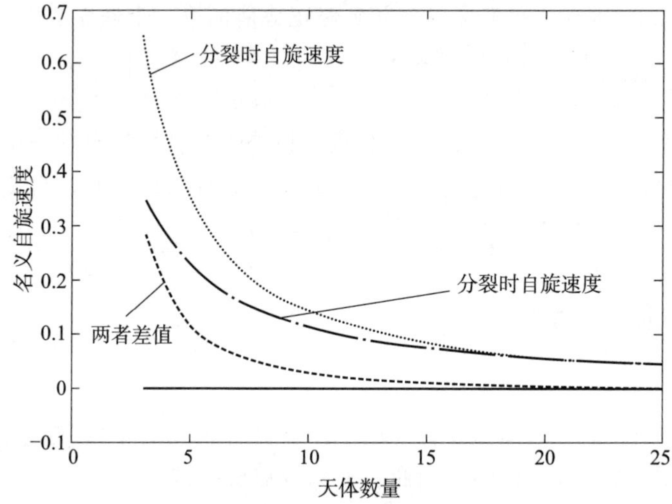

图 5-4　等尺寸欧拉静止构型的归一化自旋速度与 N 的函数关系。$N \geqslant 22$ 时，稳定速度超出分裂速度

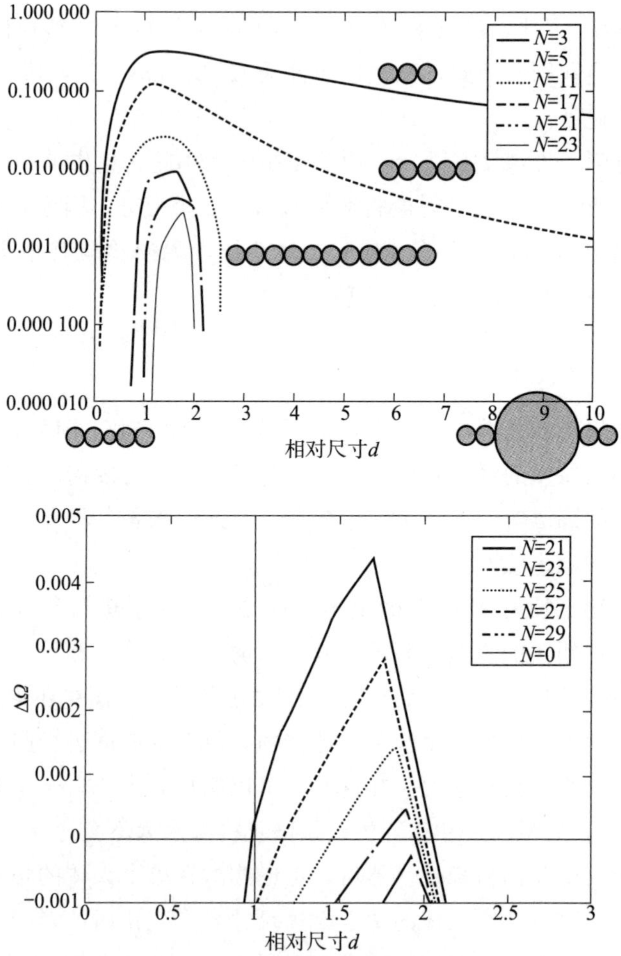

图 5-5　上图：自旋速度稳定性间隔与奇数个欧拉静止构型中的中心体的相对尺寸之间的函数关系；下图：失稳与更多天体中的中心体的尺寸之间的函数关系

我们注意到，若中心天体的尺寸稍大于其他天体，即 $N \geqslant 22$ 时，欧拉静止构型能够达到稳定。但是，$N=29$ 时，情况就不是这样了：不论中心体的尺寸如何，欧拉静止构型都不稳定。最有可能的是，额外的中心天体不断增加，可以让欧拉静止构型稳定，但是自由参数太多，无法在这里进行系统地研究。

作为案例研究，图 5－6 给出了不同模式下的不同稳定自旋速度和分裂自旋速度与 $N=21$ 时的中心体尺寸之间的函数关系。图 5－6 下图展示了相关极限自旋速度之间的差异，该差异定义了正稳定性区域。

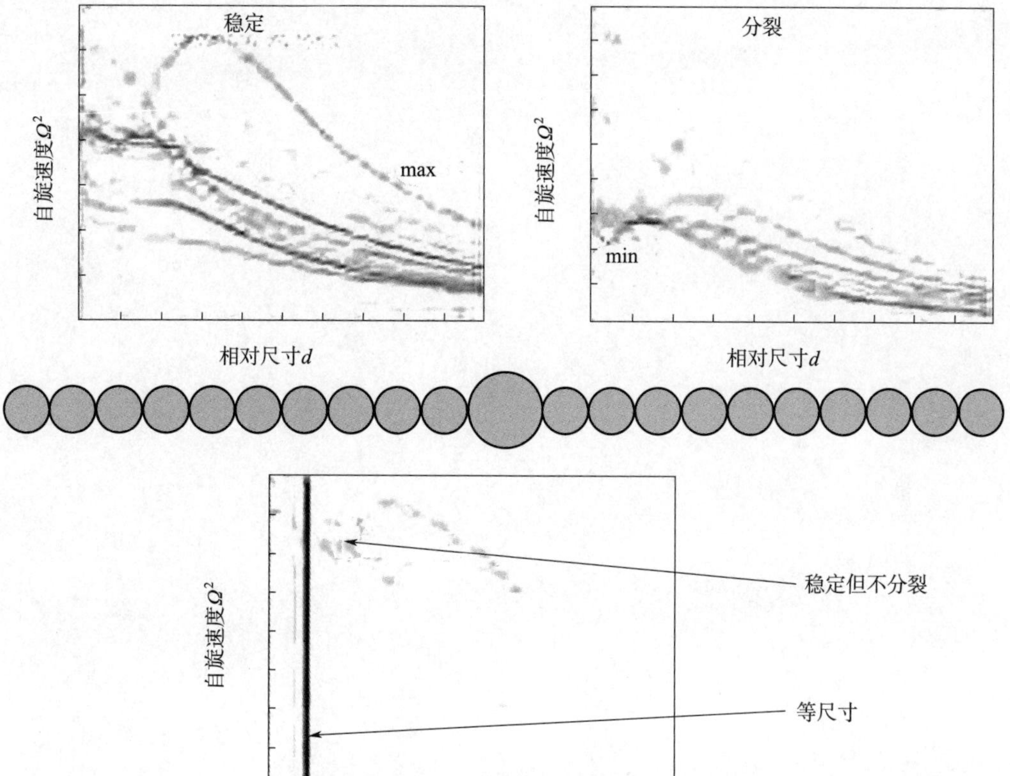

图 5－6　$N=21$ 时，稳定自旋速度和分裂自旋速度与中心体尺寸之间的函数关系。标绘的稳定速度为矩阵的不同特征值；标绘的分裂速度为欧拉静止构型中的各组成元素脱离时的速度。下图显示了稳定时的最大自旋速度包络曲线和分裂时的最小自旋速度包络曲线

我们注意到，$N=5$ 时，整个尺寸变化谱的稳定间隔非零，这表明 $N=7$ 时不存在鲁棒性，但一旦中心天体的尺寸比其他天体的尺寸大 3.3 倍，这种鲁棒性就不会稳定。因此，我们还需探讨 $N=5$ 时，对五体系统中其他天体尺寸变化的鲁棒性。我们发现，对于五体系统中的任何天体，其尺寸均会收缩到任意小尺寸。失去稳定性之前，端部天体的尺寸可增加到其他天体尺寸的 2.8 倍。稳定性间隔消除之前，下一个天体的尺寸可增加到其他天体尺寸的 3.2 倍。如图 5－4 所示，中心天体的尺寸可增加到任意尺寸，并且稳定性间隔也不会消失。

5　结论

本章研究了有限密度 N 体系统的天体力学，重点说明天体相互堆叠在一起时的接触约束。经证明，在无滑移假设下，仅使用修正势能就能够研究静止构型的平衡状态和稳定性。本章通过一个详细例子，说明了相互堆叠成一条直线的 N 个天体的情况，作为天体力学理论在接触情况中的实际应用范例。

参考文献

[1] Cendra, H.,Marsden, J.E.: Geometric mechanics and the dynamics of asteroid pairs. Dyn. Syst. Int. J. 20, 3-21 (2005).

[2] Fujiwara, A., Kawaguchi, J., Yeomans, D.K., Abe, M., Mukai, T., Okada, T., Saito, J., Yano, H., Yoshikawa, M., Scheeres, D.J., et al.: The rubble-pile asteroid Itokawa as observed by Hayabusa. Science 312(5778), 1330-1334 (2006).

[3] Greenwood, D.T.: Classical Dynamics. Dover, Mineola (1997).

[4] Holsapple, K.A.: On YORP-induced spin deformations of asteroids. Icarus 205(2), 430-442 (2010).

[5] Liebenthal, E.: Untersuchungen uber die Attraction zweier homogener Korper. PhD thesis, Universitat Greifswald (1880).

[6] Moeckel, R.: On central configurations. Math. Z. 205(1), 499-517 (1990).

[7] Pravec, P., Harris, A.W.: Fast and slow rotation of asteroids. Icarus 148, 12-20 (2000).

[8] Sánchez, P., Scheeres, D.J.: Simulating asteroid rubble piles with a self-gravitating soft-sphere distinct element method model. Astrophys. J. 727, 120 (2011).

[9] Scheeres, D.J.: Stability in the full two-body problem. Celest. Mech. Dyn. Astron. 83(1), 155-169 (2002).

[10] Scheeres, D.J.: Relative equilibria for general gravity fields in the sphere-restricted full 2-body problem. Celest. Mech. Dyn. Astron. 94, 317-349 (2006).

[11] Scheeres, D.J.: Minimum energy configurations in the *N*-body problem and the celestial mechanics of granular systems. Celest. Mech. Dyn. Astron. 113(3), 291-320 (2012).

[12] Scheeres, D.J.: Relative equilibria in the full N-body problem with applications to the equal mass problem. In: Recent Advances in Celestial and Space Mechanics, pp. 31-81. Springer,Cham (2016).

[13] Scheeres, D.J.: Correction to: stability of the Euler resting *N*-body relative equilibria. Celest. Mech. Dyn. Astron. 130, 55-56 (2018).

[14] Scheeres, D.J.: Stability of the Euler resting *N*-body relative equilibria. Celest. Mech. Dyn. Astron. 130(3), 26 (2018).

[15] Simo, J.C., Lewis, D., Marsden, J.E.: Stability of relative equilibria. Part I: the reduced energymomentum method. Arch. Ration. Mech. Anal. 115(1), 15-59 (1991).

[16] Walsh, K.J., Richardson, D.C.,Michel, P.: Spin-up of rubble-pile asteroids: disruption, satellite formation, and equilibrium shapes. Icarus 220(2), 514-529 (2012).

[17] Werner, R.A., Scheeres, D.J.: Mutual potential of homogeneous polyhedra. Celest. Mech. Dyn. Astron. 91, 337-349 (2005).

第 6 部分　多目标最优控制：直接方法

马西米里诺·瓦西里（Massimiliano Vasile）

摘　要　本文介绍了一种用于解决具有多个冲突目标的最优控制问题的方法，该方法可生成满足一组边界条件和路径约束的帕雷托最优控制规律集。本文首先介绍了多目标优化和最优控制理论的基本概念，然后使用 Pascoletti - Serafini 标量化方法提出标量形式的多目标最优控制问题的一般表示形式。本文根据此标量形式推导了局部最优的一阶必要条件，并开发了一种时域有限元直接转化法（DFET），该方法可将无限维多目标最优控制问题转化为有限维多目标非线性规划问题（MONLP）。在对最优控制问题性质所做出的某些假设下，证明这种转化方法是一种局部收敛的方法。然后本文提出了一种基于个体的模因优化方法以求解 MONLP 问题，并返回全局最优帕雷托解集的部分重构。最后以一个阐释性的例子结束了本文。

关键词　多目标优化；最优控制；有限元；轨迹优化

1　引言

最优控制理论是数学优化的一个分支，该理论旨在搜索控制规律或策略，以优化（最小化或最大化）给定的代价函数，并将动态系统的状态从初始状态转化为最终状态。最优控制问题的求解方法通常分为直接方法和间接方法两类。间接方法推导并求解一组满足庞特里亚金极大值原理的微分代数方程，而直接方法则将无限维最优控制问题转化为有限维非线性规划问题（NLP），并通过数值优化方法进行求解。最优控制理论和大多数现有最优控制问题的数值求解方法通常只考虑单个标量代价函数。但是在许多实际场景中，我们需要优化多个且通常是相互冲突的性能指标。

在这种情况下，问题即为：找到若不降低其他一些目标值，则任何目标函数的值都不能得到提升的那组解集。这些解被称为帕雷托最优解或帕雷托有效解，得名于最先提出帕雷托效率或帕雷托最优概念的经济学家维弗雷多·帕雷托（Vilfrido Pareto）。

求解多目标非线性规划问题的方法是存在的，并且有很好的理论支持。然而，文献中仅提出了少数几种求解多目标最优控制问题的方法[1-4]。

本文介绍了一种用于解决一般多目标最优控制问题的数值求解方法。与传统的单目标最优控制问题相比，其主要区别在于多目标最优控制问题的解对应于一组最优控制律（而不是单个最优控制律）。本文中提出的求解方法通过使用一种基于时域有限元的特殊方法，将原始控制问题转化为多目标非线性规划问题（MONLP）。然后，由此产生的 MONLP 将采用文化基因算法进行求解（文化基因算法将基于总体的搜索空间探索与基于梯度的局部收敛策略相结合）。

本文的结构如下：陈述所研究的问题并介绍最优控制和多目标优化的一些基本概念，然后介绍基于时域有限元的转化方法以及由此产生的 NLP 问题的求解。除了求解方法外，本文还提出了两个理论推导，使这些解为局部最优提供了一组必要条件。我们将通过一个简单的例子来证明所提出方法的适用性。

2　定义和初步想法

本文的第一节将介绍一些基本概念和想法，以及在本文其余部分中使用的符号。

2.1　多目标最优控制问题

考虑以下多目标最优控制问题（MOCP）

$$\begin{aligned}&\min_{\boldsymbol{u}} \boldsymbol{F}\\&s.t.\\&\dot{\boldsymbol{x}}=\boldsymbol{h}(\boldsymbol{x},\boldsymbol{u},t)\\&\boldsymbol{g}(\boldsymbol{x},\boldsymbol{u},t)\leqslant 0\\&\boldsymbol{\psi}(\boldsymbol{x}_0,\boldsymbol{x}_f,t_0,t_f)\leqslant 0\\&t\in[t_0,t_f]\end{aligned}\tag{MOCP}$$

式中，$\boldsymbol{F}=[f_1,\ \cdots,\ f_i,\ \cdots,\ f_m]^{\mathrm{T}}$，通常是状态变量 $\boldsymbol{x}$：$[t_0,\ t_f]\rightarrow\mathbb{R}^n$、控制变量 $\boldsymbol{u}\in L^{\infty}(U\subset\mathbb{R}^{n_u})$ 和时间 t 的向量函数。函数 $\boldsymbol{x}$ 属于 Sobolev 空间 $W^{1,\infty}$，目标函数是 f_i：$\mathbb{R}^{2n+n}\times\mathbb{R}^{n_u}\times[t_0,\ t_f]\rightarrow\mathbb{R}$，$\boldsymbol{h}$：$\mathbb{R}^n\times\mathbb{R}^{n_u}\times[t_0,\ t_f]\rightarrow\mathbb{R}^n$，代数约束函数 $\boldsymbol{g}$：$\mathbb{R}^n\times\mathbb{R}^{n_u}\times[t_0,\ t_f]\rightarrow\mathbb{R}^q$，边界条件函数 $\boldsymbol{\psi}$：$\mathbb{R}^{2n+2}\rightarrow\mathbb{R}^{n_\psi}$。需要注意的是，问题（MOCP）通常是非光滑的，并且可能具有许多局部极小值。

2.2　帕雷托占优和帕雷托效率

20 世纪初，意大利工程师、社会学家、经济学家、政治学家和哲学家维弗雷多·帕雷托提出了经济学上的革命性概念（即现在的“帕雷托最优”概念）：当没有人能在不损害他人利益的情况下变得更好时，就可以实现最大的经济满意度。用数学语言描述，可以写为如下形式。考虑向量函数 $\boldsymbol{F}$：$\mathbb{R}^n\rightarrow\mathbb{R}^m$，其中 $\boldsymbol{F}(\boldsymbol{x})=[f_1(\boldsymbol{x}),\ f_2(\boldsymbol{x}),\ \cdots,\ f_i(\boldsymbol{x}),\ \cdots,\ f_m(\boldsymbol{x})]^{\mathrm{T}}$，$\boldsymbol{g}$：$\mathbb{R}^n\rightarrow\mathbb{R}^q$，其中 $\boldsymbol{g}(\boldsymbol{x})=[g_1(\boldsymbol{x}),\ g_2(\boldsymbol{x}),\ \cdots,\ g_j(\boldsymbol{x}),\ \cdots,\ g_q(\boldsymbol{x})]^{\mathrm{T}}$，问题为

$$\begin{aligned}&\min_{\boldsymbol{x}} \boldsymbol{F}\\&s.t.\\&\boldsymbol{g}(\boldsymbol{x})\leqslant 0\end{aligned}\tag{MOP}$$

给定可行集 $X=\{\boldsymbol{x}\in\mathbb{R}^n \mid \boldsymbol{g}(\boldsymbol{x})\leqslant 0\}$ 和两个可行向量 $\boldsymbol{x}$，$\hat{\boldsymbol{x}}\in X$，如果对于所有 $i=1,\cdots,m$ 都有 $f_i(\hat{\boldsymbol{x}})\leqslant f_i(\boldsymbol{x})$ 成立，且存在一个 k 值，使 $f_k(\hat{\boldsymbol{x}})\neq f_k(\boldsymbol{x})$，则我们称 $\boldsymbol{x}$ 由 $\hat{\boldsymbol{x}}$ 支配。我们使用关系式 $\hat{\boldsymbol{x}}\prec\boldsymbol{x}$，表示 $\hat{\boldsymbol{x}}$ 支配 $\boldsymbol{x}$。如果不存在其他支配 $\boldsymbol{x}^*$ 的向量 $\boldsymbol{x}\in X$，则将向量 $\boldsymbol{x}^*\in X$ 视为问题（MOP）的帕雷托有效解或最优解，或者

$$\boldsymbol{x}\not\prec\boldsymbol{x}^*,\quad \forall\boldsymbol{x}\in X-\{\boldsymbol{x}^*\} \tag{6-1}$$

X 中的所有非支配决策向量构成帕雷托集 X_P，而标准空间中的对应图像则是帕雷托前沿。

2.3 多目标问题的 Karush - Khun - Tucker 最优条件

帕雷托最优和占优的概念并没有立即转化为最优解的准则。在本节中，我们将介绍多目标一般约束优化问题局部最优的一组必要条件。标量问题局部最优的一组必要条件首先由 William Karush 在其 1939 年的硕士论文中提出，然后由 Harold W. Kuhn 和 Albert W. Tucker 于 1951 年独立发表。向量目标函数的处理可以在参考文献［5］中找到，并在此以 MOP 问题局部最优解 $\boldsymbol{x}^*$ 的理论形式来表示。

定理 1（KKT） 如果 $\boldsymbol{x}^*\in X$ 是问题 MOP 的有效解，并且是约束 $\boldsymbol{g}$ 的正则点，则存在向量 $\eta\in\mathbb{R}^m$ 和 $\lambda\in\mathbb{R}^q$，满足

$$\sum_i^m\eta_i\nabla f_i(\boldsymbol{x}^*)+\sum_j^q\lambda_j\nabla g_j(\boldsymbol{x}^*)=0 \tag{6-2}$$

$$\sum_j^q\lambda_j g_j(\boldsymbol{x}^*)=0 \tag{6-3}$$

$$g_j(\boldsymbol{x}^*)\leqslant 0,\quad j=1,\cdots,q \tag{6-4}$$

$$\lambda_j\geqslant 0,\quad j=1,\cdots,q \tag{6-5}$$

$$\eta_i\geqslant 0,\quad i=1,\cdots,m \tag{6-6}$$

$$\exists\,\eta_i>0 \tag{6-7}$$

在不受约束的情况下，KKT 最优条件退化为

$$\sum_i^m\eta_i\nabla f_i(\boldsymbol{x}^*)=0 \tag{6-8}$$

$$\eta_i\geqslant 0,i=1,\cdots,m \tag{6-9}$$

$$\exists\,\eta_i>0 \tag{6-10}$$

条件式（6－8）产生了一个有趣的结果（见参考文献［6］），即帕雷托集是一个 $m-1$ 维流形。这意味着在 $m\leqslant n$ 的 $\mathbb{R}^n$ 中，帕雷托集的度量为零，这表明仅对向量函数的 n 维域进行采样不足以重构帕雷托集。因此，求解算法的开发需要更复杂的启发式方法。

2.4 Pascoletti - Serafini 标量化

多目标优化问题的一种求解方法是先将原始的向量目标函数转化为标量，再使用任意单目标优化方法。KKT 条件式（6－1）已经表明目标函数的加权求和是可行的。但是，如果帕雷托前沿不是凸集，那么该方法在实践中就不会起作用。该问题一个更好的求解方

法是在标准空间中定义一个最终收敛到帕雷托前沿的下降锥。

1984 年，Adriano Pascoletti 和 Paolo Serafini 提出了基于这种下降锥概念的标量化方法[7]。根据 Pascoletti - Serafini 方法，问题（MOP）的最优解（或 K 最小解）也同样适用于以下有约束单目标优化问题

$$\begin{cases}\min_{t\in\mathbb{R}} t \\ s.t. \\ \boldsymbol{a}t-\boldsymbol{F}(\boldsymbol{x})+\boldsymbol{r}\in K \\ \boldsymbol{g}(\boldsymbol{x})\leqslant 0 \\ \boldsymbol{a}\in\mathbb{R}^m \\ \boldsymbol{r}\in\mathbb{R}^m\end{cases}\tag{6-11}$$

式中，K 表示下降锥，其顶点沿着用 t 参数表示并由向量 $\boldsymbol{a}$ 和 $\boldsymbol{r}$ 定义的直线滑动。为了便于计算，问题（6 - 11）可以写成

$$\begin{cases}\min_{s\geqslant 0} s \\ s.t. \\ \boldsymbol{\omega}_i(f_i(\boldsymbol{x})-z_i)\leqslant\alpha \quad \forall i=1,\cdots,m \\ \boldsymbol{g}(\boldsymbol{x})\leqslant 0 \\ \boldsymbol{z}\in\mathbb{R}^m \\ \boldsymbol{\omega}\in\mathbb{R}_+^m\end{cases}\tag{PS}$$

式中，点 $\boldsymbol{z}=[z_1,\ \cdots,\ z_i,\ \cdots,\ z_m]^{\mathrm{T}}$ 和正的权向量 $\boldsymbol{\omega}=[\boldsymbol{\omega}_1,\ \cdots,\ \boldsymbol{\omega}_i,\ \cdots,\ \boldsymbol{\omega}_m]^{\mathrm{T}}$ 定义了 m 维标准空间中的直线系（或下降方向）。（PS）问题中的 K 锥和相应的下降方向可以像图 6 - 1（a）所示的那样表示。当下降锥到达帕雷托前沿时，下降锥的顶点确定了帕雷托有效点［见图 6 - 1（b）］。更确切地说，当一个点满足以下条件时，则该点是 K 最小点

$$(\overline{\boldsymbol{F}}-K)\cap\boldsymbol{F}(X)=\{\overline{\boldsymbol{F}}\}$$

从这一定义和图 6 - 1 可以认为 K 最小点就是帕雷托有效点。

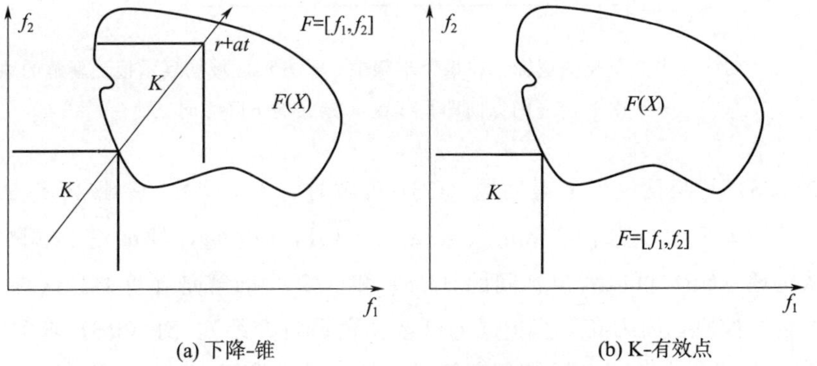

图 6 - 1　Pascoletti - Serafini 标量化的收敛

2.5　切比雪夫 (Chebyshev) 标量化

另一种处理向量目标函数的方法称为切比雪夫标量化。此方法如参考文献 [8] 中所论述，类似于 Pascoletti－Serafini 标量化，它是基于由权重向量 $\boldsymbol{\omega}$ 确定下降方向 ζ 的思路

$$\begin{cases}\min_{x\in X}\ \max_{i\in\{1,\cdots,m\}}\omega_i(f_i(\boldsymbol{x})-z_i)\\ s.t.\\ \boldsymbol{g}(\boldsymbol{x})\leqslant 0\end{cases}\tag{CS}$$

这种形式的标量化没有对目标函数造成任何约束，可以直接与基于采样或基于群体的方法一起使用（如任意进化计算方法[9,10]），因为它代表了一种接受或拒绝样本的简单方法。对于 (PS)，主要困难在于正确地确定下降方向。图 6－2 显示了切比雪夫标量化的逻辑，以及满足条件 (CS) 的区域，其中，$\chi=\max_{i\in\{1,\cdots,m\}}\omega_i(f_i(\boldsymbol{x})-z_i)$ 。在参考文献 [8] 中，作者分析了不同标量化方法之间的关系，并提出了以下关于问题 (CS) 的解与问题 (PS) 的解之间等价性的重要理论结果。

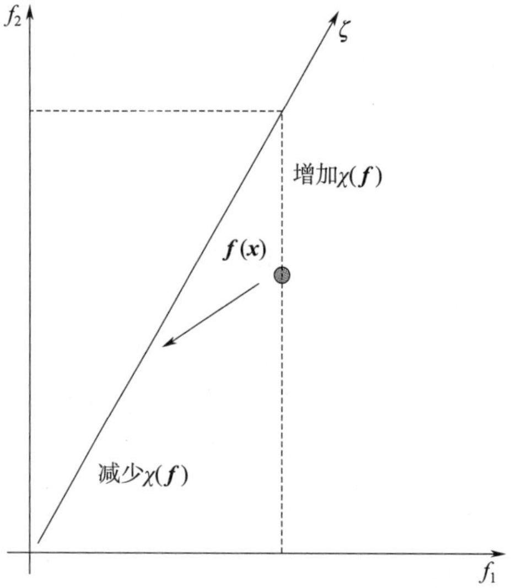

图 6－2　切比雪夫标量化的逻辑：在每个步骤中，长方形区域均表示接受新解的地方。由 ζ 定义的方向即是权重 ω_j 定义的下降方向

定理 2 (CS)　当且仅当 $\boldsymbol{x}$ 是问题 (CS) 的解时，点 $(s,\ \boldsymbol{x})\in\mathbb{R}\times X$ 是问题 (PS) 的最小解，其中 $\boldsymbol{z}\in\mathbb{R}^m$，$z_i<\min_{x\in X}f_i(\boldsymbol{x})$，$i=1,\ \cdots,\ m$，且 $\boldsymbol{\omega}\in\text{int}(\mathbb{R}_+^m)$。

我们从定理 (CS) 可以看出，问题 (PS) 和 (CS) 的解是等价的。这对于算法设计而言是一条重要性质，因为在某些情况下（本文稍后将介绍），对 (PS) 求解实际上将转化为对 (CS) 求解，或者 (CS) 的部分解可能需要通过求解 (PS) 来改进。

2.6　（标量）庞特里亚金极大值原理

在本章中，我们重点讨论以所谓的 Mayer 形式表述的最优控制问题。Lagrange 和

Bolza 等其他形式分别将代价函数表示为取决于状态、控制和时间的函数的时间积分，或者是终端条件的时间积分和标量函数的混合[11]。我们可以很容易地验证这三种形式等价并能得到相同的解。但是，在随后的讨论中，Mayer 形式更容易应用于标量化 MOCP。处于 Mayer 形式时，代价函数取决于状态和时间的终端条件。由此产生的最优控制问题如下

$$\begin{cases}\min_{\boldsymbol{u}} f(\boldsymbol{x}_f, t_f) \\ s.t. \\ \dot{\boldsymbol{x}} = \boldsymbol{h}(\boldsymbol{x}, \boldsymbol{u}, t) \\ \boldsymbol{g}(\boldsymbol{x}, \boldsymbol{u}, t) \leqslant 0 \\ \boldsymbol{\psi}(\boldsymbol{x}_0, \boldsymbol{x}_f, t_0, t_f) \leqslant 0 \\ t \in [t_0, t_f]\end{cases} \tag{6-12}$$

式中，$\boldsymbol{x}$ 是状态向量，$\boldsymbol{u}$ 是控制向量，$\boldsymbol{h}$ 是动态函数，$\boldsymbol{g}$ 是一组路径约束，$\boldsymbol{\psi}$ 是边界约束，t 是时间。如果 $\boldsymbol{u}^*$ 是问题式（6-12）的局部最优解，则庞特里亚金极小值（极大值）原理表示存在向量 $\lambda \in \mathbb{R}^n$，$\nu \in \mathbb{R}^{n_\psi}$ 和向量 $\mu \in \mathbb{R}^q$，满足

$$\begin{cases}\boldsymbol{u}^* = \operatorname{argmin}_{\boldsymbol{u} \in U}(\lambda^{\mathrm{T}} \boldsymbol{h}(\boldsymbol{x}^*, \boldsymbol{u}, t) + \mu^{\mathrm{T}} \boldsymbol{g}(\boldsymbol{x}^*, \boldsymbol{u}, t)) \\ U = \{\boldsymbol{u} \mid \boldsymbol{g}(\boldsymbol{x}, \boldsymbol{u}, t) \leqslant 0\} \\ \lambda^{\mathrm{T}} \nabla_x \boldsymbol{h}(\boldsymbol{x}^*, \boldsymbol{u}^*, t) + \mu^{\mathrm{T}} \nabla_x \boldsymbol{g}(\boldsymbol{x}^*, \boldsymbol{u}^*, t) + \dot{\lambda} = 0 \\ \mu \geqslant 0\end{cases} \tag{6-13}$$

横截性条件为

$$\begin{cases}\nabla_x f + v^{\mathrm{T}} \nabla_x \boldsymbol{\psi} = \lambda(t_f) \\ \lambda^{\mathrm{T}} \boldsymbol{h}(\boldsymbol{x}^*, \boldsymbol{u}, t_f) + \mu^{\mathrm{T}} \boldsymbol{g}(\boldsymbol{x}^*, \boldsymbol{u}, t_f) + (\nabla_t f + v^{\mathrm{T}} \nabla_t \boldsymbol{\psi})_{t_f} = 0 \quad [\text{如果 } t_f \text{ 是开放的}] \\ v \geqslant 0\end{cases} \tag{6-14}$$

式（6-13）中呈现的是需要用边界条件式（6-14）求解的微分代数方程组（DAE）。方程式（6-13）和式（6-14）是最优性的必要条件，并且在找到局部最优控制的情况下（且 $\boldsymbol{h}$ 和 $\boldsymbol{g}$ 相对于控制 $\boldsymbol{u} \in U$ 都是局部可微的），可以将方程式（6-13）的第一个式子表示为

$$\nabla_u(\lambda^{\mathrm{T}} \boldsymbol{h}(\boldsymbol{x}^*, \boldsymbol{u}, t) + \mu^{\mathrm{T}} \boldsymbol{g}(\boldsymbol{x}^*, \boldsymbol{u}, t)) = 0 \tag{6-15}$$

2.7　Pascoletti - Serafini 标量化的 MOCP

问题式（6-12）只有一个标量目标函数。如果将式（6-12）中的函数 f 替换为向量函数 $\boldsymbol{F} = [f_1, \cdots, f_i, \cdots, f_m]^{\mathrm{T}}$，那么可以使用标量化方法（PS）得到

$$\begin{cases}\min_{\alpha_f \geqslant 0} \alpha_f \\ s.t. \\ \omega_i(f_i(\boldsymbol{x}_f, t_f) - z_i) - \alpha_f \leqslant 0 \quad \forall i = 1, \cdots, m \\ \dot{\boldsymbol{x}} = \boldsymbol{h}(\boldsymbol{x}, \boldsymbol{u}, t) \\ \boldsymbol{g}(\boldsymbol{x}, \boldsymbol{u}, t) \leqslant 0 \\ \boldsymbol{\psi}(\boldsymbol{x}_0, \boldsymbol{x}_f, t_0, t_f) \leqslant 0 \\ t \in [t_0, t_f] \end{cases} \tag{PSOCP}$$

如果 s 是最终条件为 α_f 并且零时间变化 $\dot{\alpha} = 0$ 的松弛变量，则问题（PSOCP）的形式将类似于 Mayer 问题。其主要区别是对 x_f、t_f 和 α_f 的混合边界约束（对于每个 $i = 1, \cdots, m$）。

3 求解方法

我们现在准备处理问题（MOCP)。我们希望能找到全局帕雷托最优的控制律集。回顾一下 2.2 节中的定义，这意味着我们希望获得控制律集，以使得与每个控制律相对应的向量 $\boldsymbol{F}$ 都属于问题（MOCP）的全局帕雷托前沿。在多模态函数的情况下，可能存在多个仅局部满足帕雷托效率准则的集合（即在 U 的一个子集中)。这里的目的是设计一种方法，该方法可以收敛到 U 中全局满足帕雷托效率准则的解。

本章提出的求解方法首先将最优控制问题转化为非线性规划问题。然后对 NLP 进行标量化处理，并使用所谓的文化基因方法（该方法结合了基于总体的搜索和梯度方法)，以找到帕雷托集的近似值。以下章节首先介绍了从最优控制问题转化到 NLP 问题的方法，然后介绍了多目标 NLP 问题的求解方法。

3.1 多目标最优控制问题的直接转化

本章中提出的用于转化问题（MOCP）的方法属于直接方法，并且该方法基于一种被称为时域有限元（FET）的数值方法[12]。Vasile[13] 于 2000 年首次提出了针对标量最优控制问题的直接 FET 转化方法，并且使用基于频谱的时域有限元将微分方程转化为一组代数方程。最优控制问题间接求解的时域有限元（FET）最初是由 Hodges 和合作者于 1991 年提出的[14]，在 20 世纪 90 年代末期发展为双不连续版本，将在本节中进行介绍。作为常微分方程的数值积分方案，FET 等效于某些隐式龙格库塔积分方案[15]，可以扩展到任意高阶，具有很好的鲁棒性，并具有完全的 $h-p$ 适应性，其中 h 适应性意味着适应每个元素的大小，p 适应性意味着适应每个元素的多项式阶数。在过去的十年中，基于频谱的 FET 直接转化方法已成功用于解决一系列难题：从水星[16]和太阳[17]的低推力多重力辅助轨迹的设计，到月球的弱稳定边界转移、限制性三体问题中的低推力转移，以及月球最优着陆轨迹的设计[13]。

转化的第一步是以弱形式重现微分约束，具体如下所示

$$\int_{t_0}^{t_f} \dot{\boldsymbol{w}}^{\mathrm{T}}\boldsymbol{x}+\boldsymbol{w}^{\mathrm{T}}\boldsymbol{h}(\boldsymbol{x},\boldsymbol{u},t)\mathrm{d}t-\boldsymbol{w}_f^{\mathrm{T}}\boldsymbol{x}_f^b+\boldsymbol{w}_0^{\mathrm{T}}\boldsymbol{x}_0^b=0 \tag{6-16}$$

式中，$\boldsymbol{w}$ 是广义权函数，$\boldsymbol{x}^b$ 是状态的边界值（可以指定或自由施加）。现在我们可以将时域 D 分解成 N 个有限元，满足

$$D=\bigcup_{j=1}^{N} D_j(t_{j-1},t_j) \tag{6-17}$$

在每个 D_j 上，把状态、控制和权函数用参数表示为

$$\boldsymbol{x}_j(t)=\sum_{s=0}^{l}\varphi_{s,j}(t)\boldsymbol{x}_{s,j} \tag{6-18a}$$

$$\boldsymbol{u}_j(t)=\sum_{s=0}^{l}\gamma_{s,j}(t)\boldsymbol{u}_{s,j} \tag{6-18b}$$

$$\boldsymbol{w}_j(t)=\sum_{s=0}^{l+1}\theta_{s,j}(t)\boldsymbol{w}_{s,j} \tag{6-18c}$$

式中，函数 $\varphi_{s,j}$，$\gamma_{s,j}$ 和 $\theta_{s,j}$ 分别是在次数为 l 和 $(l+1)$ 的多项式空间中选择的。需要注意的是，通常，控制 $\boldsymbol{u}$ 可以并置在不同于状态 $\boldsymbol{x}$ 的多个节点上。通过如下变换，在归一化区间［－1，1］上定义每个 D_j 是可行的

$$\tau=2\,\frac{t-\dfrac{t_j-t_{j-1}}{2}}{t_j-t_{j-1}} \tag{6-19}$$

这样，基函数的域是恒定的，与元素的大小无关，并且与将用于动力学积分的高斯节点的区间重叠。目标函数很简洁

$$J_i=\phi_i(\boldsymbol{x}_0^b,\boldsymbol{x}_f^b,t_0,t_f) \tag{6-20}$$

将多项式的定义代入变分约束，并与高斯求积公式积分后，每个有限元都会得到以下方程组

$$\sum_{k=1}^{l+1}\sigma_k\left[\dot{\boldsymbol{w}}_j(\tau_k)^{\mathrm{T}}\boldsymbol{x}_j(\tau_k)+\boldsymbol{w}_j(\tau_k)^{\mathrm{T}}\boldsymbol{h}_j(\tau_k)\frac{\Delta t_j}{2}\right]-\boldsymbol{w}_j(1)^{\mathrm{T}}\boldsymbol{x}_j^b+\boldsymbol{w}_j(-1)^{\mathrm{T}}\boldsymbol{x}_{j-1}^b=0 \tag{6-21}$$

式中，τ_k 和 σ_k 是高斯结点和权重，$\boldsymbol{h}_j(\tau_k)$ 是 $\boldsymbol{h}(\boldsymbol{x}_j(\tau_k),\boldsymbol{u}_j(\tau_k),t(\tau_k))$ 的简写符号，$\Delta t_j=(t_j-t_{j-1})$。由于方程式（6－21）必须对任意的 $\boldsymbol{w}_{s,j}$ 有效，因此方程式（6－21）产生了关于每个元素的 (l_x+1) 向量方程组

$$\begin{cases}\displaystyle\sum_{k=0}^{l_u}\sigma_k\left[\dot{\theta}_{1,j}(\tau_k)\boldsymbol{x}_j(\tau_k)+\theta_{1,j}(\tau_k)\boldsymbol{h}_j(\tau_k)\frac{\Delta t_j}{2}\right]+\boldsymbol{x}_{j-1}^b=0\\ \vdots\\ \displaystyle\sum_{k=0}^{l_u}\sigma_k\left[\dot{\theta}_{s,j}(\tau_k)\boldsymbol{x}_j(\tau_k)+\theta_{s,j}(\tau_k)\boldsymbol{h}_j(\tau_k)\frac{\Delta t_j}{2}\right]=0\\ \vdots\\ \displaystyle\sum_{k=0}^{l_u}\sigma_k\left[\dot{\theta}_{l_x+1,j}(\tau_k)\boldsymbol{x}_j(\tau_k)+\theta_{l_x+1,j}(\tau_k)\boldsymbol{h}_j(\tau_k)\frac{\Delta t_j}{2}\right]-\boldsymbol{x}_j^b=0\end{cases} \tag{6-22}$$

每个元素的路径约束在高斯节点上进行计算

$$\boldsymbol{g}(\boldsymbol{x}_j(\tau_k),\boldsymbol{u}_j(\tau_k),t(\tau_k))\leqslant 0 \tag{6-23}$$

然后通过施加连续性关系，将所有元素组合在一起

$$\boldsymbol{x}_j^b=\boldsymbol{x}_{j-1}^b \tag{6-24}$$

因此，组合过程会去除在时间 t_0 的初始值和时间 t_f 的最终值以外的所有边界值。其结果是：方程中的最优控制问题（MOCP）被转化为以下非线性规划（NLP）问题

$$\begin{cases}\min\limits_{p\in\Pi,y\in Y}\boldsymbol{J}(\boldsymbol{y},\boldsymbol{p})\\ s.t.\\ \boldsymbol{c}(\boldsymbol{y},\boldsymbol{p})\leqslant 0\end{cases} \tag{6-25}$$

式中，$\boldsymbol{c}$ 包含式（6-22）和式（6-23）的所有约束以及所有边界约束，向量 $\boldsymbol{y}$ 包含状态的所有节点值，$\boldsymbol{p}=[\boldsymbol{u}_{1,0},\cdots,\boldsymbol{u}_{s,j},\cdots,\boldsymbol{u}_{l,N},\boldsymbol{x}_0,\boldsymbol{x}_f,t_0,t_f]^{\mathrm{T}}$ 囊括了所有控制变量，且有 $\Pi\subseteq\mathbb{R}^{2n+2}\times\mathbb{R}^{n_s}$，$Y\subseteq\mathbb{R}^{n_y}$，其中 $n_s=n_u\cdot l\cdot N$，$n_y=n\cdot l\cdot N$。值得注意的是，DFET 转化非常灵活，可以为状态、控制和测试函数选择任何基，并且每个变量的基也可以不同。同理，我们也可以对求积节点的类型采用多种选择[18]。

3.2 已转化的 MOCP 的求解

建议使用文化基因多目标优化算法来求解问题式（6-25），该算法可将基于随机个体的搜索与解的局部（在这种情况下为梯度）优化相结合[19-23]。本节中介绍的算法版本称为 MACSoc（多个体协同搜索最优控制）。

多个体协同搜索是一种结合局部和全局搜索策略的元启发式方法。一组个体天生具有一系列可行的行为，可以包含其他个体或仅收集每个个体邻域的信息。MACSoc 将搜索方向和下降锥的思想纳入了个体的决策逻辑中：每个个体都可以根据优势度或切比雪夫标量化选择新的候选解。此外，每个个体都可以开始局部搜索，以直接求解问题（PSOCP）。这里利用个体能合并基于局部梯度行为的能力来求解问题式（6-25）。算法 1 中总结了一般的 MACSoc 方案。接下来描述了单个和群集操作，它们与两个不同问题的求解有关。总体 P_0（算法 1 第 1 行）使用拉丁超立方体抽样以实现随机初始化[24]，权重 ω（算法 1 第 2 行）的生成见 3.2.2 节。在执行了单个和群集操作后（算法 1 第 4 行和第 7 行），总体和档案都得到了更新。筛选过程（算法 1 第 6 行和第 9 行）会更新存储了所有帕雷托最优解的全局档案 A_g，该过程将重新分配各个解，以实现伪电位函数（档案中元素的反距离函数）的最小化（更多细节见参考文献［20］）。最后，在每次迭代中分配给每个个体的下降方向（或标量子问题）将得到更新（算法 1 第 10 行）。

算法 1　MACSoc 框架

初始化总体 P_0 和全局档案 A_g
初始化搜索方向 $\boldsymbol{d}$ 和权重 $\boldsymbol{w}$
当 $nf\ eval <$ max _ fun _ eval 有效
在 P_k 上运行单个启发式方法
$P_k \rightarrow P_k^+$
使用潜在字段过滤器更新档案 A_g
运行结合 P_k^+ 和 A_g 的群集启发式方法
$P_k^+ \rightarrow P_{k+l}$
使用潜在字段过滤器更新档案 A_g（见参考文献［20］）
更新子问题分配
结束

3.2.1　MACS 框架中的问题公式化

为了求解式（6－25），MACSoc 同时使用了 Pascoletti－Serafini 和切比雪夫标量化方法，同时还结合了单个或群集操作。当个体搜索局部帕雷托有效解时，每个个体 j 都使用自己的 Pascoletti－Serafini 标量化方法，其形式如下

$$\begin{cases} \min_{\alpha_f \geqslant 0} \alpha_f \\ s.t. \\ \omega_{ij} \vartheta_{ij}(\overline{x}, \overline{p}) \leqslant \alpha_f, \quad i = 1, \cdots, m \\ \boldsymbol{c}(\overline{\boldsymbol{x}}, \overline{\boldsymbol{p}}) \leqslant 0 \end{cases} \tag{6-26}$$

式中，ω_{ij} 是第 j 个个体的 i 个权重向量，ϑ_{ij} 是第 j 个个体的重标目标向量的第 i 个分量，α_f 是一个松弛变量。问题的重新公式化限制了第 j 个个体在标准空间内在点 $\alpha_f \boldsymbol{d}_j + \boldsymbol{\zeta}_j$ 定义的下降锥内的移动，移动方向为 $\boldsymbol{d}_j = [1/\omega_{1j}, \cdots, 1/\omega_{ij}, \cdots, 1/\omega_{mj}]^{\mathrm{T}}$。重标目标向量为

$$\vartheta_{ij}(\overline{x}, \overline{p}) = \frac{J_{ij}(\overline{x}, \overline{p}) - \mathfrak{z}_i}{z_{ij}^* - \mathfrak{z}_i}, \quad i = 1, \cdots, m \tag{6-27}$$

式中，$\boldsymbol{z}_j^*$ 等于 $\boldsymbol{J}_j(\overline{\boldsymbol{x}}, \overline{\boldsymbol{p}}^c)$，$(\overline{x}, \overline{p}^c)$ 是式（6－26）解的初始猜测值。这样，$\boldsymbol{\vartheta}_j(\overline{\boldsymbol{x}}, \overline{\boldsymbol{p}})$ 的分量在局部搜索开始时的值为 1，如果个体收敛到虚点 $\mathfrak{z}$，则 $\boldsymbol{\vartheta}_j(\overline{\boldsymbol{x}}, \overline{\boldsymbol{p}})$ 的分量全部等于 0。我们在下面的小节中将讨论 $\boldsymbol{\omega}_j$ 和 $\mathfrak{z}$ 的选择。通过进行归一化处理，我们可以推导出向量 $\boldsymbol{\zeta}_j$ 的分量

$$\zeta_{ij} = \frac{z_i}{z_{ij}^* - \mathfrak{z}_i}, \quad i = 1, \cdots, m \tag{6-28}$$

算法 2　单个操作

设 $\tilde{z} = 2z - z_A^*$
如果当前个体仅求解问题 i，则
　　$\boldsymbol{\omega}_j = (0, 0, i, \cdots, 0, 0)$
否则
　　$\boldsymbol{\omega}_j = \dfrac{[1, 1, 1, \cdots, 1]^{\mathrm{T}}}{\| [1, 1, 1, \cdots, 1]^{\mathrm{T}} \|}$
结束条件
在 B_j 中选择点 $(\overline{\boldsymbol{x}}, \overline{\boldsymbol{p}}^c)$
从 $(\overline{\boldsymbol{x}}, \overline{\boldsymbol{p}}^c)$ 运行局部搜索，以求解问题式（6－26）并得出解 $(\overline{\boldsymbol{x}}^*, \overline{\boldsymbol{p}}^*)_j$
如果 $(\overline{\boldsymbol{x}}^*, \overline{\boldsymbol{p}}^*)_j$ 可行，则
　　返回 $(\overline{\boldsymbol{x}}^*, \overline{\boldsymbol{p}}^*)_j . \boldsymbol{J}_j (\overline{\boldsymbol{x}}^*, \overline{\boldsymbol{p}}^*)$ 并增加 $\rho_j < 1$
否则
　　如果次数 ρ_j 减少到 $>$ max _ contr _ ratio，则
　　　$\rho_j = 1$
　　否则
　　　减少 ρ_j 并返回 $(\overline{\boldsymbol{x}}^*, \overline{\boldsymbol{p}}^*)_j = (\overline{\boldsymbol{x}}, \overline{\boldsymbol{p}})_j$，$\boldsymbol{J}_j = M + \| \boldsymbol{c} \|$
　　结束条件
结束条件

目标的重标以及 $\boldsymbol{\omega}_j$ 和 $\tilde{z}_j$ 的选择是将所提出的方法与参考文献［2］中的其他方法区分开来的要素。需要注意的是，求解问题式（6－26）已经提供了一个非支配解，可以将其潜在地插入 A_g 中并用于更新 P_k。伪代码可以在算法 2 中找到。如果当前个体 $(\overline{\boldsymbol{x}}, \boldsymbol{p})_j$ 的位置与上次迭代相比没有变化，则局部搜索将从当前个体的邻域 B_j 中随机获取的点 $(\overline{\boldsymbol{x}}, \boldsymbol{p}^c)$ 处开始，否则 $(\overline{\boldsymbol{x}}, \boldsymbol{p}^c) = (\overline{\boldsymbol{x}}, \boldsymbol{p})_j$。邻域 B_j 是边缘尺寸为 $2\rho_j$ 的超立方体。如果局部搜索返回一个不可行解，则将惩罚值 M（高于总体中最高的目标函数）加上约束违反的范数分配给所有代价函数。

当个体探索搜索空间时，无论是实施单个操作还是作为总体，它们均使用问题式（6－25）的双级公式，其中上级仅处理目标函数，下级处理约束函数

$$\begin{cases} \min\limits_{\boldsymbol{p}^*} \boldsymbol{J}_j (\overline{\boldsymbol{x}}^*, \boldsymbol{p}^*) \\ s.t. \\ (\overline{\boldsymbol{x}}^*, \boldsymbol{p}^*)_j = \operatorname{argmin}\{\delta(\overline{\boldsymbol{x}}, \overline{\boldsymbol{p}}^c) \mid \boldsymbol{c}(\overline{\boldsymbol{x}}, \overline{\boldsymbol{p}}^c) \leqslant 0\} \end{cases} \tag{6-29}$$

其中，δ 是在较低级别生成的任何新向量 $\boldsymbol{p}$ 与较高级别传递到较低级别的初始 $\boldsymbol{p}$ 之间的距离，$(\overline{\boldsymbol{x}}, \overline{\boldsymbol{p}}^c)$ 是使用差分进化（DE）运算符或模式搜索方法生成的候选解（更多详细信息见参考文献［20］）。将 DE 运算符应用于与特定权重 $\boldsymbol{\omega}$ 和档案 A_g 的元素相关联的混合个

体。如果内部级别返回可行解，则选择该解以将其包含在总体 P_{k+1} 中，采用切比雪夫准则（算法 1 第 8 行）。换言之，问题式（6－29）按以下形式进行标量化

$$\begin{cases}\min_{p^*}\ \max_{i\in\{1,\cdots,m\}}\omega_i(J_i(\overline{\boldsymbol{x}}^*,\boldsymbol{p}^*)-z_i)\\ s.t.\\ (\overline{\boldsymbol{x}}^*,\boldsymbol{p}^*)_j=\operatorname{argmin}\{\delta(\overline{\boldsymbol{x}},\overline{\boldsymbol{p}}^c)\mid \boldsymbol{c}(\overline{\boldsymbol{x}},\overline{\boldsymbol{p}}^c)\leqslant 0\}\end{cases} \tag{6－30}$$

算法 3　群集操作

选择权重 $\boldsymbol{\omega}$
选择与 $\boldsymbol{\omega}$ 和档案 A_g 的元素相关联的个体
将 DE 运算符应用于选定的个体和档案元素，并生成候选解 $\boldsymbol{u}=(\overline{\boldsymbol{x}},\ \overline{\boldsymbol{p}}^c)$
在 $\boldsymbol{u}$ 上运行内部级别

算法 4　内部级别

从 $(\overline{\boldsymbol{x}},\ \overline{\boldsymbol{p}}^c)$ 运行局部搜索以得出解 $(\overline{\boldsymbol{x}}^*,\ \overline{\boldsymbol{p}}^*)_j$
如果 $(\overline{\boldsymbol{x}}^*,\ \overline{\boldsymbol{p}}^*)_j$ 可行，则
返回 $(\overline{\boldsymbol{x}}^*,\ \overline{\boldsymbol{p}}^*)_j$，$\boldsymbol{J}_j(\overline{\boldsymbol{p}}^*,\ \overline{\boldsymbol{x}}^*)$
否则
返回 $(\overline{\boldsymbol{x}}^*,\ \overline{\boldsymbol{p}}^*)_j=(\overline{\boldsymbol{x}},\ \overline{\boldsymbol{p}})_j$，$\boldsymbol{J}_j=M+\|\boldsymbol{c}\|$
结束条件

这两个级别的伪代码都可以在算法 3 和 4 中找到。需要注意的是，如果内部级别返回一个不可行解，则如前所述，关联的目标函数为惩罚值 M（高于总体中最高的目标函数）加上约束违反的范数。

在这一点上，有必要解释一下在该框架中如何利用定理 2 中证明的（CS）和（PS）的等价性。假设问题式（6－26）必须用进化方法求解。在那种情况下，目标函数的约束将转化为

$$\min_{p^*}\ \max_{i\in\{1,\cdots,m\}}\ \omega_i(\vartheta_i(\overline{\boldsymbol{x}}^*,\boldsymbol{p}^*)-\alpha_f) \tag{6－31}$$

当 $\alpha_f=0$ 时，其等价于式（6－30）中的外问题。根据定理 2，我们可以说，通过将搜索阶段使用的式（6－31）与细化阶段使用的式（6－26）进行组合，问题式（6－31）（$\alpha_f=0$）和问题式（6－26）是等价的，并且可以得出相同的最优解，因此该算法实现了从全局搜索到局部收敛的平稳过渡。

3.2.2　$\boldsymbol{\omega}$ 和 z 的选择

在参考文献［2］中，通过先求解两个单独的目标，然后选择一组等间隔权重，获得一组方向 d 来解决 MOCP。这种方法主要有两个局限性：首先，由于仅采用了局部策略，因此产生的帕雷托前沿的极值可能位于局部帕雷托前沿。其次，对于两个以上的目标而

言，这种方法很难得到推广。所提出的方法包括将向量 $\boldsymbol{\omega}_j=[0,\ 0,\ i,\ \cdots,\ 0,\ 0]^{\mathrm{T}}$ 分配给求解子问题 i 的个体，并将向量 $\boldsymbol{\omega}_j=\dfrac{[1,\ 1,\ 1,\ \cdots,\ 1]^{\mathrm{T}}}{\|[1,\ 1,\ 1,\ \cdots,\ 1]^{\mathrm{T}}\|}$ 分配给所有其他个体。修改后的虚点 $\tilde{\boldsymbol{z}}$ 由下式给出

$$\tilde{\boldsymbol{z}}=2\boldsymbol{z}-\boldsymbol{z}_A^* \tag{6-32}$$

式中，$\boldsymbol{z}$ 和 $\boldsymbol{z}_A^*$ 分别是档案 A_g 中包含的到帕雷托前沿的当前近似值的虚点和最低点。当求解子问题 i 的个体 j 已局部收敛且未被任何操作置换时，其子问题将用 $\boldsymbol{\omega}_j=\dfrac{[1,\ 1,\ 1,\ \cdots,\ 1]^{\mathrm{T}}}{\|[1,\ 1,\ 1,\ \cdots,\ 1]^{\mathrm{T}}\|}$ 进行更新，相反，与 $\boldsymbol{\omega}_j=\dfrac{[1,\ 1,\ 1,\ \cdots,\ 1]^{\mathrm{T}}}{\|[1,\ 1,\ 1,\ \cdots,\ 1]^{\mathrm{T}}\|}$ 相关联的已局部收敛且未被任何操作置换的个体会将其子问题替换为 $\boldsymbol{\omega}_j=[0,\ 0,\ i,\ \cdots,\ 0,\ 0]^{\mathrm{T}}$（算法 1 第 10 行）。

3.3 一阶最优的必要条件

已转化问题的标量形式使得我们能够恢复某些为单目标最优控制问题开发的理论结果。实际上，如果将 Pascoletti - Serafini 标量化应用于原始的最优控制问题，则可获得以下微分代数方程组

$$\begin{cases}\min\limits_{\alpha_f\geqslant 0}\alpha_f\\ s.t.\\ \omega_i(J_i(\boldsymbol{x})-z_i)\leqslant\alpha_f\quad i=1,\cdots,m\\ \dot{\boldsymbol{x}}=\boldsymbol{h}(\boldsymbol{x},\boldsymbol{u},t)\\ \dot{\alpha}=0\\ \boldsymbol{g}(\boldsymbol{x},\boldsymbol{u},t)\leqslant 0\\ \boldsymbol{\psi}(\boldsymbol{x}_0,\boldsymbol{x}_f,t_0,t_f)\leqslant 0\\ t\in[t_0,t_f]\end{cases} \tag{6-33}$$

现在，我们可以为标量问题式（6-33）引入下列必要最优条件，并对终端状态、最终时间以及给定的初始条件 $\boldsymbol{x}_0$ 和时间 t_0 进行约束。

定理 3 考虑以下函数：$H=\lambda^{\mathrm{T}}\boldsymbol{h}(\boldsymbol{x},\ \boldsymbol{u},\ t)+\mu^{\mathrm{T}}\boldsymbol{g}(\boldsymbol{x},\ \boldsymbol{u},\ t)$。如果 $\boldsymbol{u}^*$ 是问题式（6-33）的局部最优解，对应有状态向量 $\boldsymbol{x}^*$，并且 H 在 $\boldsymbol{u}^*$ 处是弗莱谢可微函数且是代数约束的正则点，则存在向量 $\boldsymbol{\eta}\in\mathbb{R}^m$，$\boldsymbol{\lambda}\in\mathbb{R}^n$，$\boldsymbol{\lambda}_\alpha\in\mathbb{R}$，$\boldsymbol{\nu}\in\mathbb{R}^{n_\psi}$ 和 $\boldsymbol{\mu}\in\mathbb{R}^q$，满足

$$\begin{cases}\boldsymbol{u}^*=\mathrm{argmin}_{\boldsymbol{u}\in U}\lambda^{\mathrm{T}}\boldsymbol{h}(\boldsymbol{x}^*,\boldsymbol{u},t)+\boldsymbol{\mu}^{\mathrm{T}}\boldsymbol{g}(\boldsymbol{x}^*,\boldsymbol{u},t)\\ \boldsymbol{\lambda}^{\mathrm{T}}\nabla_x\boldsymbol{h}(\boldsymbol{x}^*,\boldsymbol{u}^*,t)+\boldsymbol{\mu}^{\mathrm{T}}\nabla_x\boldsymbol{g}(\boldsymbol{x}^*,\boldsymbol{u}^*,t)+\dot{\boldsymbol{\lambda}}^{\mathrm{T}}=0\\ \dot{\boldsymbol{\lambda}}_\alpha=0\\ \boldsymbol{\mu}\geqslant 0\end{cases} \tag{6-34}$$

横截性条件为

$$\begin{cases} 1-\sum_{i}^{m}\eta_i+\lambda_{\alpha f}(\boldsymbol{t}_f)=0 \\ \boldsymbol{\eta}^{\mathrm{T}}\boldsymbol{\omega}\ \nabla_{x_f}\boldsymbol{J}+\boldsymbol{\nu}^{\mathrm{T}}\ \nabla_{x_f}\boldsymbol{\psi}+\boldsymbol{\lambda}(\boldsymbol{t}_f)^{\mathrm{T}}=0 \\ \boldsymbol{\eta}>0;\boldsymbol{\nu}\geqslant 0 \end{cases} \tag{6-35}$$

且

$$H_{t_f}-\eta^{\mathrm{T}}\boldsymbol{\omega}\partial_{t_f}\boldsymbol{J}-\boldsymbol{\nu}^{\mathrm{T}}\partial_{t_f}\boldsymbol{\psi}=0 \tag{6-36}$$

式中，$\boldsymbol{\omega}$ 是一个对角矩阵，含有对角线分量 ω_i，$i=1$，…，m，U 是分别满足代数和微分约束 $\boldsymbol{g}(\boldsymbol{x},\ \boldsymbol{u},\ t)\leqslant 0$ 和 $\dot{\boldsymbol{x}}-\boldsymbol{h}(\boldsymbol{x},\ \boldsymbol{u},\ t)=0$ 的容许控制的空间。

证明：将庞特里亚金极大值原理直接应用于问题式（6-33）是一个可行的证明。另一种证明是，在求解时，我们可以取下列函数的一次变分

$$L=\alpha_f+\boldsymbol{\eta}^{\mathrm{T}}(\boldsymbol{\omega}(\boldsymbol{J}-\boldsymbol{z})-\alpha_f\boldsymbol{1})+\boldsymbol{\nu}^{\mathrm{T}}\boldsymbol{\psi}+\int_{t_0}^{t_f}[\boldsymbol{\lambda}^{\mathrm{T}}(\boldsymbol{h}-\dot{\boldsymbol{x}})+\lambda_\alpha\dot{\alpha}+\boldsymbol{\mu}^{\mathrm{T}}\boldsymbol{g}]\,\mathrm{d}t \tag{6-37}$$

其中 **1** 为全 1 向量，可以得出一次变分为

$$\delta L=\delta\alpha_f+\delta\boldsymbol{\eta}^{\mathrm{T}}(\boldsymbol{\omega}(\boldsymbol{J}-\boldsymbol{z})-\alpha_f\boldsymbol{1})+\boldsymbol{\eta}^{\mathrm{T}}\omega\delta\boldsymbol{J}+\boldsymbol{\eta}^{\mathrm{T}}\delta(\alpha_f\boldsymbol{1})+\delta\boldsymbol{\nu}^{\mathrm{T}}\boldsymbol{\psi}+\boldsymbol{\nu}^{\mathrm{T}}\delta\boldsymbol{\psi}+$$
$$\int_{t_0}^{t_f}[\delta\boldsymbol{\lambda}^{\mathrm{T}}(\boldsymbol{h}-\dot{\boldsymbol{x}})+\boldsymbol{\lambda}^{\mathrm{T}}(\delta\boldsymbol{h}-\delta\dot{\boldsymbol{x}})+\delta\lambda_\alpha\dot{\alpha}+\lambda_\alpha\delta\dot{\alpha}+\delta\boldsymbol{\mu}^{\mathrm{T}}\boldsymbol{g}+\boldsymbol{\mu}^{\mathrm{T}}\delta\boldsymbol{g}]\,\mathrm{d}t=0 \tag{6-38}$$

现在，我们可以合并具有相同变分 δ 和 d 的项

$$\delta L=\delta\alpha_f(1-\boldsymbol{\eta}^{\mathrm{T}}\boldsymbol{1})+\delta\boldsymbol{\eta}^{\mathrm{T}}(\boldsymbol{\omega}(\boldsymbol{J}-\boldsymbol{z})-\alpha_f\boldsymbol{1})+\delta\boldsymbol{\nu}^{\mathrm{T}}\boldsymbol{\psi}+(\boldsymbol{\eta}^{\mathrm{T}}\boldsymbol{\omega}\ \nabla_{x_f}\boldsymbol{J}+\boldsymbol{\nu}^{\mathrm{T}}\ \nabla_{x_f}\boldsymbol{\psi})\,\mathrm{d}\boldsymbol{x}_{t_f}+$$
$$\int_{t_0}^{t_f}[\delta\boldsymbol{\lambda}^{\mathrm{T}}(\boldsymbol{h}-\dot{\boldsymbol{x}})-\boldsymbol{\lambda}^{\mathrm{T}}\delta\dot{\boldsymbol{x}}+(\boldsymbol{\lambda}^{\mathrm{T}}\ \nabla_x\boldsymbol{h}+\boldsymbol{\mu}^{\mathrm{T}}\ \nabla_x\boldsymbol{g})\delta\boldsymbol{x}+(\boldsymbol{\lambda}^{\mathrm{T}}\ \nabla_u\boldsymbol{h}+\boldsymbol{\mu}^{\mathrm{T}}\ \nabla_u\boldsymbol{g})\delta\boldsymbol{u}+$$
$$\delta\lambda_\alpha\dot{\alpha}+\lambda_\alpha\delta\dot{\alpha}+\delta\boldsymbol{\mu}^{\mathrm{T}}\boldsymbol{g}]\,\mathrm{d}t+[\boldsymbol{\lambda}^{\mathrm{T}}\boldsymbol{h}+\boldsymbol{\mu}^{\mathrm{T}}\boldsymbol{g}]_{t_f}\delta t_f+\boldsymbol{\nu}\partial_{t_f}\boldsymbol{\psi}\delta t_f+\boldsymbol{\eta}^{\mathrm{T}}\boldsymbol{\omega}\partial_{t_f}J\delta t_f=0 \tag{6-39}$$

对 $\boldsymbol{\lambda}^{\mathrm{T}}\delta\dot{\boldsymbol{x}}$ 和 $\lambda_\alpha\delta\dot{\alpha}$ 两项进行分部积分后，我们得到

$$\delta L=\delta\alpha_f(1-\boldsymbol{\eta}^{\mathrm{T}}\boldsymbol{1})+\delta\boldsymbol{\eta}^{\mathrm{T}}(\boldsymbol{\omega}(\boldsymbol{J}-\boldsymbol{z})-\alpha_f\boldsymbol{1})+$$
$$\delta\boldsymbol{\nu}^{\mathrm{T}}\boldsymbol{\psi}+(\boldsymbol{\eta}^{\mathrm{T}}\omega\ \nabla_{x_f}\boldsymbol{J}+\boldsymbol{\nu}^{\mathrm{T}}\ \nabla_{x_f}\boldsymbol{\psi})\,\mathrm{d}\boldsymbol{x}_{t_f}-\lambda\ (\boldsymbol{t}_f)^{\mathrm{T}}\delta\boldsymbol{x}_{t_f}+\lambda_\alpha(\boldsymbol{t}_f)\delta\alpha_f$$
$$\int_{t_0}^{t_f}[\delta\boldsymbol{\lambda}^{\mathrm{T}}(\boldsymbol{h}-\dot{\boldsymbol{x}})+\dot{\boldsymbol{\lambda}}^{\mathrm{T}}\delta\boldsymbol{x}+(\boldsymbol{\lambda}^{\mathrm{T}}\ \nabla_x\boldsymbol{h}+\boldsymbol{\mu}^{\mathrm{T}}\ \nabla_x\boldsymbol{g})\delta\boldsymbol{x}+(\boldsymbol{\lambda}^{\mathrm{T}}\ \nabla_u\boldsymbol{h}+\boldsymbol{\mu}^{\mathrm{T}}\ \nabla_u\boldsymbol{g})\delta\boldsymbol{u}+$$
$$\delta\lambda_\alpha\dot{\alpha}-\dot{\lambda}_\alpha\delta\alpha+\delta\boldsymbol{\mu}^{\mathrm{T}}\boldsymbol{g}]\,\mathrm{d}t+[\boldsymbol{\lambda}^{\mathrm{T}}\boldsymbol{h}+\boldsymbol{\mu}^{\mathrm{T}}\boldsymbol{g}]_{t_f}\delta t_f+\boldsymbol{\nu}\partial_{t_f}\boldsymbol{\psi}\delta t_f+\boldsymbol{\eta}^{\mathrm{T}}\boldsymbol{\omega}\partial_{t_f}J\delta t_f=0 \tag{6-40}$$

现在，为了使每个 δ 和 d 值的变化为零，必须满足以下方程

$$\begin{cases}\dot{\boldsymbol{x}}-\boldsymbol{h}=0\\ \boldsymbol{\lambda}^{\mathrm{T}}\nabla_u\boldsymbol{h}(\boldsymbol{x}^*,\boldsymbol{u}^*,t)+\boldsymbol{\mu}^{\mathrm{T}}\nabla_u\boldsymbol{g}(\boldsymbol{x}^*,\boldsymbol{u}^*,t)=0\\ \boldsymbol{\lambda}^{\mathrm{T}}\nabla_x\boldsymbol{h}(\boldsymbol{x}^*,\boldsymbol{u}^*,t)+\boldsymbol{\mu}^{\mathrm{T}}\nabla_x\boldsymbol{g}(\boldsymbol{x}^*,\boldsymbol{u}^*,t)+\dot{\boldsymbol{\lambda}}^{\mathrm{T}}=0\\ \boldsymbol{g}(\boldsymbol{x}^*,\boldsymbol{u}^*,t)\leqslant 0\\ \dot{\lambda}_\alpha=0\\ \mu\geqslant 0\\ 1-\sum_i^m\eta_i+\lambda_\alpha(t_f)=0\\ \boldsymbol{\eta}^{\mathrm{T}}\omega\,\nabla_{x_f}\boldsymbol{J}+\boldsymbol{v}^{\mathrm{T}}\nabla_{x_f}\boldsymbol{\psi}-\lambda\,(\boldsymbol{t}_f)^{\mathrm{T}}=0\\ \boldsymbol{\omega}(\boldsymbol{J}-\boldsymbol{z})-\alpha_f\boldsymbol{1}\leqslant 0\\ \boldsymbol{\psi}\leqslant 0\\ \eta>0;\boldsymbol{v}\geqslant 0\end{cases}\tag{6-41}$$

且

$$[\boldsymbol{\lambda}^{\mathrm{T}}\boldsymbol{h}+\boldsymbol{\mu}^{\mathrm{T}}\boldsymbol{g}]_{t_f}+\boldsymbol{\eta}^{\mathrm{T}}\boldsymbol{\omega}\partial_{t_f}\boldsymbol{J}+\boldsymbol{v}^{\mathrm{T}}\partial_{t_f}\boldsymbol{\psi}=0\tag{6-42}$$

如果我们现在引入函数 $H=\boldsymbol{\lambda}^{\mathrm{T}}\boldsymbol{h}(\boldsymbol{x},\boldsymbol{u},t)+\boldsymbol{\mu}^{\mathrm{T}}\boldsymbol{g}(\boldsymbol{x},\boldsymbol{u},t)$，则方程式（6-41）将简化为

$$\begin{cases}\boldsymbol{\omega}(\boldsymbol{J}-\boldsymbol{z})-\alpha_f\boldsymbol{1}\leqslant 0\\ \dot{\boldsymbol{x}}=\dfrac{\partial H}{\partial\lambda}\\ \dot{\boldsymbol{\lambda}}^{\mathrm{T}}=-\dfrac{\partial H}{\partial\boldsymbol{x}}\\ \dfrac{\partial H}{\partial\boldsymbol{u}}=0\\ \dfrac{\partial H}{\partial\boldsymbol{\mu}}\leqslant 0\\ \dot{\lambda}_\alpha=-\dfrac{\partial H}{\partial\alpha}\\ \boldsymbol{\psi}\leqslant 0\\ \mu\geqslant 0\\ \alpha_f\geqslant 0\end{cases}\tag{6-43}$$

横截性条件为

$$\begin{cases}H_{t_f}+\boldsymbol{\eta}^{\mathrm{T}}\boldsymbol{\omega}\partial_{t_f}\boldsymbol{J}+\boldsymbol{v}^{\mathrm{T}}\partial_{t_f}\boldsymbol{\psi}=0\\ 1-\sum_i^m\eta_i+\lambda_\alpha(t_f)=0\\ \boldsymbol{\eta}^{\mathrm{T}}\omega\,\nabla_{x_f}\boldsymbol{J}+\boldsymbol{v}^{\mathrm{T}}\nabla_{x_f}\boldsymbol{\psi}-\lambda\,(\boldsymbol{t}_f)^{\mathrm{T}}=0\\ \eta>0;\boldsymbol{v}\geqslant 0\end{cases}\tag{6-44}$$

注释 1： 在解（$\boldsymbol{x}^*$，$\boldsymbol{u}^*$）处所有约束均假定为有效，这意味着 $\boldsymbol{\psi}=0$ 且 $\boldsymbol{g}(\boldsymbol{x}^*, \boldsymbol{u}^*)=0$。此外，假设目标函数的约束也有效，这意味着在问题的解处，有 $\boldsymbol{\omega}(\boldsymbol{J}-\boldsymbol{z})-\alpha_f\boldsymbol{1}=0$。

注释 2： 如果未给出初始条件和时间，但必须满足某些约束函数，则需要在初始时间 t_0 处增加类似于式（6-44）的其他三个横截性条件。

注释 3： 条件 $\eta>0$ 表示我们不能同时拥有 $\eta=0$ 和 $\nu=0$ 的平凡解。我们可以放宽与 KKT 条件相同的条件，以使 $\eta\geqslant 0$ 并至少存在一个分量 $\eta_i>0$。

3.3.1　示例

考虑一个非常简单的一维控制动力系统（具有恒定的控制加速度），并且在终端状态下有两个目标

$$
\begin{cases}
\min\alpha_f \\
\omega_1(-x_f+1)<\alpha_f \\
\omega_2 v_f<\alpha_f \\
\dot{x}=v;\dot{v}=-u;\dot{\alpha}=0 \\
x(t_0)=0;v(t_0)=1
\end{cases}
$$

$$
\begin{cases}
0\leqslant u\leqslant 1 \\
\alpha_f\geqslant 0 \\
t_f=1
\end{cases}
\tag{6-45}
$$

其中 $x_f=x(t_f)$，$v_f=v(t_f)$，$\alpha_f=\alpha(t_f)$。最优的必要条件如下

$$
\begin{cases}
H=\lambda_x v-\lambda_v u+\mu_1(u-1)-\mu_2 u \\
\dfrac{\partial H}{\partial u}=-\lambda_v+\mu_1-\mu_2=0 \\
\lambda_\alpha=0 \\
\dot{\lambda}_x=0;\dot{\lambda}_v=-\lambda_x
\end{cases}
\tag{6-46}
$$

终端条件为

$$
\begin{cases}
\lambda_\alpha(t_f)=1-\eta_1-\eta_2 \\
\lambda_x(t_f)=-\eta_1\omega_1;\lambda_v(t_f)=\eta_2\omega_2
\end{cases}
\tag{6-47}
$$

权重 ω_1 和 ω_2 仅取正值。需要注意的是，向量 $\boldsymbol{z}$ 为 $\boldsymbol{z}=[-1, 0]^{\mathrm{T}}$，其中的两个值（-1 和 0）是这两个目标函数分别得到优化时将获得的极值。然而，任何其他足够低的值也同样有效。受控动力学的求解过程如下

$$
\begin{cases}
x=-\dfrac{t^2}{2}+t \quad t\in[t_0,t_1] \\
v=-t+1 \quad t\in[t_0,t_1] \\
x=v_f t+x_1 \quad t\in[t_1,t_f] \\
v=v_1=v_f \quad t\in[t_1,t_f] \\
x_1=x(t_1);v_1=v(t_1)
\end{cases}
\tag{6-48}
$$

在这种情况下，很容易证明帕雷托前沿是由以下二阶代数方程给出的（见图 6-3）

$$x_f = -\frac{1 + 2v_f - v_f^2}{2} \tag{6-49}$$

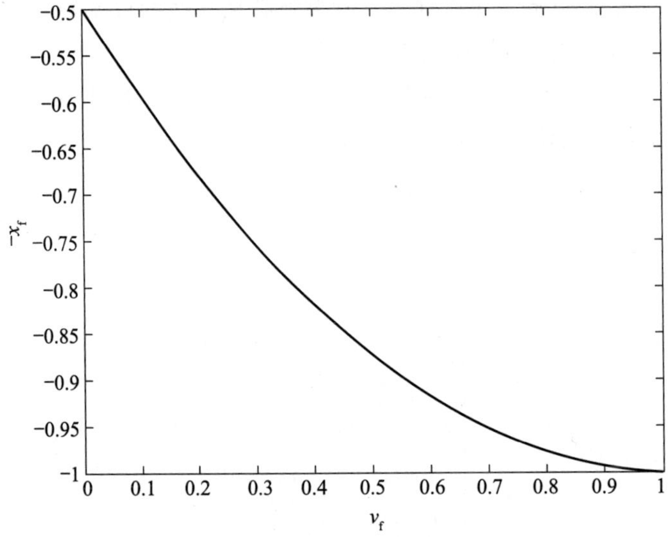

图 6-3　问题式（6-45）的帕雷托前沿

我们要证明，沿前沿的所有点均满足最优条件，并代表 α_f 的最小值。考虑第一个极值

$$\begin{cases} \min_{\alpha_f \geqslant 0} \alpha_f \\ -x_f + 1 \leqslant \alpha_f \\ x = -\dfrac{t^2}{2} + t \quad t \in [t_0, t_1] \\ v = -t + 1 \quad t \in [t_0, t_1] \\ x = v_f t + x_1 \quad t \in [t_1, t_f] \\ v = v_1 = v_f \quad t \in [t_1, t_f] \\ x_1 = x(t_1)\ ; v_1 = v(t_1) \end{cases} \tag{6-50}$$

通过在 t_1 点施加连续性条件，我们将得到一个简单的代数问题

$$\begin{cases} \min_{\alpha_f \geqslant 0} \alpha_f \\ x_1 = -\dfrac{t_1^2}{2} + t_1 \\ v_f = -t_1 + 1 \\ -\alpha_f + 1 = v_f t_f + x_1 \end{cases} \tag{6-51}$$

式中，我们假设 x_f 可以取的最大值为 $-\alpha_f + 1$。当 $t_f = 1$ 时，方程组将简化为

$$\begin{cases} \min_{\alpha_f \geqslant 0} \alpha_f \\ -\alpha_f + 1 = 1 - \dfrac{t_1^2}{2} \\ 0 \leqslant t_1 \leqslant 1 \end{cases} \tag{6-52}$$

问题式（6－52）有一个简单解

$$\alpha_f = 0; t_1 = 0 \tag{6-53}$$

如果遵循与其他极值求解相同的过程，则结果为

$$\alpha_f = 0; t_1 = 1 \tag{6-54}$$

现在，我们需要验证是否可以找到一组合适的满足必要条件的拉格朗日乘子。λ_x 的解是常数 $-\eta_1\omega_1$，而 λ_v 的解则为

$$\lambda_v = -\lambda_x(t - t_f) + \lambda_v(t_f) \tag{6-55}$$

这些方程证明，控制 u^* 有一个转换点。对于 $\omega_1 = 1$ 且 $\omega_2 = 0$ 的极端情况，最终值为

$$\begin{cases} \lambda_v(t_f) = 0 \\ \lambda_x(t_f) = -\eta_1 \end{cases} \tag{6-56}$$

从而得出以下结论

$$\lambda_v < 0, \quad \forall t \in [t_0, t_f] \tag{6-57}$$

即转换点由 t_1 移动到 t_0。通常可以满足与松弛变量 α_f 所对应的乘子的条件。

3.4　已转化问题的收敛性

现在可以证明已转化问题渐近收敛至局部最优式（6－34）和式（6－35）的必要条件。

定理 4　如果 $\boldsymbol{c}$ 在 $\boldsymbol{u}^*$ 处是弗莱谢可微函数，且 $\boldsymbol{x}$、$\boldsymbol{h}$ 和 $\boldsymbol{g}$ 均为可积函数，则在 $k \to \infty$ 和 $s \to \infty$ 时，问题式（6－26）的局部最优必要条件将渐近收敛至式（6－34）和式（6－35）。

证明：我们从相关的 NLP 问题的增广拉格朗日算子开始

$$L = \alpha_f + \eta^{\mathrm{T}}(\boldsymbol{\omega}(\boldsymbol{J} - \boldsymbol{z}) - \alpha_f \mathbf{1}) + \hat{\boldsymbol{\lambda}}^{\mathrm{T}} \boldsymbol{c}_d + \hat{\boldsymbol{\mu}}^{\mathrm{T}} \boldsymbol{g} + \lambda_{\alpha_f} \alpha_f \tag{6-58}$$

式中，$\boldsymbol{c}_d$ 是约束向量 $\boldsymbol{c} = [\boldsymbol{c}_d, \boldsymbol{g}]$ 的一部分，不包含路径约束。如果我们对拉格朗日算子进行微分，则结果是局部最优的必要条件

$$\frac{\partial L}{\partial \boldsymbol{u}} = \hat{\boldsymbol{\lambda}}^{\mathrm{T}} \nabla_{\boldsymbol{u}} \boldsymbol{c}_d + \hat{\boldsymbol{\mu}}^{\mathrm{T}} \nabla_{\boldsymbol{u}} \boldsymbol{g} = 0 \tag{6-59}$$

$$\frac{\partial L}{\partial \boldsymbol{x}} = \hat{\boldsymbol{\lambda}}^{\mathrm{T}} \nabla_{\boldsymbol{x}} \boldsymbol{c}_d + \hat{\boldsymbol{\mu}}^{\mathrm{T}} \nabla_{\boldsymbol{x}} \boldsymbol{g} = 0 \tag{6-60}$$

$$\frac{\partial L}{\partial \boldsymbol{x}_f} = \boldsymbol{\eta}^{\mathrm{T}} \boldsymbol{\omega} \nabla_{\boldsymbol{x}_f} \boldsymbol{J} + \hat{\boldsymbol{\lambda}}_f^{\mathrm{T}} \nabla_{\boldsymbol{x}_f} \boldsymbol{c}_d = 0 \tag{6-61}$$

$$\frac{\partial L}{\partial \alpha_f} = 1 - \sum_{i=1}^{m} \eta_i + \lambda_{\alpha f} = 0 \tag{6-62}$$

$$\frac{\partial L}{\partial t_f} = \boldsymbol{\eta}^{\mathrm{T}} \boldsymbol{\omega} \partial_{t_f} \boldsymbol{J} + \hat{\boldsymbol{\lambda}}_f^{\mathrm{T}} \partial_{t_f} \boldsymbol{c}_d + \hat{\boldsymbol{\mu}}_f^{\mathrm{T}} \partial_{t_f} \boldsymbol{g} = 0 \tag{6-63}$$

其中第一个方程对应于 $\lambda_\alpha(t_f)$ 的横截性条件，第四个方程对应于式（6－35）中推导的 $\lambda(t_f)$ 的横截性条件，第五个方程为横截性条件式（6－36）。我们使用符号 $\hat{\boldsymbol{\lambda}}_f^{\mathrm{T}}$ 表示拉格朗日乘子，该乘子与边界约束和边界处的动态约束相对应。实际上，其中一个约束方程 $\boldsymbol{c}_d$ 是 $\boldsymbol{\psi} \leqslant 0$，定义了 $\boldsymbol{x}_0$ 和 $\boldsymbol{x}_f$ 的边界条件，另外两个约束方程对应于第一个和最后一个有限元［见方程式（6－21）］，其再次包含了向量 $\boldsymbol{x}_0$ 和 $\boldsymbol{x}_f$。如果我们将 $\boldsymbol{v}$ 替换成 $\hat{\boldsymbol{\lambda}}_f$（对应于

$\boldsymbol{\psi}$ ），并展开方程式（6－59）～式（6－61），我们得到

$$\begin{cases} \dfrac{\partial L}{\partial \boldsymbol{u}_{s,j}} = \sum_{k=1}^{l+1} \sigma_k \left[\hat{\boldsymbol{\lambda}}^{\mathrm{T}} \theta_{s,j} \nabla_{\boldsymbol{u}_{s,j}} \boldsymbol{h} + \hat{\boldsymbol{\mu}}^{\mathrm{T}} \nabla_{\boldsymbol{u}_{s,j}} \boldsymbol{g} \right] = 0 & (6-64) \\ \dfrac{\partial L}{\partial \boldsymbol{x}_{s,j}} = \sum_{k=1}^{l+1} \sigma_k \left[\hat{\boldsymbol{\lambda}}^{\mathrm{T}} \dot{\theta}_{s,j} \varphi_{s,j} + \hat{\theta}_{s,j} \nabla_{\boldsymbol{x}_{s,j}} \boldsymbol{h} + \hat{\boldsymbol{\mu}}^{\mathrm{T}} \nabla_{\boldsymbol{x}_{s,j}} \boldsymbol{g} \right] = 0 & (6-65) \\ \dfrac{\partial L}{\partial \boldsymbol{x}_f} = \boldsymbol{\eta}^{\mathrm{T}} \boldsymbol{\omega} \nabla_{\boldsymbol{x}_f} \boldsymbol{J} + \boldsymbol{\nu}^{\mathrm{T}} \nabla_{\boldsymbol{x}_f} \boldsymbol{\psi} - \hat{\boldsymbol{\lambda}}_f^{\mathrm{T}} = 0 & (6-66) \end{cases}$$

第三个方程是式（6－35）中终端状态的横截性条件。第二个方程变为

$$\begin{aligned} &\sum_{k=1}^{l+1} \sigma_k \left[\hat{\boldsymbol{\lambda}}^{\mathrm{T}} \dot{\theta}_{s,j} \varphi_{s,j} + \theta_{s,j} \nabla_{\boldsymbol{x}} \boldsymbol{h} \frac{\mathrm{d}\boldsymbol{x}}{\mathrm{d}\boldsymbol{x}_{s,j}} + \hat{\boldsymbol{\mu}}^{\mathrm{T}} \nabla_{\boldsymbol{x}} \boldsymbol{g} \frac{\mathrm{d}\boldsymbol{x}}{\mathrm{d}\boldsymbol{x}_{s,j}} \right] = \\ &\sum_{k=1}^{l+1} \sigma_k \left[\hat{\boldsymbol{\lambda}}^{\mathrm{T}} \dot{\theta}_{s,j} \varphi_{s,j} + \theta_{s,j} \nabla_{\boldsymbol{x}} \boldsymbol{h} \varphi_{s,j} + \hat{\boldsymbol{\mu}}^{\mathrm{T}} \nabla_{\boldsymbol{x}} \boldsymbol{g} \varphi_{s,j} \right] = 0 \end{aligned} \tag{6-67}$$

在这里，我们利用了以下事实：$\boldsymbol{g}(\boldsymbol{x}_{s,j}, \boldsymbol{u}_{s,j}, t_s) \leqslant 0 \Rightarrow \sum_{k=1}^{l+1} \sigma_k \boldsymbol{g}(\boldsymbol{x}_{s,j}, \boldsymbol{u}_{s,j}, t_s) \leqslant 0$。如果我们现在取无限个积分点的极限，则总和将成为连续积分

$$\int \Big[\sum_s \hat{\lambda}_{s,j} \theta_{s,j} \nabla_{\boldsymbol{u}} \boldsymbol{h} + \hat{\boldsymbol{\mu}}^{\mathrm{T}} \nabla_{\boldsymbol{u}} \boldsymbol{g} \Big] \mathrm{d}t = 0 \tag{6-68}$$

$$\int \Big[\sum_s \hat{\lambda}_{s,j} \dot{\theta}_{s,j} + \sum_s \hat{\lambda}_{s,j} \theta_{s,j} \nabla_{\boldsymbol{x}} \boldsymbol{h} + \hat{\boldsymbol{\mu}}^{\mathrm{T}} \nabla_{\boldsymbol{x}} \boldsymbol{g} \Big] \mathrm{d}t = 0 \tag{6-69}$$

现在，如果利用 λ 是由多项式 $\lambda \simeq \sum \hat{\lambda}_{s,j} \theta_{s,j}$ 用有限个配置点（将可以对应于无限个积分点）近似得到的事实，我们得到

$$\int [\boldsymbol{\lambda}^{\mathrm{T}} \nabla_{\boldsymbol{u}} \boldsymbol{h} + \boldsymbol{\mu}^{\mathrm{T}} \nabla_{\boldsymbol{u}} \boldsymbol{g}] \mathrm{d}t = 0 \tag{6-70}$$

$$\int [\dot{\boldsymbol{\lambda}}^{\mathrm{T}} + \boldsymbol{\lambda}^{\mathrm{T}} \nabla_{\boldsymbol{x}} \boldsymbol{h} + \boldsymbol{\mu}^{\mathrm{T}} \nabla_{\boldsymbol{x}} \boldsymbol{g}] \mathrm{d}t = 0 \tag{6-71}$$

只有当括号中的量正好等于零时，该等式成立。这些方程对应于最优条件和式（6－34）中关于 λ 的微分方程。

4　测试用例：恒定加速度的上升轨迹

最后，我们介绍 MOCP 求解方法在一个简单的最优控制问题中的应用。测试用例［也称为戈达德（Goddard）火箭问题］可从参考文献［25］中获得解析解。鉴于算法总体构成的随机性，针对此问题运行了 30 次算法 MACSoc，以收集有关帕雷托前沿质量的统计数据。局部 NLP 求解器是 Matlab 函数 f mincon 。

恒定加速度的上升轨迹问题是要找到从没有大气层的平坦天体到规定高度的一条最优上升轨迹。控制变量为推力角，而重力和推力加速度均保持恒定。最终高度已指定，同时速度的最终垂直分量必须为零。在参考文献［25］中可以找到该问题的单目标最优控制公式及其最小时间或最大水平速度的解析解，而在参考文献［12］中则可以找到 DFET 的数

值解。

在本文中将问题重新公式化（如下所示），以同时考虑两个目标

$$\min_{t_f,u}(J_1=t_f,J_2=-v_x(t_f)) \tag{6-72}$$

受到动态约束

$$\begin{cases}\dot{x}=v_x\\ \dot{v}_x=a\cos u\\ \dot{y}=v_y\\ \dot{v}_y=-g+a\sin u\end{cases} \tag{6-73}$$

式中，g 是重力加速度，a 是推力加速度，x 和 y 是位置向量的分量，v_x 和 v_y 是速度向量的分量，u 是控制变量。从时间 $t=0$ 到时间 $t=t_f$ 对动力学积分。

边界条件是

$$\begin{cases}x(0)=0;v_x(0)=0\\ y(0)=0;v_y(0)=0\\ y(t_f)=h;v_y(t_f)=0\end{cases} \tag{6-74}$$

参数 g、a 和 h 分别设置为 1.6×10^{-3}、4×10^{-3} 和 10。依照参考文献 [12]，我们应用了 DFET 方法，将时域分为 4 个元素，对每个控制和状态变量分别使用 6 阶多项式。控制角限制在 $-\frac{\pi}{2}$ 与 $\frac{\pi}{2}$ 之间，整个任务时间限制在 100 与 250 之间。总共产生了 29 个优化变量。表 6-1 总结了优化器的设置：max _ fun _ eval 是目标函数评估的最大数量，pop _ size 是执行搜索的个体数量，ρ _ ini 是局部邻域的初始半径，F 和 CR 是差分进化群集操作的标准参数，p _ social 是仅执行群集操作的个体与个体总数的比率，max _ arch 是要存储在 A_g 中的解的数量，contr _ ratio 是邻域半径的收缩速度，max _ contr _ ratio 是 ρ_j 在重置之前可以收缩的最大次数（更多有关 MACS 设置以及 MACSoc 中的多目标求解器的详细信息，见参考文献 [20]）。表 6-2 中展示的设置引用了 $f$mincon 的参数：max _ con _ eval 是约束评估的最大数量（针对每次对目标函数的调用），tol _ con 是当小于它时认为该解可行的阈值。所有其他 $f$mincon 设置均保留为默认设置。

表 6-1　MACSoc 设置

max _ fun _ eval	10 000
pop _ size	10
ρ _ ini	1
F	0.9
CR	0.9
p _ social	1
max _ arch	10
max _ contr _ ratio	5

表 6-2 fmincon 设置

max _ eval	100
tol _ con	1e−6

算法 1 运行了 30 次，以收集一些关于其收敛行为的统计信息（见表 6-3）。使用世代距离（GD）[26] 和反世代距离（IGD）作为精度指标，并在区间［0，1］中对重标前沿进行计算。GD 和 IGD 由不同最大 v_x 的最小时间问题的解析解进行计算。图 6-4 显示了所有 30 次运行的累积前沿以及四个代表性解（用叉号标记）和具有与代表性解相同上升时间的解析解（用圆圈标记）。叉号和圆圈完全重叠。对于四个代表性解，控制和速度的轨迹与时间的历史记录绘制在图 6-5～图 6-9 中（连同具有相同上升时间的单目标数值解和解析解）。通过本文所提出的方法获得的解非常接近单目标数值解和解析解（1e−6）。控制律的不连续性是由离散化策略和对解的最优性的容忍度导致的。

表 6-3 两个问题的收敛性和扩散统计

问题	平均 GD（方差）	平均 IGD（方差）
戈达德火箭问题	2.833e−2	2.9449e−2
	(1.4232e−5)	(1.5498e−5)

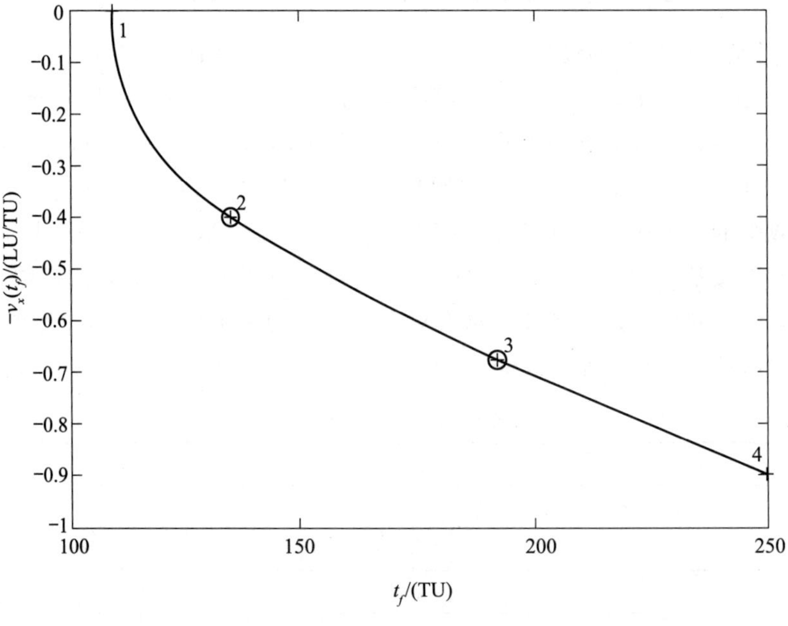

图 6-4 戈达德问题 30 次不同运行的非支配解。图上的叉号表示随时间变化的轨迹、速度和控制律的解。圆圈表示与解析解相对应的目标值（解同时标有叉号）

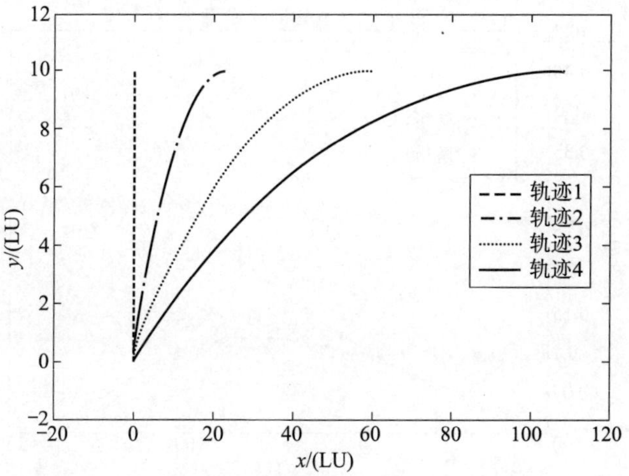

图 6-5　与帕雷托前沿四个选定点对应的轨迹

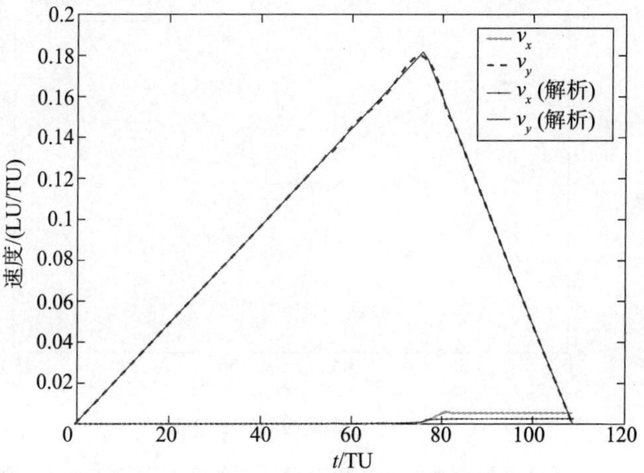

(a) 速度的时间历史记录

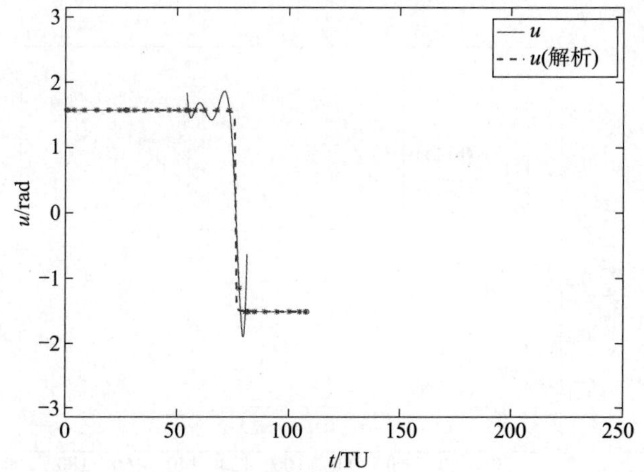

(b) 控制的时间历史记录

图 6-6　速度和控制的时间历史记录——帕雷托前沿点 1（见彩插）

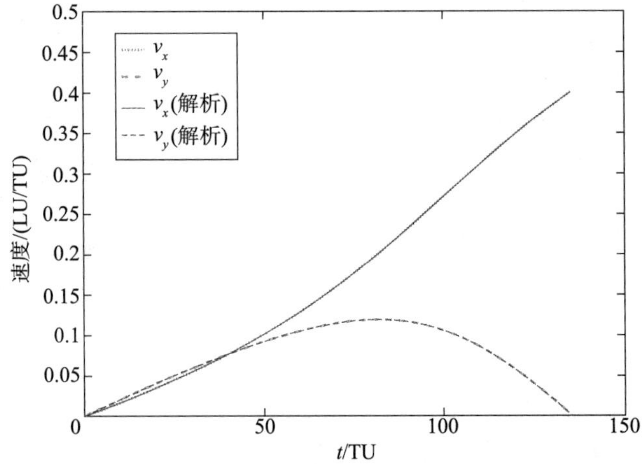

(a) 速度的时间历史记录

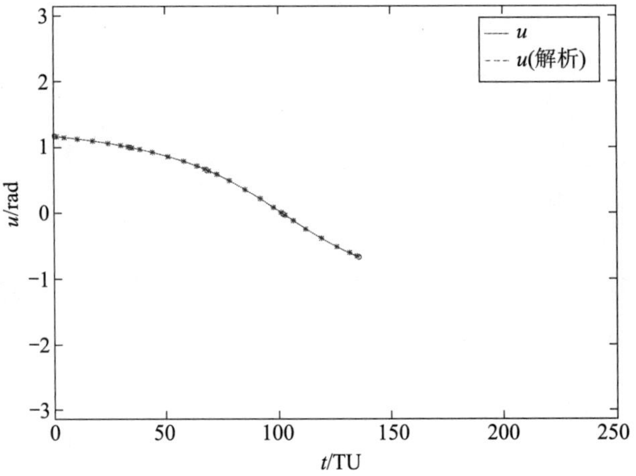

(b) 控制的时间历史记录

图 6－7　速度和控制的时间历史记录——帕雷托前沿点 2（见彩插）

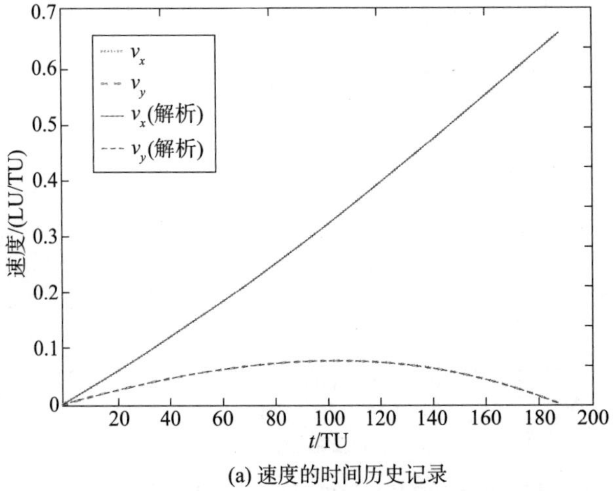

(a) 速度的时间历史记录

图 6－8　速度和控制的时间历史记录——帕雷托前沿点 3（见彩插）

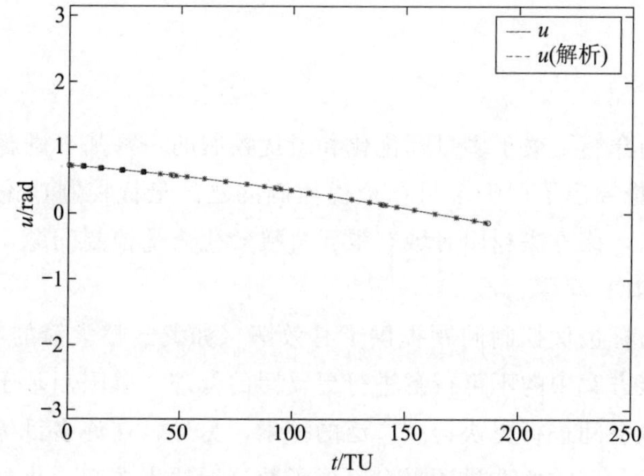

(b) 控制的时间历史记录

图 6-8　速度和控制的时间历史记录——帕雷托前沿点 3（见彩插）（续）

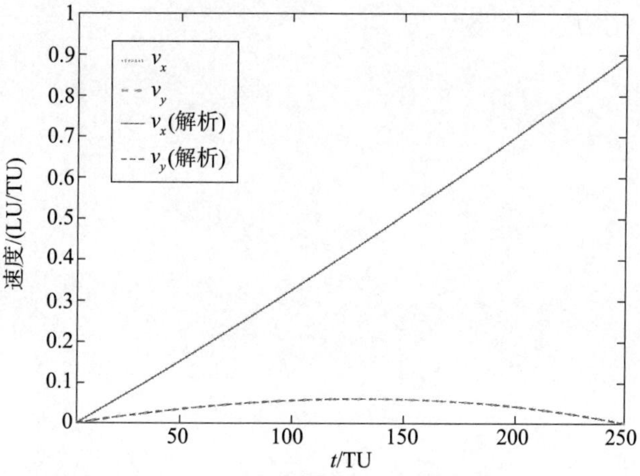

(a) 速度的时间历史记录

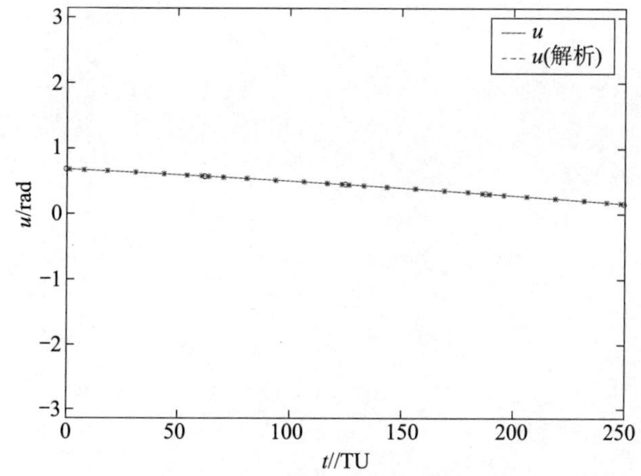

(b) 控制的时间历史记录

图 6-9　速度和控制的时间历史记录——帕雷托前沿点 4（见彩插）

5 结论

在本文中，我们介绍了关于多目标优化和最优控制的一些基本概念，并用 Pascoletti - Serafini 标量化方法推导出了用于多目标最优控制问题的最优控制理论。然后我们提出了一种可能的求解方法，该方法利用时域有限元直接转化最优控制问题，并通过文化遗传算法求解由此产生的 NLP 问题。

这种组合为多目标最优控制问题提供了有效解（如戈达德火箭的简单示例所示）。未来的方向包括对双级方案中的不可行解进行更灵活的处理，以限制基于梯度的求解器的工作量，并允许对参数空间进行更快、更广泛的探索。另外，在许多目标具有非常不规则的帕雷托前沿的情况下，权重的选择还需对目标函数进行适当的归一化处理，并且需要使用一些更好的适应启发式方法。

参考文献

[1] Coverstone - Carroll, V., Hartmann, J.W., Mason, W.J.: Optimal multi - objective low - thrust spacecraft trajectories. Comput. Methods Appl. Mech. Eng. 186(2), 387 - 402 (2000).

[2] Yalçın Kaya, C., Maurer, H.: A numerical method for nonconvex multi - objective optimal control problems. Comput. Optim. Appl. 57(3), 685 - 702 (2014).

[3] Englander, J.A., Vavrina, M.A., Ghosh, A.R.: Multi - objective hybrid optimal control for multiple - flyby low - thrust mission design. In: 25th AAS/AIAA Space Flight Mechanics Meeting, 11 - 15 January (2015).

[4] Ober - Blöbaum, S., Ringkamp, M., zum Felde, G.: Solving multiobjective optimal control problems in space mission design using discrete mechanics and reference point techniques. In: IEEE 51st Annual Conference on Decision and Control (CDC), 2012, pp. 5711 - 5716. IEEE, Piscataway (2012).

[5] Chankong, Y.Y., Haimes, V.: Multiobjective Decision Making. Dover Publications, Inc., Mineola (2008).

[6] Hillermeier, C.: Nonlinear Multiobjective Optimization. International Series of Numerical Mathematics. Birkhäuser, Basel (2001). https://doi.org/10.1007/978 - 3 - 0348 - 8280 - 4.

[7] Pascoletti, A., Serafini, P.: Scalarizing vector optimization problems. J. Optim. Theory Appl. 42, 499 - 524 (1984).

[8] Eichfelder, G.: Adaptive Scalarization Methods in Multiobjective Optimization. Springer, Berlin (2008). https://doi.org/10.1007/978 - 3 - 540 - 79159 - 1.

[9] Zuiani, F., Vasile, M.: Multi agent collaborative search based on tchebycheff decomposition. Comput. Optim. Appl. 56(1), 189 - 208 (2013).

[10] Zhang, Q., Li, H.: Moea/d: a multi - objective evolutionary algorithm based on decomposition. IEEE Trans. Evol. Comput. 11(6), 712 - 731 (2007).

[11] Shapiro, S.: Lagrange and mayer problems in optimal control. Automatica 3(3), 219 - 230 (1966).

[12] Vasile, M.: Finite elements in time: a direct transcription method for optimal control problems. In: AIAA/AAS Astrodynamics Specialist Conference, Guidance, Navigation, and Control and Co - located Conferences, Toronto, 2 - 5 August 2010.

[13] Vasile, M., Finzi, A.E.: Direct lunar descent optimisation by finite elements in time approach. Int. J. Mech. Control 1(1) (2000).

[14] Hodges, D.H., Bless, R.R.: Weak hamiltonian finite element method for optimal control problems. J. Guid. Control Dyn. 14(1), 148 - 156 (1991).

[15] Bottasso, C.L., Ragazzi, A.: Finite element and runge - kutta methods for boundary - value and optimal control problems. J. Guid. Control Dyn. 23(4), 749 - 751 (2000).

[16] Vasile, M., Bernelli - Zazzera, F.: Optimizing low - thrust and gravity assist maneuvers to design

interplanetary trajectories. J. Astronaut. Sci. 51(1), 13 - 35 (2003).

[17] Vasile, M., Bernelli - Zazzera, F.: Targeting a heliocentric orbit combining low - thrust propulsion and gravity assist manoeuvres. Oper. Res. Space Air 79, 203 - 229 (2003).

[18] Ricciardi, L.A., Vasile, M.: Direct transcription of optimal control problems with finite elements on bernstein basis. AIAA J. Guid. Control Dyn. 42(2), 229 - 243 (2019).

[19] Zuiani, F., Kawakatsu, Y., Vasile, M.: Multi - objective optimisation of many - revolution, lowthrust orbit raising for destiny mission. Adv. Astronaut. Sci. 148, 783 - 802. In: Proceedings of the 23rd AAS/AIAA Space Flight Mechanics Conference, January (2013).

[20] Ricciardi, L.A., Vasile, M.: Improved archiving and search strategies for multi agent collaborative search. In: Advances in Evolutionary and DeterministicMethods for Design, Optimization and Control in Engineering and Sciences, pp. 435 - 455. Springer, Cham (2018).

[21] Ricciardi, L. A., Vasile, M., Maddock, C.: Global solution of multi - objective optimal control problems with multi agent collaborative search and direct finite elements transcription. In: IEEE Congress on Evolutionary Computation (CEC), 2016, pp. 869 - 876. IEEE, Piscataway (2016).

[22] Ricciardi, L. A., Vasile, M., Toso, F., Maddock, C. A.: Multi - objective optimal control of the ascent trajectories of launch vehicles. In: AIAA/AAS Astrodynamics Specialist Conference, pp. 5669 (2016).

[23] Vasile, M., Ricciardi, L.: A direct memetic approach to the solution of multi - objective optimal control problems. In: IEEE Symposium Series on Computational Intelligence (SSCI), 2016, pp. 1 - 8. IEEE, Piscataway (2016).

[24] McKay, M.D., Beckman, R.J., Conover, W.J.: A comparison of three methods for selecting values of input variables in the analysis of output from a computer code. Technometrics 21(2), 239 - 245 (1979).

[25] Bryson, A.E.: Applied Optimal Control: Optimization, Estimation and Control. CRC Press, Boca Raton (1975).

[26] Van Veldhuizen, D. A.: Multiobjective evolutionary algorithms: classifications, analyses, and new innovations. Ph.D. dissertation, Air Force Institute of Technology, Wright - Patterson AFB, Ohio (1999).

第7部分　轨道力学中的不确定性量化实用方法

马西米里诺·瓦西里（Massimiliano Vasile）

摘　要　本章概述了轨道力学中不确定性的量化方法，并对这些量化方法进行了初始分类，其中特别关注了量化方法是否需要系统模型的相关知识。对于某些方法，本章给出了选定测试场景的应用实例和数值比较结果。

关键词　不确定性量化；轨道力学；不确定性传播

1　引言

虽然轨道力学基本上是建立在确定性模型的基础上，但是我们获得的空间目标的位置、速度和姿态仍然存在一定程度的不确定性。模型、测量及观测的不确定性共同将一个看似确定的问题转变成了一个随机问题。

本章概述了轨道力学中的不确定性量化方法，并考虑了这些方法在不同情况下的实际适用性。

轨道力学最有名的不确定性量化形式属于通常所说的轨道确定[1,2]的范畴。事实上，这一问题可追溯到高斯（Gauss）[3]，它是天文学中的根本问题。经典方法包括批处理方法和序贯滤波器[2]，其中后者可用于估算模型参数，并在复杂、非线性的动态环境中实现导航和闭环控制[4,5]。

动力学的线性是一个关键问题。事实上，总体目标是：在给定时间内，实现对空间目标期望状态的良好估计。对与期望状态相关的不确定性的量化，是对与期望状态变化相关的概率的量化。给定一个微分方程的通用系统

$$\begin{cases}\dot{\boldsymbol{x}}=\boldsymbol{f}(\boldsymbol{x},\boldsymbol{p})\\ \boldsymbol{x}(t_0)=\boldsymbol{x}_0\end{cases}\tag{7-1}$$

式中，$\boldsymbol{x}$ 是状态向量，$\boldsymbol{p}$ 是一个模型参数向量。问题在于，Encke 模型

$$\begin{cases}\delta\dot{\boldsymbol{x}}=\boldsymbol{J}(\boldsymbol{x}_0,\boldsymbol{p})+\varepsilon\\ \delta\boldsymbol{x}(t_0)=\delta\boldsymbol{x}_0\end{cases}\tag{7-2}$$

是否代表变化状态 $\boldsymbol{x}_0+\delta\boldsymbol{x}$ 的演化。而在上式中，ε 是动力学参数 $f(\boldsymbol{x},\boldsymbol{p})$ 的某种不确定性，$\boldsymbol{J}$ 是向量函数 f 的雅可比矩阵，$\boldsymbol{x}_0$ 是预期状态，而 $\delta\boldsymbol{x}$ 则是初始状态的不确定性。

最近，有许多作者都专注于方法开发，以便在模型式（7-2）未能给出满意结果时，能够更好地捕获到非线性[6-10]。这一研究领域通常涉及不确定性的传播，并依赖于标准概率论和关于潜在概率分布的强假设。

近年来，一个愈发引人关注的重要应用领域就是碰撞规避，对可能发生的碰撞进行精准长期预测，以计划或实施碰撞规避机动。考虑到实施碰撞规避机动的成本问题，进行准确、可靠的预测至关重要。鉴于轨道越来越拥挤，这一问题成为了一个根本性问题，而从轨道确定中得出的传统方法可能不足以满足要求。关键难点来自两个主要问题：非线性对长期预测的影响或对巨大不确定性的影响，以及潜在不确定性的内在认知本质。前一个问题已被广泛研究，而后者仍是尚待解决的问题。事实上，一般方法是将不确定性视作偶然的，且随着知识的减少，产生碰撞的概率亦随之减小。同样的方法亦适用于罕见但具高风险的事件，例如小行星撞击地球。对于此类事件，认知不确定性既会影响有关系统状态的知识，又会影响控制其运动的动力学模型。

值得注意的是，不确定性的量化包括实施碰撞规避机动或任何一般机动的不确定性。在该情况下，系统设计方面的不确定性增加了复杂性。这些不确定性并不直接依赖于空间物体的动力学属性，但会对其未来状态的预测产生影响。

本章结构如下：在第一节中，我们会介绍单个空间目标的轨道动力学一般公式，这一公式通过模型参数向量 $\boldsymbol{p}$ 将系统因素纳入其中；还包括对某些公式的简要论述，这些公式与绕地的空间目标所占据的整个空间的总体密度分布情况有关。第二节对不确定性和量化方法进行分类。其重点不在于模型不确定性的相关方法，而在于轨道动力学中处理和传播不确定性的方法。后续章节将对每一类方法进行扩展，并介绍在文献中可以找到的主要方法。每个章节都将附带有一些说明性示例。在最后两节中，我们将探讨一些捕获模型不确定性以及定义相应不确定性模型的方法。

2 问题公式化

一般性问题是对某个空间目标在某个给定时间处于某个给定位置和某个给定速度的概率进行量化（条件是存在与其初始状态、模型参数和动力学本身相关的不确定性）。因此，在本章剩余部分，某个空间物体在某个给定时间的位置和速度状态被称为关注量。

如果关注量在于单个物体的动力学属性［在时间 t 时处于状态 $\boldsymbol{x}(t)$］，则我们可以从以下的柯西问题开始

$$\begin{cases}\dot{\boldsymbol{x}}=f(\boldsymbol{x},\boldsymbol{p},\gamma(\boldsymbol{x},\boldsymbol{p}))\eta(\boldsymbol{x},\boldsymbol{p})+\nu(\boldsymbol{x},\boldsymbol{p})\\ \boldsymbol{x}(t_0)=\boldsymbol{x}_0\end{cases}\tag{7-3}$$

式中，$\boldsymbol{p}\in\Upsilon\subseteq\mathbb{R}^q$ 是模型参数的向量，初始条件值 $\boldsymbol{x}_0\in\Sigma_0\subseteq\mathbb{R}^c$。模型参数和初始条件的不确定性空间被定义为 $\Omega=\Upsilon\cup\Sigma_0\subset\mathbb{R}^d$。$\eta$、$\gamma$ 和 ν 三个函数分别表示积性函数、复合函数以及加法不确定性函数。在本章中，η、γ 和 ν 三个函数并不是随机过程，它们不同于随机微分方程中出现的情况（在随机微分方程中，ν 通常被建模为维纳过程）。相反，我们会考虑 η、γ 和 ν 属于某赋范函数空间，并且满足 Lipschitz 连续条件。

在此框架中，对不确定性的量化需要两种不同的操作：一种是对不确定性函数 η、γ 和 ν 的重构，我们称之为模型不确定性；而另一种是不确定性集合 Ω 的传播。

若关注项要计算某控制体中物体的密度 ρ，则该问题可用以下公式来表示

$$\frac{\partial \rho}{\partial t} + \nabla(\rho \boldsymbol{v}) = \sum_{k} \Phi_k + n^{+} + n^{-} \tag{7-4}$$

式中，$\boldsymbol{v}$ 是速度场，Φ_k 是外力场，而 n^+ 和 n^- 则分别是从控制体中添加/移除物体的两个过程。1993 年，Smirnov 等人引入了连续性方程式（7 - 4）以处理残骸场[11]；在 1997 年，该方程由 Nazarenko 进行了扩展，引入了对轨道根数和概率分布的依存性[12]。参考文献［13］和参考文献［14］提出了一个平行的发展项目。有趣的是，一个使用琼斯（Jeans）方程的类似方法被用于研究星系动力学[15]。

式（7 - 4）需要进行仔细解释。事实上，轨道目标（即使排除碰撞和主动机动）都表现得更像是稀薄气体（而不像连续流体）。因此，从概念上讲，如果方程式（7 - 4）被理解成实际质量密度，则该方程预测了非零密度（即使不存在物体时）。

2.1　关注量、不确定性和期望值

在上一节给出的两个公式中，关注量在本质上是不同的。在问题式（7 - 3）中，关注量是物体在某个给定时间的状态 $x(t)$，而在问题式（7 - 4）中，关注量则是物体在某个给定时间的物体密度 $\rho(t)$。

若我们采用式（7 - 3），则不确定性的量化可以用通项表示为

$$P(\boldsymbol{x}(t) \mid \Omega) = \int_{\Omega} (\boldsymbol{x}(t) \in \Psi) \phi(\xi) \mathrm{d}\xi \tag{7-5}$$

式中，ξ 是不确定向量，ϕ 是分布，Ψ 是一个目标集。这一量化并未对所有可能状态在给定时间的概率分布或空间分布引入任何假设。这种方法直接适用于碰撞和会合点计算，或适用于交会、对接、着陆和飞越等问题。在另一方面，积分计算式（7 - 5）并非无足轻重（尤其是在高维度的情况下）。

在经典框架下，人们只对期望状态 $\hat{\boldsymbol{x}}$ 和相关的协方差 $Cov(\boldsymbol{x})$ 感兴趣，在合适的假设下，我们可以计算出期望状态，作为一个样本集 $\tilde{\boldsymbol{x}}_i$ 的加权平均值

$$\hat{\boldsymbol{x}} = \sum_{i} w_i \tilde{\boldsymbol{x}}_i \tag{7-6}$$

其中协方差为

$$Cov(\boldsymbol{x}) = \sum_{i} w_i [\tilde{\boldsymbol{x}}_i - \hat{\boldsymbol{x}}] [\tilde{\boldsymbol{x}}_i - \hat{\boldsymbol{x}}]^{\mathrm{T}} \tag{7-7}$$

用这种方法计算远远没有式（7 - 5）中的计算复杂，因为它不需要 Ω 的传播，不需要计算包含 $(\boldsymbol{x}(t) \in \Psi)$。在另一方面，这种方法仅捕捉系统在某个给定时间的可能状态分布的头两个统计矩。需要牢记的是，在这个框架中，不确定性将通过 $Cov(\boldsymbol{x})$ 来表示。

2.1.1　期望值的上限和下限

当输入量上的不确定性属于认知性不确定性时，概率 ϕ 可以属于一个参数分布族或属于一个未知分布集。

在此情况下，人们可以合理假设不确定性可以通过一具有未知参数 α 和 β 的贝塔分布族来进行量化（任何其他参数分布或非参数分布都同样有效）。然后，方程式（7 - 5）转

化为两个方程，并定义与 $\hat{\Omega}$ 相关的概率上限和下限

$$P_l=\min_{\alpha,\beta}\int_{\hat{\Omega}}\phi(\xi)\mathrm{d}\xi,\quad P_u=\max_{\alpha,\beta}\int_{\hat{\Omega}}\phi(\xi)\mathrm{d}\xi \tag{7-8}$$

式中，ϕ 是概率之积，$\phi=\prod_{j=1}^{d}\phi_j$ ，在该式中，各边际密度质量 ϕ_j 是贝塔分布函数（含有参数 α_j、β_j ）。以下 $\hat{\Omega}$ 是 Ω 的子集，其定义如下

$$\hat{\Omega}=\{\xi \mid (\boldsymbol{x}(\xi,t)\in\Psi)\} \tag{7-9}$$

正如本章随后将展示的，同样的方法可以扩展到分布的通性集，但条件是我们要以合适的形式表示 ϕ ，以确保

$$P(\boldsymbol{c})=\int_{\hat{\Omega}}\phi(\xi,\boldsymbol{c})\mathrm{d}\xi \tag{7-10}$$

是自由参数向量 $\boldsymbol{c}$ 的概率函数。

3 分类和定义

广义上，每种不确定性量化方法都由三个要素组成：不确定性模型、传播方法以及推断过程。本章仅讨论前两个要素，这是因为推断过程聚焦于如何就量化结果做出决策，这是一个更广泛的话题，不在本章进行论述。

不确定性模型定义了需要进行量化的不确定性（例如，不确定的量是否为正态分布）。在经典概率论中，我们从概率空间的定义开始讨论。这是一个数学三元组（Ω、Φ、P），其中 Ω 是样本空间或结果集，Φ 是所有可能事件的集合（$\Phi\subseteq 2^{\Omega}$），而 P 则是与每个事件相关的概率，这样 P：$F\rightarrow[0,1]$。当无法指定概率分布时，则可考虑采用替代模型。它们属于更广泛的不精确概率理论组。此时，P 是一个多值映射，单个概率分为一个上限概率 $\overline{P}$ 和一个下限概率 $\underline{P}$。存在着不同的理论，每种理论都提供了不同的模型来定义不确定量和与关注量相关的概率[16,17]。

一旦定义了不确定性模型，第二个要素就是用于计算关注量的不确定性传播。给定具体问题式（7-3），传播方法将时间为 t_0 时的 $\boldsymbol{x}_0$、$\boldsymbol{p}$、γ、η 和 ν 的不确定性映射到时间 t 时 $\boldsymbol{x}$ 的不确定性中。

不确定性传播中的主要难点在于精确度与计算成本之间达到平衡。精确度在 $[t_0, t]$ 区间内任何时间的关注量及其概率中表示出来。在对不确定性传播方法进行分类之前，对通常在不确定性量化中考虑的不确定性类型进行分类是很有用的。

- 偶然不确定性是不可化简的不确定性，该种不确定性取决于所研究的现象的本质。通常可以通过明确定义的概率分布来对其进行捕获（因为我们可以使用概率论方法）。例如：测量误差。

- 认知不确定性是可化简的不确定性，是由于缺乏认识而出现的不确定性。一般而言，认知不确定性不能通过明确定义的概率分布来对其进行量化，而需要采用更主观的方法。有两个类别：缺乏随机变量分布的相关知识，或缺乏模型相关知识——该模型用于表

示所研究的现象。

· 结构（或模型）不确定性是一种认知不确定性形式，它与我们正确模拟自然现象、系统或过程的能力相关。如果我们接受自然唯一的精确模型就是自然本身这一观点，那么我们也需要接受每个数学模型都是不完整的这一事实。然后，我们可以使用一个不完整的（通常是更简单、更易于管理的）模型，并通过某些模型不确定性来解释缺失的分量。

· 实验不确定性是偶然不确定性。如果拥有足够的关于测量的精确可重复性的数据，此类不确定性很可能是最容易理解和建模的不确定性类型。

· 几何不确定性是一种偶然不确定性形式，它与部件和系统制造的精确可重复性相关。

· 参数不确定性可以是偶然不确定性，也可以是认知不确定性，通常指模型参数和边界条件的可变性。

· 数值（或算法）不确定性（亦称数值误差）指与每个特定数值方案和机器精度（包括时钟漂移）相关的各类不确定性。

· 人类不确定性的捕获难度很大，因为它既存在偶然因素，亦存在认知因素，并且取决于我们有意识和无意识的决定和反应。人类不确定性包括因人类决策而导致的目标和要求的潜在可变性。

以上列出的所有不确定性来源都适用于轨道力学；并且，如果人们认为执行机动过程中的不确定性取决于执行机构的制造情况，那么还应包括几何不确定性。我们现在可以考虑以下几类不确定性传播方法：

· **侵入性方法：**这些方法需要通过问题式（7-3）来传播不确定性，并获得在时间 t 时的状态和概率的表示法。

· **非侵入性方法：**这些方法不需要通过问题式（7-3）来传播不确定性，但会根据一个样本集来构建一个代理模型。在这两种情况下，不确定性可以直接通过问题式（7-3）来传播（无须任何转换）。需注意的是，如果没有明确提供 η 和 ν，则不得使用侵入性方法。

· **直接与间接方法：**问题式（7-3）描述了一个随机过程（当 x、p 是随机量时）。在对通常被描述为维纳过程的不确定性性质的适当假设下，我们可以将问题式（7-3）转化为随机微分方程，其形式为 Itô[18]，并按时间向前求积分。如果关注点在于分布的演变，则我们需要去解福克-普朗克（Fokker-Plank）方程。福克－普朗克方程求积分给人们带来了重大挑战，本文中的一些方法是为克服这些挑战而开发的（无须借助于蒙特卡罗模拟方法）。

当非线性很小时，协方差的传播与状态转移矩阵足以给出前两个统计矩的正确值；在高斯先验的假设下，它们也能很好地表示后验分布。如果非线性是相关的，则一阶方法不能正确捕获关注量的分布，而且前两个矩的结果也会受到显著误差的影响。在轨道力学的背景下，一些作者提出使用一种不同的参数化方法[19]（开普勒根数，平均开普勒根数，分点根数）转换问题式（7-3），以这一新的参数化方式使用一种线性方法传播不确定性，然后转换回原始的参数、位置、速度集（通常已获得测量值）。在本章中，我们将这类方法称为间接方法。

关注量及其概率表示法的准确性取决于传播方法传播非线性的能力，同时还取决于传播方法对一般分布、分布集、模糊集、信任函数、粗集等的考虑程度。因此，我们可以区分那些首先表示不确定集、然后表示概率分布的方法与那些直接表示概率分布的方法。

表 7-1 对许多方法进行了分类，这些方法都将在本章后面部分予以论述：MC＝蒙特卡罗法，STM＝状态转移矩阵，STT＝状态变换张量，GM＝高斯混合，UT＝无轨迹转换，PCE＝多项式混沌展开，PA＝多项式代数，IA＝区间运算，TPE＝切比雪夫多项式展开，HDMR＝高维模型表示，PPE＝正多项式展开。表中的“是”表示特定方法具有该特定属性或者可用于该情景。例如，MC 不是侵入性方法，可用于直接传播在问题或坐标的任何变换中的不确定性，并提供状态分布情况，但不能用于直接计算期望值的上限和下限或信任函数。

表 7-1　轨道力学中不确定性传播方法的分类

方法	MC	STM	STT	GM	UT	PCE	PA	IA	TPE	HDMR	PPE
侵入性	否	是	是	否	否	是	是	是	否	否	否
非侵入性	是	否	否	是	是	是	否	否	是	是	是
直接	是	否	是	是	是	是	是	是	是	是	是
间接	否	是	否	是	是	否	是	否	是	是	是
状态表示	是	是	是	否	是	是	是	是	是	是	否
概率表示	否	否	否	是	否	是	否	否	否	否	是
不精确概率表示	否	否	否	是	否	否	否	否	否	否	是

4　非侵入性方法

非侵入性方法是基于抽样方法，以黑盒代码的形式与通用模型一同使用。这些方法对模型编码及其规则性并未提出过多要求。当通过一个复杂系统传播一个集（无法通过简单的解析形式表达）时，这一优点很值得关注。非侵入性方法提供了额外优势，它可以纠正认知模型的不确定性，并从实验数据和测量值的同化中识别出缺失的分量。本章将考虑以下列出的部分方法：

（1）蒙特卡罗法（MC）[20]

最直接的方法是根据不确定性区域的参数的概率分布对不确定性区域进行随机取样，对每个取样点的动力学系统求积分，进而得到相应的最终状态，并估计最终不确定性区域的期望值。尽管该方法很简单，但其计算成本却最高。在相当的精确度下，通常该方法所需的样本量远大于其他基于样本的方法。

蒙特卡罗模拟可追溯到恩利克·费米（Enrico Fermi）有关中子扩散的研究，并且可用于通过模拟随机样本来获得统计信息或计算多维积分。在不确定性量化中，MCS 方法有两种使用方式。该方法从不确定性空间（从中抽取样本）上的概率分布开始，然后对所有样本进行确定性模拟，以量化模拟输出中的不确定性。

在中心极限定理的假设下，随机变量 X 的期望值与概率 ε 属于该区间

$$E(X) \in \left[\overline{X}_n - \frac{c\overline{\sigma}_n}{\sqrt{n}}, \overline{X}_n + \frac{c\overline{\sigma}_n}{\sqrt{n}}\right] \tag{7-11}$$

式中，$\overline{X}_n = \frac{1}{n}\sum_i^n X_i$，$\overline{\sigma}_n^2 = \frac{1}{n-1}\sum_{i=1}^n (X_i - \overline{X}_n)^2$，而概率 ε 则在区间 $[-c, c]$ 中计算

$$\varepsilon = \frac{1}{2\pi}\int_{-c}^{c} e^{-\frac{x^2}{2}} \mathrm{d}x \tag{7-12}$$

从这些简单的表达式中，我们可以推断：要使平均值向着 0.95 的置信度收敛，样本数量需要满足

$$|E(X) - \overline{X}_n| \leqslant 1.96 \frac{\sigma}{\sqrt{n}} \tag{7-13}$$

因此，MCS 收敛到正确平均值的收敛速度与 $1/\sqrt{n}$ 成比例。需注意的是，平均值的收敛并不提供有关分布收敛的任何信息或误差的精确界限。

(2) 非侵入性多项式混沌展开（PCE）[10]

PCE 方法在计算流体动力学中是一种很常用的方法，最近也在航天动力学领域有所应用[21,22]。PCE 方法使用一组正交多项式函数来大概推出每个输入与系统响应之间的函数形式[23-26]。这种方法的主要优势是具有处理非线性和非高斯传播不确定性的能力（无须对后验高斯分布做任何的假设）。PCE 方法允许我们根据不同的输入分布使用不同的多项式核函数。

状态向量 $\boldsymbol{x}$ 的分量 l 的混沌展开采取以下形式

$$x_l = a_0 B_0 + \sum_{i_1=1}^{\infty} a_{i_1} B_1(\chi_{i_1}) + \sum_{i_1=1}^{\infty}\sum_{i_2=1}^{i_1} a_{i_1 i_2} B_2(\chi_{i_1}, \chi_{i_2}) + \sum_{i_1=1}^{\infty}\sum_{i_2=1}^{i_1}\sum_{i_3=1}^{i_2} a_{i_1 i_2 i_3} B_3(\chi_{i_1}, \chi_{i_2}, \chi_{i_3}) + \cdots \tag{7-14}$$

式中，χ 是随机输入值，B_i 是一般的多元多项式。可以通过用以下基于项的标记替换基于阶数的标记来简化该表达式

$$x_l = \sum_{j=0}^{\infty} \alpha_{lj} \Psi_j(\chi) \tag{7-15}$$

式中，在 $a_{i_1 i_2 i_3}$ 与 α_{lj} 之间以及在 $B_n(\chi_{i_1}, \chi_{i_2}, \cdots, \chi_{i_v})$ 与 $\Psi_j(\chi)$ 之间存在着一一对应关系。每个 $\Psi_j(\chi)$ 都是一个多元多项式，其中涉及一维多项式的乘积。在实践中，在有限数量的随机变量和有限展开阶数（p）下，我们截断无限展开

$$x_l \cong \sum_{j=0}^{p} \alpha_{lj} \Psi_j(\chi) \tag{7-16}$$

使用埃尔米特（Hermite）多项式，n 阶多元多项式 $B(\chi)$ 通过以下式定义

$$B_n(\chi_{i_1}, \chi_{i_2}, \cdots, \chi_{i_v}) = e^{\frac{1}{2}\chi^{\mathrm{T}}\chi} (-1)^n \frac{\partial^n}{\chi_{i_1}, \cdots, \chi_{i_v}} e^{-\frac{1}{2}\chi^{\mathrm{T}}\chi} \tag{7-17}$$

它可以被显示为一维埃尔米特多项式的乘积，其中包含一个多索引 m_i^j

$$B_n(\chi_{i1},\chi_{i2},\cdots,\chi_{iv})=\boldsymbol{\Psi}_j(\chi)=\prod_{i=1}^{n}\psi_{m_i^j}(\chi_i) \tag{7-18}$$

对于多元多项式，$\frac{(i_v+n)!}{i_v!\ n!}$ 给出了每个不确定变量的展开式系数的值。该式表明，展开式随着变量数和阶数的增加而快速增加。展开式系数式（7-15）在此通过谱投影进行计算[27]。在该方法中，通过使用内积对每个基函数投影响应 x，并使用多项式正交特性来提取每个系数。方程式（7-16）中的每个系数都计算如下

$$\alpha_{lj}=\frac{\langle x_l,\boldsymbol{\Psi}_j\rangle}{\langle\boldsymbol{\Psi}_j^2\rangle}=\frac{1}{\langle\boldsymbol{\Psi}_j^2\rangle}\int_{\Omega}x\boldsymbol{\Psi}_j\rho(\chi)\mathrm{d}\chi \tag{7-19}$$

式中，内积包含加权函数 $\rho(\chi)$ 支持下的多维积分。然后，均值和协方差矩阵的解析式如下

$$\begin{cases}\mu_x=E[\boldsymbol{x}]\cong\sum\limits_{j=0}^{p}\alpha_jE[\boldsymbol{\Psi}_j]=\alpha_0\\ P_x=E[(\boldsymbol{x}-\mu_x)(\boldsymbol{x}-\mu_x)^{\mathrm{T}}]\cong\sum\limits_{j=1}^{p}\alpha_j(\alpha_j)^{\mathrm{T}}E[\boldsymbol{\Psi}_j^2]\end{cases} \tag{7-20}$$

μ_G 和 P_G 是展开式的精确矩，收敛于真实反应函数的矩中；向量 α_j 表示分量 α_{lj} 的矩阵 α 的第 j 列。关于多维积分的计算，可以通过使用具有低偏差序列的 MCS 或使用高斯点和权重的求积公式来完成。但是，后者需要一个全张量的积以及随维数增长而呈指数增长的点数。一个更加吸引人的选择是基于使用 Smolyak 算法而生成的稀疏网格方法[28]。Smolyak 方法为构造有效算法提供了一个通用工具，该算法能够解决支持节点数量中阶数大幅减少的多元问题，同时给出与通常张量相同的近似值水平。在此框架中，Genz 和 Keister 的研究[29]为高斯-埃尔米特节点的 Smolyak 稀疏网格引入了完全对称的插值积分规则。

式（7-19）中的多维积分可以约等于离散项数之和

$$\int_{\Omega}x_l\boldsymbol{\Psi}_j\rho(\chi)\mathrm{d}\chi\cong\sum_{i=1}^{ngrid}x_l(\chi_i)\boldsymbol{\Psi}_j(\chi_i)w(\chi_i) \tag{7-21}$$

在 Genz 和 Keister 的研究中，点 χ_i 和权重 $w(\chi_i)$ 的集通过高斯-埃尔米特容积规则定义[29]。这些规则是使用高斯权重函数求解有限区域内多维积分的最优选择。在 Genz 和 Keister 的研究[29]中，证明了 n 阶多项式的高斯积分可以完美使用等级 $l=2n+1$ 的网格计算出来。图 7-1 显示了一个具有不同精确度等级、使用埃尔米特多项式的 3 个不确定参数 χ_1、χ_2 和 χ_3 作为基数的标准化稀疏网格。

可以发现，当所需的精度要求提高时，网格中会填充更多数量的样本，同时这也会涵盖更大部分的不确定性空间。例如，对于 2 级网格，不确定参数的最大值和最小值分别为 1.7σ 和 -1.7σ；而对于 6 级网格，不确定参数的最大值和最小值分别为 4σ 和 -4σ。这为更好覆盖不确定性空间提供了可能性，同时可以生成具有低关联概率的样本。图 7-2 显示了航天器沿从平动点轨道（地月系中）到月球的轨道的速度矢量分布情况。图 7-2（a）给出了 MC 模拟（100 万份样本）的结果，而图 7-2（b）则是 6 次 PCE 的结果（仅使用 28 000 份样本）（更多详情见参考文献［22］）。

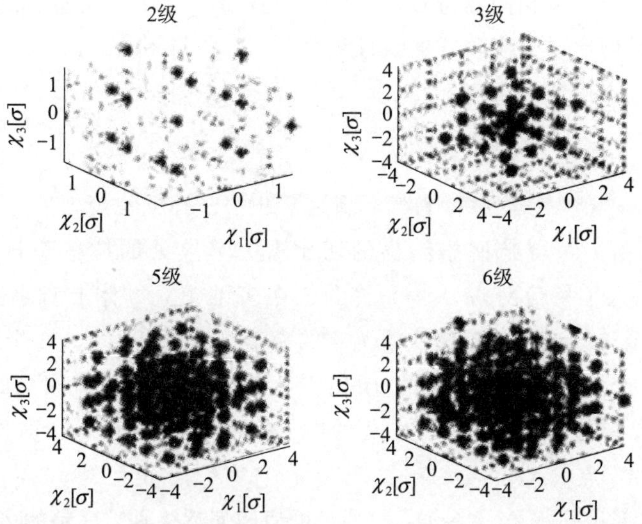

图 7-1　具有不同精确度等级的埃尔米特多项式 Smoliak 网格

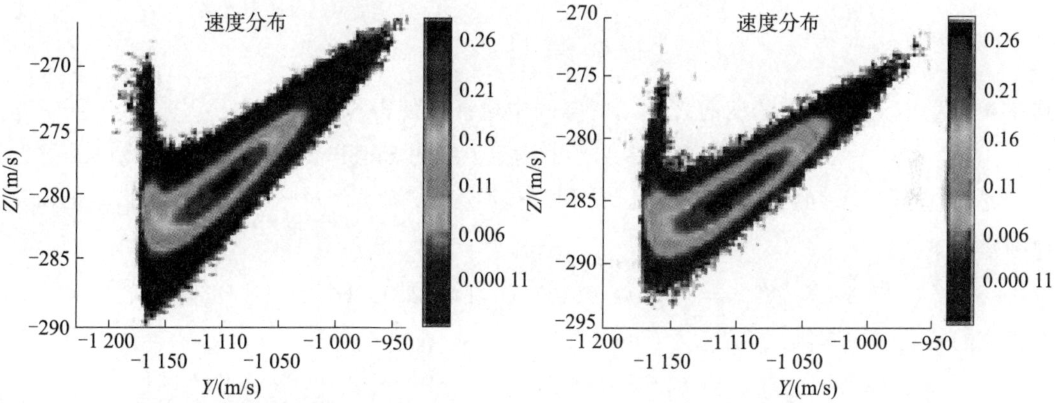

(a) 使用1e6份样本进行蒙特卡罗模拟　　(b) 使用28 000份样本进行6次PCE

图 7-2　平动点到月球轨道的速度分布（见彩插）

（3）切比雪夫多项式展开（TPE）[30]

单变量切比雪夫多项式是空间 $\mathscr{C}^{\infty}[-1, 1]$ 上的正交基底，截断切比雪夫级数接近于给定连续函数的最佳一致多项式逼近[31,32]。当使用 TPE 用作插值多项式时，在由结构化网格所定义的点处采样。最常用的采样方法使用 Smolyak 稀疏网格[28]；网格中，样本数量以 d 次多项式方式增长（而不是呈指数增长）。待包含的元素数量受到参数 l 的控制，其被称为逼近级别，作用与泰勒级数中的展开阶数相同。如 Judd 等人所述，在此项工作中，稀疏网格是使用单维切比雪夫多项式的极值而生成的[33]。

点数减少允许我们减少切比雪夫多项式基中的项数，进而减少未知系数的量。基函数从以下多项式中选出：根据逼近级别，从 n 个变量至多 d 次的所有多项式中选择。在假设高阶项贡献可以忽略不计的情况下，某些高阶项之积不包括在内。

通过利用与 PCE 一节相同的符号，我们希望找出具有 n 个变量、逼近级别为 l（最大次数为 $2l$ ）的多元切比雪夫多项式的线性组合

$$\hat{X}(\boldsymbol{x})=\sum_{\alpha\in\mathscr{H}^{n,l}}c_{\alpha}\mathscr{T}_{\alpha}(\boldsymbol{x}) \tag{7-22}$$

式中

$$\mathscr{H}^{n,l}=\{\alpha\in\mathbb{N}^{n}:\alpha\text{ 满足 }l\text{ 级的 Smolyak 规则}\}$$

未知系数通过由 l 级稀疏网格给出的切比雪夫节点处的拉格朗日插值来进行计算。Sergey Smolyak 引入了稀疏网格[28]，允许我们在多维超立方体上对函数进行表示、积分和插值。具有 10 个未知变量，最大次数为 4 的完整多项式基由 1 001 个元素构成，而相应的稀疏基仅含 221 个元素。我们遵循由 Judd 等人提出的不交稀疏网格的构造[33]，其使用切比雪夫多项式的极值［亦称为“切比雪夫-高斯-洛巴托”点或“克伦肖-柯蒂斯”(Clenshaw - Curtis) 点］。

设 n 是不确定变量的数量，$l\in\mathbb{N}^{+}$ 是稀疏网格的逼近级别。完整的多项式基由下式给出

$$\mathscr{B}=\{\mathscr{T}_{\alpha_1},\mathscr{T}_{\alpha_2},\cdots,\mathscr{T}_{\alpha_s}\},\quad s\in\mathbb{N}^{+}$$

式中，$\alpha_i=(\alpha_{i_1},\ \cdots,\ \alpha_{i_n})$ 表示多维数组（对应于第 i 个多维切比雪夫多项式）

$$\mathscr{T}_{\alpha_i}=\prod_{j=1}^{n}T_{\alpha_{i_j}}$$

其在 n 变量中至多 2^l 次的所有多项式的空间中选择，使得

$$\alpha_i\in\mathscr{H}^{n,l}=\{\alpha\in\mathbb{N}^{n}:\alpha\text{ 满足 }l\text{ 级的 Smolyak 规则}\}$$

$T_{\alpha_{i_j}}$ 是对应于下标 j 的变量的单变量切比雪夫多项式。例如，对于 $n=2$ 和 $l=1$，Smolyak 规则给出下式

$$\mathscr{H}^{2,1}=\{(0,0),(1,0),(0,1),(2,0),(0,2)\}$$

而相应的切比雪夫多项式基为

$$\mathscr{T}_{(0,0)}=1,\mathscr{T}_{(1,0)}=x,\mathscr{T}_{(1,0)}=y,\mathscr{T}_{(2,0)}=2x^2-1,\mathscr{T}_{(0,2)}=2y^2-1$$

请注意基中缺少截项 $\mathscr{T}_{(1,\ 1)}=xy$ 的情况。反应函数可以用有限级数来逼近

$$\hat{Y}(X_0)=\sum_{\alpha\in\mathscr{H}^{n,l}}c_{\alpha}\mathscr{T}_{\alpha}(X_0) \tag{7-23}$$

其中每个 c_{α} 都是有关元素 $\mathscr{T}_{\alpha}$ 的未知系数，X_0 是初始不确定性变量，属于超立方体。

可通过反演线性系来计算未知系数

$$\boldsymbol{HC}=\boldsymbol{Y} \tag{7-24}$$

满足

$$\boldsymbol{H}=\begin{bmatrix}T_{\alpha_1}(x_1) & \cdots & T_{\alpha_s}(x_1)\\ \vdots & \ddots & \vdots\\ T_{\alpha_1}(x_s) & \cdots & T_{\alpha_s}(x_s)\end{bmatrix},\quad \boldsymbol{C}=\begin{bmatrix}c_{\alpha_1}\\ \vdots\\ c_{\alpha_s}\end{bmatrix},\quad \boldsymbol{Y}=\begin{bmatrix}Y_1\\ \vdots\\ Y_s\end{bmatrix} \tag{7-25}$$

式中，x_1，…，x_s 是稀疏网格中的切比雪夫节点，Y 的分量是这些点上动力学系统的真实值。如果矩阵 H 未满秩，则系统（7-24）不能被反演。在大多数情况下，这可以通过选择切比雪夫节点来保证。

(4) 高维模型表示 (HDMR)[34]

HDMR 在 $\boldsymbol{b}$ 的分量函数之和中分解了一般关注量（即：一般参数向量 $\boldsymbol{b}$ 的函数）。如果关注量是问题式 (7-3) 在给定时刻 t 的解，则相应的 HDMR 分解可写作

$$\boldsymbol{x}_t(\boldsymbol{b}) = \boldsymbol{x}_0 + \sum_{i=1}^{d} c_i \alpha_i(b_i) + \sum_{1 \leqslant i_1, i_2 \leqslant n} c_{i_1, i_2} \alpha_{i_1, i_2}(b_{i_1}, b_{i_2}) +$$
$$\sum_{1 \leqslant i_1, i_2, \cdots, i_d \leqslant n} c_{i_1, i_2, \cdots, i_d} \alpha_{i_1, i_2, \cdots, i_d}(b_{i_1}, b_{i_2}, \cdots, b_{i_d})$$

式中，$\boldsymbol{x}_0$ 表示传播状态的平均值，而 $\alpha_{i_j, i_k}(b_{i_j}, b_{i_k})$ 项则表示 i_j 和 i_k 输入变量对输出的协同效应。如果 $\boldsymbol{b}$ 的分量属弱耦合，则该分解允许我们通过只对 $\boldsymbol{b}$ 所属空间的某些部分进行采样来建立近似表示。此外，它以与方差分析类似的方式提供了关于 $\boldsymbol{b}$ 的每个分量的影响及其相互作用的信息[35]。

(5) 无轨迹转换 (UT)[36]

无轨迹转换基于一个潜在假设，即人们可以通过传播一组有限的最优选样本（称为西格玛点）来很好地逼近后验协方差。西格玛点集的定义如下

$$\boldsymbol{\chi}_l = \begin{cases} \boldsymbol{x}_k \\ \boldsymbol{x}_k + \left(\sqrt{(n+k_f)\boldsymbol{P}_k}\right)_l \\ \boldsymbol{x}_k - \left(\sqrt{(n+k_f)\boldsymbol{P}_k}\right)_l \end{cases} \tag{7-26}$$

式中，$\boldsymbol{P}_k$ 是协方差矩阵，$\boldsymbol{\chi}_l$ 是由 $(2n+1)$ 个向量组成的矩阵；$k_f = \alpha_f^2(n+\lambda_f) - n$，$k_f$ 是尺度参数，常数 α_f 决定 $\boldsymbol{x}_k$ 周围这些向量的扩展西格玛点通过非线性函数转换或传播（这就是所谓的无轨迹转换），以给出下式

$$\chi_{l,k+1} = f(t, \chi_{l,k}) \tag{7-27}$$

然后，从传播的西格玛点集合中我们导出 $k+1$ 阶段的均值和协方差，并重复该过程直到时间 t。

尽管 UT 允许我们对非线性系统进行完全积分，但它仍然只捕获前两个矩，并引入了一个先验分布对称性的强假设。

(6) 高斯混合 (GM)[37]

假设不确定参数 $\boldsymbol{b}$ 的概率密度函数由 M 分量高斯密度的加权和给出

$$p(\boldsymbol{b}) = \sum_{i=1}^{M} \omega_i g(\boldsymbol{b} \mid \mu_i, \Sigma_i)$$

然后，在给定时间的不确定参数的概率密度函数也可以被逼近为高斯混合。计算了与每个高斯元素相关的权重，以使福克-普朗克-柯尔莫戈洛夫方程（FPKE）的残差达到最小（对于连续时间动态系统，该方程会给出状态 pdf 的精确演化）。这个最小化问题是凸的，因此具有唯一解。该方法的主要局限性在于对初始分布的假设。

如果试图对样本进行插值，则可以将高斯混合作为克里格（Kriging）模型重新考虑[38]。在此情况下，使用高斯核函数的加权和来表示传播状态的形状。在下一节中，我们将用克里格法与其他非侵入性表示方法（即 PCE、切比雪夫插值和 HDMR）进行比较。

4.1 比较实例

本节对四种不同情况中使用的某些非侵入性方法进行了比较，更多详情请参见参考文献［30］：

1）近地轨道（含 6 个不确定参数）（LEO6）：初始状态下的位置和速度分量。

2）近地轨道（含 10 个不确定参数）（LEO10）：初始状态下的位置和速度分量，外加两个不确定模型参数。

3）大椭圆轨道（含 6 个不确定参数）（HEO6）：初始状态下的位置和速度分量。

4）大椭圆轨道（含 10 个不确定参数）（HEO10）：初始状态下的位置和速度分量，外加两个不确定模型参数。

其目的是比较精确度和计算成本，其中计算成本是根据样本点的数量计算得出的。

4.1.1 动力学模型

如果要比较这四种方法所提供的近似值，那么我们就要使用一种动力学模型，该模型包含了作用于质量可以忽略不计的近地轨道卫星的主要摄动。主要引力摄动是由地球的非球形形状引起的：其最相关的影响是由球谐函数内地球电势发展中的 J_2 系数引起。非引力摄动有太阳辐射压（SRP）和大气阻力摄动。

在赤道坐标系中，动力学方程式可以写成

$$\begin{cases}\dot{\boldsymbol{r}}=\boldsymbol{v}\\ \dot{\boldsymbol{v}}=\boldsymbol{F}_{J_2}+\boldsymbol{F}_{\mathrm{SRP}}+\boldsymbol{F}_{\mathrm{drag}}\end{cases} \tag{7-28}$$

式中，$\boldsymbol{r}$，$\boldsymbol{v}$ 为位置和速度矢量，$\boldsymbol{r}_0=\boldsymbol{r}(t_0)$，$\boldsymbol{v}_0=\boldsymbol{v}(t_0)$ 表示在初始时刻 t_0 时的初始状态，以及（参见 Milani 等人[39]，Sharaf 和 Selim[40]等）

$$\boldsymbol{F}_{J_2}=-\frac{\mu}{r^3}r+3\frac{\mu J_2R_e^2}{2}\frac{\boldsymbol{r}}{r^5}\left(\boldsymbol{r}+2z-\frac{5z^2}{r^2}\right) \tag{7-29}$$

$$\boldsymbol{F}_{\mathrm{SRP}}=\frac{\phi_{\odot}}{c}C_R\frac{A}{m}\hat{\boldsymbol{S}} \tag{7-30}$$

$$\boldsymbol{F}_{\mathrm{drag}}=-\frac{1}{2}C_D\frac{A}{m}\rho v^2\hat{\boldsymbol{v}} \tag{7-31}$$

式中，μ 为重力参数；R_e 为地球平均赤道半径；(x，y，z) 和 r 分别表示 $\boldsymbol{r}$ 的分量和模量；$\phi_{\odot}$ 为太阳辐射通量；c 为光速；C_R 为反射系数；A/m 为面积质量比；$\hat{\boldsymbol{S}}$ 为太阳方向；C_D 为阻力系数；ρ 为 NRLSISE－00 大气模型[41]提供的大气密度。

4.1.2 不确定空间

假设不确定空间为超立方体。不确定变量包括位置和速度矢量 $\boldsymbol{r}$、$\boldsymbol{v}$ 的分量，和/或四个动力学参数 A/m、C_R、C_D 和 $F_{10.7}$。最后一个参数表示最近的每日太阳辐射通量，其变化主要是为了模拟大气密度的不确定性。动力学参数的边界范围见表 7－2。作为状态矢量的初始条件，从 space－track 网站[42]提供的 TLE 轨道目录中选取了 LEO 和 HEO。其值见表 7－3。笛卡儿坐标空间设置了不确定性边界，该边界被假定为 $10^{-5}\cdot r_0$ 和 $10^{-5}\cdot$

v_0，式中：r_0 和 v_0 分别表示初始位置（km）和速度矢量（km/s）。

表 7 - 2　动力学参数的不确定性边界

	A/m	C_R	C_D	$F_{10.7}$
下界	0.001	1.0	1.5	100
上界	0.1	2.0	3.0	200

表 7 - 3　截至 2015 年 5 月 26 日，LEO 和 HEO 的 Kepler 轨道根数

ID	a /km	e	i /(°)	Ω /(°)	ω /(°)	ℓ /(°)
40 650	7 006.96	0.000 831 5	98.153 3	165.997 4	100.284 5	259.540 5
40 618	24 204.56	0.727 898 8	25.476 6	31.589 7	179.418 3	182.585 7

外推时间跨度设为 40P，其中 P 是非受摄的轨道周期。对于 LEO 约为 4 天，对 HEO 约为 60 天。所有模拟均采用 MATLAB 软件，并在 Intel i7 3.40 GHz 处理器上运行。

4.1.3　实验设置

在该比较试验中，PCE 是使用 Legendre 基建立的，并且 PCE 和克里格法都采用了拉丁超立方体随机抽样方案来收集样本。切比雪夫插值（图中为法语拼写：Tchebycheff）和 HDMR 被称为 UQ - HDMR 方法，使用的是带有“克伦肖-柯蒂斯”点的稀疏网格。就其性质而言，在扩展过程中，UQ - HDMR 针对每一项使用了不同数量的样本，以节省样本总数。

采用四种非侵入性方法逐一计算得出的多项式精度，以 $M=1\,000\times n$ 侵入点为基础进行估算，其中 n 表示不确定变量的数量。通过再次使用拉丁超立方体抽样方案得出 M 样本数。随后将计算结果与动力学正向传播给出的真实状态作比较。近似值 $\hat{X}$ 与真实值 X 之间的误差估值由均方根误差给出

$$\mathrm{RMSE}=\sqrt{\frac{1}{M}\sum_{i=1}^{M}\left(\hat{X}_j(\boldsymbol{x}_i)-X_j(\boldsymbol{x}_i)\right)^2},\quad j=1,\cdots,6 \tag{7-32}$$

式中，$\boldsymbol{x}_i$ 表示单个样本向量。图 7 - 3 显示了每种情况三维空间中的不确定区域。动力学参数的作用是扩大 LEO 的不确定性区域，并使其沿 HEO 轨迹延伸。因此，最终状态对初始条件的依赖性呈高度非线性（图 7 - 3）。

图 7 - 4 中的图例适用于所有图表。多项式逼近的收敛性如图 7 - 5～图 7 - 8 所示。精度估算由最终状态向量的各分量的 RMSE 给出，并采用蒙特卡罗结果计算，作为用于构建多项式近似的样本数函数。在所有示例中，克里格法的收敛速度最慢，即：对于固定数量的样本来说，其 RMSE 值最高。情况 1（LEO6）的不确定性区域可以用小于 100 个样本点逼近，最大 RMSE 为 10^{-5} km，除克里格法外的所有方法都可以。最佳精度通过 3 次 PCE - Legendre 获得。切比雪夫和 UQ - HDMR 显示出相同的性能（见图 7 - 5）。当另外四个动态参数变得不确定（情况 2），所产生的关注量和输入参数之间的相关性呈高度非线性。

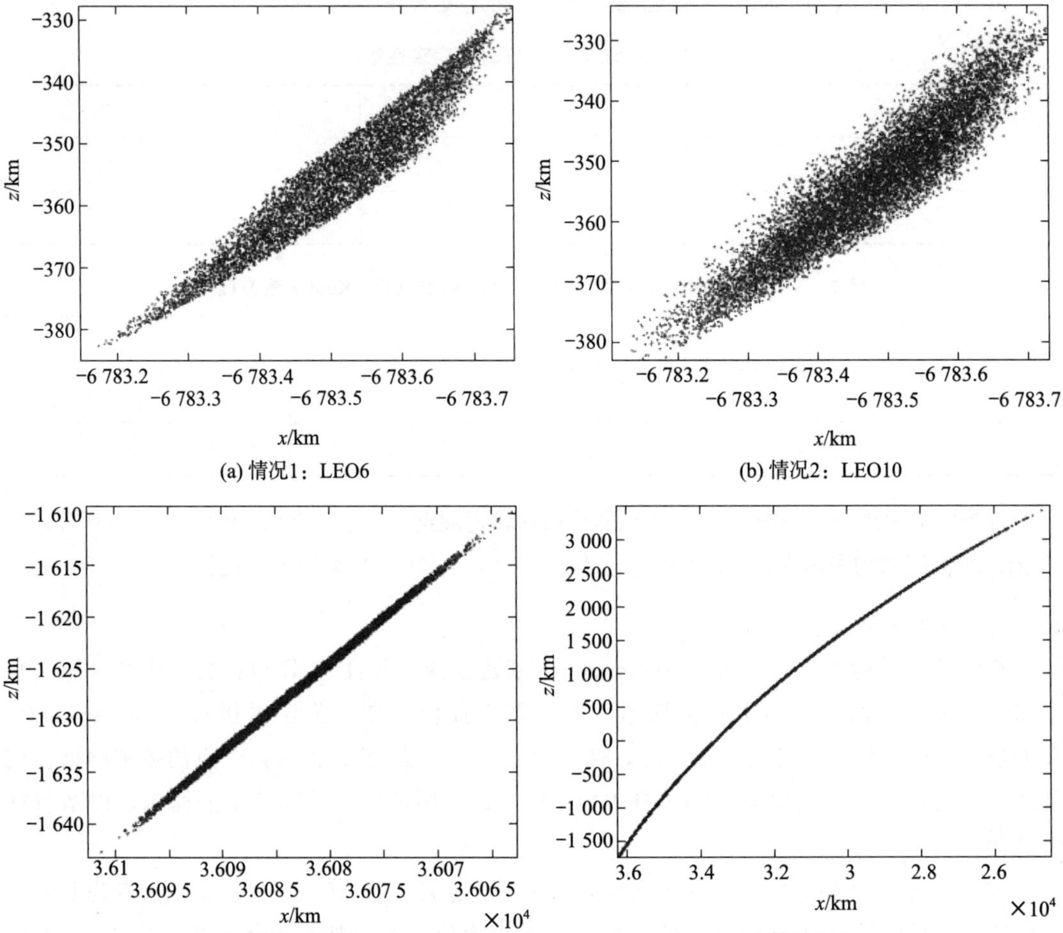

(a) 情况1：LEO6 (b) 情况2：LEO10

(c) 情况3：HEO6 (d) 情况4：HEO10

图 7-3 最终状态的不确定性区域

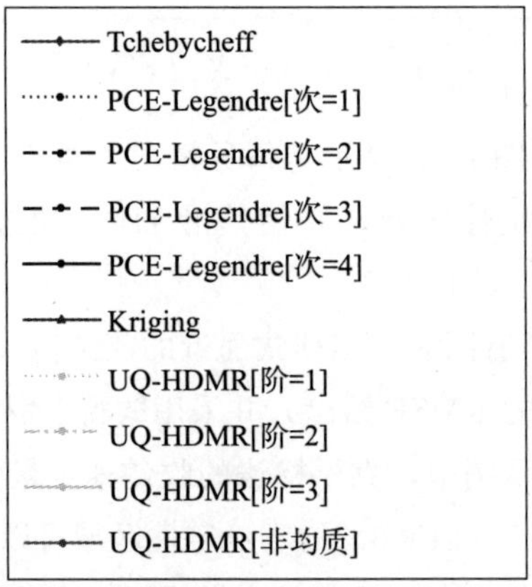

图 7-4 图 7-5～图 7-8 的图例（见彩插）

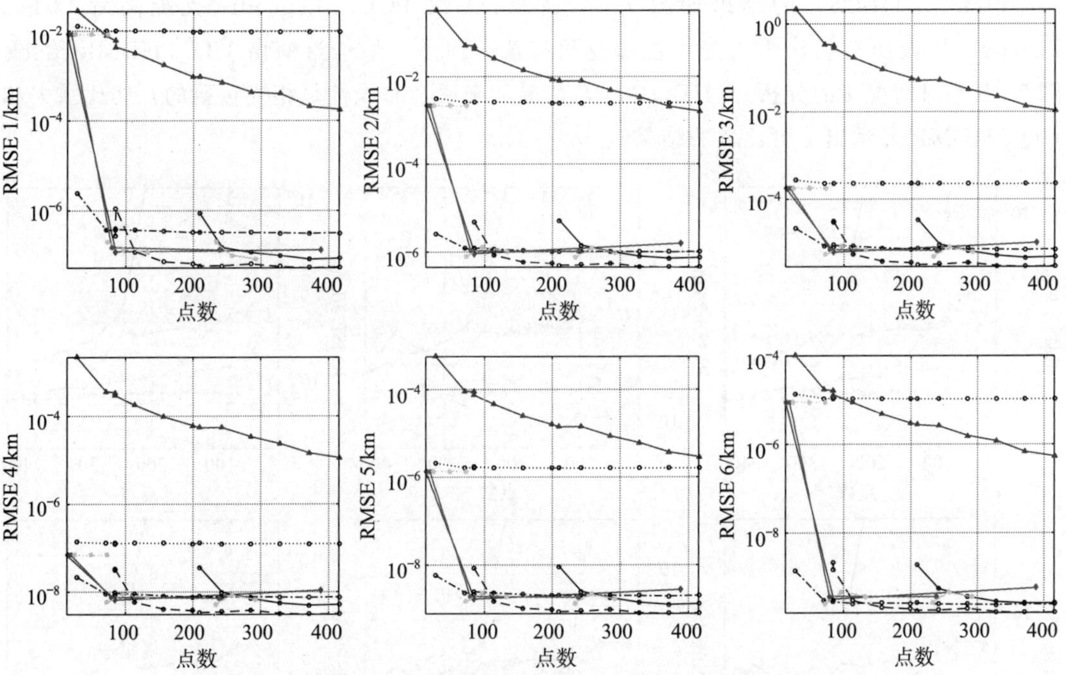

图 7-5　RMSE 为情况 1（6 000 个测试点）样本点数量函数（见彩插）

为了获得 10^{-3} km 的精确值，需要使用次数为 4 的 PCE-Legendre 或 3 级切比雪夫稀疏基（见图 7-6）。

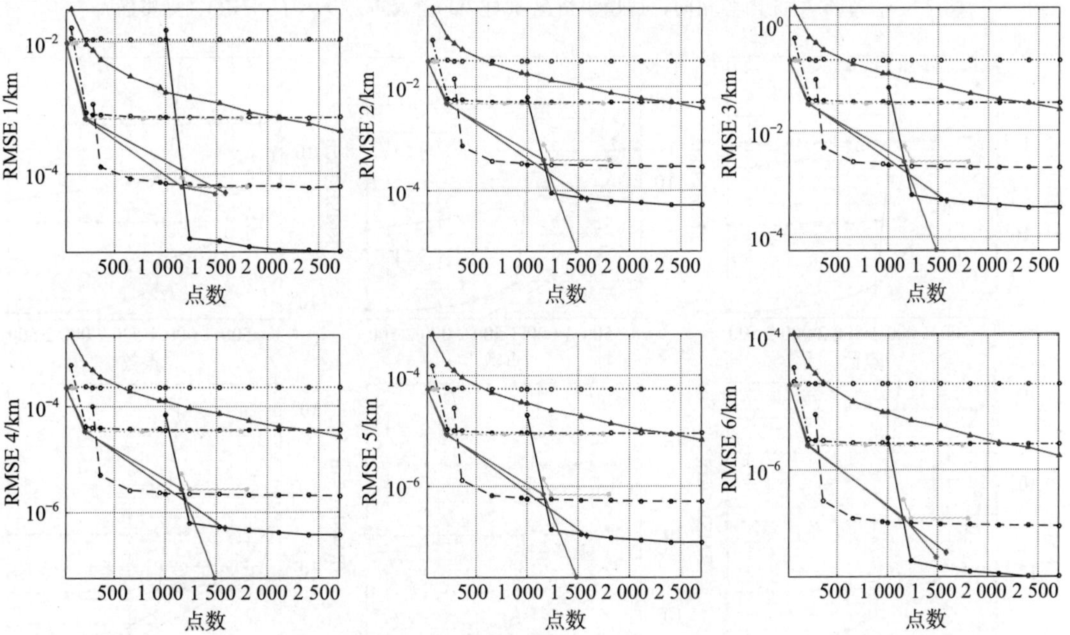

图 7-6　与图 7-5 内容相同，适用于情况 2（10 000 个测试点，见彩插）

情况 3（HEO6）的结果如图 7－7 所示。1 次 PCE－Legendre 支配高阶 PCE－Legendre 以及所有切比雪夫逼近法和克里格法。但是，最佳近似由 UQ－HDMR 给出。图 7－8 是对情况 4 的分析。（HEO10）对情况 2 来说，非线性是相当重要的，切比雪夫和 UQ－HDMR 显示出了可比较的结果。

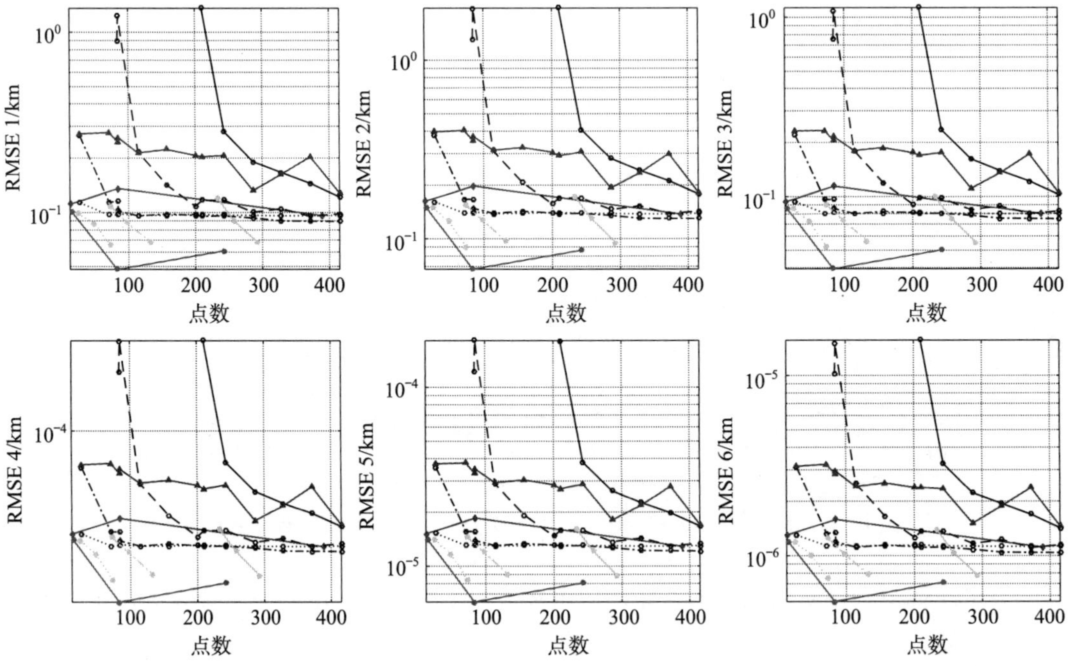

图 7－7　与图 7－5 内容相同，适用于情况 3（6 000 个测试点）中的 HEO（见彩插）

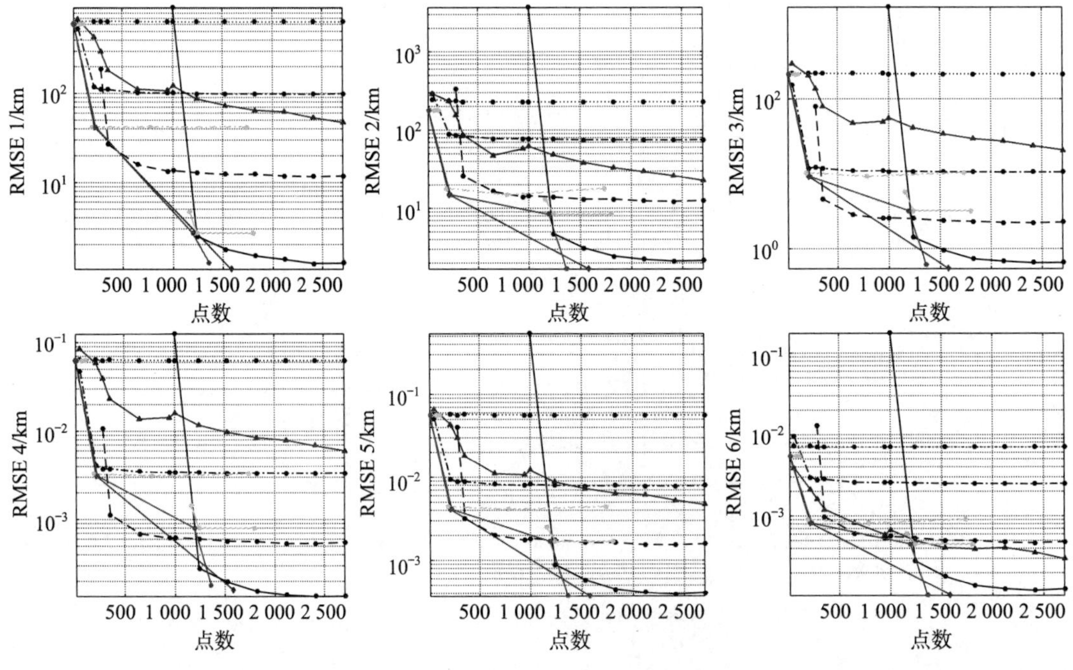

图 7－8　与图 7－6 内容相同，适用于情况 4（10 000 个测试点）中的 HEO（见彩插）

最后，表 7-4～表 7-7 给出了要实现的样本数和精度 max(RMSE) $< 4D \times 10^{-4}$，其中最大（RMSE）是最终状态向量所有分量的最大误差，D 是最终状态在（x，z）平面上不确定性区域投影的直径。

表 7-4　情况 1 的比较总结（参考精度为 0.229 km 时）

方法	样本点数量	max(RMSE)
切比雪夫	13	0.008 33
PCE - Legendre	28	0.012 62
UQ - HDMR	19	0.008 33
Kriging	144	0.167 53

表 7-5　情况 2 的比较总结（参考精度为 0.235 km 时）

方法	样本点数量	max(RMSE)
切比雪夫	21	0.214 33
PCE - Legendre	66	0.225 53
UQ - HDMR	23	0.214 37
Kriging	652	0.183 07

表 7-6　情况 3 的比较总结（参考精度为 0.209 km 时）

方法	样本点数量	max(RMSE)
切比雪夫	13	0.162 24
PCE - Legendre	28	0.161 47
UQ - HDMR	15	0.150 68
Kriging	286	0.192 65

表 7-7　情况 4 的比较总结（参考精度为 51.317 km 时）

方法	样本点数量	max(RMSE)
切比雪夫	221	41.970
PCE - Legendre	359	26.658
UQ - HDMR	233	41.976
Kriging	2 703	41.044

4.2　采用正多项式的表示法

正多项式（如伯恩斯坦多项式）已用于表示一般分布。伯恩斯坦多项式尤其可用于近似计算任何有限支撑上的一般分布，并精确表示贝塔分布。作者[43]最近介绍了它们在轨道力学中的应用，通过使用单线性约束求解简单线性优化规划来计算关注量的期望值的上限和下限。一般情况下，式（7-8）中的积分可通过多维求积公式进行数值计算。例如，我们可以用 Halton 低差异序列近似来代替精确积分计算，在 U_0 域生成 M 个样本点（称

为拟蒙特卡罗点），然后将积分重新写为

$$\int_{\Omega}\phi(\boldsymbol{\xi})\mathrm{d}\xi \approx \frac{1}{M}\sum_{k=1}^{M} I_{\Omega}(\xi_k)\phi(\xi_k) \tag{7-33}$$

式中，样本 ξ_k 取自低差异序列。同理，我们可以用式（7-8）来近似积分

$$\min_{\alpha,\beta}\sum_{k=1}^{M} I_{\Omega}(\xi_k)\prod_{j}\phi_j(\xi_k), \quad \max_{\alpha,\beta}\sum_{k=1}^{M} I_{\Omega}(\xi_k)\prod_{j}\phi_j(\xi_k) \tag{7-34}$$

须受以下约束

$$\frac{1}{M}\sum_{k=1}^{M}\phi(\xi_k)=1 \tag{7-35}$$

如果分布族未知或不止包含一个特定类型，则可以在正多项式中用展开 a 表示来近似计算 $[\phi]$ 的极值，并获得 Ω 的期望值的上限和下限，作为线性问题的解。本章中，我们特别提出了伯恩斯坦多项式[44,45]的使用。不确定变量 ξ_j 所属的概率分布族可以表示为

$$[\phi_{c_j}]=\left\{\sum_{i=1}^{n} c_i^{(j)} B_i(\tau_j(\xi_j))\right\} \tag{7-36}$$

式中，B_i：$[0, 1]\longmapsto[0, 1]$ 表示 i^{th} 维单变量伯恩斯坦多项式，τ_j 表示坐标在不确定区间 $[\xi_j]$ 到 $[0, 1]$ 之间的变化。

假设变量之间相互独立、互不相关，联合概率分布是边际质量的乘积，它包含在概率盒 $[\phi_{\tilde{c}}]=\prod_{j=1}^{d}[\phi_{c_j}]$ 中，可以重新写为

$$[\phi_c]=\left\{\sum_{\kappa\in\mathscr{K}} c_\kappa \mathscr{B}_\kappa(\tau(\xi))\right\} \tag{7-37}$$

其中，$\mathscr{K}=\{\kappa=(k_1, \cdots, k_d)\in\mathbb{N}^d: 0\leqslant k_j\leqslant n, \ \forall j\}$，$\mathscr{B}_\kappa$ 是多变量伯恩斯坦多项式，$\tau=\prod_{j=1}^{d}\tau_j$，$c$ 是未知系数向量。则期望值的上限和下限分别是两个线性优化问题的解

$$E_l(\Omega)=\min_{c\in\mathscr{C}}\int_{\Omega}\phi_c(\xi)\mathrm{d}\xi, \quad E_u(\Omega)=\max_{c\in\mathscr{C}}\int_{\Omega}\phi_c(\xi)\mathrm{d}\xi \tag{7-38}$$

可以假设 $\mathscr{C}\in\mathbb{R}^M$ 集合是一个超立方体，例如，$\mathscr{C}=[0, M]^M$ 在离散形规划中式（7-38）转化为

$$E_l(\Omega)=\min_{c\in\mathscr{C}}\sum_{s=1}^{M} I_{\Omega}(\xi_s)\sum_{\kappa\in\mathscr{K}} c_\kappa \mathscr{B}_\kappa(\tau(\xi_s)) \tag{7-39}$$

和

$$E_u(\Omega)=\max_{c\in\mathscr{C}}\sum_{s=1}^{M} I_{\Omega}(\xi_s)\sum_{\kappa\in\mathscr{K}} c_\kappa \mathscr{B}_\kappa(\tau(\xi_s)) \tag{7-40}$$

受以下线性约束

$$\frac{1}{M}\sum_{s=1}^{M}\sum_{\kappa\in\mathscr{K}} c_\kappa \mathscr{B}_\kappa(\tau(\xi_s))=1 \tag{7-41}$$

这项技术在低维上是非常有效的，但是使用伯恩斯坦多项式，系数数量会随着不确定参数的数量以指数方式增长，并且可以快速导致非常大的约束线性规划问题。另一种方法是解决非线性问题

$$E_u(\Omega)=\max_{c\in\mathscr{C}}\sum_{s=1}^{M}I_\Omega(\xi_s)\prod_j\sum_i c_iB_i(\tau(\xi_s)) \tag{7-42}$$

受以下线性约束

$$\frac{1}{M}\sum_{s=1}^{M}\prod_j\sum_i c_iB_i(\tau(\xi_s))=1 \tag{7-43}$$

在这种情况下，系数数量随维数呈线性增长，并且，即便有大量不确定参数，优化问题仍然可控。

5　侵入性方法

侵入性方法不能把计算机代码当做黑盒处理。他们需要全面访问数学模型和计算关注量的计算机代码，并对代码和模型进行修改。侵入性方法仍然能提供关注量变化的代理表达式，作为模型、参数、边界条件的不确定函数。大多数现有方法都被用于传播不确定性空间 Ω。

侵入性方法的主要优势在于，相对于多项式展开的复杂性，它能更好地控制截断误差。它们还会在每一步传播时，自动提供一个传播集的多项式表示法。

(1) 状态转移矩阵和状态转移张量（STM/STT）

状态转移矩阵是最传统的方法，它只需要动力学展开到 1 阶［参见系统式（7-2）］。由于这个原因，状态转移矩阵不能正确地捕捉高阶非线性。为克服这种局限，2006 年 Park、Scheeres[6] 和 Tapley 等人提出使用高阶状态转移张量[46] 的建议。

这部分简要回顾了 Park 和 Scheeres[6] 提出的在动力系统中传播不确定性的方法，并通过一个简单的例子强调一些主要特性。这种方法扩展了 t 时刻状态相对于某些初始偏差 δx_0 的泰勒级数中的参考点 $\phi(t,\ x_0;\ t_0)$ 的变化 $\delta x(t)$ 。s 阶扩展式可以用爱因斯坦求和约定表示为

$$\delta x^i(t)=\sum_p^s\frac{1}{p!}\phi_{(t,t_0)}^{i,\gamma_1\cdots\gamma_p}\delta x_0^{\gamma_1}\cdots\delta x_0^{\gamma_p} \tag{7-44}$$

式中，$\gamma_1\cdots\gamma_p\in\{1,\ \cdots,\ n\}$ 表示 s 阶导数对应的状态向量的 γ_i 分量，n 表示状态向量的分量数和

$$\phi_{(t,t_0)}^{i,\gamma_1\cdots\gamma_p}(t;x_0;t_0)=\left.\frac{\partial^p\phi_{(t,t_0)}^i(t;\xi_0;t_0)}{\partial\xi_0^{\gamma_1}\cdots\partial\xi_0^{\gamma_p}}\right|_{\xi_0^{\gamma_j}=x_0^{\gamma_j}} \tag{7-45}$$

这样，通过参考轨迹，将一般轨迹 x 的初始条件确定为 $x_0+\delta x_0$，并发展为

$$x^i(t)=x_0^i(t)+\sum_p^s\frac{1}{p!}\phi_{(t,t_0)}^{i,\gamma_1\cdots\gamma_p}\delta x_0^{\gamma_1}\cdots\delta x_0^{\gamma_p} \tag{7-46}$$

式（7-44）中的流态偏导数构成了全局状态转移张量，它将 t_0 时刻的初始偏差 δx_0 映射到 t 时刻偏差 $\delta x(t)$。当 $s=1$ 时，状态转移张量简化为简单的状态转移矩阵。式（7-45）中的偏导数可以通过对一组常微分方程（见参考文献［6］）进行数值积分得到。三阶微分方程示例如下

$$\dot{\phi}^{i,a} = f^{i,\alpha}\phi^{\alpha,a} \tag{7-47}$$

$$\dot{\phi}^{i,ab} = f^{i,\alpha}\phi^{\alpha,ab} + f^{i,\alpha\beta}\phi^{\alpha,a}\phi^{\beta,b} \tag{7-48}$$

$$\dot{\phi}^{i,abc} = f^{i,\alpha}\phi^{\alpha,abc} + f^{i,\alpha\beta}(\phi^{\alpha,a}\phi^{\beta,bc} + \phi^{\alpha,ab}\phi^{\beta,c} + \phi^{\alpha,ac}\phi^{\beta,b}) + f^{i,\alpha\beta\delta}\phi^{\alpha,a}\phi^{\beta,b}\phi^{\delta,c} \tag{7-49}$$

式中，α，$\beta \in \delta\{1, \cdots, n\}$；$a$，$b$，$c = \{1, \cdots, n\}$ 是 1 阶、2 阶、3 阶导数的索引。$f^{i,\gamma_1\cdots\gamma_p}$ 为动力学的偏导数，并用如下公式得出

$$f^{i,\gamma_1\cdots\gamma_p} = \left.\frac{\partial^p f^i(t;\xi_0;t_0)}{\partial\xi_0^{\gamma_1}\cdots\partial\xi_0^{\gamma_p}}\right|_{\xi_0^{\gamma_j}=x_0^{\gamma_j}} \tag{7-50}$$

注意：式（7-45）和式（7-50）中的偏导数通过公称轨迹 $\phi(t, x_0; t_0)$ 计算［相当于公式（7-46）中的 $x_0(t)$］。

如果式（7-45）中的偏导数通过数值积分获得，那么计算状态转移张量则需要 $\sum_{q=1}^{s+1} 6^q$ 微分方程的正向传播，从初始值 $\phi^{i,a}_{(t_0,t_0)}=1$ 开始，$i=a$，否则为 0。当阶数为 $s=3$ 时，则有 1 554 个方程式需要同时进行积分运算。另外，动力学分析偏导数的数值计算会增加计算时间和复杂度。在参考文献［22］中，我们利用了 MATLAB^RM^ 符号工具箱中的符号控制器对式（7-45）中的偏导数进行解析计算。例如，在 5 天时间内，当只考虑地球、月球、太阳和光的压力并使用 Windows7 OS 3.16 GHz Intel(R) Core(TM) 2 Duo CPU 时，三阶的状态转移张量积分计算大约需要 8 小时。需要注意的是，成千上万个方程的耦合积分可能会在长时间的积分计算中引入数值误差。因此，考虑使用标称轨迹并在短时间内（比如 1 天时间）对状态转移张量进行积分计算是最佳做法，这样可以减少可能的数值误差[22]。中间状态转移张量也被称为局部状态转移张量。当全局状态转移张量将初始时刻 t_0 偏差映射到 t_{k+1} 时刻偏差时，局部状态转移张量将 t_k 时刻偏差映射到 t_{k+1} 时刻偏差。

一旦状态转移张量在时间间隔［t_k，t_{k+1}］中可用，则 t_k 时刻的相对动力学均值和协方差矩阵可以作为 t_k 时刻的概率分布函数，被分析映射到 t_{k+1}。在本文其他部分，我们会利用均值和协方差对不同方法进行比较，因此，这里我们将简要总结[6]所提出的程序。从 t_k 到 t_{k+1}，传播均值和协方差可用以下公式计算

$$m^i_{k+1} = \phi^i(t_{k+1};m_k) + \delta m^i_{k+1} = \phi^i(t_{k+1};m_k) + \sum_{p=1}^{s}\frac{1}{p!}\phi^{i,\gamma_1\cdots\gamma_p}_{(t_{k+1},t_k)}E[\delta x_k^{\gamma_1}\cdots\delta x_k^{\gamma_p}] \tag{7-51}$$

$$\begin{aligned} P^{ij}_{k+1} &= E[(\delta x^i_{k+1} - \delta m^i_{k+1})(\delta x^j_{k+1} - \delta m^j_{k+1})] \\ &= \sum_{p=1}^{s}\sum_{q=1}^{s}\frac{1}{p!\,q!}\phi^{i,\gamma_1\cdots\gamma_p}_{(t_{k+1},t_k)}\phi^{i,\varsigma_1\cdots\varsigma_q}_{(t_{k+1},t_k)}E[\delta x_k^{\gamma_1}\cdots\delta x_k^{\gamma_p}\delta x_k^{\varsigma_1}\cdots\delta x_k^{\varsigma_q}] - \delta m^i_{k+1}\delta m^j_{k+1} \end{aligned} \tag{7-52}$$

式中，$\{\gamma_i, \varsigma_j\} \in \{1, \cdots, n\}$ 是不同阶导数的索引。如果坚持使用初始高斯分布假设，那么高斯随机向量的连接特性函数可以被定义为[6]

$$\vartheta(u) = E[e^{ju^{\mathrm{T}}x}] = \exp\left(ju^{\mathrm{T}}m - \frac{1}{2}u^{\mathrm{T}}Pu\right) \tag{7-53}$$

那么式中 $j=\sqrt{-1}$ 和预期高阶矩可以使用如下方程式计算

$$E\left[x^{\gamma_1}x^{\gamma_2}\cdots x^{\gamma_p}\right]=j^{-p}\left.\frac{\partial^p\vartheta(u)}{\partial u^{\gamma_1}\partial u^{\gamma_2}\cdots\partial u^{\gamma_p}}\right|_{u=0} \tag{7-54}$$

(2) 侵入性多项式混沌展开（PCE）[25]

侵入性多项式混沌展开可能是混沌展开的第一版，可以追溯到 1988 年 Ganhem 的工作和 1991 年末 Ganhem 和 Spanos 的工作，2002 年 Xiu 和 Karniadakis 将展开从埃尔米特多项式延展至一般阿斯基方案。侵入性多项式混沌展开与非侵入性多项式混沌展开的理念相同，但是控制方程式（7-3）中引入了输入参数的混沌展开，并且按照展开系数，对一个微分方程进行积分计算，得到关注量。

(3) 区间运算（IA）

如果关注点是要传播值集，则可以选择传播区间。在这种情况下，可以在区间空间上定义一个代数[47] $\mathscr{T}:=\{[a,b],a\leqslant b,a,b\in\mathbb{R}\}$，以保证

$$C:=A\otimes B=\{a\oplus b\mid a\in A,b\in B\}\in\mathscr{T}$$

式中，$A,B\in\mathscr{T}$，$\oplus\in\{+,-,\cdot,/\}$ 并且 $\otimes$ 表示区间代数的相应运算。如果传播在区间代数中执行，则有可能计算出常微分系统的验证解。考虑浮点实现引起的截断误差、近似求积方案引起的误差以及参数的不确定性后，可以计算得出某一瞬间的动力学求解的严密区间。但是，这种方法可能会导致过高估计（这取决于问题和使用方法）。多项式代数混合（参见下一节内容）和 IA 技术在缓解过高估计问题上取得了良好的效果。这些都被称为泰勒模型[48]。

5.1　多项式代数（PA）

多项式代数这一概念是将状态和参数重新定义为不确定量的多项式，并将实数之间的所有代数运算重新定义为多项式函数之间的代数运算。

函数空间：$\mathscr{P}_{n,d}(\alpha)=<\alpha_{\boldsymbol{I}}(\boldsymbol{b})>$，其中 $\boldsymbol{b}\in\Omega\subset\mathbb{R}^d$，$\boldsymbol{I}=(i_1,\ \cdots,\ i_d)\in\mathbb{N}_+^d$ 和 $|\boldsymbol{I}|=\sum_{j=1}^{d}i_j\leqslant n$，指基 α、次数 n、变量 d 的多项式空间[49]。在这个空间中，可设置一组初等算术运算，生成多项式空间上的一个代数；可给定两个元素 $A(\boldsymbol{b})$，$B(\boldsymbol{b})\in\mathscr{P}_{n,d}(\alpha)$ 约等于任意两个多实变数函数 $f_A(\boldsymbol{b})$ 和 $f_B(\boldsymbol{b})$，其表示为

$$f_A(\boldsymbol{b})\oplus f_B(\boldsymbol{b})\sim A(\boldsymbol{b})\otimes B(\boldsymbol{b}) \tag{7-55}$$

式中，$\oplus\in\{+,-,\cdot,/\}$ 和 $\otimes$ 是 $\mathscr{P}_{n,d}(\alpha_i)$ 中的相应运算。因而可定义维度（dim）$(\mathscr{P}_{n,d}(\alpha_i),\otimes)=\mathcal{N}_{d,n}=\begin{pmatrix}n+d\\d\end{pmatrix}$ 中的代数 $(\mathscr{P}_{n,d}(\alpha_i),\otimes)$，其元素属于 d 不定式 $\mathbb{R}[\boldsymbol{b}]$ 中的多项式环，并且高达 n 次。代数的各元素 $P(\boldsymbol{b})$ 由其系数集 $\boldsymbol{p}\in\mathbb{R}^{\mathcal{N}_{d,n}}$ 进行单独界定，其表示为

$$P(\boldsymbol{b})=\sum_{\boldsymbol{I},|\boldsymbol{I}|\leqslant n}p_{\boldsymbol{I}}\alpha_{\boldsymbol{I}}(\boldsymbol{b}) \tag{7-56}$$

可以与算术运算相同的方式，在多项式代数中定义合成规则，从而在代数中定义初等

函数 {sin(y)，cos(y)，exp(y)，log(y)，…} 的对应函数。也可以定义微分算子和积分算子。通过将动力学的初始条件和模型参数定义为代数元素，并通过使用代数中定义的运算应用任何积分方案，则在各积分步骤中均可获得状态流的多项式表示。该方法的主要优点是在积分的各步骤中可以控制计算复杂性与表示精度之间的平衡。此外，采样和传播之间并无关系。因此，在多项式适用的情况下，可以通过单积分方式在不规则区域进行传播。事实证明，与非侵入性方法相比，多项式代数方法具有良好的性能和可扩展性（就代数的大小而言）。另一方面，作为一种侵入性方法，它不能将动力学视为黑箱。侵入性方法的实施需用所有代数运算和初等函数的操作符重载来界定动力学，这使得它比非侵入性方法更难实现。目前有两种不同的多项式表示法已经成功应用于轨道力学：泰勒多项式（文献中称为微分代数[50]或喷注运输[51]）和切比雪夫多项式。

(1) 泰勒代数

在泰勒代数（TA）中，所有的量均利用泰勒级数展开，所有的代数运算均在泰勒多项式中加以定义。该方法的一个优点在于两个泰勒多项式的截断乘积也是一个泰勒多项式。这意味着可以控制展开式中保留泰勒多项式所有性质的项数。乘积和其他代数运算只需在泰勒基之间应用算子，使得在传播不确定集时，大部分运算都能快速执行。

然而，对于 STM 和 STT 而言，泰勒代数仅提供了一个以参考点为中心的局部模型。这意味着近似误差并不是在一个区域内全局最小化，而是随着偏离中心点而趋于增大。泰勒级数还有其他不良性质，例如，它们可以收敛到一个不是它们试图表示的函数。

(2) 切比雪夫多项式和广义代数

由于切比雪夫多项式近似的最小－最大特性，使用切比雪夫多项式（代替泰勒展开式）可以提供更好的全局精度。此外，它还允许我们在没有任何特定中心展开点的情况下对不确定性区域进行近似处理。当关注项是对特定集合中包含概率的量化，但不假设分布性质时，这一点尤为有用。

另一方面，切比雪夫多项式空间上的代数并不简单，这是因为（例如）两个切比雪夫基的乘积并不是切比雪夫基。使用切比雪夫多项式代数的当前方法将所有多项式展开式转换为单项式，然后在单项式空间上定义代数[52]。事实证明，该方法十分有效，并且可以将多项式代数推广至任何类型的多项式中。这种转化的计算量是有限的，即使在转化为单项式之后，也可以保留原始多项式展开式的部分性质。

5.1.1 实例：不确定性条件下的轨道再入

图 7-9 显示了在绕地球运行的卫星初始条件下的不确定性传播实例。该图将完整的蒙特卡洛模拟与运动方程和基于泰勒代数（即基于泰勒多项式展开式的代数）或基于切比雪夫的代数（即基于切比雪夫多项式展开式的代数）的单积分进行了比较。该图显示：当偏离卫星的估计状态时，泰勒多项式呈离散化。相反，在这种情况下，切比雪夫提供了不确定性空间的更为稳定的全局表示法（更多细节见参考文献［52］）。

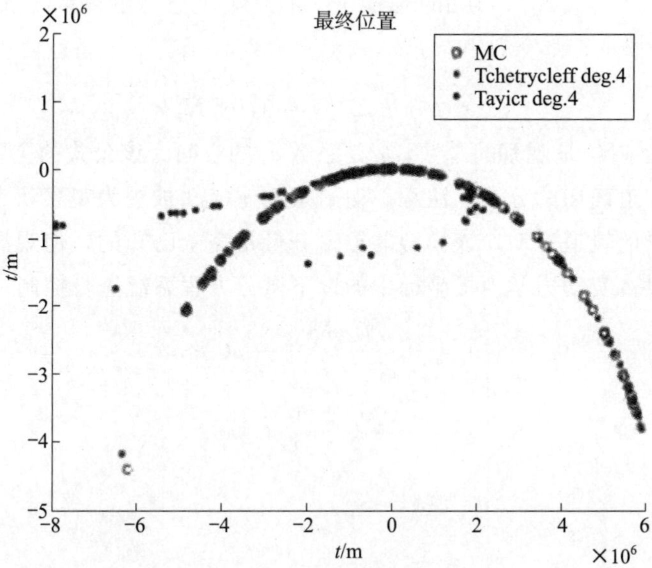

图 7-9　泰勒多项式代数和切比雪夫多项式代数的传播不确定性

6　模型不确定性的处理

模型不确定性很难量化（因为这需要捕获模型本身的缺失部分）。这种不确定性的本质是认知性的。本节提出了两种捕获模型不确定性的观点。

参照在精确轨道确定中通常所做的工作，捕获动力学缺失分量的一种方法是引入所谓的经验加速度（其形式为时间相关多项式或其他时间相关函数形式）。这种形式的数据同化通常较为有效，但并不能证明动力学缺失部分对系统状态的实际依赖性。

6.1　多项式展开重建

仅用附加项考虑问题式（7-3）

$$\begin{cases}\dot{\boldsymbol{x}}=f(\boldsymbol{x},\boldsymbol{p})+\nu(\boldsymbol{x},\boldsymbol{b})\\ \boldsymbol{x}(t_0)=\boldsymbol{x}_0\end{cases}\tag{7-57}$$

并且假设函数 ν 可以以状态向量 $\boldsymbol{x}$ 的某种形式的多项式级数展开

$$\begin{cases}\dot{\boldsymbol{x}}=f(\boldsymbol{x},\boldsymbol{p})+\sum_i c_i(\boldsymbol{b})Q_i(\boldsymbol{x})\\ \boldsymbol{x}(t_0)=\boldsymbol{x}_0\end{cases}\tag{7-58}$$

对于未知系数 c_i，其思路是通过将给定时刻 t_j 的状态向量 $\overline{x}(t_j)$ 的观测结果与相同时刻模型式（7-58）的传播结果进行匹配，以此来确定系数的值。然后，我们可以解决以下优化问题

$$\begin{cases}\min\limits_{c\in\mathscr{C}} J(\boldsymbol{x},c)\\ s.t.\\ \boldsymbol{x}(t_j)\in\Sigma \quad j=0,\cdots,N_0\end{cases} \tag{7-59}$$

其中 Σ 是任意集合，N_0 是观察的总数，$\mathscr{C}$ 是系数 c_i 的空间。该公式的主要优点是无须统计矩，也无须事先知道确切的分布。注意，初始条件 $x(t_0)$ 被视为观察状态。第二个实例是带有未知阻力分量的轨道运动。该模型的重力分量是完全已知的，但观测结果显示另一分量未被建模。假设真实动力学由极坐标中的以下微分方程系统进行控制

$$\begin{cases}\dot{v}_r=-\dfrac{\mu}{r^2}+\dfrac{v_t^2}{r}-\dfrac{1}{2}\rho C_d v v_r\\ \dot{v}_t=-\dfrac{v_t v_r}{r}-\dfrac{1}{2}\rho C_d v v_t\\ \dot{r}=v_r\\ \dot{\theta}=\dfrac{v_t}{r}\end{cases} \tag{7-60}$$

假设一个单位面积质量比和恒定密度 ρ，密度乘以阻力系数 C_d 的乘积为 $\rho C_d=10^{-6}\ \mathrm{kg/m^3}$。此外，假设在给定已知动力分量的情况下，期望轨道是 $v_r(t=0)=v_{r_0}=0$ 和 $v_t(t=0)=v_{t_0}$ 的圆形轨道。无阻力情况下的轨道周期为：$T=2\pi\sqrt{r^3/\mu}$ 。如果将速度 v 的模量以泰勒级数展开到第一阶，则含有阻力项的微分方程可近似为

$$\begin{cases}\dot{v}_r=-\dfrac{\mu}{r^2}+\dfrac{v_t^2}{r}-\dfrac{1}{2}\rho C_d v_t v_r\\ \dot{v}_t=-\dfrac{v_t v_r}{r}-\dfrac{1}{2}\rho C_d v_t^2\\ \dot{r}=v_r\\ \dot{\theta}=\dfrac{v_t}{r}\end{cases} \tag{7-61}$$

为了捕获动力学的未建模分量，假设在速度和位置的项达到 2 阶的情况下展开如下

$$\begin{cases}\dot{v}_r=-\dfrac{\mu}{r^2}+\dfrac{v_t^2}{r}+c_1+c_3 r+c_5 r^2+c_7 r\theta+c_9 v_r+c_{11}v_r^2+c_{13}v_r v_t\\ \dot{v}_t=-\dfrac{v_t v_r}{r}+c_2+c_4\theta+c_6\theta^2+c_8 r\theta+c_{10}v_t+c_{12}v_t^2+c_{14}v_r v_t\\ \dot{r}=v_r\\ \dot{\theta}=\dfrac{v_t}{r}\end{cases} \tag{7-62}$$

如果式（7-61）中的线性效应在给定的时间跨度 Δt 中占主导地位，则式（7-62）给出的预测应为以下形式

$$
\begin{cases}
\dot{v}_r = -\dfrac{\mu}{r^2} + \dfrac{v_t^2}{r} + c_{13} v_r v_t \\
\dot{v}_t = -\dfrac{v_t v_r}{r} + c_{12} v_t^2 \\
\dot{r} = v_r \\
\dot{\theta} = \dfrac{v_t}{r}
\end{cases}
\tag{7-63}
$$

我们现在可以在 $t=T$ 和 $t=T/2$ 时引入观测值，总共 8 个约束方程和 14 个参数，并用代价函数 $J=c^{\mathrm{T}}c$ 求解问题式（7-59）。该代价函数意味着我们在假设该解对应于最小噪声状态的情况下寻找最小能量解。另一种方法（此处未给出）是使用最大熵原理，使系数 $\boldsymbol{c}$ 的Shannon 熵函数得到最大化。

如果测量受到误差的影响，则需要在对初始条件的某些假设下解决问题式（7-59）。本章假设初始条件为给定置信区间内的分布均匀性。测量的置信区间大小为测量值的 10^{-4} 倍；因此，初始条件的置信区间被设置为相同的值。

通过求解问题式（7-59）估计的参数 c 连同其相关的置信区间均在图 7-10 中表示。由此可见，期望值接近真实解。必须考虑的一点是，模拟和测量的动力学为真实动力学(而非线性化方程)。因此，一些不在线性模型中的分量可能不为 0。

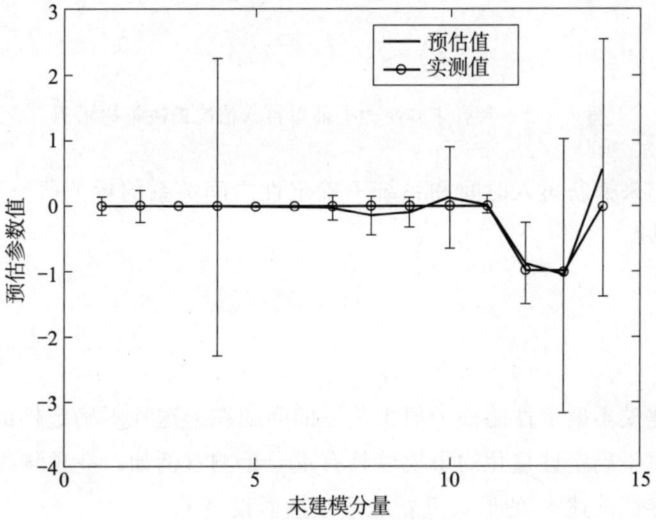

图 7-10　具有置信区间的重建重力-阻力动力学示例

另一个有趣的结果是，某些分量在各初始条件下几乎为零，而其他分量（如 c_4 ）则具有很大的可变性。结果表明，有些分量是不相关的，因为无论在何种初始条件下，这些分量均不与观测结果相矛盾，而其他分量则对轨道的演变有实质性的影响。从第一次迭代开始，可以更新参数 c 上的置信区间，并最终收敛到正确的缺失分量。实际上，由于不确定函数是基于截断级数的，所以展开式的某些分量可能会存在截断误差。

6.2 符号回归重建

符号回归的思想是使用一张决策树图，或其中每个节点都是一张决策树图，来构造一些未知变量的解析公式（一旦对其进行评估，就会产生与数据集中的值相匹配的输出值）。

回归过程从一个符号数据库开始，该数据库包括某些基本代数运算（+，-，*）和某些相关变量的初等函数。然后，通过向不同的分支添加新的符号，该决策树图逐渐扩大。每个分支均代表一个分部公式。然后，回归过程对分支进行评估（例如，将符号序列添加到微分方程中，然后对方程进行积分），并使用合适的度量标准（通常是欧几里得距离）将结果与数据集进行比较。图 7-11 是式（7-60）中的阻力分量重建简单决策树的示例。在这种情况下，唯一的代数算子是乘积，待识别的符号仅是状态变量的函数。带有粗黑线条的路径才是正确解法。该算法的作用是在每次向分支添加节点时，通过传播动态特性并将给定时间的传播结果与一些参考测量值进行比较来评估该分支。遗传规划法[53]通常用于生成和评估决策树。但最近，作者也尝试了采用蚁群优化法[54]，并取得了良好的效果。

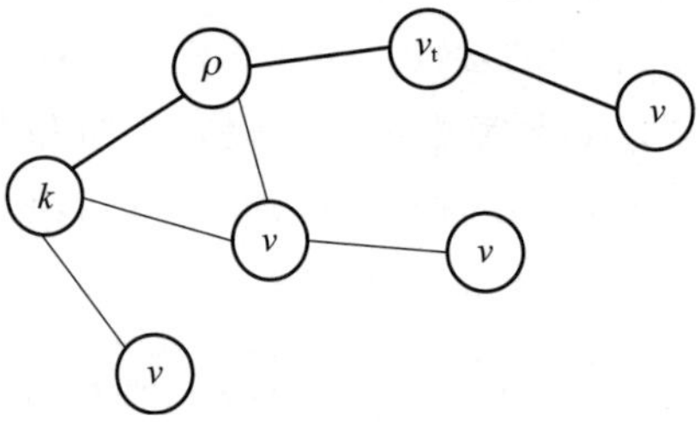

图 7-11 具有未知阻力的简单再入情况的决策树示例

使用符号回归来捕获再入时间和系统不确定性之间关系的近期研究可以在 Minisci 等人[55]的作品中找到。

7 循证量化

轨道力学中建模不确定性的一个值得关注的问题在于这种不确定性的本质通常是认知性的。这一认识对不确定性量化的重要性具有重要影响（例如，在预测碰撞或撞击时）。

我们可以包容性陈述[56]的形式重新陈述碰撞假设

$$A=\{\boldsymbol{\xi}(t)\mid \boldsymbol{x}(t)\in \Phi\} \tag{7-64}$$

其中 ϕ 定义目标周围触发碰撞规避的区域或其补码。

目前，关注项是计算与语句式（7-64）相关联的置信度。如果使用信任函数[57]，则可以如下计算

$$Bel\ (A)=\sum_{\theta_i\in A} m(\theta_i) \tag{7-65}$$

式中，θ_i 是支撑 A 的一项证据，$m(\theta_i)$ 是与 θ_i 相关的信任质量。或者，我们也可以计算与 A 的补码相关的置信度

$$Pl(\neg A) = \sum_{\theta_i \cap A \neq \varnothing} m(\theta_i) \tag{7-66}$$

当然，使用信任函数并不是唯一的选择。我们可以使用粗糙集、模糊集或其他允许处理部分知识的方法。

包含命题同时也意味着：在经典贝叶斯框架中，可能需要对通常用于将测量值与传播状态相关联的公共似然函数进行重新考虑，因为关于正态分布测量值的假设可能在一般情况下并不适用。

8　结束语

本章对轨道力学中的不确定性量化的一些方法进行了概述。我们尝试根据不确定性量化适用的范围对其进行分类。本章大部分内容是围绕不确定性传播展开阐述（因为近年来在该领域进行了大量的研究）。我们尝试将那些不是专门针对特定某一类问题或依赖于问题特征的方法纳入考虑范围。因此，在轨道确定或撞击监测中开发的特殊采样和 UQ 技术（如使用变化线）没有包括在内。我们建议感兴趣的读者阅读有关该主题的相关文献。

传播方法的选择与不确定性模型以及不确定性传播的性质密切相关。为此，一个公开的问题是测量物理模型中认知不确定性的表示方法。当人们试图推导一种改进的模型表示方法时，这两个不确定性来源会导致模型间发生相互依赖（因为测量中的不确定性使得许多物理模型都是相互依赖的）。作者认为，在处理复杂系统（如大型星座、碎片群、高风险罕见事件和异常现象）时，认知不确定性问题往往被忽视，但这个问题需引起更多注意。

轨道力学中不确定性传播的最新发展既有其优点又有其缺点。当动态模型不为人熟知或者是一个黑盒时，应采用非侵入性方法。当实验和模拟数据混合时，非侵入性方法也是理想的解决方案。另一方面，如果我们可以使用动力学方程，则侵入性方法不失为一种有用的替代方法。虽然泰勒代数在实践中得到了广泛的应用，但作者认为，在轨道力学的侵入性方法的应用上（无论是在理论上还是在算法上）仍有大量工作要做。

最后一章已经表明，某些机器学习方法（如符号回归法或多项式回归法）可以成为捕获未知动力分量和从实验数据中重建物理模型的强大工具。

参考文献

[1] Celletti, A., Pinzari, G.: Four classical methods for determining planetary elliptic elements: a comparison. Celest. Mech. Dyn. Astron. 93, 1-52 (2005).

[2] Milani, A., Gronchi, G.: Theory of Orbit Determination. Cambridge University Press, Cambridge (2010).

[3] Gauss, C.F.: Theoria motus corporum coelestium in sectionibus conicis Solem ambientium (Theory of the Motion of the Heavenly Bodies Moving about the Sun in Conic Sections). Reprinted by Dover Publications, 1963.

[4] Vetrisano, M., Vasile, M.: Autonomous navigation of a spacecraft formation in the proximity of an asteroid. Adv. Space Res. 57(8), 1783-1804 (2016). Advances in Asteroid and Space Debris Science and Technology—Part 2.

[5] Vetrisano, M., Colombo, C., Vasile, M.: Asteroid rotation and orbit control via laser ablation. Adv. Space Res. 57(8), 1762-1782 (2016). Advances in Asteroid and Space Debris Science and Technology—Part 2.

[6] Park, R.S., Scheeres, D.J.: Nonlinear mapping of Gaussian statistics: theory and applications to spacecraft trajectory design. J. Guid. Control. Dyn. 29(6), 1367-1375 (2006).

[7] Giza, D., Singla, P., Jah, M.: An approach for nonlinear uncertainty propagation: application to orbital mechanics. In: AIAA Guidance, Navigation, and Control Conference, pp. 1-19 (2009).

[8] Armellin, R., Di Lizia, P., Bernelli-Zazzera, F., Berz, M.: Asteroid close encounters characterization using differential algebra: the case of Apophis. Celest. Mech. Dyn. Astron. 107(4), 451-470 (2010).

[9] De Mars, K.J., Jah, M.K.: Probabilistic initial orbit determination using gaussian mixture models. J. Guid. Control. Dyn. 36(5), 1324-1335 (2013).

[10] Jones, B. A., Doostan, A., Born, G. H.: Nonlinear propagation of orbit uncertainty using nonintrusive polynomial chaos. J. Guid. Control. Dyn. 36, 430-444 (2013).

[11] Smirnov, N.N., Dushin, V.R., Panfilov, I.I., Lebedev, V.V.: Space debris evolution mathematical modeling. In: Proceedings of the European Conference on Space Debris, ESA-SD-01, Darmstadt, pp. 309-316 (1993).

[12] Nazarenko, A.: The development of the statistical theory of a satellite ensemble motion and its application to space debris modeling. In Kaldeich-Schuermann, B. (ed.) Second European Conference on Space Debris. ESA Special Publication, vol. 393, p. 233 (1997).

[13] McInnes, C.R.: An analytical model for the catastrophic production of orbital debris. ESA J. 17(4), 293-305 (1993).

[14] Lewis, H.G., Letizia, F., Colombo, C.: Multidimensional extension of the continuity equation method for debris clouds evolution. Adv. Space Res. 57(8), 1624-1640 (2016).

[15] Fujiwara，T.：Integration of the collisionless Boltzmann equation for spherical stellar systems. Publ. Astron. Soc. Jpn. 35(4)，547 - 558 (1983).

[16] Dempster，A.P.：Upper and lower probabilities induced by a multivalued mapping. Ann. Math. Stat. 38，325 - 339 (1967).

[17] Walley，P.：Towards a unified theory of imprecise probability. Int. J. Approx. Reason. 24(2)，125 - 148 (2000).

[18] Itô，K.：Stochastic integral. Proc. Imp. Acad. 20(8)，519 - 524 (1944).

[19] Aristoff，J.M.，Horwood，J.T.，Singh，N.，Poore，A.B.：Nonlinear uncertainty propagation in orbital elements and transformation to cartesian space without loss of realism. In：AIAA/AAS Astrodynamics Specialist Conference，pp. 1 - 14 (2014).

[20] Sabol，C.，Sukut，T.，Hill，K.，Alfriend，K.T.，Wright，B.，Li，Y.，Schumacher，P.：Linearized orbit covariance generation and propagation analysis via simple Monte Carlo simulations. In：Paper AAS 10 - 134 presented at the AAS/AIAA Space Flight Mechanics Conference，pp. 14 - 17 (2010).

[21] Jones，B. A.，Doostan，A.，Born，G. H.：Nonlinear propagation of orbit uncertainty using nonintrusive polynomial chaos. J. Guid. Control. Dyn. 36(2)，430 - 444 (2013).

[22] Vetrisano，M.，Vasile，M.：Analysis of spacecraft disposal solutions from lpo to the moon with high order polynomial expansions. Adv. Space Res. 60(1)，38 - 56 (2017).

[23] Ghanem，R.G.，Spanos，P.D.：Spectral stochastic finite element formulation for reliability analysis. J. Eng. Mech. 117(10)，2351 - 2372 (1991).

[24] Ghanem，R.，Dham，S.：Stochastic finite element analysis for multiphase flow in heterogeneous porous media. Transp. Porous Media 32(3)，239 - 262 (1998).

[25] Xiu，D.，Karniadakis，G. E.：The Wiener - Askey polynomial chaos for stochastic differential equations. SIAM J. Sci. Comput. 24(2)，619 - 644 (2002).

[26] Ghanem，R.G.，Doostan，A.：On the construction and analysis of stochastic models：characterization and propagation of the errors associated with limited data. J. Comput. Phys. 217(1)，63 - 81 (2006).

[27] Eldred，M.S.，Swiler，L.P.，Tang，G.：Mixed aleatory - epistemic uncertainty quantification with stochastic expansions and optimization - based interval estimation. Reliab. Eng. Syst. Saf. 96(9)，1092 - 1113 (2011).

[28] Smolyak，S.：Quadrature and interpolation formulas for tensor products of certain classes of functions. Dofl. Akad. Nauk. 158，1042 - 1045 (1963).

[29] Genz，A.，Keister，B.D.：Fully symmetric interpolatory rules for multiple integrals over infinite regions with gaussian weight. J. Comput. Appl. Math. 71(2)，299 - 309 (1996).

[30] Tardioli，C.，Kubicek，M.，Vasile，M.，Minisci，E.，Riccardi，A.：Comparison of non - intrusive approaches to uncertainty propagation in orbital mechanics. In：AAS Astrodynamics Specialists Conference，Vail，Colorado (2015). AAS 15 - 544.

[31] Mason，J.C.：Near - best multivariate approximation by fourier series，tchebycheff series and tchebycheff interpolation. J. Approx. Theory 28(4)，349 - 358 (1980).

[32] Franklin，B.：Chebyshev Expansions. SIAM，Philadelphia (2007).

[33] Judd，K.L.，Maliar，L.，Maliar，S.，Valero，R.：Smolyak method for solving dynamic economic models：lagrange interpolation，anisotropic grid and adaptive domain. J. Econ. Dyn. Control. 44(1 -

2), 92 - 123 (2014).
[34] Kubicek, M., Minisci, E., Cisternino, M.: High dimensional sensitivity analysis using surrogate modeling and high dimensional model representation. Int. J. Uncertain. Quantif. 5(5), 393 - 414 (2015).
[35] Sobol, I. M.: Global sensitivity indices for nonlinear mathematical models and theirmonte carlo estimates. Math. Comput. Simul. 55(1 - 3), 271 - 280 (2001). The Second IMACS Seminar on Monte Carlo Methods.
[36] Julier, S. J., Uhlmann, J. K.: A new extension of the kalman filter to nonlinear systems. In: Proceedings of the Signal Processing, Sensor Fusion, and Target Recognition VI, pp. 182 - 193 (1997).
[37] Terejanu, G., Singla, P., Singh, T., Scott, P.D. Singh, T., Scott, P., Terejanu, G., Singla, P.: Uncertainty propagation for nonlinear dynamic systems using gaussian mixture models. J. Guid. Control. Dyn. 31(6), 1623 - 1633 (2008).
[38] Kleijnen, J.P.C.: Kriging metamodeling in simulation: a review. Eur. J. Oper. Res. 192(3), 707 - 716 (2009).
[39] Milani, A., Nobili, A., Farinella, P.: Non - Gravitational Perturbations and Satellite Geodesy. Adam Hilger, Bristol (1987).
[40] Sharaf, M.A., Selim, H.H.: Final state predictions for $j-2$ gravity perturbed motion of the earth's artificial satellites using bispherical coordinates. NRIAG J. Astron. Geophys. 2(1), 134 - 138 (2014).
[41] Picone, J. M., Hedin, A. E., Drob, D. P., Aikin, A. C.: Nrlmsise - 00 empirical model of the atmosphere: statistical comparisons and scientific issues. J. Geophys. Res. 107(A12), 1468 (2002).
[42] Space - track website. https://www.space - track.org.
[43] Vasile, M., Tardioli, C.: On the use of positive polynomials for the estimation of upper and lower expectations in orbital dynamics. In: Proceedings of Stardust Conference, ESA/ESTEC, 2016 (2016).
[44] Ghosal, S.: Convergence rates for density estimation with bernstein polynomials. Ann. Stat. 10(3), 1264 - 1280 (2001).
[45] Zhao, Y., Ausín Olivera, M.C., Wiper, M.P.: Bayesian multivariate bernstein polynomial density estimation. In: UC3M Working papers. Statistics and Econometrics. Universidad Carlos III de Madrid. Departamento de Estadística, 2013.
[46] Tapley, B.D., Schutz, B.E. Born, G.H.: Statistical Orbit Determination. Elsevier, Amsterdam (2004).
[47] Zazzera, F.B., Vasile, M., Massari, M., Di Lizia, P.: Assessing the accuracy of interval arithmetic estimates in space flight mechanics. Technical report, Politecnico of Milano and European Space Agency, Contract No.18851/05/NL/MV 2004. Ariadna 04/4105.
[48] Makino, K., Berz, M.: Taylor models and other validated functional inclusion methods. Int. J. Pure Appl. Math. 6, 239 - 316 (2003).
[49] Riccardi, A., Tardioli, C., Vasile, M.: An intrusive approach to uncertainty propagation in orbital mechanics based on Tchebycheff polynomial algebra. In: AAS Astrodynamics Specialists

Conference, Vail, Colorado (2015). AAS 15 - 544.

[50] Berz, M., Makino, K.: Verified integration of ODES and flows using differential algebraic methods on highorder Taylor models. Reliab. Comput. 4, 361 - 369 (1998).

[51] Jorba, A., Zou, M.: A software package for the numerical integration of ODEs by means of high - order Taylor methods. Exp. Math. 14(1), 99 - 117 (2005).

[52] Absil, C. O., Serra, R., Riccardi, A., Vasile, M.: De - orbiting and re - entry analysis with generalised intrusive polynomial expansions. In: 67th International Astronautical Congress. Proceedings of the International Astronautical Congress, Guadalajara (2016).

[53] Riolo, R.L., Worzel, B. (eds): Genetic Programming Theory and Practice. Genetic Programming, vol. 6. Kluwer, Boston (2003). Series Editor - John Koza.

[54] Stützle, T.: Ant colony optimization. IEEE Comput. Intell. Mag. 1, 28 - 39 (2004).

[55] Minisci, E., Serra, R., Vasile, M., Riccardi, A., Grey, S., Lemmens, S.: Uncertainty treatment in the GOCE re - entry. In: 1st IAA Conference on Space Situational Awareness (ICSSA) Orlando, IAA - ICSSA - 17 - 01 - 01, Orlando, FL, 2017.

[56] Tardioli, C., Vasile, M.: Collision and re - entry analysis under aleatory and epistemic uncertainty. In: Majji, M., Turner, J.D., Wawrzyniak, G.G., Cerven, W.T. (eds.) Advances in Astronautical Sciences, vol. 156, pp. 4205 - 4220. American Astronautical Society, San Diego (2016). This paper was originally presented at the AAS/AIAA Astrodynamics Specialist Conference held August 9 - 13, 2015, Vail, Colorado, USA, and was originally published in the American Astronautical Society (AAS) publication Astrodynamics, 2015. http://www.univelt. com.

[57] Shafer, G.: A Mathematical Theory of Evidence. Princeton University Press, Princeton (1976).

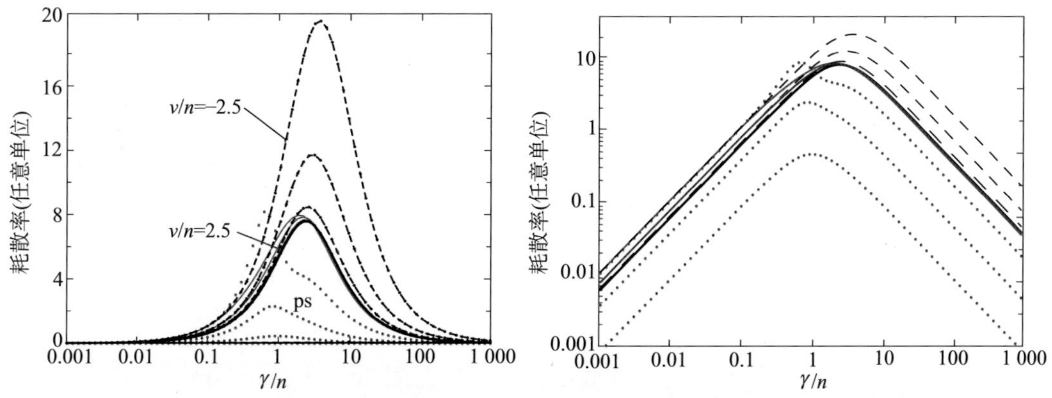

图 1－8　|ν/n|＝2.5 的两种情形下的耗散状况

左图：两种情形下自由旋转天体所耗散能量的时间变化率：当偏心率介于 0.0（粗线）和 0.3 之间时，$\nu=-2.5n$（黑色虚线）和 $\nu=2.5n$（蓝色实线）。当 $e=0$ 时，这两种情形下的结果并无不同，且耗散程度均随着偏心率的增大而增大。右图：对数尺度下的相同时间变化率，从中可以看出在以下两种界域内支配耗散现象的幂律：$\gamma \ll n$ 界域（Efroimsky－Lainey）和 $\gamma \gg n$ 界域（达尔文）。作为对比，图中也包含了伪同步解（红点）（经许可后翻印自参考文献［20］，P22）

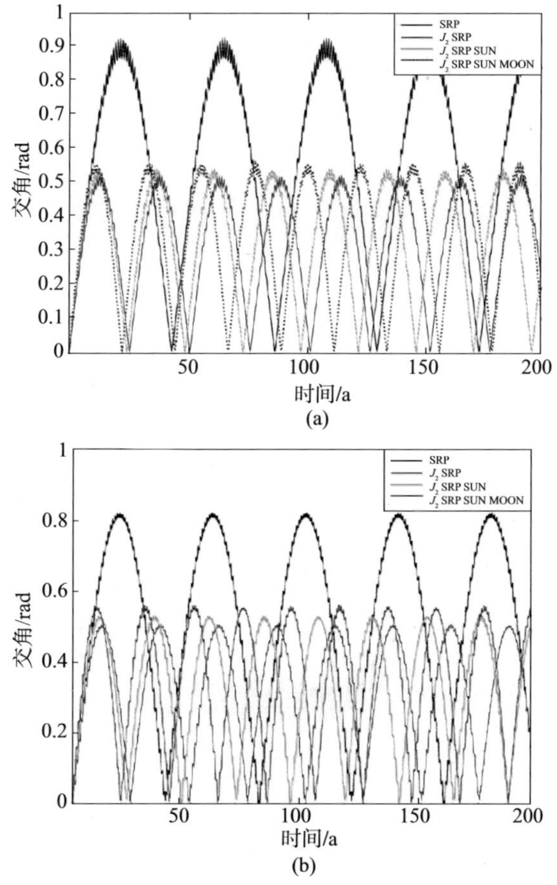

图 3－11　（a）四种解析模型分别得出的倾角变化；（b）相同情形下的数值积分结果

（资料来源：参考文献［6］，P113）

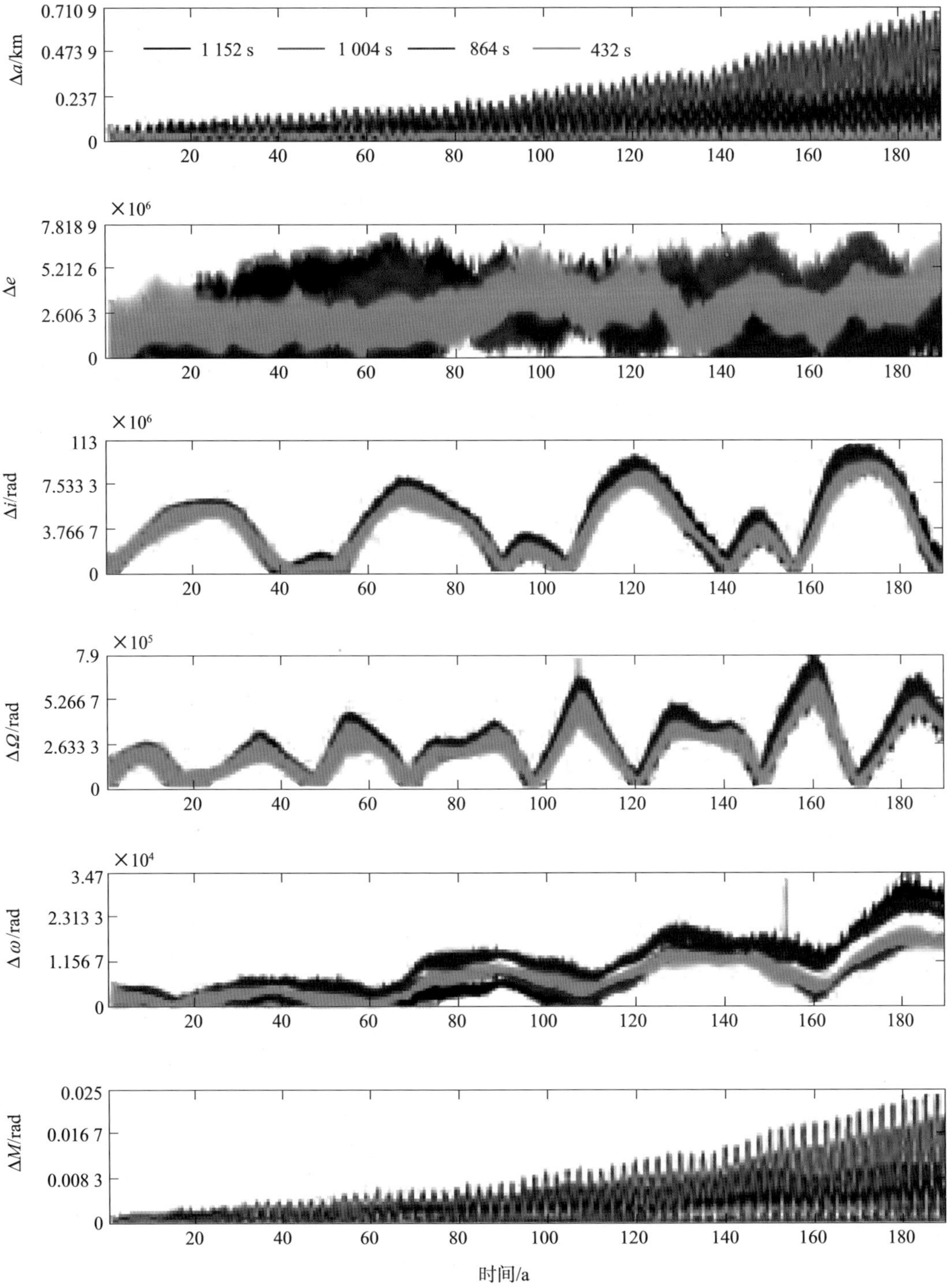

图 3-13　SYMPLEC（步长为 4 h）与 NIMASTEP 的差异，包括步长为 1 152 s（黑色）、1 004 s（蓝色）、864 s（红色）或 432 s（绿色）时的情形（资料来源：参考文献［21］，P116）

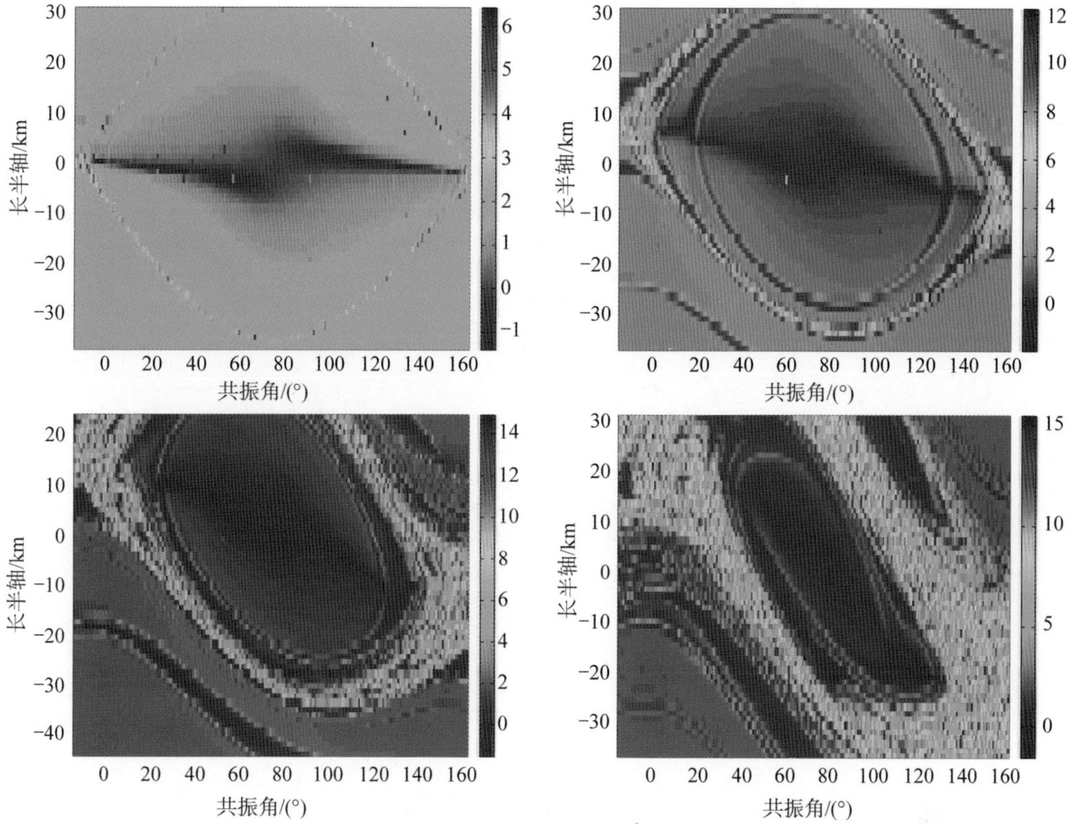

图 3－14　4 种太阳辐射压力系数下的 MEGNO 图：$A/m=1\ m^2/kg$、$5\ m^2/kg$、$10\ m^2/kg$ 和 $20\ m^2/kg$

（资料来源：参考文献［45］，P118）

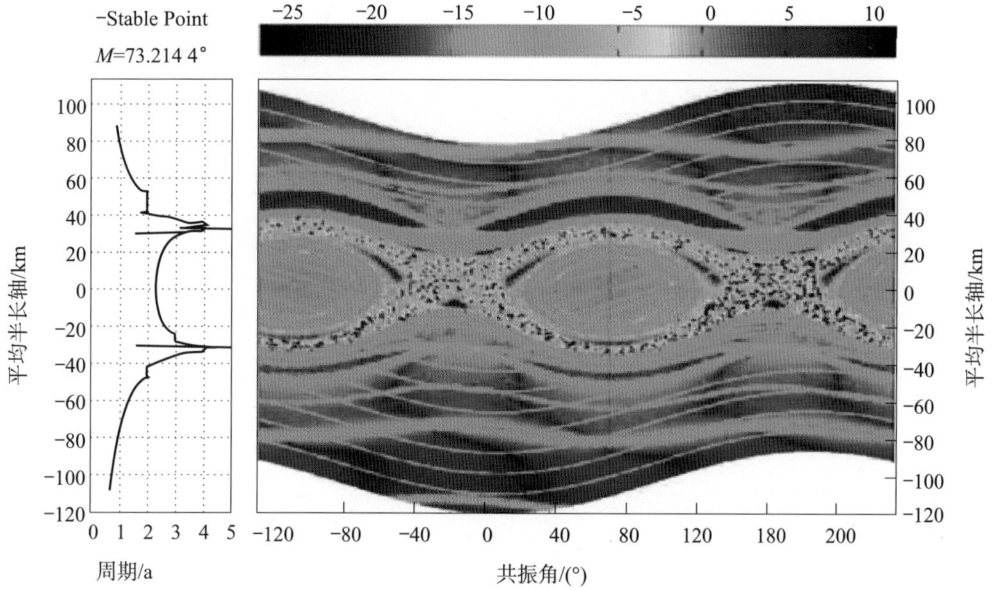

图 3－15　相空间的频率映射图（资料来源：参考文献［27］，P119）

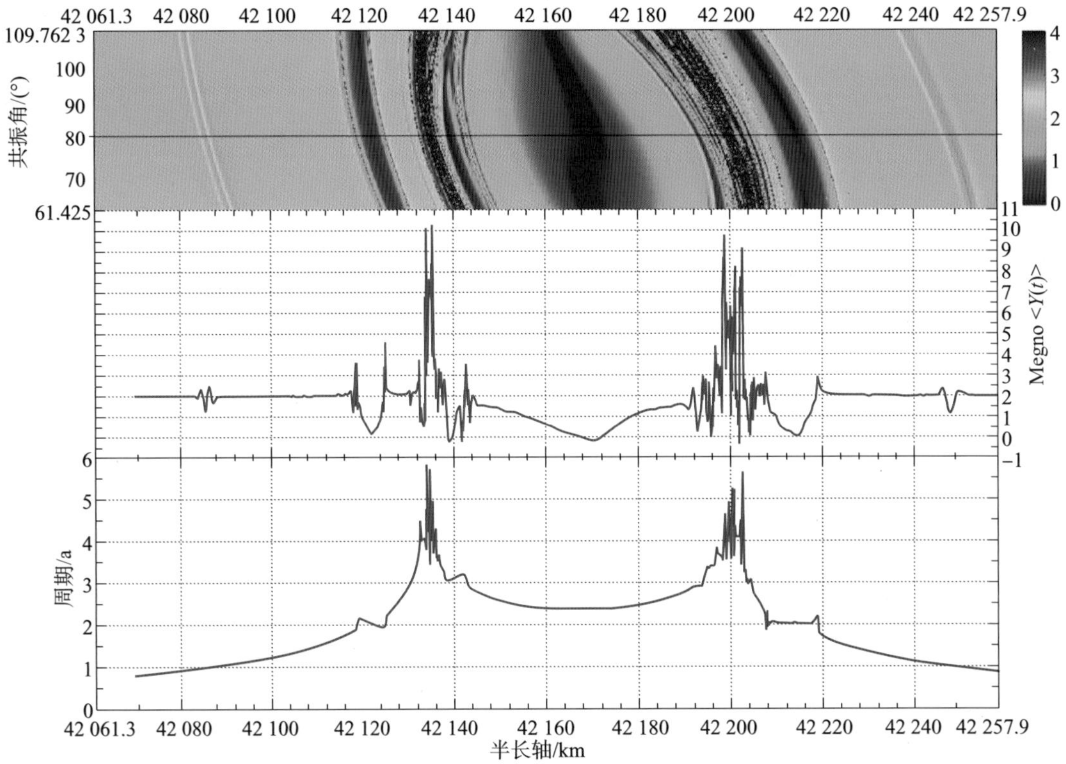

图 3-16　频率映射图：以频率的二阶导数为指标的片段细节（资料来源：参考文献［45］，P120）

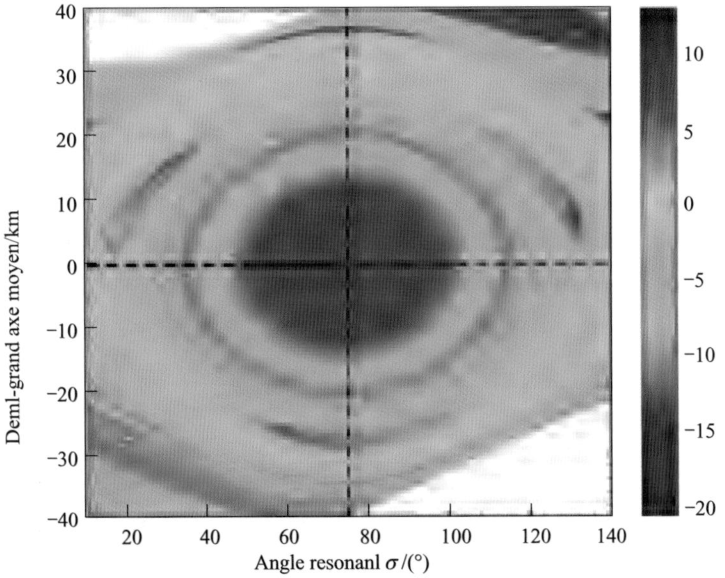

图 3-17　频率映射图：$A/m=10\ \mathrm{m^2/kg}$ 时的共振带放大图。图中的 x 轴是以度为单位的共振角 σ，y 轴是以 km 为单位的半长轴 a（P120）

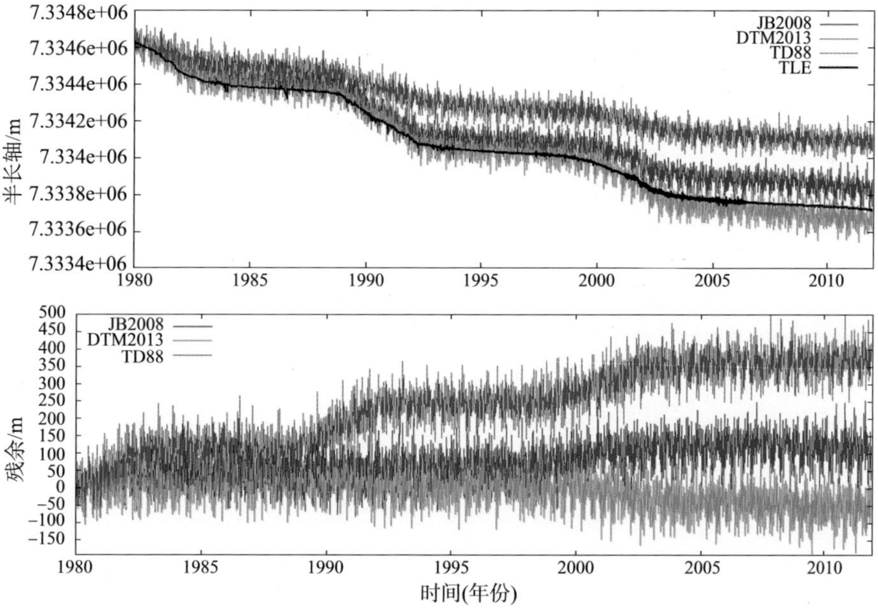

图 3－19　用 JB2008、DTM2013 和 TD88 得出的“Starlette”号卫星半长轴演化结果及其与 TLE 的对比（资料来源：参考文献［33］，P123）

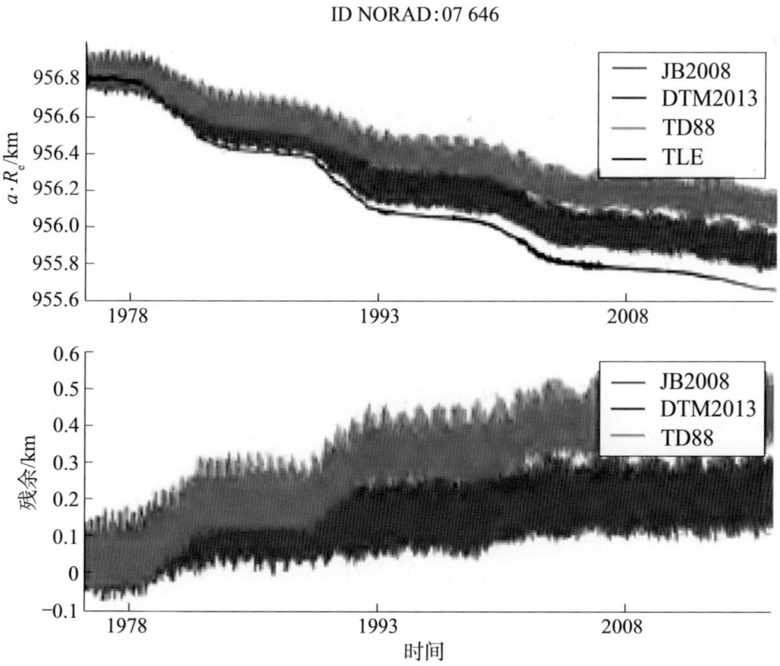

图 3－20　用 JB2008、DTM2013 和 TD88 得出的“Stella”号卫星半长轴演化结果及其与 TLE 的对比（P124）

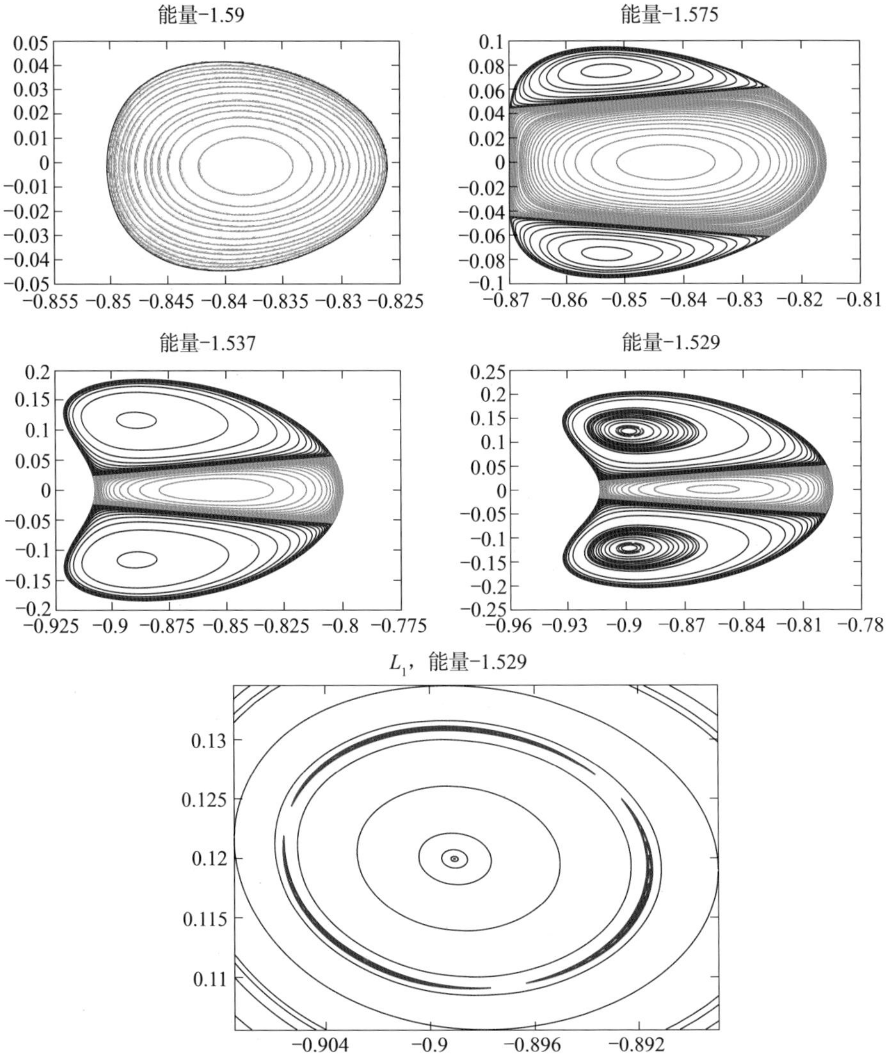

图 4－13　已计算之周期轨道族和不变环面族的等能庞加莱截面，$\Sigma=\{z=0,\ p_z>0\}$。最后一张图是周期三重倍增晕轮型周期轨道族的放大图（P157）

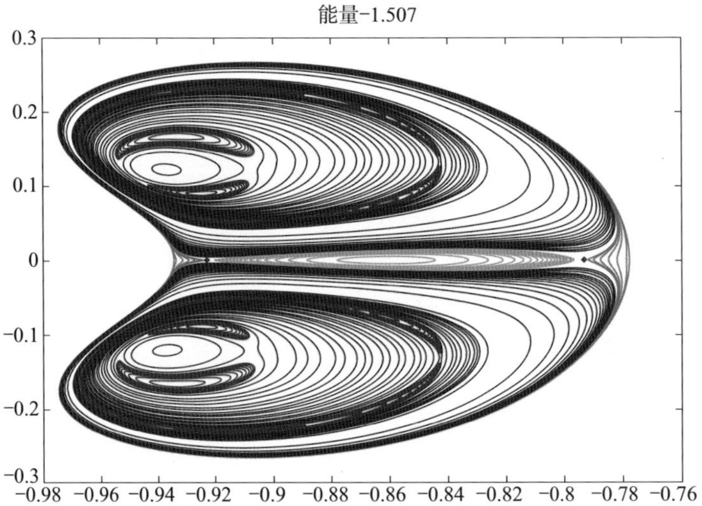

图 4－14　对应于能量－1.507 的庞加莱截面（P158）

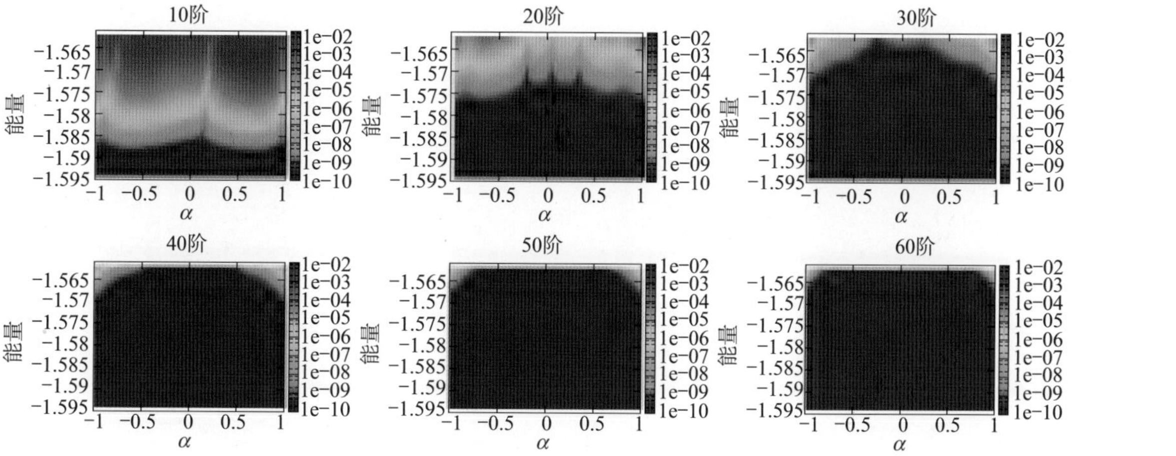

图 4-17　对于地月 RTBP $W^c(L_1)$ 的展开，计算至所示阶数后，使用式（4-38）的误差估计量 $\varepsilon(s_2, \alpha)$ 进行评估。每张图都根据 100 个 s_2 值［在垂直轴上表示为 $h(s_2)$］和 100 个 α 值而生成（P164）

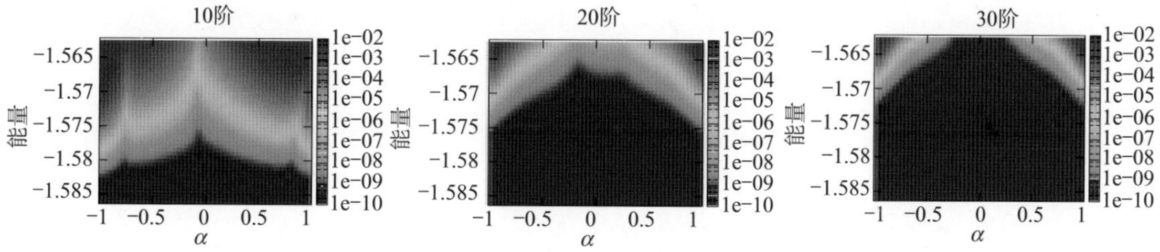

图 4-19　对于地月 RTBP $W^c(L_2)$ 的展开，计算至所示阶数后，使用式（4-38）的误差估计量 $\varepsilon(s_2, \alpha)$ 进行评估。每张图中的点数和对轴的解释与图 4-17 相同（P165）

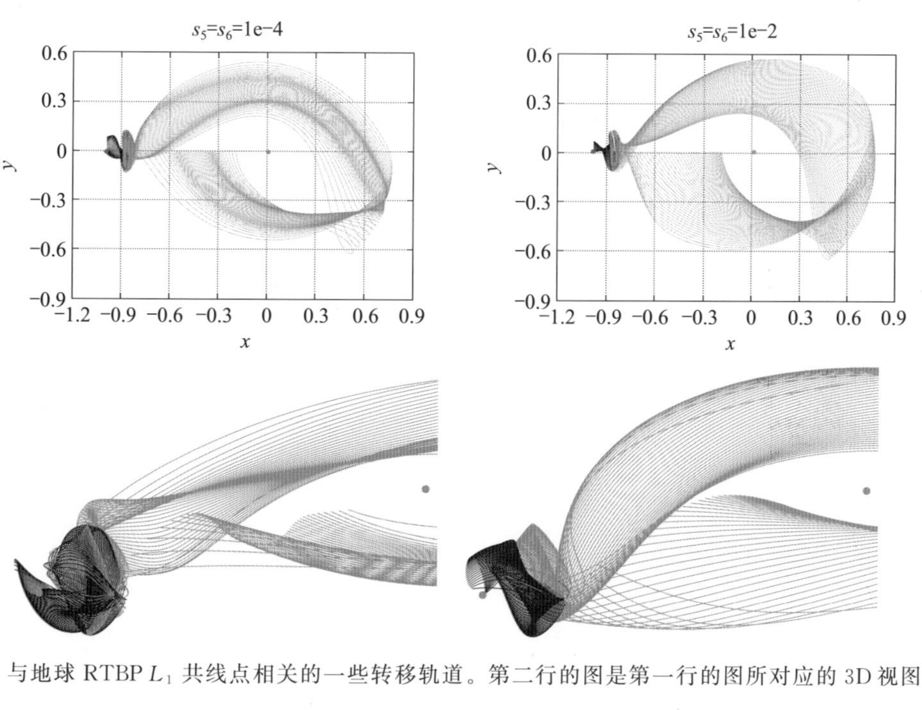

图 4-23　与地球 RTBP L_1 共线点相关的一些转移轨道。第二行的图是第一行的图所对应的 3D 视图（P171）

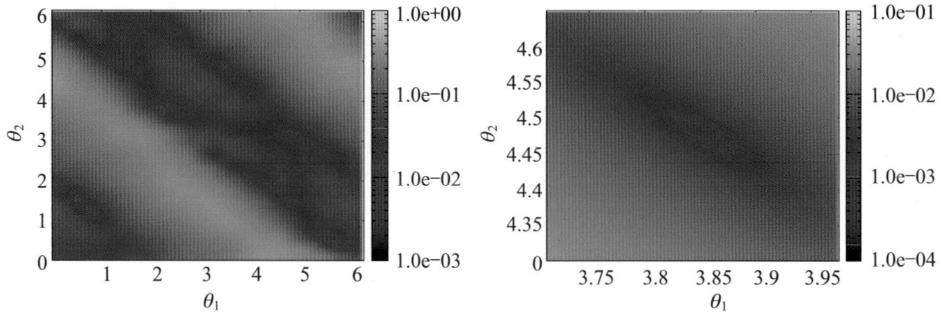

图 4-25 用于确定围绕 L_1 的地月 RTBP 利萨如环面（$h=-1.58$，$\bar{\rho}:=0.280\,008\,2$）与围绕 L_2 的利萨如环面（具有同等能量，$\tilde{\rho}:=0.170\,002\,5$）两者之间异宿连接位置的图像，右图是左图的放大图（P173）

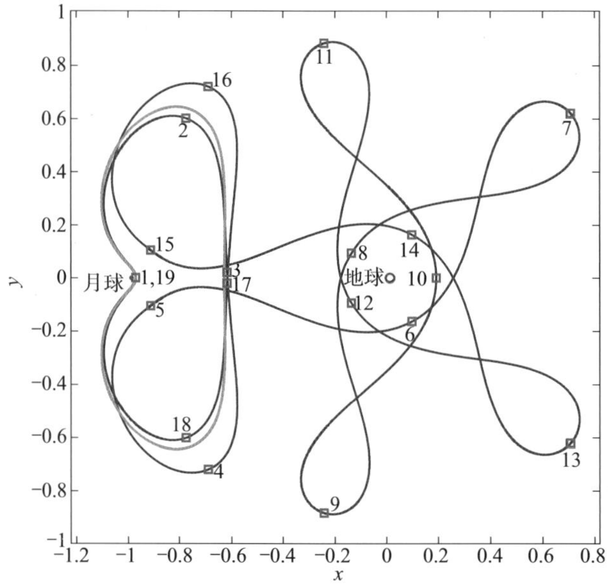

图 4-27 地月 RTBP 的大平面 Lyapunov 轨道（蓝色）的同宿连接（紫色），通过数值延拓得到（P175）

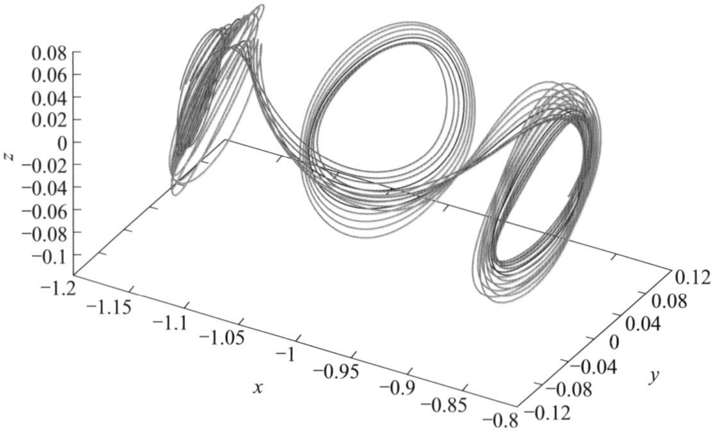

图 4-28 以固定的 $\rho^u:=\bar{\rho}$、$\rho^s:=\tilde{\rho}$ 对图 4-26 中的连接进行延拓，包含对能量向前（绿色）和向后（橙色）（P176）

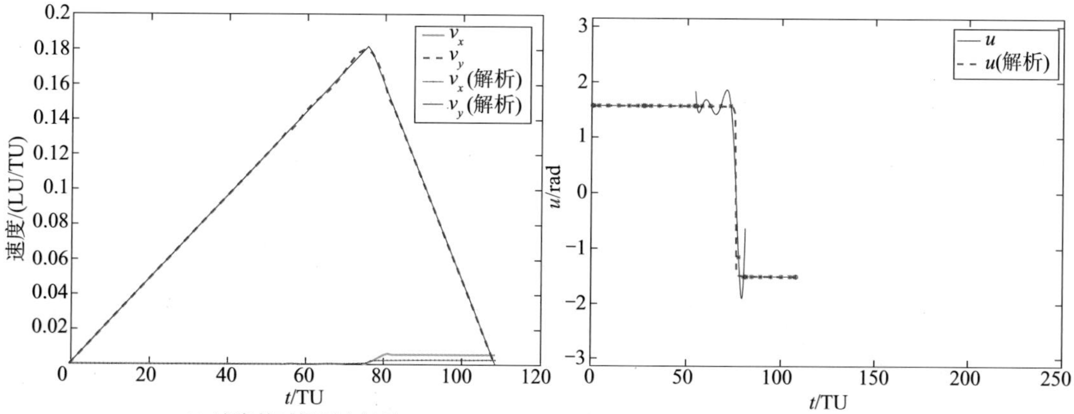

(a) 速度的时间历史记录　　(b) 控制的时间历史记录

图 6－6　速度和控制的时间历史记录——帕雷托前沿点 1（P225）

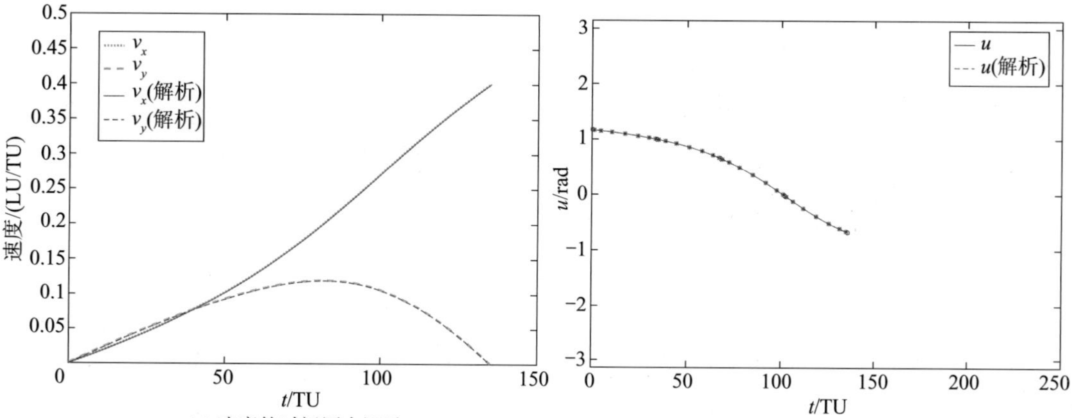

(a) 速度的时间历史记录　　(b) 控制的时间历史记录

图 6－7　速度和控制的时间历史记录——帕雷托前沿点 2（P226）

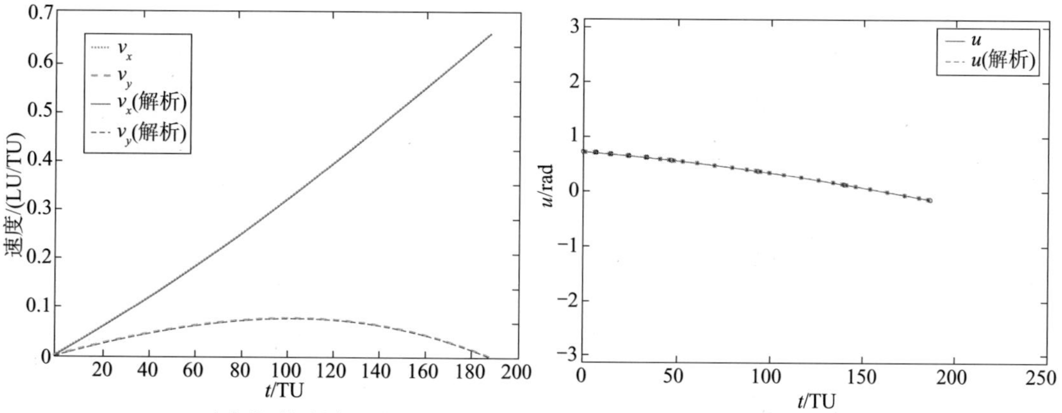

(a) 速度的时间历史记录　　(b) 控制的时间历史记录

图 6－8　速度和控制的时间历史记录——帕雷托前沿点 3（P226）

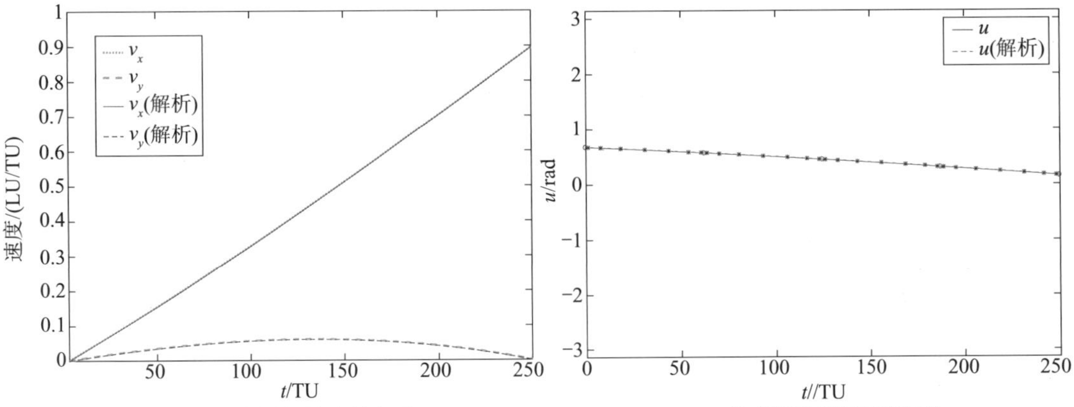

(a) 速度的时间历史记录　　(b) 控制的时间历史记录

图 6－9　速度和控制的时间历史记录——帕雷托前沿点 4（P227）

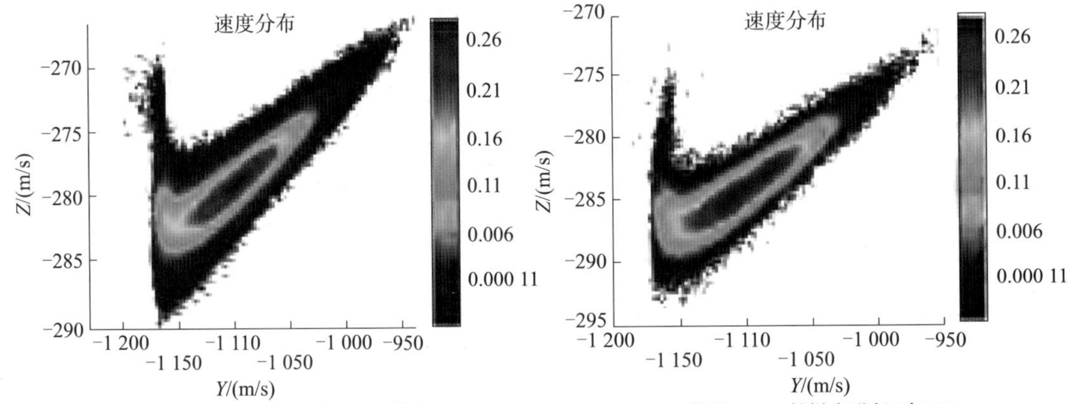

(a) 使用1e6份样本进行蒙特卡罗模拟　　(b) 使用28 000份样本进行6次PCE

图 7－2　平动点到月球轨道的速度分布（P239）

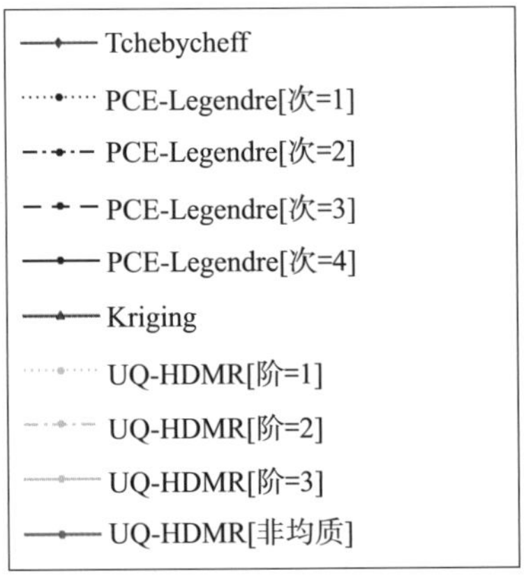

图 7－4　图 7－5～图 7－8 的图例（P244）

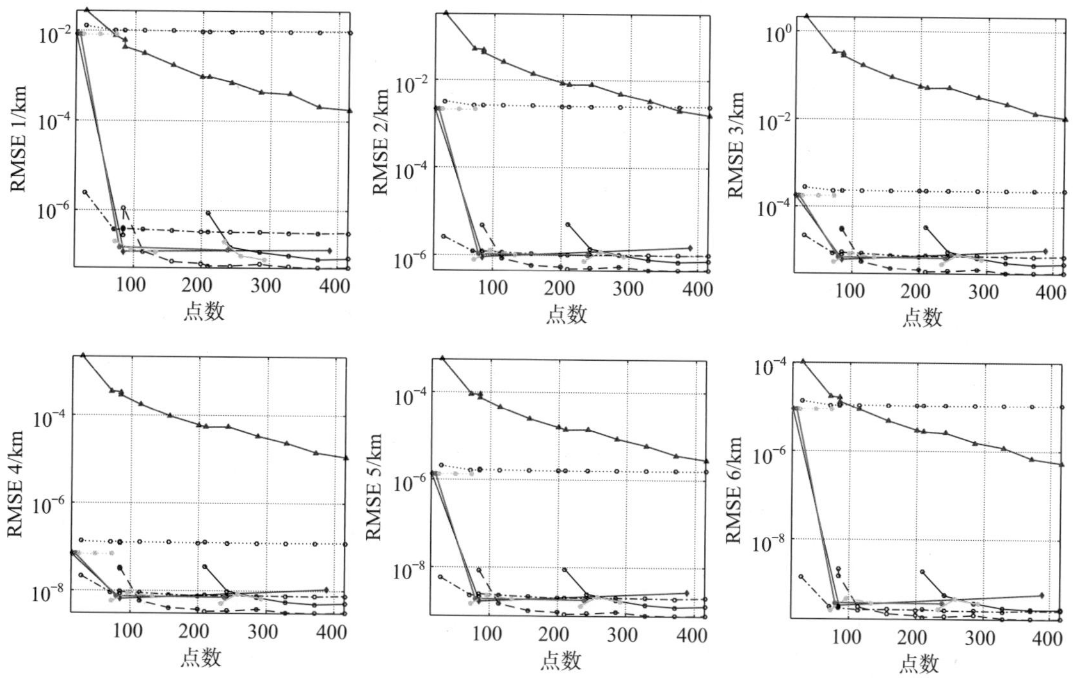

图 7-5 RMSE 为情况 1（6 000 个测试点）样本点数量函数（P245）

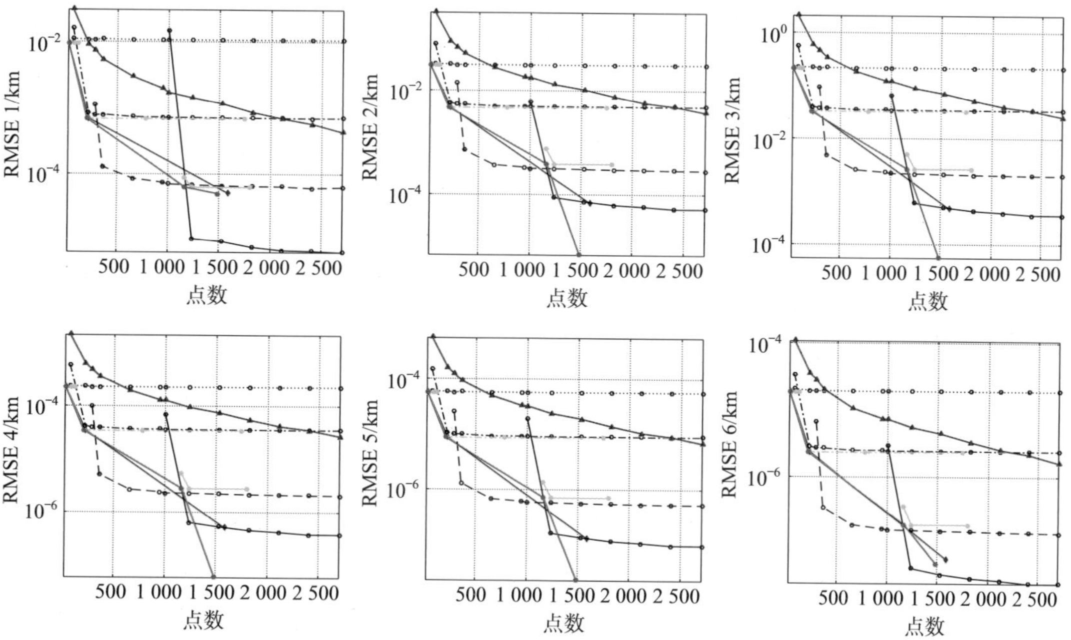

图 7-6 与图 7-5 内容相同，适用于情况 2（10 000 个测试点，P245）

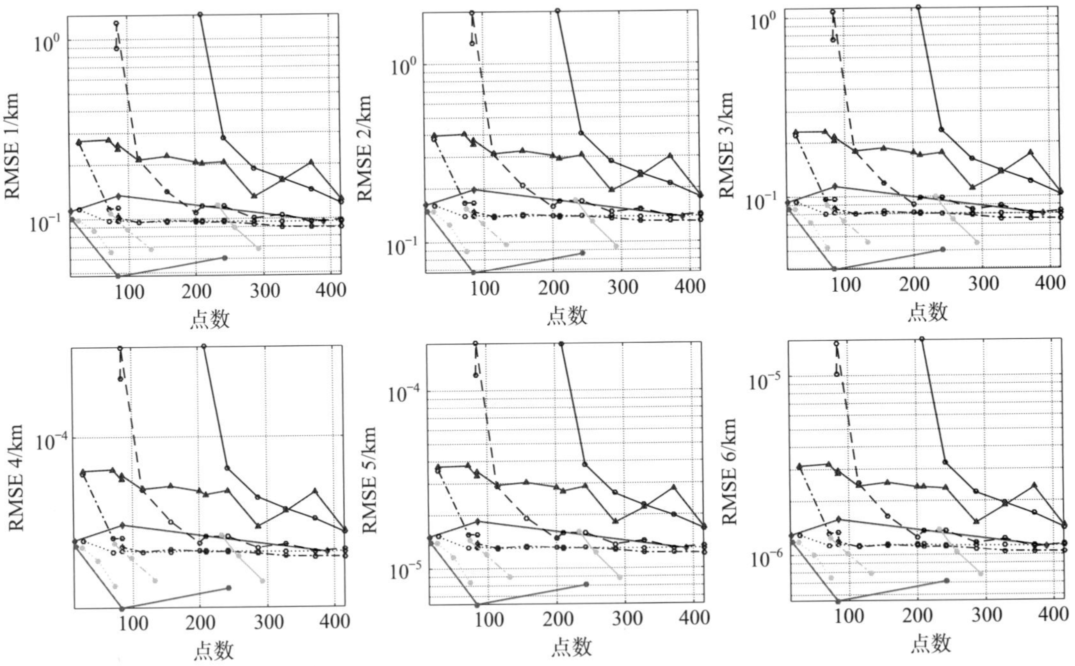

图 7-7　与图 7-5 内容相同，适用于情况 3（6 000 个测试点）中的 HEO（P246）

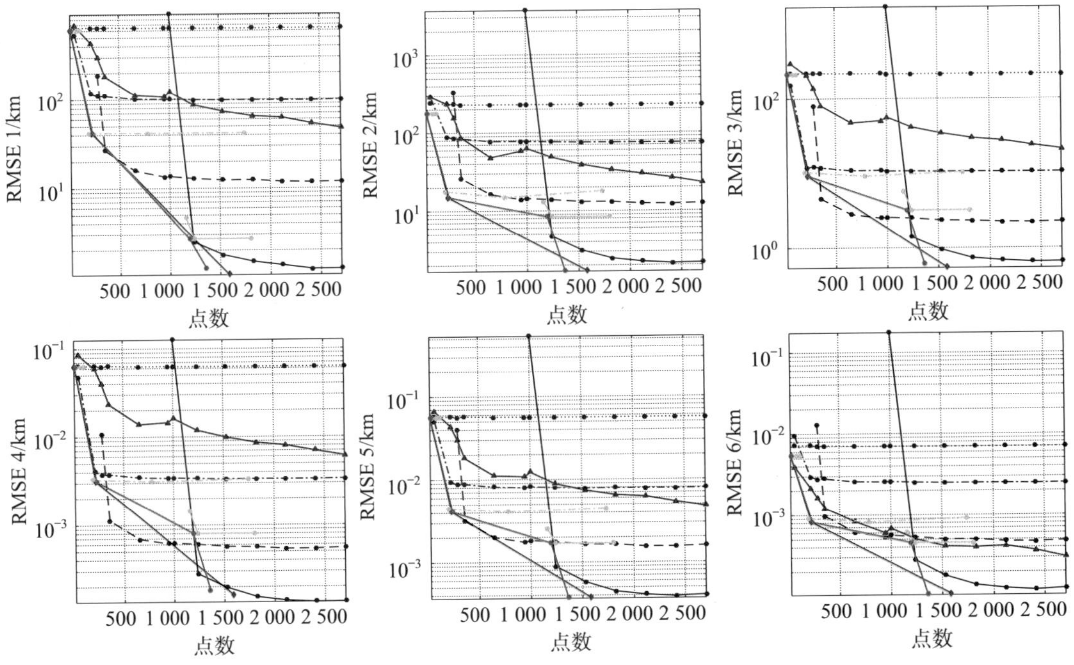

图 7-8　与图 7-6 内容相同，适用于情况 4（10 000 个测试点）中的 HEO（P246）